★★★ 21世纪高职高专创新教材

编　著　刘开明

审　定　俞树荣

兰州大学出版社

HUAGONG ZHUANGBEI FUSHI YU FANGHU

化工装备腐蚀与防护

图书在版编目（CIP）数据

化工装备腐蚀与防护 / 刘开明编著. -- 兰州 : 兰州大学出版社, 2018.5
ISBN 978-7-311-05348-2

Ⅰ. ①化… Ⅱ. ①刘… Ⅲ. ①化工设备－防腐－高等职业教育－教材 Ⅳ. ①TQ050.9

中国版本图书馆CIP数据核字(2018)第107082号

策划编辑 濮丽霞
责任编辑 郝可伟
封面设计 陈 文

书 名 化工装备腐蚀与防护
作 者 刘开明 编著
俞树荣 审定
出版发行 兰州大学出版社 （地址:兰州市天水南路222号 730000）
电 话 0931-8912613(总编办公室) 0931-8617156(营销中心)
0931-8914298(读者服务部)
网 址 hhttp://press.lzu.edu.cn
电子信箱 press@lzu.edu.cn
印 刷 甘肃兴方正彩色数码快印有限公司
开 本 787 mm×1092 mm 1/16
印 张 18.75
字 数 394千
版 次 2018年5月第1版
印 次 2018年5月第1次印刷
书 号 ISBN 978-7-311-05348-2
定 价 27.00元

前 言

根据《国务院关于加快发展现代职业教育的决定》(国发〔2014〕19号)和《教育部关于深化职业教育教学改革全面提高人才培养质量的若干意见》(教职成〔2015〕6号)以及《教育部关于推进高等职业教育改革创新引领职业教育科学发展的若干意见》(教职成〔2011〕12号)的文件精神，普通高等学校高职高专的培养目标是高端技能型专门人才。

作为《化工装备腐蚀与防护》教材，编者在编写过程中尽量贯彻上述指导思想，力求理论精炼、叙述通俗、结合实际、便于操作，着重体现高等职业教育的应用特色和能力本位，突出高端技能型专门人才的创新创业素质和职业能力的培养。

本书共有9章，其中金属腐蚀的基本知识、金属和非金属材料的腐蚀形式两章内容，重点分析腐蚀理论的应用和多种腐蚀形式，以及腐蚀现象产生的原因；金属材料的耐蚀性能、非金属材料的耐蚀性能两章内容，重点介绍腐蚀防护材料及其耐蚀性能；腐蚀防护与控制技术、硫化氢应力腐蚀两章内容，重点突出化工装备的结构设计、选材原则和防腐技术；石化设备的腐蚀与防护、化工装置的腐蚀与防护、石油工业装置的腐蚀与防护三章内容，重点强调设备、装置的腐蚀损坏分析，以及防腐技术的工程实践。

本书可作为普通高等学校高职高专化工、过程装备、材料、石油等专业的腐蚀与防护课程教材，同时可供过程装备设计、制造和使用的研究与工程技术人员参考，也可作为机械、冶金、轻工等相关专业的教材。

本书由甘肃能源化工职业学院刘开明教授编写、统稿和定稿。本书是编者在整理多年教学和研究资料基础之上，参考同行专家的研究成果，并吸收兄弟院校在探索高端技能型专门人才方面取得的成功教学改革经验编写而成的。

本书由兰州理工大学俞树荣教授审定，提出了宝贵意见。兰州理工大学石油化工学院师生对本书内容提出了修改意见和建议，在此一并表示衷心的感谢！

由于编者水平有限，书中难免存在不当或错误之处，恳请批评指正。

刘开明

2018年4月

目　录

绪 论

一、腐蚀的危害性

腐蚀给人类的生活和生产活动带来的危害很大，从以下几方面可以说明：

（一）造成金属材料的损失

由于金属材料在各种环境中都可能会发生腐蚀，使大量钢铁变成铁锈，使许多设备过早损坏报废，所以，腐蚀会给金属材料造成巨大的损失。据统计，全世界每年由于腐蚀而报废的钢铁以亿吨计量，约占世界钢铁年产量的三分之一。

（二）造成巨大的经济损失

由于腐蚀而使设备过早报废，造成事故而被迫停产、减产等等，都会给国民经济造成巨大损失。在许多国家，这种因腐蚀而造成的经济损失约占国民生产总值的1%～4%。每年用于设备防腐维修和更新的费用也十分高昂。

（三）损害社会效益

由于腐蚀引起机器设备和厂房建筑的破坏，酿成事故，可能造成人员的伤亡。特别是化工生产部门，有的在高温高压下进行生产，腐蚀问题比较严重，经常会引起滴、漏、跑、冒，污染环境，甚至引起着火、爆炸，威胁人员的身体健康和生命安全。所以，腐蚀问题也是一个重大的不安全因素，它会给社会效益造成严重的损害。

（四）影响新技术、新工艺的开发

腐蚀问题往往会直接影响许多新技术、新工艺的实施。如硝酸工业和尿素生产的发展很大程度上都是依赖不锈钢的发展。所以，解决腐蚀问题已成为许多工业部门采用新技术、新工艺的关键问题，化学工业尤其如此。

二、腐蚀防护的重要性

做好腐蚀防护，不但可以节省大量金属材料，避免巨大的经济损失，而且还可以防止许多恶性事故的发生，同时对促进新技术、新工艺的发展也是必不可少的。

如果我们能合理地应用已有的防腐蚀技术，就可以解决大量的材料、装备腐蚀问题，从而大大减少由于腐蚀造成的损失。充分利用防腐蚀技术，努力做好腐蚀防护，是一项增收节支、改造挖潜的有力措施。我们应该充分认识到自己责任的重大，任务的艰巨，一定要努力学习有关腐蚀与防护的基础知识，不断研究和掌握先进的防腐蚀技术，以高度责任感和使命担当，认真做好材料、装备的腐蚀防护。

三、腐蚀与防护学的研究内容

腐蚀与防护学涉及材料科学、一般化学、电化学、物理化学、力学、表面科学等学科，研究内容主要包括三个方面：

1.研究材料在腐蚀介质作用下，或腐蚀介质和力学因素共同作用下所发生的腐蚀现象；研究这些现象发生的原因和发展的规律，即研究腐蚀的机理。

2.结合腐蚀监测技术、腐蚀预测和专家系统，研究在腐蚀环境下工作的结构或设备寿命估算的方法。

3.研究在各种环境下，防止结构或设备腐蚀失效的方法以及腐蚀防护技术。

四、腐蚀与防护技术的可持续发展

由于许多技术实施后都存在强腐蚀性环境，尤其在化工、石油化工生产中腐蚀问题最严重，设备和管道的腐蚀损坏及因此造成的污染物料和气体，严重地污染了环境，同时，在环境保护中，无论是水、大气和固体废弃物污染的治理又有大量腐蚀问题亟待解决。而采用合适的防腐蚀技术可以延长设备的使用寿命，杜绝污染物的泄漏，使腐蚀造成的能源和资源的损失降低到最小限度，并改善环境，因此对实现可持续发展具有重要意义。

（一）耐蚀材料的发展

用于腐蚀控制方面的耐蚀材料的开发应围绕可持续发展和化工装置的发展而展开，围绕环境保护和节约资源两方面进行。一方面是向着材料的复合化、高性能、长效化方向发展；另一方面是从材料的再生利用入手向开发单组分、高性能、便于再生利用的资源方向发展。

全世界复合材料的发展异常迅猛，应用领域日益宽广，尤其是向着廉价、适用、耐久、成型方便、投资小的方向发展。复合材料按基材主要可分为高分子基复合材料、无机材料基复合材料和金属基复合材料三类，在化工设备中广泛使用的主要是高分子基复合材料。

材料高效率化、高寿命化就是指材料的耐蚀性最好，腐蚀损失最小，并保护环境、节约资源，如在高温、苛刻环境中能耐高温、耐强腐蚀性介质腐蚀。如各种耐蚀工程塑料、精细陶瓷、粉末冶炼合金、非晶态合金。

今后开发的材料应是单组分构成，尽量不含分离困难的元素。主要是控制制造工艺来得到具有一定机能的材料，满足各种腐蚀环境的需要，材料的设计与开发也应向再生利用的方向进行。

（二）将绿色化学应用于防腐蚀技术

绿色化学是指除了在过程末端控制废物外，在化学品生产过程中产生更少废物甚至零排放，以便更有效地生产有用产品。绿色化学要求我们在选用防腐蚀材料时，除了考虑其性能和成本两个因素外，应增加第三个因素，即环境因素。

近年来，国外许多大型涂料企业已将75%的研究开发经费投入绿色环保型涂料的研究开发。我国现今使用的化工防腐涂料还绝大多数属于溶剂型涂料，由此引起的环境污染问题也日益严重，因此，应加快步伐，努力扭转这种局面。

目前有机缓蚀剂发展较快，如有机胺类或它们的盐，特别是开发新的低毒有机胺化合物。国外已开发出无毒的绿色化学缓蚀阻垢剂TPA（聚天冬氨酸），TPA具有优异的阻垢、缓蚀性能，不仅制造过程是绿色的，原料天冬氨酸也是可以从自然界提取的，对环境没有毒性，而且能全部生物降解成无毒物质。开发的聚丙烯酸、聚丙烯酰胺及多种二元共聚物、三元共聚物等，虽有无毒或低毒等优点，但不能生物降解，对环境仍有影响。国外推广采用聚天冬氨酸，国内尚处于研究、开发阶段，可见，防腐蚀技术中研究、开发、应用绿色化学产品，任重而道远。

（三）开发新型化工装置

化工装置将向多品种、少批量生产型转变，并且将达到全自动化、智能化、计算机集约化生产运行等，因此最迫切需要解决的问题除现有化工装置的腐蚀问题外，更多的是涉及可持续发展的环境保护技术、资源节约技术与能源节约技术的发展及由此带来的大量腐蚀难题。

资源节约型化工装置是指具有较高的资源利用率、节约资源与能源的化工装置，需要开发常温、常压工艺装置，地下反应器，地下换热器，完善节能技术，要开发特殊材料确保反应器、换热器、节能设备的运行。与此同时，这些新材料的开发将面临许多新问题：各种废弃物处理、能源利用等新环境下的腐蚀问题；含有不可去除杂质材料的再生利用时再生材料的腐蚀问题；采用寿命周期评价的制品中关键材料的寿命延伸问题；由环境评价法开发的环境材料的腐蚀问题；追求高强度、高性能材料的腐蚀问题，新耐蚀材料开发、研制时新的评价方法等。

高效率化工装置是指连续生产、无事故、无灾害、安全可靠、无人操作的化工装置，要求开发连续生产装置、高可靠设备、低温低压化工装置、无维修技术及无人化运行技术，也需要高性能、长效率的耐蚀材料及腐蚀防护技术做保证。

环保型化工设备指最大限度减少环境污染的化工装置，也是现有的、传统的大型化工装置需要改进的重点。因废弃物多为有害、有毒、强腐蚀性介质，对设备材料有极高的要求，因此解决腐蚀问题更为重要。同时环境设备不仅涉及化工企业本身，而且也是化学工业为其他工业及社会解决污染问题的一大贡献。

由此可见，化工装置发展技术对装置的要求提出了更多的挑战，而装置的发展水平又受到防腐蚀技术水平的发展所制约。

第一章　金属腐蚀的基本知识

第一节　金属化学腐蚀原理

化学腐蚀是由于金属表面与环境介质发生化学作用而引起的腐蚀。当金属与非电解质相接触时，非电解质中的分子（如氧气、氯气等）被金属表面所吸附，并分解为原子后与金属原子化合，生成腐蚀产物。反应式如下：

$$x\,\mathrm{Me} + y\,\mathrm{X} \rightarrow \mathrm{Me}_x\mathrm{X}_y$$

式中，Me为金属原子；X为介质原子。

若反应产物是挥发性的，则在金属表面形成不了保护性膜，腐蚀反应将继续进行；若反应产物能够附着在金属表面上，在反应起始，所生成的膜还不足以把金属表面与介质完全隔开，金属原子、离子或电子与介质中的原子将通过膜进行扩散，并在已形成的膜中相遇，发生反应，使膜加厚。

由以上简单的分析可见，化学腐蚀的基本过程是介质分子在金属表面吸附和分解，金属原子与介质原子化合，反应产物或者挥发掉或者附着在金属表面成膜，属于前者时金属被不断腐蚀，属于后者时金属表面膜不断增厚，使反应速度下降。

金属在干燥气体介质中（如高温氧化、氢腐蚀、硫化等）以及在非电解质溶液中（如苯、乙醇等）发生的腐蚀都是化学腐蚀。

一、金属氧化的热力学

实践证明，除黄金外，没有任何一种纯金属（包括铂在内）和合金，在室温下具有抗氧化的稳定性。从热力学的角度来说，反应前后自由能变化ΔG可以作为判断一个反应能否进行的依据。就金属氧化而言，几乎所有金属氧化的标准自由能变化ΔG^{θ}都是负值，也就是说，在标准状态下，几乎所有金属都有自发地转化为金属氧化物的倾向。

反应自由能变化 ΔG 是随着反应系统的温度和压力而变化的。金属氧化反应能否自发进行，很大程度上取决于反应温度下金属氧化物的分解压力。当氧气的分压 p_{O_2} 和金属氧化物分解压力 p_{MeO} 相等时，反应达到平衡，$\Delta G=0$，此时金属和金属氧化物都是稳定的；当 $p_{O_2}>p_{MeO}$ 时，金属发生氧化；当 $p_{O_2}<p_{MeO}$ 时，氧化物要分解为金属和氧。

空气中氧的分解压力为0.21 kPa。在一定温度下，如果金属氧化物的分解压力小于0.21 kPa，该金属就可能在空气中氧化。

二、金属氧化膜

从热力学角度来说，除几种贵金属外，几乎所有金属在大气中都可能被氧化。金属氧化物可能有三种形态：固态、液态和气态，例如，在1093 ℃的空气中，Cr、V、Mo被氧化后，氧化物 Cr_2O_3、V_2O_5、MoO_3 分别是固态、液态和气态。当氧化物呈气态或液态时，生成后即流失或挥发了，金属不断地暴露出新鲜表面，腐蚀必然持续下去。当氧化物呈固态时，则留在金属表面形成表面膜。这种表面膜对金属的腐蚀影响很大。如果氧化膜对基体金属不具有保护作用，这种氧化反应将一直进行下去，直至金属全部形成氧化物；如果氧化物能够把金属表面和腐蚀环境隔开，就可以使反应速度降低甚至停止。

（一）氧化膜的保护性

氧化膜对金属的保护作用主要取决于氧化膜的完整性与致密性、膜与基体的结合力、膜本身的强度和塑性、膜的结构和厚度、膜与金属的相对热膨胀系数以及膜的内应力等因素。具备良好保护性能的氧化膜必须满足以下条件：

1.膜必须是完整的、致密的，并能把金属表面全部覆盖住。

氧化膜完整的必要条件是金属氧化物的体积（V_{MeO}）要大于氧化消耗的金属体积（V_{Me}），即：

$$\frac{V_{MeO}}{V_{Me}}=\frac{M\rho_{Me}}{xA\rho_{MeO}}>1$$

式中，M 为氧化物的相对分子质量；

ρ_{MeO} 为氧化物的密度；

x 为一个分子氧化物中金属原子的个数；

A 为金属的相对原子质量；

ρ_{Me} 为金属的密度。

一般地，$\frac{V_{MeO}}{V_{Me}}$ 在1～2.5之间时，氧化膜比较致密而且完整，氧化膜对金属才具有保护作用。

2.氧化膜在介质中应该是稳定的。

3.氧化膜应具有足够的强度和塑性，并且与基体金属的结合力强，热膨胀系数相近。

4.膜内晶格缺陷浓度低，这样金属离子和氧在膜内的扩散就比较困难，氧化速度低。

（二）氧化膜的形成和成长

1.氧化膜的形成

当裸露的金属表面和气体中的氧接触后，氧分子被吸附在金属表面并分解为氧原子，氧原子从金属上夺得电子后变成氧离子，随即与金属离子在金属表面发生化合反应生成金属氧化膜，这是一个化学反应过程。

2.氧化膜的成长

金属氧化膜形成后，金属和氧气被氧化膜隔开，彼此不能接触，氧化反应的继续进行（即膜的成长）则是一个电化学过程，如图1-1所示。

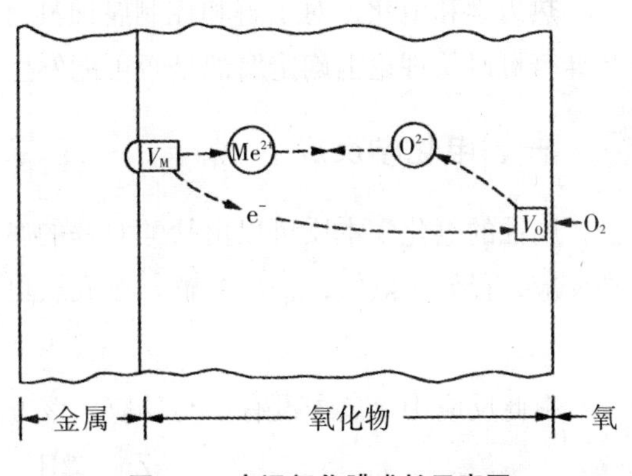

图1-1　高温氧化膜成长示意图

在氧化膜的界面上，进行着不同的电化学反应。在金属-膜界面上，金属原子失去电子变成金属离子，带正电荷的金属离子通过氧化膜中的阳离子空穴向外扩散。金属原子失去的电子也可以通过氧化膜到达膜-气体界面，使吸附在界面上的氧得到电子，变成带负电的氧离子。氧离子也可以通过氧化膜中的氧阴离子空穴向里扩散。当金属离子与氧离子相遇时，便生成氧化物，于是氧化膜增厚。

其反应过程如下式所示：

$$Me \rightarrow Me^{2+} + 2e^- \qquad \text{（在金属-膜界面上）}$$

$$\frac{1}{2}O_2 + 2e^- \rightarrow O^{2-} \qquad \text{（在膜-气体界面上）}$$

$$Me + \frac{1}{2}O_2 \rightarrow MeO \qquad \text{（总反应）}$$

在此过程中，氧化膜相当于电化学腐蚀电池中的外电路和电解液，它能够同时传导电子和离子。因此，当氧化膜形成后，氧化反应的速度将取决于阴阳极界面的反应速度和参加反应的离子在氧化膜中的扩散速度。在氧化膜形成之初，界面反应起主导作用。随着氧化膜的增厚，扩散过程的作用逐渐增加，以至成为氧化过程的主导因素。

氧化膜中离子比电子的扩散速度小得多。扩散起主导作用时，氧化膜的生长速度主要取决于离子的扩散。金属离子和氧离子的扩散有以下三种方式：

（1）双向扩散，即金属离子和氧离子同时通过氧化膜向相反方向扩散，两者在膜内某点相遇并进行反应，使膜在该处生长，如钴的氧化。

（2）金属离子向外扩散，使氧化膜在膜–气体界面处生长，如铜的氧化。

（3）氧离子向内扩散，使氧化膜在金属–膜界面处生长，如钛、锆的氧化。

金属离子和氧离子在氧化膜中扩散的方式和速度主要取决于氧化膜的结构与形态。根据氧化膜的不同生长规律可以研究金属氧化的速度问题。

第二节　金属电化学腐蚀原理

热力学和电化学对了解和控制腐蚀具有非常重要的意义，在腐蚀条件下，热力学分析和计算可以从理论上确定腐蚀是否可能发生。

一、电化学反应

腐蚀的电化学本质可以由盐酸对锌的腐蚀来说明，当把锌片放入稀盐酸时就会发生剧烈反应，释放出氢气，锌片溶解，形成氯化锌，其反应可表示为：

$$Zn + 2HCl = ZnCl_2 + H_2\uparrow$$

在此反应中氯离子没有参与反应，该方程可简写为：

$$Zn + 2H^+ \rightarrow Zn^{2+} + H_2\uparrow$$

从以上反应方程式中可以看出，锌被氧化为锌离子，氢离子被还原为氢气。该反应式可分解为两个反应，即锌的氧化和氢离子的还原：

$$\text{氧化（阳极反应）} \quad Zn - 2e^- \rightarrow Zn^{2+}$$

$$\text{还原（阴极反应）} \quad 2H^+ + 2e^- \rightarrow H_2$$

上述锌在盐酸中的腐蚀是一个电化学过程。任何能分解成两个或多个氧化和还原分反应的反应就叫作电化学反应。

从阳极和阴极分解反应来看，所有腐蚀都可以用通式来表示。

阳极反应的通式为 $M - ne^- \rightarrow M^{n+}$

例如：

$$Fe - 2e^- \rightarrow Fe^{2+}$$

$$Al - 3e^- \rightarrow Al^{3+}$$

阴极反应的通式为 $M^{n+} + ne^- \rightarrow M$

例如：

$$2H^+ + 2e^- \rightarrow H_2$$

$$Cu^{2+} + 2e^- \rightarrow Cu$$

$$O_2 + 4H^+ + 4e^- \rightarrow 2H_2O$$

$$O_2 + 2H_2O + 4e^- \rightarrow 4OH^-$$

二、电化学腐蚀热力学

自然界中的自发过程都有方向性。例如，热从高温物体传向低温物体，直到两物体的温度相等；水从高处自动流向低处，直到水位相等。金属的电化学腐蚀过程，从热力学观点看是从一个热力学不稳定状态到热力学稳定状态的过程。但是，这一过程的可能性和难易程度却受诸多因素的影响。例如，不同的金属在同一介质中有不同的电化学腐蚀倾向，负电性（活泼）金属在电解质溶液中就容易腐蚀，而正电性（不活泼）金属则不容易腐蚀；同一金属在不同的电解质溶液中腐蚀也不相同，如，Cu，置于无氧的纯盐酸中，不发生溶解，而氧溶解到盐酸中以后，Cu就会不断地腐蚀。这些现象的差别是由金属本身在环境作用下所体现的电化学性能差异决定的，衡量这种电化学腐蚀倾向的基础是电极电位的高低，电极电位又与电极与溶液之间的双电层有关。

（一）双电层结构

金属浸入溶液中，在金属和液面可能发生带电粒子的转移，电荷从一相通过界面进入另一相内，结果在两相中都会出现剩余电荷，并或多或少地集中在界面两侧，形成一边带正电一边带负电的“双电层”。

例如，金属M浸在含有自身离子M^{n+}的溶液中，金属表面的金属离子M^{n+}有向溶液迁移的倾向；溶液中的金属离子M^{n+}也有从金属表面获得电子而沉积在金属表面的倾向。

若金属表面的金属离子向溶液迁移的倾向大于溶液中金属离子向金属表面沉积的倾向，则金属表面的金属离子能够进入溶液（活泼金属构成的电极多数如此）。本来金属是电中性的，现由于金属离子进入溶液而把电子留在金属上，所以这时金属带负电；然而，在金属离子进入溶液时也破坏了溶液的电中性，使溶液带正电。由于静电引力溶液中过剩的金属离子紧靠在金属表面，形成了金属表面带负电、金属表面附近的溶液带正电的离子双电层，见图1-2（a）。锌、铁等较活泼的金属在其自身盐的溶液中可建立这种类型的双电层。

相反，若溶液中的金属离子向金属表面沉积的倾向大于金属表面的金属离子向溶液迁移的倾向，则溶液中的金属离子将沉积在金属表面上，使金属表面带正电，而溶液带负电，建立了另一种离子双电层，见图1-2（b）。铜、铂等不活泼的金属在其自身盐的溶液中可建立这种类型的双电层。

以上两种离子双电层的形成都是由于作为带电粒子的金属离子在两相界面迁移所引起的。而由于某些离子、极性分子或原子金属表面上的吸附还可形成另一种类型的双电层，称为吸附双电层。如金属在含有Cl^-的介质中，由于Cl^-吸附在表面后，因静电作用又吸引了溶液中的等量的正电荷从而建立了如图1–2（c）所示的双电层。极性分子吸附在界面上做定向排列，也能形成吸附双电层，如图1–2（d）所示。

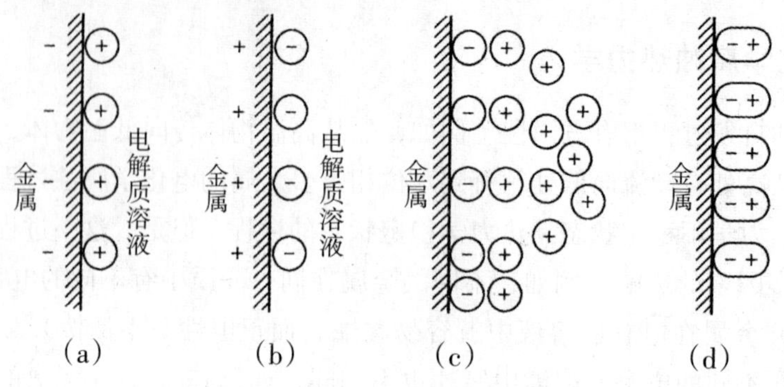

图1–2 金属–溶液界面的双电层

无论哪一类型双电层的建立，都将使金属导电体与溶液之间产生电位差，即形成电极电位。

（二）平衡电极电位与能斯特（Nernst）方程式

1.平衡电极与平衡电极电位

当金属电极浸入含有自身离子的盐溶液中时，由于金属离子在两相间的迁移，将导致金属–电解质溶液界面上双电层的建立。对应的电极过程为

$$M^{n+} + ne^- \rightleftharpoons \left[M^{n+}\cdot ne^-\right]$$

当这一电极过程达到平衡时，电荷从金属向溶液迁移的速度和从溶液向金属迁移的速度相等。同时，物质从金属向溶液迁移的速度和从溶液向金属迁移的速度也相等，即不但电荷是平衡的，而且物质也是平衡的。此时，在金属和溶液界面建立一个稳定的双电层，亦即不随时间变化的电极电位，称为金属的平衡电极电位（E_e），也可称为可逆电位。宏观上平衡电极是一个没有净反应的电极，反应速度为零。

2.标准电极与标准电极电位

如果上述平衡是建立在标准状态——纯金属、纯气体（气体分压为101 325 Pa），298 K，浓度为单位活度（1 mol/L），则该电极为标准电极，该标准电极的电极电位称为标准电极电位（E^θ）。

3.能斯特（Nernst）方程式

如果一个电极体系的平衡不是建立在标准状态下，要确定该电极的平衡电位除了直接测得外，还可以利用能斯特（Nernst）方程式进行计算求得，即

$$E_e = E^\theta + \frac{RT}{nF}\lg\frac{a_{\text{氧化态}}}{a_{\text{还原态}}}$$

当体系在常温下（$T=298$ K），能斯特（Nernst）方程式简化为

$$E_e = E^{\theta} + \frac{0.059}{n} \lg \frac{a_{氧化态}}{a_{还原态}}$$

（三）腐蚀倾向的判断

1. 非平衡电极与非平衡电极电位

这里需要指出的是，在实际腐蚀问题中，经常遇到的是非平衡电极，电极上同时存在两个或两个以上不同物质参加的电化学反应，电极上不可能出现物质与电荷都达到平衡的情况，此时的电极为非平衡电极，非平衡电极的电位可能是稳定的，也可能是不稳定的，电荷的平衡是形成稳定电位的必要条件。

如锌在盐酸中的腐蚀，至少包含两个不同的电极反应。在这种反应中，失电子是一个电极过程完成的，而获得电子靠的是另一个电极过程。当阴、阳极反应以相同的速度进行时，电荷达到平衡，这时所获得的电位称为稳定电位。非平衡电位不服从能斯特方程式，只能用实测的方法获得。

2. 利用标准电极电位判断金属的腐蚀倾向

在一个电极体系中，若同时进行着两个电极反应，通常电位较负的电极反应往氧化方向进行，电位较正的电极反应则往还原方向进行。应用这一规则可以初步预测金属的腐蚀倾向。凡金属的电极电位比氢更负时，它在酸溶液中会腐蚀，如锌和铁在酸中均会遭受腐蚀。

铜和银的电位比氢正，所以在酸溶液中不腐蚀，但当酸中有溶解氧存在时，就可能产生氧化还原反应，铜和银将自发腐蚀。金是非常不活泼的，除非有极强的氧化剂存在，否则它不会腐蚀。

3. 利用能斯特（Nernst）方程式判断金属的腐蚀倾向

运用电极电位顺序表只能粗略地预测腐蚀体系的反应方向，如果反应条件偏离平衡很远（如浓度、温度、压力变化很大），用电极电位顺序表来判断可能会得出相反结论。能斯特方程反映了浓度、温度、压力对电极电位的影响，所以比较准确，其判断方法则与利用标准电极电位判断金属腐蚀倾向方法相同。

必须注意：首先，在实际的腐蚀体系中，遇到平衡电极体系的例子是极少的，大多数的腐蚀是在非平衡的电极体系中进行的，这样就不能用金属的标准电极电位和平衡电极电位而应采用金属在该介质中的实际电位作为判断的依据。其次，金属的标准电极电位和平衡电极电位是在金属表面裸露的状态下测得的，如果金属表面有覆盖膜存在则不能运用标准电极电位表预测其腐蚀倾向。第三，虽然标准电极电位表在预测金属腐蚀倾向方面存在以上的限制，但用这张表来作为初步地判断金属的腐蚀倾向是相当方便和有用的。

第三节 腐蚀电池与极化现象

一、腐蚀电池

腐蚀电池是只能导致金属材料破坏而不对外界做有用功的原电池，根据组成腐蚀电池的电极大小、形成腐蚀电池的主要影响因素和腐蚀破坏的特征，一般将实际中的腐蚀电池分为宏观腐蚀电池与微观腐蚀电池两大类，微观腐蚀电池进一步可以发展为超微观电池。宏观腐蚀电池的阴、阳极可以用肉眼或不大于10倍的放大镜分辨出来，而微观腐蚀电池的电极无法凭肉眼分辨。

（一）宏观腐蚀电池

宏观腐蚀电池常见的有以下两种类型：

1.电偶电池

同一电解质溶液中，两种具有不同电极电位的金属或合金通过电连接形成的腐蚀电池称为电偶电池。电位较负的金属遭受腐蚀，而电位较正的金属则得到保护。例如，通有冷却水的碳钢–黄铜冷凝器及船舶中的钢壳与其铜合金推进器等均构成这类腐蚀电池。此外，化工设备上不同金属的组合中（如螺栓、螺母、焊接材料等和主体设备连接）也常出现电偶腐蚀，这种腐蚀也叫接触腐蚀。

在这里促使形成电偶电池的最主要因素是异种金属，两种金属的电极电位相差越大电偶腐蚀越严重。另外，电池中阴极、阳极的面积比和电介质的电导率等因素对电偶腐蚀也具有影响。

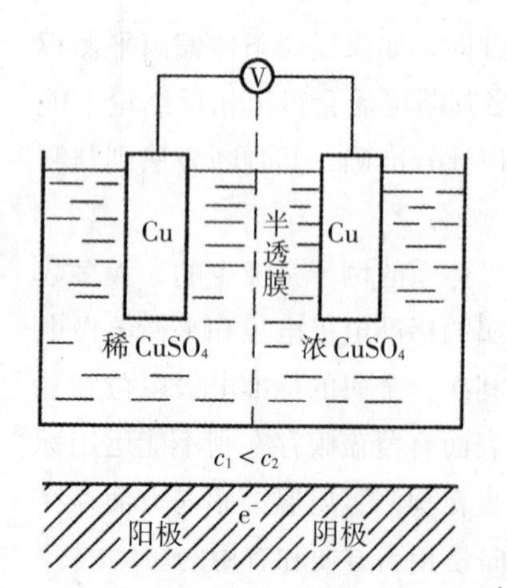

图1–3 金属离子浓差电池示意

2.浓差电池

同一金属的不同部位所接触的介质具有不同浓度引起了电极电位不同而形成的腐蚀电池称为浓差电池，常见的有以下两种：

（1）金属离子浓差电池

同一种金属浸在不同金属离子浓度的溶液中构成的腐蚀电池称为金属离子浓差电池。

现以下面的实验说明，见图1–3。

把两块面积和表面状态均相同的铜片分别浸在浓度不同的$CuSO_4$溶液中，用半透膜隔开，离子可彼此通过而溶液不会混合，则两边都形成如下平衡，即

$$Cu - 2e^- \rightleftharpoons Cu^{2+}$$

不过在浓溶液中，Cu^{2+}沉积倾向大于在稀溶液中Cu^{2+}沉积倾向，而稀溶液中Cu溶解倾向则大于浓溶液中Cu溶解倾向，即Cu在稀溶液中较易失去电子，Cu在浓溶液中较难失去电子。由能斯特方程可知，溶液中金属离子浓度越小电极电位越低，浓度越大，则电极电位越高，电子由金属离子的低浓度区（阳极区）流向高浓度区（阴极区）。

在生产过程中，例如铜或铜合金设备在流动介质中，流速较大的一端Cu^{2+}较易被带走，出现在低浓度区域，这个部位电位较负而成为阳极，而在滞留区则Cu^{2+}聚积，将成为阴极。

在一些设备的缝隙和疏松沉积物下部，因与外部溶液的去极剂浓度有差别，往往会形成浓差腐蚀的阳极区域而遭腐蚀。

（2）氧浓差电池

由于金属与含氧量不同的溶液相接触而引起的电位差所构成的腐蚀电池称为氧浓差电池。氧浓差电池又称充气不均电池，这种腐蚀电池是造成金属缝隙腐蚀的主要因素，在自然界和工业生产中普遍存在，造成的危害很大。

金属浸入含有溶解氧的中性溶液中形成氧电极，其阴极反应过程为

$$O_2 + 2H_2O + 4e^- \rightleftharpoons 4OH^-$$

由能斯特方程可知，氧的分压越高，其电极电位就越高，因此，如果介质中溶解氧含量不同，就会因氧浓度的差别产生电位差；介质中溶解氧浓度越大，氧电极电位越高，而在氧浓度较小处则电极电位较低成为腐蚀电池的阳极，这部分金属将受到腐蚀，最常见的有水线腐蚀和缝隙腐蚀。

桥桩、船体、储罐等在静止的中性水溶液中受到严重腐蚀的部位常在靠近水线下面，受腐蚀部位形成明显的沟或槽。这种腐蚀称为水线腐蚀，见图1-4。

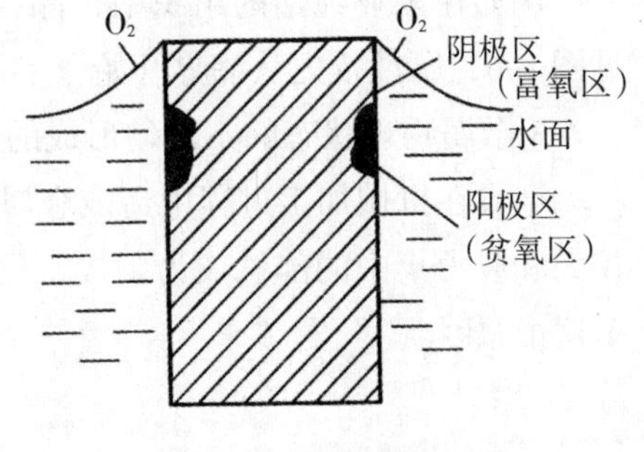

图1-4　水线腐蚀示意

这是由于水的表层含有较大浓度的氧，而氧的扩散速度缓慢，水的下层氧浓度则较小，表层的氧如果被消耗，将可及时从大气中得到补充，但水下层的氧被消耗后由于氧不易到达而补充困难，因而产生了氧的浓度差。表层为富氧区，水下为贫氧区，导致弯月面处成为阴极区，弯月面下部则成为阳极区而遭受腐蚀。

氧浓差电池也可在缝隙处和疏松的沉积物下面发生而引起缝隙腐蚀及垢下腐蚀。

通常，电位较负的金属（如铁等）易受氧浓差电池腐蚀，而电位较正的金属（如铜等）易受金属离子浓差电池腐蚀。

（二）微观腐蚀电池

在金属表面上由于存在许多极微小的电极而形成的电池称为“微电池”。微电池腐蚀是由于金属表面的电化学不均匀性所引起的腐蚀，常见的主要有以下几个方面：

1. 金属化学成分的不均匀形成的腐蚀电池

工业上使用的金属常含一些杂质，因而当金属与电解质溶液接触时，这些杂质与基体金属构成了许多短路了的微电池系统，其中电极电位低的组分遭受腐蚀。

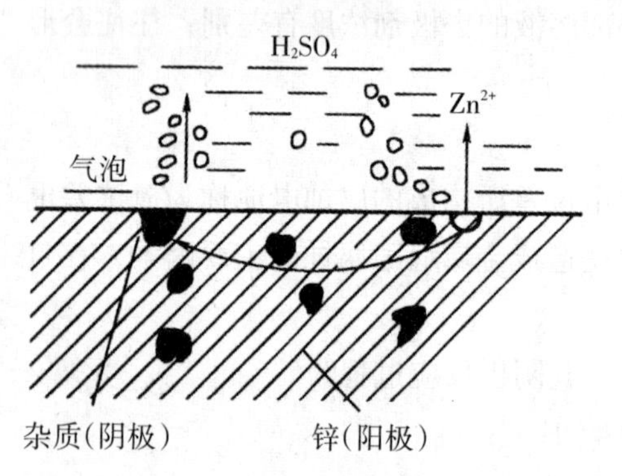

图1-5　锌与杂质形成微电池示意

例如锌中含有杂质元素铁、锑、铜等，由于它们的电位较高，成为微电池中的阴极，而锌本身则为阳极，因而加速了锌在 H_2SO_4 中的溶解（腐蚀），见图1-5。显然，锌中含阴极组分的杂质越少，阴极面积越小，整个反应速度就越小，锌的腐蚀也越小；因此，不含杂质的锌在酸中较稳定。

碳钢和铸铁是工业上最常用的材料，由于它们的金相组织中含有 Fe_3C 及石墨，当与电解质溶液接触时，由于 Fe_3C 及石墨的电位比铁正，构成了无数个微阴极，从而加速了铁的腐蚀。

2. 金属组织结构的不均匀形成的腐蚀电池

例如在工业纯铝的组织中，晶粒电位比晶界电位正，因而晶界成为微电池中的阳极，见图1-6，腐蚀首先从晶界开始。

3. 金属物理状态的不均匀形成的腐蚀电池

金属在机械加工过程中造成金属各部分变形及内应力的不均匀性，一般情况下是变形较大和应力集中的部位成为阳极，见图1-7。例如在铁板弯曲处及铆钉头部发生腐蚀即属于这个原因。

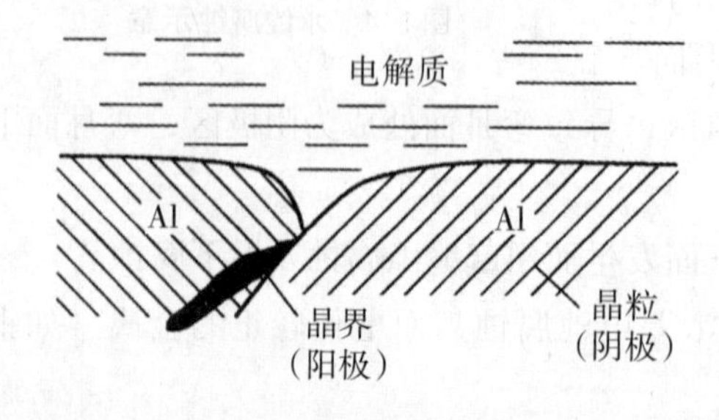

图1-6　金属铝的晶粒与晶界形成微电池示意

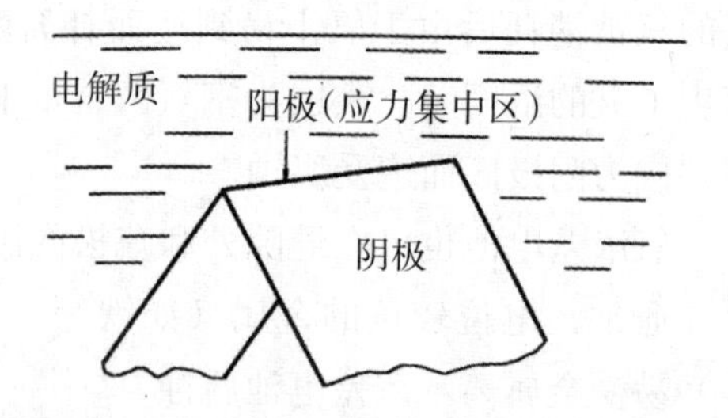

图1-7　金属形变及内应力不均匀形成微电池示意

此外，金属表面温度不同、光照不均匀等也会导致各部分电位发生差异而遭受腐蚀。

4.金属表面膜的不完整形成的腐蚀电池

金属表面上生成的膜如果不完整，有孔隙或有破损，则孔隙下或破损处相对于表面膜来说，在接触电解质时具有较负的电极电位，成为微电池的阳极，腐蚀由此开始，见图1-8。

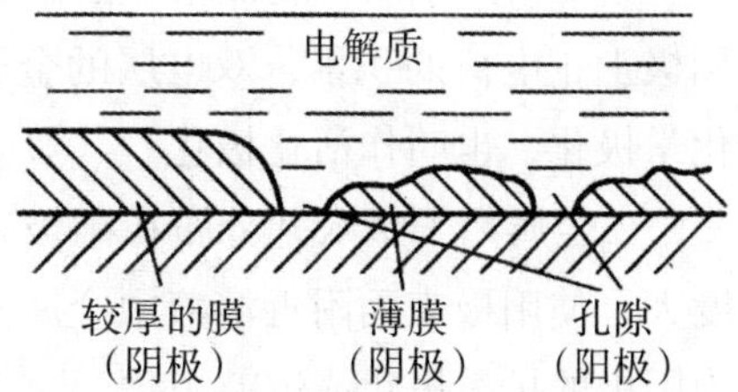

图1-8　金属表面膜的不完整形成微电池示意

实际上要使整个金属表面上的物理和化学性质、金属各部位所接触的介质的物理和化学性质完全相同，使金属表面各部分的电极电位完全相等是不可能的。由于上述各种因素，金属表面的物理和化学性质存在差别而使金属表面各部位的电位不相等，这统称为电化学不均匀，它是形成微电池的基本原因。

二、极化现象

极化现象是由于环境的物理和化学因素对腐蚀电池反应的阻碍作用引起的电极电位偏离其初始值的现象。观察图1-9所示腐蚀电池的腐蚀过程，在电路刚接通的瞬间，电流表指针所指示的电流很大，然后逐渐减小到一个稳定值，起始电流要比稳定值大几十倍甚至几百倍。腐蚀电流的强度可以根据欧姆定律计算。

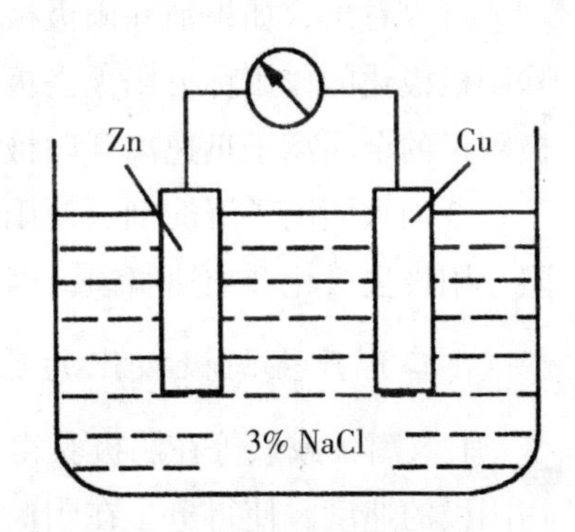

图1-9　腐蚀电池示意图

$$I=\frac{E_c-E_a}{R}$$

式中，I 为腐蚀电流强度；

E_c 为阴极电位；

E_a 为阳极电位；

R 为电池的总电阻。

实验测量表明：电流的减小是由于电流的流通引起两极电位差的减小造成的。原电池电流强度的减小，引起金属腐蚀速度下降，因此，极化起到了阻止腐蚀的作用。极化是腐蚀过程中的重要现象。

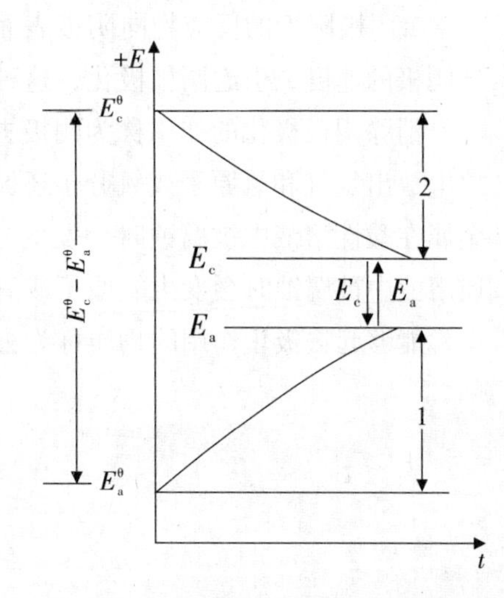

图1-10　腐蚀电池接通后两极电位随时间的变化曲线

腐蚀电池的极化分阳极极化和阴极极化。图1-10示出了电池的两极接通后两极电位随时间的变化曲线。阳极电极电位向正方向变化的现象称为阳极极化，阴极电极电位向负方向变化的现象称为阴极极化。

（一）产生阳极极化的原因

1.金属离子从金属晶格上溶解进入溶液中的速度比电子离开阳极表面的速度小，造成阳极上正电荷的积累，双电层的金属侧负电荷减小，引起电位正移，这种现象称为阳极的化学极化，也叫作活化极化。

2.金属离子进入并分布在阳极表面附近溶液中的速度比金属离子向溶液深处扩散的速度大，使阳极表面附近溶液中金属离子的浓度增大，阳极电位向正方向移动，这种现象称为阳极的扩散极化或浓差极化。

3.由于电流通过，阳极表面生成保护膜，使电池系统的电阻增大，阻碍金属离子由晶格转入溶液，阳极电位因此而向正方向移动，这种现象称为钝化，又称为电阻极化。

可以看出，如果消除阳极极化，就会促进阳极溶解（腐蚀）过程的进行。这种能够消除阳极极化的作用称为阳极去极化。造成阳极去极化的因素有以下几种：①搅拌可以使阳极附近的金属离子迅速离开阳极表面；②加入金属阳离子络合剂，使金属离子变成络合离子；③加入阳离子沉淀剂，使阳离子沉淀；④去除阳极表面的保护膜，可以减少阳极的电阻。阳极去极化会加速腐蚀，因此在防腐工程中要避免这种作用。

（二）产生阴极极化的原因

1.氢离子或氧等在阴极获得电子的速度（即阴极放电的反应速度）小于电子从阳极到达阴极的速度，使得电子在阴极表面积累，阴极电位向负方向移动，这种作用称为阴极的电化学极化。

2.阴极附近的反应物向阴极表面扩散的速度小于阴极还原的速度或阴极反应生成物离开阴极的速度，引起阴极极化，这种作用称为阴极的浓差极化。

消除阴极极化的作用称为阴极去极化，阴极去极化也同样可以加速腐蚀过程，氢离子放电放出氢气和氧原子或氧分子还原是最常见并且最重要的阴极去极化过程，一般负电性金属在酸性溶液中被腐蚀时会发生氢离子放电，放出氢气，金属在大气、土壤及中性电解质溶液中被腐蚀时会发生氧原子或氧分子还原。

能够起去极化作用的物质称为去极化剂，阴极去极化剂是引起金属腐蚀的氧化剂。

第四节　腐蚀速率及其影响因素

一、腐蚀速率

金属在电解质溶液中构成腐蚀电池而发生电化学腐蚀，其腐蚀速率可以用腐蚀电池的腐蚀电流来表征。电化学腐蚀过程严格遵守电量守恒定律：即阳极失去的电子数与阴极得到的电子数相等，金属溶解的数量与电量的关系遵循法拉第定律，即电极上发生1 mol电极反应的物质所需要的电量为96500 C。因此，已知腐蚀电流或腐蚀电流密度即能算出所溶解（或析出）物质的质量，即

$$W=\frac{Q}{Fn}=\frac{ItM}{Fn}$$

式中，W 为在时间 t 内被腐蚀的金属量，g；

Q 为在时间 t 内从阳极上流过的电量，C；

t 为金属遭受腐蚀的时间，s；

I 为电流强度，A；

M 为摩尔质量，g/mol；

n 为参加反应的电子数，等于金属的化合价变化数；

F 为法拉第常数，96500 C/mol；

如果上式中的电流强度 I 是阳极的电流密度 i_A，则单位时间单位面积上的腐蚀量（即腐蚀速率）应为

$$K=\frac{3600IM}{FnS}=3600\frac{i_AM}{Fn}$$

式中，K 为腐蚀速率，$g/(m^2\cdot h)$；

S 为阳极区面积，m^2；

i_A 为阳极区电流密度，A/m^2，也称作腐蚀速率的电流指标。

对于单一金属的腐蚀速率计算，由于单一金属的微阳极和微阴极很难区分，式中面积 S 通常取包括所有微阳极和微阴极的总面积，电流密度 i_A 就是金属的自腐蚀电流密度。

法拉第定律是从大量实践中总结出来的经验定律，由英国学者法拉第在1833年发现，不受温度、压力、电解质溶液的组成与浓度、溶剂的性质、电极与电解槽的材料与现状等的影响，但是，法拉第定律成立的条件是：在电子导体中不能存在离子导电的成分和在离子导体中不能有任何的电子导电性。

金属经腐蚀后，其质量、力学性能及组织结构都会发生变化，这些物理和力学性能的

变化率可以表示金属腐蚀的快慢程度，即腐蚀速率。工业中常用表观检查、挂片实验、电针法、腐蚀裕量监测、无损探测技术等手段评价腐蚀的快慢。其中表观检查是一种最基本的方法，多用肉眼或低倍放大镜（通常2～20倍）观察设备的受腐蚀表面，提供设备的综合观察结果和局部腐蚀的定性评价，缺乏灵敏性和定量评价标准；而挂片法是工厂设备腐蚀监测中用得最多的一种方法，使用专门的夹具固定试片（要求试片和夹具间相互绝缘、试片的受力点和支撑点尽量少），将装有试片的支架固定在设备内，经一定时间的腐蚀后取出，检查表面和分析质量、厚度等的损失，提供试验周期内的平均腐蚀速率，反映不出瞬间的腐蚀行为和偶发的局部严重腐蚀状态。在均匀腐蚀的情况下，常用质量指标和深度指标来表示腐蚀速率。

（一）质量法

以腐蚀前后金属质量的变化来表示，分为失重法和增重法两种。

1.失重法

当腐蚀产物能很好地除去而不损伤主体金属时用此法较恰当。

$$K_{LW}=\frac{W_0-W_1}{St}$$

式中，K_{LW} 为失重法表示的腐蚀速率，g/(m^2·h)；

W_0 为腐蚀前金属的质量，g；

W_1 为腐蚀后金属的质量，g；

t 为腐蚀作用的时间，h；

S 为金属与腐蚀介质接触的面积，m^2。

2.增重法

当腐蚀产物全部附着在金属上且不易除去时可用此法。

$$K_{AW}=\frac{W_1-W_0}{St}$$

式中，K_{AW} 为增重法表示的腐蚀速率，g/(m^2·h)，其余同上。

（二）深度法

以腐蚀后金属厚度的减少来表示，用质量法表示腐蚀速率时，没有考虑金属的密度，当质量损失相同时，密度大的金属比密度小的金属被腐蚀的深度更小。所以工程上更多的是以单位时间内腐蚀深度，通常用mm/a（1 a=365 d，1 d=24 h）来表示腐蚀速率。腐蚀深度可由质量法测出的K值换算得到，即

$$D=\frac{24\times 365K}{1000\rho}=8.76\frac{K}{\rho}\ \text{mm/a}$$

式中，D 为深度法表示的腐蚀速度，mm/a；

ρ 为金属的密度，g/cm^3。

二、腐蚀速率的影响因素

金属的实际腐蚀过程比较复杂，影响因素较多，包括金属自身的因素和处理工艺与所处环境等外在因素，这样就会产生不同的腐蚀速率。

（一）金属本身

金属本身包括金属的电极电位、超电压、钝性、组成（尤其合金元素）、组织结构、表面状态、腐蚀产物性质等。

因为金属电极电位的相对高低决定了它在电化学过程中的地位，是金属腐蚀的热力学因素。电位越正的金属越稳定，耐蚀性越好，而电位越负的金属越不稳定，发生腐蚀的倾向越大。超电压是金属腐蚀的动力学因素，超电压越大，极化越大，腐蚀速率越小。金属的钝化能力越强，越稳定，耐蚀性越好，腐蚀速率越小。金属的组成对腐蚀速率的影响较大，合金元素的加入往往会因为电化学的不均匀性形成微电池而加速腐蚀，单相固溶体合金的腐蚀速率随合金化组元含量（原子百分比）的变化呈台阶形的有规律变化，但是加入的合金元素也会通过提高金属的热力学稳定性或促进钝化或使合金表面形成致密腐蚀产物保护膜等方式而提高耐蚀性；复相合金中，相与相之间存在电位的差异，易形成腐蚀微电池，一般认为单相固溶体比复相组织的合金耐蚀性好。材料的表面粗糙度直接影响腐蚀速率，一般粗加工比精加工的表面易腐蚀。腐蚀产物如果是不易溶解的致密固体膜（如 TiO_2、Al_2O_3 等），材料则不易发生腐蚀。

（二）处理工艺

热处理工艺可以改善合金的应力状态、晶粒和第二相形貌与大小及分布、相中组元再分配和组织结构等，机械加工、冷变形、铸造或焊接等处理产生变形与应力等，这些都会影响金属的腐蚀状态及腐蚀速率。

（三）介质环境

介质环境包括介质组成、浓度、pH 值、温度、压力、流速等。

1.组成

金属的腐蚀速率往往与介质中的负离子种类有关，负离子增大金属腐蚀速率的作用顺序如下：$NO_3^- < CH_3COO^- < Cl^- < SO_4^{2-} < ClO_4^-$。软钢（0.1%C）在钠盐溶液中的腐蚀速率随负离子的种类和浓度不同而有差异，铁在卤化物中的腐蚀速率依次为：$I^- < Br^- < Cl^- < F^-$。

2. pH 值

在腐蚀反应中，pH 值对腐蚀速率的影响比较复杂。对于阴极过程为氢离子还原过程的腐蚀体系，pH 值降低（氢离子浓度增大）多增大金属的腐蚀速率，但是 pH 值的变化也会影响到金属表面膜的溶解度和保护膜的形成，进而又影响到金属的腐蚀速率，有以下三种情况：

（1）化学稳定性较高的金属，电极电位较正，如Au、Pt等，腐蚀速率不受pH值影响。

（2）两性金属，如Al、Pb、Zn、Cu等，由于表面上的氧化物或腐蚀产物在酸性或碱性溶液中都可溶解，不能形成保护膜，腐蚀速率较大，只有在中性溶液（pH=7.0）内，腐蚀速率才较小。

（3）钝性的金属，如Fe、Ni、Cd、Mg等，表面生成碱性保护膜，溶于酸而不溶于碱。

3.温度

一般来说，温度升高，电化学反应速度增大，同时溶液的对流速度和扩散速度也增大，电解质溶液电阻减小，阳极过程和阴极过程加速，腐蚀速率也得到提高。但是对于有氧参加的腐蚀过程，腐蚀速率与温度的关系要复杂些。随着温度升高，虽然氧的扩散速度增大了，但是溶解度降低了，受氧浓度和扩散速度的综合控制，这样的腐蚀速率会出现极大值。

4.浓度

大多数金属在非氧化性酸（如盐酸）中的腐蚀速率随酸浓度的增加而增大，但是在氧化性酸（如硝酸、浓硫酸、高氯酸）中的腐蚀速率，随酸浓度的增加有一个最大值，如果再增加浓度会在金属表面形成保护膜，使腐蚀速率下降。非氧化性酸性盐水解会生成相应的无机酸，加速金属的腐蚀。中性和碱性盐类的腐蚀性比酸性盐小得多，主要是氧的去极化腐蚀，具有钝化作用，它们因此被称为缓蚀剂。

对于中性的盐溶液（如NaCl），大多数金属的腐蚀速率受盐的浓度和溶解的氧控制，随盐浓度的增加也有一个最大值。金属在稀碱溶液中的腐蚀产物为金属的氢氧化物，不易溶解，会降低腐蚀速率，但是碱的浓度增加会溶解生成的氢氧化物，导致腐蚀速率增大。

实际金属的腐蚀多是耗氧（吸氧）腐蚀，氧的存在是把双刃剑，既增加金属在酸和碱中的腐蚀，又能促进钝化膜的形成和改善钝化膜性质，阻碍金属的腐蚀。一般情况下，氧由于浓度较大，主要依靠去极化加速腐蚀。因此，对于没有钝化或钝化不明显的体系，除氧有利于防腐，这就是很多工厂的锅炉装有除氧槽的原因。

5.流速

腐蚀速率与介质的运动速度（流速）关系复杂，主要取决于金属与介质的特性。对于受活化极化控制的腐蚀过程，流速对腐蚀过程没有影响，如铁在稀盐酸中的腐蚀，不锈钢在硫酸中的腐蚀等。当阴极过程受扩散控制时，腐蚀速率随流速增加而增大，如铁或铜在加氧的水中的腐蚀。如果过程受扩散控制而金属又易钝化，流速增加时金属将由活性变成钝性，减少腐蚀。对于某些金属，在一定介质中由于生成的保护膜有好的耐蚀性，但当流速非常大时，保护膜会遭到破坏，加速腐蚀，如铅在稀盐酸中和钢在浓硫酸中的腐蚀。

6.压力

腐蚀速率随介质压力的增大而增加，这是因为压力增加会使参加反应的气体的溶解度加大，加速了阴极过程的腐蚀，如在高压锅炉中，水中很少的氧就会引起剧烈的腐蚀。

（四）其他环境

其他环境包括接触电偶效应、微量氯离子、微量氧、微量高价离子、析出氢等。

实际生产过程中，环境变化多端，在考虑腐蚀时应特别注意和掌握各种变化，找出主要的影响因素，一定要具体问题具体分析。

第五节　钝化理论及其应用

一、钝化现象

室温下将一块铁或碳钢片浸入稀硝酸中，发现铁的溶解速度随着硝酸浓度增高而迅速增大，当硝酸浓度增至30%～40%时，溶解速度达到最大值。若继续增高硝酸浓度（>40%），铁的溶解速度将急剧下降，降低后的溶解速度几乎为最大值的万分之一。

说明这时的金属表面已从活性溶解状态变成了比较耐蚀的状态。这种金属表面从活性溶解状态变成了非常耐蚀状态的突变现象称为钝化现象。

根据钝化现象产生的条件不同，可以分为化学钝化（也称自钝化，由金属与钝化剂的自然作用产生）和电化学钝化（也称阳极钝化，由阳极极化产生）。

金属的钝化现象早在19世纪30年代就已发现，由于钝化作用对于提高金属的耐蚀性具有很重要的实际意义，因此人们对它进行了广泛的研究，并发现不少金属在一定条件下都可能发生钝化。大量实验表明，各种金属的钝化现象有许多共同的特征。

（一）金属钝化受到金属本性、合金元素、钝化介质和温度等因素影响

1.金属本性

不同的金属具有不同的钝化趋势，一些工业常用金属的钝化趋势按下列顺序依次减小：Ti>Al>Cr>Mo>Mg>Ni>Fe>Mn>Zn>Pb>Cu，这个顺序只是表示钝化倾向的大小，并不代表它们的耐蚀性亦是依次递减。

金属发生化学钝化时，介质中的氧化剂必须满足两个条件：

（1）腐蚀过程的氧化剂阴极还原反应的平衡电位要高于该金属的初始稳态钝化电位。

（2）氧化剂的还原反应的阴极极限扩散电流密度必须大于该金属的临界致钝电流密度。

2. 合金元素

合金化对金属的腐蚀速率影响较大，也是改善金属腐蚀性的一种有效方法。合金元素常是一些稳定性的组分元素，如贵金属或自钝化能力强的金属可以促进钝化，如铁中加入铬或铜可提高其耐大气腐蚀性能。一般地，如果两种金属组成的耐蚀合金是单相固溶体，则在一定的介质条件下有较高的化学稳定性和耐蚀性，但是合金的钝性与合金元素的种类和含量有直接关系，并且所加入的合金元素的量必须达到一定值时才有显著效果。

3. 钝化介质

钝化介质是能使金属钝化的物质，一般分为氧化性介质和非氧化性介质。能使金属钝化的介质通常是氧化剂，如HNO_3、H_2O_2、$HClO_3$、$K_2Cr_2O_7$、$KMnO_4$、$AgNO_3$和O_2等，并且氧化性愈强，金属的钝化趋势越大；而某些金属在非氧化性介质中如钼和铌在盐酸中、镁在氢氟酸中亦可能钝化。

钝化不仅受钝化剂的性质、浓度和pH值的影响较大，而且还与活性离子的特性有关。介质中含有不同的负离子，如Cl^-、Br^-、I^-等卤素离子时，会破坏钝化膜引起孔蚀，若浓度足够高时还可能引起整个钝化膜被破坏引起活化腐蚀。溶液中各种活化负离子的活化能力大小依次为：$Cl^- > Br^- > I^- > F^- > ClO_4^- > OH^- > SO_4^{2-}$。介质pH值对钝化的影响较大，一般地，溶液的pH值增大，钝化越容易。但是，实际上金属在中性溶液中钝化较容易，在酸性溶液中困难得多，这往往与阳极反应产物的溶解度有关。

4. 温度

温度越低越易钝化，温度越高越难钝化。溶液的温度升高，金属钝化变难，如铁在>40%的HNO_3中，25 ℃时能钝化，但温度升高到75 ℃以上，即使85%的浓硝酸也难以使铁钝化。反之，降低温度可以促进钝化，例如常温下铜在硝酸中将发生强烈的腐蚀，而当温度低于-11 ℃时也会钝化。

（二）金属钝化后电位往正方向急剧上升

如铁的电位在钝化后从原来的-0.5～+0.2 V上升到+0.5～+1.0 V；铬钝化后电位从-0.6～-0.4 V升高到+0.8～+1.0 V。钝化后的金属电位接近贵金属（如Pt、Au等）的电位，并且钝化后的金属性质往往失去它固有的某些特性，例如钝化后的铁在铜盐溶液（如$CuSO_4$）中就不能再置换铜了。

（三）金属钝态与活态之间的转换具有一定程度的不可逆性

例如将在浓硝酸中钝化后的铁转移到本来不可能致钝的稀硝酸中，仍能保持一定程度的钝态稳定性，其稳定程度取决于钝化剂的氧化性和作用时间。

当实际环境中同时存在钝化因素和活化因素时，金属究竟处于钝态或活态则视它们之间的相对强度而定。如果两种因素的作用强度彼此相当，就会呈现钝态与活态相互交替的现象。

（四）利用外加阳极电流或局部阳极电流也可以使金属从活态转变为钝态

一些可钝化的金属，在一定条件下采用电化学方法致钝时，具有类似的共同特征，即要经历活态区、过渡区、稳态区和过钝化区。

二、钝化理论

由于钝态建立的过程是一个相当复杂的暂态过程，其中涉及电极表面状态的变化、表面层中的扩散和电迁移以及新相的析出过程等。因此尽管对钝化现象的研究已有一百多年历史，积累了大量的表观现象，但是对于发生钝化的机理，至今仍无一个统一的、完整的理论。目前比较为大多数人接受的是成相膜理论和吸附理论。

（一）成相膜理论（薄膜理论）

成相膜理论认为：钝化是由于金属溶解时，在金属表面生成了致密的、覆盖性良好的固体产物保护膜，这层保护膜作为一个独立的相而存在，它或者使金属与电解质溶液完全隔开，或者强烈地阻滞了阳极过程的进行，结果使金属的溶解速度大大降低，亦即使金属转变为钝态。

成相膜理论有大量的实验依据，例如，采用椭圆偏光法可以直接观察到成相膜的存在，并且还能用X射线和电子衍射、电子探针以及原子吸收光谱等方法测出膜的结构、成分和厚度。一般钝化膜的厚度约为1～10 nm，大多数膜是由金属氧化物组成的，在一定的条件下，铬酸盐、磷酸盐及难溶的硫酸盐和氯化物也可以构成钝化膜。

成相膜理论虽然能够很好地解释许多钝化现象，但仍然有一些重要事实难以解释。

（二）吸附理论

吸附理论认为，金属钝化并不需要形成固态产物膜，而只要在金属表面或部分表面上生成氧或含氧粒子的吸附层就足够使金属钝化了。当这些粒子在金属表面上吸附以后，就改变了金属-溶液界面的结构，并使阳极反应的活化能显著升高，因而金属表面本身的反应能力降低了，亦即呈现出钝态。

吸附理论有许多实验事实根据。例如，不锈钢和镍钝化时界面电容改变不大，表示并无成相膜生成；不少阴离子对处在钝态的金属有程度不同的活化作用，但几种阴离子同时存在所表现出的活化效应，却并不等于个别离子所引起的活化效应的总和，而是个别效应的某种平均值。这就意味着，各种离子对钝态的活化效应是互相排斥的。成相膜理论很难解释这类事实，而按吸附理论，则可得到较恰当的解释。因为钝化是表面上吸附了某种含氧粒子所引起，而各种阴离子在足够正的电位下，都可能或多或少地通过竞争而被吸附，从电极表面上排除引起钝化的含氧粒子，所以被排除的含氧粒子的数量不是个别阴离子存在时所排除的数量的总和。

三、金属钝性的应用

利用金属钝化的特性来提高金属的耐蚀性，在工业上已经得到广泛的应用。

（一）阳极保护技术（电化学钝化）

根据可钝化金属的阳极极化规律，利用外加电源使可钝化金属阳极极化，当金属的电位极化到钝化电位后，金属即由活态转变为钝态，然后只要使阳极电位维持在稳定钝化区内，则金属就始终保持钝态。这时金属的腐蚀速率很小，金属得到了保护，这种方法称为阳极保护。

（二）化学钝化提高金属耐蚀性

在工业介质中加入某些钝化剂，例如对碳钢来说，加少量铬酸盐、重铬酸盐、硝酸钠、亚硝酸钠等，可以使碳钢在一定条件下发生钝化，使阳极过程受到强烈阻滞而降低腐蚀速率。但必须注意，这类氧化性钝化剂具有双重作用，它既能促使阳极钝化，亦可作为阴极的去极剂，所以如果用量不足，不仅不能使金属表面形成保护性的钝化膜，反而会加速腐蚀的阴极过程，因此这类钝化剂常被称为“危险性”的缓蚀剂。

另外，利用金属钝态与活态之间的转化存在一定程度的不可逆性特点，可以将金属在某些化学介质中预先进行氧化处理或铅酸盐、磷酸盐等处理以提高金属的耐蚀性。例如，铝及其合金在含有缓蚀剂的碱溶液中，钢铁在含有氢氧化钠和亚硝酸钠的溶液中，进行化学氧化处理使金属表面生成具有保护性的氧化膜。不过这类膜的保护性并不太高，通常主要用作油漆和涂料的底层，或者半成品的暂时性保护等。

（三）添加易钝化合金元素，提高合金的耐蚀性

在某些金属或合金中，加入一定量的易钝化合金元素，可以使合金在一些介质中形成钝化膜而显著提高合金的耐蚀性。例如，铁中加Cr、Al、Si等元素可显著提高铁在含氧酸中的耐蚀性；不锈钢中加Mo可以提高不锈钢在含Cl^-溶液中的耐蚀性等。

（四）添加活性阴极元素，提高可钝化金属或合金的耐蚀性

在某些不具备自钝化条件的金属或合金中加入少量阴极性元素，可以增大合金在介质中的腐蚀电流，当钝化电位对应的阴极电流密度大于钝化电流密度时，就促进合金发生钝化。例如，碳钢中加入0.2%左右的铜可以显著提高碳钢在大气中的耐蚀性；铬镍不锈钢中加入微量Pd、Ag、Cu等，能扩大铬镍不锈钢自钝化的介质范围。

通过化学钝化或添加合金元素或添加活性阴极元素可以降低钝化电流，负移钝化电位，促使金属表面由活态转换成钝态，减少腐蚀危害。

复习题

1.具备良好保护性能的氧化膜必须满足哪些条件?
2.简述氧化膜的生长过程。
3.金属的平衡电极电位与标准电极电位有何不同?
4.理论分析腐蚀倾向判断的几种方法。
5.什么叫微电池?微电池腐蚀的原因主要有哪些?
6.什么叫极化现象?产生阳极极化的原因有哪些?
7.简述腐蚀速率的影响因素。
8.简述金属发生钝化现象所具有的共同特征。

第二章　金属和非金属材料的腐蚀形式

第一节　电化学因素引起的金属腐蚀形式

一、全面腐蚀

（一）腐蚀特征

全面腐蚀是常见的一种腐蚀破坏形式。其特征是化学或电化学反应在整个金属表面或大部分金属表面上均匀地进行，导致金属愈来愈薄，最后失效。例如钢或锌在稀硫酸中的腐蚀，铁皮屋顶在大气中的腐蚀等。全面腐蚀可以是均匀的或者不均匀的。若金属材质和介质比较均匀，在整个表面腐蚀速度相同，就是均匀腐蚀；若金属材质或介质不均匀，在整个表面腐蚀速度有差别，就可能出现浅坑。但它不同于点腐蚀，不是形成尖锐的蚀坑。

（二）腐蚀机理

全面腐蚀的电化学特点是腐蚀原电池的阴、阳极面积很小，难以分辨，微阴极和微阳极的位置变化不定。整个表面均处于活化状态，只是各点随时间变化有能量起伏，能量高时为阳极，能量低时为阴极，这样造成金属全面腐蚀。

（三）影响因素

全面腐蚀破坏常见的起因有选材不当、腐蚀裕量不足和涂层不完整等。

（四）防止措施

1. 在设计时应考虑产生全面腐蚀的可能性，选取足够的腐蚀裕量或更耐蚀的材料。

2. 涂层保护，但要注意，一旦涂层破坏，可能会发生局部腐蚀。

二、电偶腐蚀

（一）腐蚀特征

电偶腐蚀又称为接触腐蚀或者电流腐蚀。这种破坏是由于电极电位不同的两种金属在电解质溶液中相互接触，使电极电位较低的金属遭受的腐蚀。其特征是腐蚀主要发生在两种不同金属相互接触的边缘附近，在远离边缘的地方，腐蚀要轻得多。如果电解质溶液中的两种金属互不接触，而有导线将其连接在一起，也会发生电偶腐蚀。

（二）腐蚀机理

电偶腐蚀是一种电化学腐蚀，其推动力是电位差。

（三）影响因素

1.金属材料

电偶序是按照所用金属和合金在具体使用介质中的电位（非平衡电位）所排列的顺序表。常应用电偶序来判断电偶腐蚀的倾向。通过相关手册可查到金属和合金在海水中的电偶序。值得注意的是电偶序只能用来判断腐蚀倾向，不能判断腐蚀速度。两种材料的极化率对电偶腐蚀的速度影响很大。

2.环境

环境的性质在很大程度上影响着电偶腐蚀的快慢，表2-1示出了钢和锌在不同液体介质中的腐蚀行为。锌和钢本身在液体中均受到腐蚀，当把它们偶接后，锌腐蚀加速，钢受到保护。在家用水中，当温度越过82 ℃时钢变为阳极，锌变为阴极，这是因为锌表面的腐蚀产物使锌表面的电位高于钢。再如，Fe-Cu偶接后在中性氯化钠溶液中铁为阳极，当介质中含有氨时，铜则变为阳极。

表2-1　介质中锌与钢未连接和连接的电位变化（单位：mV）

环境	未连接		连接	
	锌	钢	锌	钢
0.05 mol/L $MgSO_4$	0.00	−0.04	−0.05	+0.02
0.05 mol/L Na_2SO_4	−0.17	−0.15	−0.48	+0.01
0.05 mol/L NaCl	−0.15	−0.15	−0.44	+0.01
0.005 mol/L NaCl	−0.06	−0.10	−0.13	+0.02

3.距离

电偶腐蚀通常在接触点附近比较快，距离接触点愈远腐蚀速度愈小。距离的影响与溶液导电性有关，随着溶液电阻和接触电阻增加，腐蚀愈局限在接触点附近处，如当水的电阻比较高或者水比较纯时，电偶腐蚀导致明显的深沟。而在海水中，腐蚀沟槽就要宽得多。

4.面积

面积（或者说阴极与阳极面积之比）对电偶腐蚀影响很大。由于腐过程中阳极电流和阴极电流总是相等的，在电流一定时，阳极面积愈小，其电流密度愈大。大阴极小阳极时的腐蚀速度有时可达到两极面积相等时的1000倍。例如，当把在铜板上装铁铆钉、在铁板上装铜铆钉的两块试件放入海水中时，前者构成大阴极小阳极的情况，腐蚀比后者快得多。

电偶腐蚀的常见起因有两条：

（1）不同金属构成的电偶，当出现大阴极小阳极时，会加速电偶腐蚀；

（2）当两种金属间的绝缘层有电解液渗透或绝缘性能下降时，会引起电偶腐蚀。

（四）防止措施

1.结构设计

当两种不同金属彼此连接在一起时，应使之绝缘分开。当不同材料铆接、焊接或螺纹连接时（如容器器壁及内件、管道等），应尽可能使其形成大阳极小阴极的情况。设计时应尽量用易更换、价格低的材料做阳极。

2.选材

在条件允许的条件下，尽量选用相同材料或使用在介质的电偶序中位置靠近的金属相组合。

3.涂层保护

若采用金属涂层，应在两种金属上都沉积同一种金属涂层；若采用非金属涂层，应注意不仅要在阳极材料表面涂上涂层而且在阴极材料表面也要涂上涂层。

4.电化学保护

采用外加电源或另一种电位更负的金属，使两种金属都成为阴极。

5.加入缓蚀剂

加入缓蚀剂，改变介质的腐蚀性。

三、点腐蚀

（一）腐蚀特征

点腐蚀（孔蚀）是一种在局部地方产生腐蚀小孔，并向金属内部深处发展的腐蚀破坏形式。小孔一般是直径小深度大，而且常有腐蚀产物覆盖，不易检测。点腐蚀是破坏性和隐患较大的一种腐蚀形态。在相同条件下产生的点腐蚀坑的深度和数量变化较大，因此点腐蚀很难定量测量和对比，也很难用实验室试验的方法来预测。点腐蚀失效往往发生得极为突然。

（二）腐蚀机理

1.点腐蚀的形核过程

关于点腐蚀的形核过程目前有两种观点：一种观点认为，由于腐蚀性阴离子（如氯离子）半径小，穿透性强，很容易穿过钝化膜内小的孔隙，直接与金属接触形成可溶性的化合物，使表面产生点腐蚀；另一种观点认为，氯离子在金属表面优先吸附，并从金属表面把能够致钝的吸附氧排挤掉，使金属表面出现点腐蚀。

点腐蚀最容易发生在以下位置：

（1）晶界，如由于回火或焊接在晶界往往因析出碳化铬引起贫铬而出现点腐蚀；

（2）相界，如3RE60双相不锈钢往往在相界奥氏体侧出现点腐蚀；

（3）位错处；

（4）夹杂物处；

（5）应力集中处；

（6）钝化膜破坏处。

2.蚀孔的生长

点腐蚀成核以后，它的发展过程具有自催化性质，图2-1示出了金属在充气氯化钠溶液中的孔蚀过程，坑内金属快速地溶解，坑外相邻表面发生耗氧反应。随着点腐蚀过程的进行，一方面坑内坑外氧浓度的差别愈来愈大，坑外由于富氧而钝化；另一方面，孔内金属离子不断增加，为了保持电中性，蚀坑外阴离子（Cl^-）向孔内迁移，孔内氯离子浓度升高，可达到溶液中氯离子平均值的3～10倍；此外，孔内金属离子浓度升高并发生水解反应，$M^{n+}+n(H_2O)\rightarrow M(OH)_n+nH^+$，使坑内氢离子浓度升高，pH值降低。氢离子和氯离子均会加速金属的溶解，实际使金属处于HCl介质中。

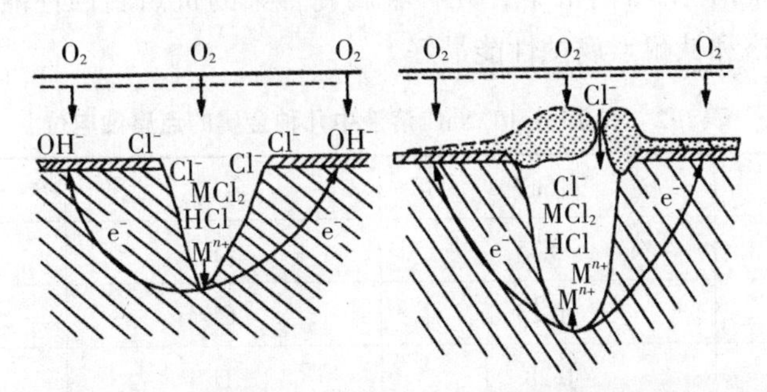

图2-1　金属在充气NaCl溶液中孔蚀过程示意图

随着腐蚀的进行，腐蚀产物$M(OH)_2$以及水中的可溶性盐如$Ca(HCO_3)_2$由于孔口介质pH值的变化转化成$CaCO_3$，沉积物一起在孔口沉积形成闭塞电池，这样孔内外物质交换更困难，而氯离子半径小，可迁入孔内，使得孔内金属氯化物浓度不断增大，水解后酸度进一步提高。这样，就构成了孔内活化-孔外钝化的腐蚀体系，使得坑内金属不断溶解，坑外表面发生氧的还原，使点腐蚀以自催化的方式不断加速发展，导致设备迅速破坏。

（三）影响因素

1.环境因素

（1）介质因素

不同材料发生点腐蚀的介质是特定的，如不锈钢易在含有卤素元素的离子（Cl^-、Br^-、I^-）中发生，而铜对SO_4^{2-}更为敏感。

大多数点腐蚀都是由氯离子引起的，而大多数水或水溶液都不同程度地含有氯离子，因此，实际由氯离子引起的点腐蚀破坏是很常见的。

$FeCl_3$、$CuCl_2$在没有氧的条件下也能引起点腐蚀，因为这些金属离子具有强烈的还原作用。这就是为什么点腐蚀研究经常选用$FeCl_3$作为介质的原因。

当金属的电位超过点腐蚀电位后，金属有发生点腐蚀的倾向。实验表明，点腐蚀电位随介质中Cl^-浓度的提高而下降。

（2）pH值

在碱性介质中，随着pH值的升高，点腐蚀电位变正，点腐蚀抗力提高，在酸性介质中，pH值影响不大。

（3）温度

温度升高，点腐蚀电位降低，点腐蚀抗力下降。

（4）流速

增加流速能够改善点腐蚀坑中的滞流状态，使点腐蚀减速。

2.材料因素

（1）金属成分

在25 ℃，0.1 mol/L NaCl溶液中，几种金属和合金的抗点腐蚀性能如表2-2所示。铝最易发生点腐蚀，铬和钛耐点腐蚀性能最好。

表2-2　在0.1 mol/L NaCl溶液中几种金属的点腐蚀电位

金属	E_b/mV	金属	E_b/mV
Al	−0.45	Zr	0.46
Fe	+0.23	Cr	1.0
Ni	0.28	Ti	1.20
18-8不锈钢	0.26		

在不锈钢中，加入Cr、Ni、Mo、V等元素，或当钢中含有铬时再加入Mo、N、Si等元素时，能提高其抗点腐蚀的能力。

（2）组织结构

提高组织结构的均匀性，可增强点腐蚀抗力。马氏体不锈钢和铁素体不锈钢的点腐蚀倾向比奥氏体不锈钢大。

（3）冶金质量

提高冶金质量，降低钢中硫含量或铝中铜、铁、硅含量，以降低金属中夹杂物的数量，可提高钢和铝抗点腐蚀的能力。

常见的引起点腐蚀失效的原因有：对于钝化材料，当金属的电极电位超过了点腐蚀电位时；当金属表面的钝化膜或者阴极性涂层破坏时；介质中有特殊离子，如Cl^-、Br^-等；设计原因，如造成静止状态的死角；制造原因，如焊接缺陷、有凹槽等。

（四）防止措施

1.选材

从材料角度考虑，降低有害杂质含量和碳含量，增加能提高抗点腐蚀能力的元素（如Mo、Cr、N等）。钛及钛合金抗点腐蚀能力很好。

2.改善介质条件

如降低溶液中Cl^-含量，减少氧化剂（如氧、Fe^{3+}、Cu^{2+}等）含量，降低温度，提高pH值，适当提高流速等。

3.改进设计

设计容器和管道等构件，尤其是不锈钢构件，焊后的构件表面应能酸洗，这样可使表面具有更好的耐点腐蚀能力。另外，酸洗介质中应尽可能不含杂质、铁、磷。各种形式的覆盖物和沉积物都是有害的。结构设计时尽可能消除死区，防止溶液中有害介质的浓缩。

4.钝化处理

本书第一章第一节已有讨论，这里不再赘述。

5.阴极保护

阴极极化使电位低于点腐蚀电位E_b，最可靠的是低于保护电位（图2-2），E_p是金属发生点腐蚀后，腐蚀电流达到一定值时再以一定速度对金属施加阴极极化，使金属重新建立钝态的电位。当金属的电位处于E_b和E_p之间时，表面已形成的点腐蚀坑继续扩展，但不再形成新的点腐蚀坑。E_p越接近E_b，钝化膜的修复能力愈强。

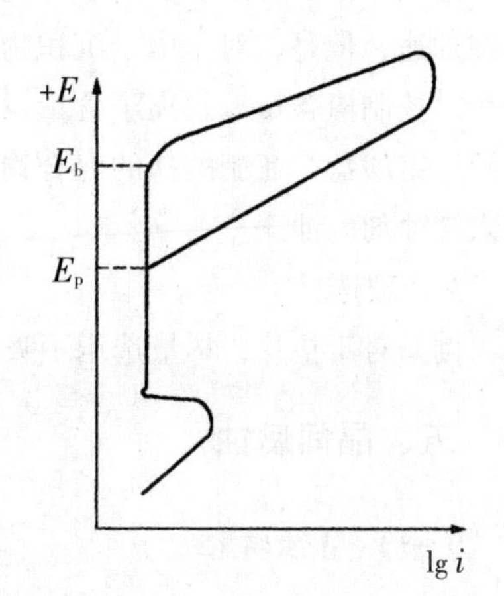

图2-2　可钝化金属环状阴极极化曲线

6.加入缓蚀剂

添加缓蚀剂有时很有利，但这种方法比较危险，因为如果加入缓蚀剂不能完全阻止点腐蚀，那么点腐蚀很可能会加速发展。

四、缝隙腐蚀

（一）腐蚀特征

缝隙腐蚀是金属与金属或非金属之间，由于存在缝隙，在腐蚀介质的作用下而发生的局部腐蚀。这种腐蚀常与搭接焊缝、螺纹连接、铆接、垫片底面、金属表面的沉积物（如灰尘、砂料、腐蚀产物沉积）等处存在少量不易流动的腐蚀介质有关。

缝隙腐蚀有以下特点：

1. 在所有金属与合金上均可发生缝隙腐蚀，尤其容易发生在靠钝化而耐蚀的金属及合金上；

2. 介质可以是任何侵蚀性溶液，酸性或中性，而含氯离子的溶液最易引起缝隙腐蚀；

3. 与点腐蚀相比，缝隙腐蚀更易发生。

（二）腐蚀机理

由于存在缝隙，其腐蚀机理与点腐蚀的发展机理类似，可以用缝隙内外氧及金属离子的浓度不同，形成了自催化的闭塞电池来解释。

（三）影响因素与防止措施

1. 几何形状

缝隙的宽度影响缝隙腐蚀的深度和速度。通常情况下，缝隙腐蚀发生在宽度为0.025～0.1mm的缝隙内。因此，应采用合理的结构设计，减少各种各样的缝隙。设计容器时要尽量避免死角。制造结束后要注意清除金属表面的沉积物（如焊渣等）。

2. 环境因素

溶液中的氧含量、氯离子含量的增加会加速缝隙腐蚀。流速增加，供氧量增加，缝隙腐蚀加速，但是，对于由于沉积物引起的缝隙腐蚀，流速增大会冲掉沉积物，使缝隙腐蚀减少。控制氧含量、氯离子含量以及流动速度，可降低缝隙腐蚀速度。加入缓蚀剂，如磷酸盐、铬酸盐、亚硝酸盐的混合物，对钢、黄铜、锌结构是有效的，也可在接合面上涂上加入缓蚀剂的油漆。

3. 合理选材

例如对于垫片，尽量选用不吸湿的材料。

五、晶间腐蚀

（一）腐蚀特征

晶界原子排列较为混乱，缺陷多，并且容易产生晶界吸附（S、P、B、Si等）或析出相（碳化物、硫化物、σ相等），这就使得晶界和晶粒内部化学成分有差别，导致晶界和晶内的物理、化学状态不同和电极电位不同。在特定的腐蚀介质中，晶界成为腐蚀电池的阳极，晶粒内部成为阴极，使得腐蚀沿着金属晶界发展，这样的腐蚀就称为晶间腐蚀。

晶间腐蚀的结果是在金属中形成了沿晶网状裂纹，使得晶粒之间失去结合力，金属强度大大下降，可能会引起突发性破坏。晶间腐蚀有可能作为应力腐蚀的裂纹源。因此，晶间腐蚀是危害性较大的腐蚀形态之一。

很多合金具有晶间腐蚀的倾向，如铁基合金（尤其是不锈钢）、镍基合金以及铝基合金等。

（二）腐蚀机理

1.奥氏体不锈钢的晶间腐蚀

引起奥氏体不锈钢晶间腐蚀的原因有以下几种：

（1）晶界碳化物析出

奥氏体不锈钢在许多介质中具有良好的耐蚀性，但如果将奥氏体不锈钢在450～850 ℃温度下保温或者缓慢地经过这一温度区间冷却，然后在一定的介质中就会发生晶间腐蚀，上述处理过程称为敏化处理。经敏化处理的奥氏体不锈钢在还原性或弱氧化性介质中，当处于活化-钝化过渡状态时，晶间腐蚀的倾向最大。

钢中碳化物的析出是由于碳在钢中的固溶度随温度下降而下降引起的，如在1050 ℃以上，可固溶0.1%～0.15%，在600 ℃时，固溶量低于0.02%。

有证据表明，敏化不锈钢晶界铬含量可降至很低甚至到零。这样，晶间腐蚀抗力很低，相当于两种不同成分的金属相接触，并构成了大阴极小阳极的状况。因此，晶间腐蚀很快，而晶粒内不腐蚀或腐蚀很少。

（2）晶界σ相析出

目前工业上已经生产出大量的低碳、超低碳不锈钢，因碳化物析出引起的晶间腐蚀已大为减少。但是，对于低碳，高铬、硅、钼含量的奥氏体不锈钢，如果在650～850 ℃之间长时间加热保温，易引起σ相在晶界上沉淀。σ相的析出，一方面引起晶界附近贫铬；另一方面，在过钝化电位下，σ相会发生严重的选择性腐蚀，因而引起了晶间腐蚀。当把奥氏体不锈钢置于强氧化性介质中时，自身处于过钝化状态，就会引起晶间腐蚀。

（3）晶界吸附

非敏化奥氏体不锈钢在强氧化性介质中（如硝酸加重铬酸盐），其自身处于过钝化状态。若晶界上的含磷量大于1×10^{-4}或含硅量大于1×10^{-3}，会产生晶间腐蚀。这一方面是由于在晶界上偏析了磷和硅等元素，使晶界能提高，或者改变了晶界及其附近区域的电极电位；另一方面，强氧化性介质加速了阳极过程，因而引起了晶间腐蚀。当含硅量大于3×10^{-3}后，晶间腐蚀倾向又会下降。

2.铁素体不锈钢的晶间腐蚀

铁素体不锈钢自900 ℃以上高温区快速冷却（水冷或空冷），在许多介质中都会产生晶间腐蚀，即使是含C（或N）量很低的铁素体不锈钢也难免发生晶间腐蚀，这种不锈钢的晶间腐蚀是由于在晶界上析出了碳化物，出现晶界贫铬引起的。

如果自高温缓冷，或对已形成贫铬区的铁素体不锈钢重新加热至650～850 ℃范围短时保温后缓冷，可消除贫铬区。另外，降低碳、氮含量，在钢中加入铌、钛等元素，也能降低晶间腐蚀倾向。

3.其他合金的晶间腐蚀

高强度铝合金（如Al-Cu合金、Al-Cu-Mg合金）依赖沉淀而强化，但在工业大气、海洋大气以及海水中都会因在晶界上析出第二相造成晶界贫铜或贫镁引起晶间腐蚀。同样，镍基合金、锌基合金也会发生晶间腐蚀。这些合金的晶间腐蚀都是由于析出相引起晶界某种元素贫化或沉淀相的选择性腐蚀引起的。

（三）影响因素

晶间腐蚀的发生应具备两个条件：一是金属或合金的晶界与晶粒本身的化学成分差异引起了电化学性质不同，使金属具有晶间腐蚀的倾向；二是腐蚀介质应能显示出晶粒与晶界的电化学性质不均匀性。虽然晶间腐蚀与介质有很大的关系，但主要影响因素还是合金的组织结构。由于奥氏体不锈钢在生产中的应用面广量大，这里以奥氏体不锈钢为例，讨论影响晶间腐蚀的因素。

1.热处理温度和保温时间的影响

图2-3示出18Cr-9Ni钢（0.05%C，1250 ℃固溶处理）在$H_2SO_4+CuSO_4$溶液中晶界$Cr_{23}C_6$沉淀与晶间腐蚀的关系。可以看出，两者发生的温度及时间范围并不完全一致。在低温两者符合较好；高温下（高于750 ℃）析出的碳化物是孤立的颗粒，Cr扩散也较快，不易产生晶间腐蚀；600～700 ℃易析出连续网状的$Cr_{23}C_6$，晶间腐蚀倾向最严重；低于600 ℃，Cr和C的扩散速度随温度降低而变小，碳化物的析出需要更长的时间，低于450 ℃就很难产生晶间腐蚀。

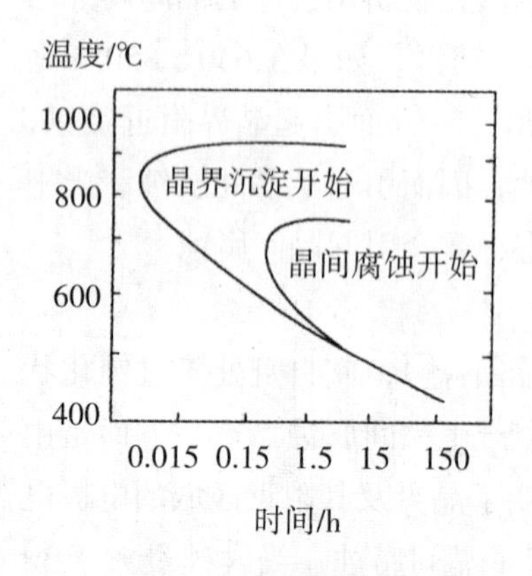

图2-3 18Cr-9Ni不锈钢晶界$Cr_{23}C_6$沉淀与晶间腐蚀的关系

2.合金成分的影响

奥氏体不锈钢中碳含量越高，晶间腐蚀越严重。铬、铌由于可降低碳的活度，有利于减弱晶间腐蚀倾向。镍、硅可提高碳的活度，降低碳在奥氏体中的溶解度，促使了碳的扩散和碳化物的析出。钛、铌与碳的亲和力较强，高温时能形成稳定的碳化物TiC、NbC，大大降低了钢中碳的固溶量，使铬的碳化物难以析出，降低了晶间腐蚀倾向。加入0.004%～0.005%的硼，由于硼在晶界上吸附，减少了碳、磷在晶界的偏析，降低了晶间腐蚀的倾向。

3.焊接的影响

奥氏体不锈钢焊接后，由于在母材上出现了与敏化温度相当的热影响区，在焊缝附近会产生焊缝腐蚀。

靠近熔合线狭窄的金属带上发生的焊缝腐蚀又称为刀线腐蚀。关于刀线腐蚀的机理有两种观点：一种认为由于碳化物析出引起晶界贫铬；另一种认为由于析出的碳化物发生了选择性腐蚀。含钛、铌等稳定化合金元素不锈钢焊接时易产生刀线腐蚀，但不易发生晶间腐蚀。

4.晶粒大小的影响

随着晶粒尺寸的增大，晶间腐蚀的敏感性增加。

5.加工工艺的影响

敏化前冷加工，改变了碳化物形核的位置，使沉淀相在晶内滑移带上析出，减少了晶界上的析出量，可提高奥氏体不锈钢耐晶间腐蚀的能力。

常见的引起晶间腐蚀的原因：

（1）不锈钢在酸性溶液中最易产生晶间腐蚀。这些酸包括浓度为50%～100%的热硝酸、含铜盐和铁盐的硫酸、硫酸和硝酸的混合液、氢氟酸和硝酸的混合液以及热的有机酸。但在海水中的实践表明，不能完全排除在中性介质中出现晶间腐蚀的可能性。

（2）材料的热加工和焊接均可产生不同程度的敏化，导致晶间腐蚀的发生。

（四）防止措施

1.降低碳含量

碳含量降至0.03%以下，一般情况下焊后不出现晶间腐蚀。不出现晶间腐蚀的极限碳含量与铬、镍等元素含量有关。

2.添加钛、铌等稳定化元素

这些元素和碳有很大的亲和力，可以形成难溶的碳化物，从根本上消除了碳化铬析出的可能性。

3.调整成分以获得奥氏体-铁素体双相组织

例如，含0.07%C、7%Ni和22%Cr的钢因含有30%～40%的铁素体，在950 ℃以下保温，或950 ℃以上保温，随后在700～850 ℃回火处理后，在任何温度下回火均无晶间腐蚀倾向。

4.敏化前进行冷加工

冷加工改变碳化物形核位置，减小晶界上的析出量，提高抗晶间腐蚀能力。

5.细化晶界

晶界易产生氧化、局部熔化和腐蚀等，因此需细化晶界。

6. 固溶处理

固溶处理是材料科学实验中常见的加工处理工艺，其目的是使合金中各种相充分溶解，强化固溶体，并提高韧性及抗蚀性，消除应力与软化，以便继续加工或成型。

六、选择性腐蚀

选择性腐蚀是指一种多元合金中较活泼组分的优先溶解。这个过程是化学成分的差异引起的。合金中较贵的金属为阴极，较贱的金属为阳极，构成了腐蚀原电池。

（一）常见的选择性腐蚀

1. 黄铜脱锌，即锌从黄铜中首先溶解出来；
2. 铸铁的石墨化，即铸铁中的铁选择性溶解，剩下石墨骨架；
3. 铝黄铜脱铝；
4. 硅青铜脱硅；
5. Co-W-Cr合金脱钴等。

（二）黄铜脱锌

黄铜脱锌有两种情况：一种是均匀型或层状腐蚀，常发生于含锌量较高的合金中，而且总是发生在酸性介质中；另一种是局部脱锌，形成孔洞，常发生于含锌量较低的黄铜中及中性、碱性或弱酸性介质中，如热水对黄铜管的腐蚀。

在黄铜中加砷（约0.04%）、降低介质中的氧含量、阴极保护均可减轻或防止黄铜脱锌。

（三）铸铁的石墨化

灰口铸铁中的石墨以网络状分布在铁素体内，在介质为盐水、土壤（尤其含硫酸盐的土壤）或极稀的酸性溶液中，发生了铁基体的选择性腐蚀，而石墨沉积在铸铁表面。看起来似乎“石墨化”了，因此称作石墨化腐蚀。石墨化腐蚀常发生在长期埋在土壤中的灰口铸铁管道上。

七、氢鼓包

金属的氢损伤是指金属中由于氢的存在或氢与金属相互作用，造成力学性能恶化的总称。氢在金属中造成的损伤有化学原因引起的氢腐蚀、电化学原因引起的氢鼓包和电化学-力学因素引起的氢脆等形式。

当金属表面由于腐蚀反应或阴极保护而产生氢时，一部分氢以原子态扩散进入金属材料内部，在金属材料内部的夹杂或者第二相界面处结合为氢分子。由于氢的不断扩散，在这些部位氢气压力不断升高（有时可达10 GPa），可使金属材料内部产生鼓包以致裂纹。这种破坏形式就称为氢鼓包。

氢鼓包主要发生在含硫化氢的酸性水溶液中，在室温时出现氢鼓包的可能性最大。提高或降低温度，可减少这种破坏。油气管线如在60～200 ℃下工作，一般不出现氢鼓包。在石油化学工业中，如贮罐和石油炼制设备，经常发生氢鼓包。

可以采用以下措施防止氢鼓包：

1.使用镇静钢

沸腾钢易于产生空洞，使用镇静钢可大大提高抗氢鼓包的能力。

2.使用涂层

金属涂层、有机涂层、无机非金属涂层以及衬里常常用来防止钢制容器的氢鼓包。涂层或者衬里必须能阻止氢的渗入并且能抵抗容器内介质的腐蚀。在容器内壁堆焊奥氏体不锈钢或镍基合金以及采用橡胶涂层、塑料涂层和衬里常常用于此目的。

3.使用缓蚀剂

缓蚀剂可减小腐蚀速度和氢离子还原的速度，因而可以防止氢鼓包。但是，缓蚀剂主要用于密闭系统，在单循环系统中应用受到限制。

4.去除有害成分

氢鼓包常常发生于含有有害成分（如硫化物、砷化物、氰化物以及磷离子）腐蚀性介质中，在石油加工过程的流体中常会遇到这类有害成分。因此氢鼓包是石油工业中经常遇到的一个问题。

5.改变材料

氢在含镍钢和镍基合金中的扩散速度很小，这些材料常用于防止氢鼓包。

第二节　电化学和力学因素引起的金属腐蚀形式

一、氢脆

（一）氢脆特征

在一些介质中，由于腐蚀或其他原因引起氢原子渗入金属内部，使金属的塑性下降的现象称为氢脆。金属中由于氢的存在而在应力作用下发生延迟断裂的现象称为氢致开裂。在大多数情况下，氢脆断口呈穿晶型，宏观上看不出材料发生塑性变形。

经去氢处理后，氢脆倾向能够减小或消除的氢脆称为可逆氢脆。氢已造成了永久性的损伤，经去氢处理氢脆现象不能消除的氢脆称为不可逆氢脆。

氢脆有如下特点：

(1) 在时间上属于延迟断裂，材料受到应力和氢的共同作用后，经历了裂纹形核、亚临界扩展、失稳断裂的过程，因而是一种滞后断裂。

（2）钢中氢浓度增加，钢的临界应力下降。

（3）对缺口敏感，在其他条件相同时，缺口曲率半径越小，越易发生氢脆。

（4）氢脆一般发生在-100～100 ℃的温度范围内，在室温附近最严重。

（5）应变速度越小，氢脆越敏感。

酸性油气田钻井设备、炼油厂设备、合成氨设备以及液态煤气、石油气贮罐等经常发生开裂。研究表明，这是由于环境中的硫化氢引起的。由于这些设备通常使用低合金高强度钢制造，这种破坏被称为低合金高强度钢的硫化物应力腐蚀开裂。这种开裂是氢脆引起的。

高强度钢（屈服强度大于900 MPa）在含硫化氢环境中容易发生滞后断裂，这种断裂表明主要与钢中的氢有关，而不属于阳极溶解型的应力腐蚀。

（二）氢脆机理

对于氢脆的机理研究还不够清楚。人们普遍认为在应力作用下氢会富集在缺口或裂纹尖端的三向拉应力区。但富集的氢如何引起材料的塑（韧）性和断裂应力下降，导致断裂，目前有不同认识。主要有以下五种观点：

1.晶格弱化机制

这种理论认为，钢受拉应力作用时，缺陷尖端塑性变形区形成了三向拉应力场。氢向应力场中扩散，达到临界浓度时，铁晶格原子间结合力降低而脆化。这种理论可以解释氢脆的各种特征，得到了广泛的支持。

2.吸附机制

这种理论认为，金属表面吸附了氢以后，降低了开裂功，因此，激发了裂纹扩展。

3.氢压机制

当金属的缺陷中富集了过饱和的氢时，氢原子结合成氢分子，给这些位置造成很大的内压，因而降低了裂纹扩展所需的外应力。

4.氢促进局部塑性变形从而促进断裂机制

该理论认为，氢促进了应力集中处产生的塑性变形，当此局部塑性变形达到临界值时就形成了微裂纹。

5.形成氢化物机制

这种理论认为，在裂纹尖端有氢化物脆性相形成，周围引起了应力集中，从而引起了金属的脆化。这种理论可以解释钛及其合金以及铌等的氢脆。

（三）影响因素

温度、应变速率、缺口以及含氢量的影响这里不做讨论，只讨论冶金因素的影响。

1.成分

钢中碳、硫、磷、锰、硅有提高钢氢脆倾向的作用；而适当加入铜、铝、钛、钨、稀土等元素，可以降低氢脆倾向。

2.组织与性能

就对石油和天然气开发有重大意义的低合金调质钢来说，材料硬度增加，氢脆敏感性也增加。通常调质钢优于正火钢。

3.冶金质量

减少杂质元素如锑、锡、砷等的含量，减少夹杂物的数量，减小夹杂物的尺寸，改善夹杂物的形状均能减小氢脆倾向。

（四）防止措施

1.添加缓蚀剂

在介质中加入抑制析氢反应的缓蚀剂或者加入能促进氢原子结合为氢分子的添加剂或者加入能阻止氢在金属表面吸附和进入金属内部的添加剂，均能降低氢脆倾向。在酸洗过程中，由于基体金属腐蚀会产生氢而发生氢脆，添加缓蚀剂可大幅度降低基体金属的腐蚀从而减小氢脆倾向。

2.改变电镀条件

电镀过程中也会由于氢的析出而引起氢脆，这可用选择合适的电镀槽和仔细控制电镀电流来控制。

3.去氢处理

对已含过量氢的钢进行去氢处理（在100～150 ℃下保温一定时间）可降低或者消除钢的氢脆倾向。炼油厂加氢精制和加氢裂化装置通常采用热态开停工制度（即开工时先升温后升压，停工时先降压后降温）来防止氢脆的发生。

4.选材

高强钢对氢脆非常敏感。由于强度与硬度有密切关系，美国腐蚀工程师协会（NACE）推荐HRC<22作为酸性油气田选材的标准。在合金中加入Al、Ti、V、B等元素对低合金钢抗H_2S性能有益。加入Ni、Mo也能降低氢脆倾向。在存在氢脆倾向构件的焊接中应选用低氢焊条并使焊条保持干燥。

二、应力腐蚀开裂

（一）应力腐蚀开裂特征

应力腐蚀开裂是指金属材料在固定的拉应力和特定的腐蚀介质的共同作用下所引起的破坏现象。很多人把腐蚀介质中的所有开裂破坏都归为应力腐蚀，其中也包括氢脆开裂。但是应力腐蚀和氢脆这两类破坏还是有差别的。例如，阴极保护对防止应力腐蚀很有效，但它有加速氢脆的作用。产生应力腐蚀开裂的拉应力既可以是外加的，也可以是由于冷加工、焊接或机械约束等残留下的。压应力可以减小应力腐蚀破坏的倾向。腐蚀介质必须是特定的，而不是任意的。只有一定的材料与一定的介质相组合才会发生应力腐蚀破坏。

油气田开发、石油加工、化学工业、冶金工业及造船工业中的设备及构件经常发生应力腐蚀失效。这种失效形式是在构件没有宏观塑性变形的情况下发生的脆断，很难预测。因此，危害性很大。

应力腐蚀破坏的两个典型事例是黄铜的“季裂”和碳钢的“碱脆”。“季裂”是指在热带的雨季里，黄铜制造的子弹外壳从弹壳向弹头皱缩部位发生的开裂。这是由于当地环境中的有机物分解出氨与弹壳内拉应力共同作用而引起的应力腐蚀破坏。“碱脆”是指在以前的蒸汽机车中，发现铆接的锅炉曾多次发生爆炸，而且在铆钉孔处有裂纹。这是由于这些部位在铆接时受到冷加工，在运转过程中又有氢氧化钠白色沉积物生成，这样，在烧碱与拉应力共同作用下引起了碳钢的脆断。

应力腐蚀开裂一般是先出现微裂纹，裂纹逐渐扩展，达到临界尺寸，此时裂纹尖端应力强度因子达到发生失稳程度，造成设备泄漏或爆炸。应力腐蚀开裂在宏观上属于脆性断裂，即使塑性很高的材料也是这样。应力腐蚀的裂纹有晶间型、穿晶型和混合型三种。裂纹扩展途径与具体的金属-环境体系有关。同一材料如果环境条件变化，裂纹扩展途径也可能改变。应力腐蚀裂纹的主要特点是：裂纹起源于表面；裂纹的长宽不成比例，相差几个数量级；裂纹扩展方向一般垂直于拉应力的方向；裂纹一般呈树枝状。

（二）应力腐蚀开裂机理

尽管已经提出了十几种不同的理论来阐述金属在特定环境条件下才会产生应力腐蚀破坏的机理，但至今尚无统一的见解。目前较有影响的有阳极溶解为主的机制、氢脆机制和吸附机制等。吸附机制认为，环境中某些侵蚀性物质吸附在裂纹尖端，降低了形成新表面所需的能量，使开裂应力降低。阳极溶解为主的理论认为，应力腐蚀开裂要经历膜破裂—溶解—开裂三个阶段。

1.膜破裂

金属表面膜可能由于化学方式或机械方式而发生局部破坏，尤其是晶界处的膜往往不完整，更容易破坏。化学方式破坏是指若腐蚀电位比点腐蚀电位更正，则局部的膜被击穿，形成点腐蚀，在应力作用下可由点腐蚀坑底部引发应力腐蚀裂纹；机械方式破坏是由于膜的延性和强度一般较基体金属差，受力变形后往往使局部的膜破裂。在裂纹尖端被膜覆盖的情况下，由于应力、应变集中，此处的膜更容易破裂。晶界处缺陷及杂质较多，膜往往不完整，容易产生晶间断裂。膜局部破裂后，裂纹在此形成。

2.溶解

裂纹形核后，裂纹尖端快速溶解，而裂纹侧面则保持钝态。裂纹的特殊几何形状构成了一个闭塞区，存在着裂纹尖端高速溶解的电化学条件，而应力与材料为快速溶解提供了择优腐蚀的途径。裂纹可能沿着晶界等预先存在的活性途径扩展，也可能沿着应变产生的活性途径扩展。

3.断裂

不论应力腐蚀过程由哪种机制控制，只要应力腐蚀裂纹扩展到临界尺寸，便会发生纯机械的失稳断裂。

（三）影响因素与防止措施

影响金属应力腐蚀开裂的因素有冶金、力学和环境三个方面，防止应力腐蚀开裂也应从这三方面着手。

1.冶金因素

对不同的介质选择不同的抗应力腐蚀开裂的材料。如碳钢在海水、盐水中可用作换热器的材料；双相不锈钢可在高温高压水中代替奥氏体不锈钢；硅、镍等元素可提高不锈钢抗应力腐蚀的能力。

2.力学因素

应力的大小、分布、加载速率及方式等均影响应力腐蚀开裂。研究表明，加载速率在10^{-7}～10^{-5} s的范围内，金属的应力腐蚀倾向最大，拉伸加载比弯曲加载的应力腐蚀倾向大。

从力学角度可采用以下措施防止应力腐蚀开裂：

（1）降低设计应力；

（2）改进结构设计和加工工艺以降低应力集中；

（3）热处理消除残余应力；

（4）采用喷丸、滚压、锤击等方法使金属表面产生残余压应力。

3.环境因素

影响应力腐蚀开裂的环境因素有激发应力腐蚀的特定介质的种类、含量、温度等。腐蚀体系不同，影响的规律和程度就不同。例如，若介质中存在氯离子，将激发不锈钢、铝合金、钛合金的应力腐蚀开裂。但在碳钢-NO_3^-体系中，加入氯离子可减缓应力腐蚀破坏。

从环境角度可采用以下措施防止应力腐蚀开裂：

（1）采用阴极保护；

（2）加入缓蚀剂；

（3）减弱介质的腐蚀性，如奥氏体不锈钢在中性氯化物溶液中容易发生应力腐蚀，但只要使介质的氧含量低于1×10^{-6}就不会发生应力腐蚀。

三、腐蚀疲劳

（一）腐蚀疲劳特征

腐蚀疲劳是指金属在腐蚀性介质和交变应力的联合作用下引起的一种破坏形式。在石油及石油化工、化学工业、海洋开发业、造船工业、航空航天、煤矿等领域中经常发生腐蚀疲劳。

腐蚀疲劳与机械疲劳的差别可用断口是否有腐蚀产物覆盖来鉴别。腐蚀疲劳不存在疲劳极限。

腐蚀疲劳与应力腐蚀的差别在于：

1.应力腐蚀的应力是恒定拉伸应力，而腐蚀疲劳的应力是交变的。

2.腐蚀疲劳在绝大多数金属或合金中都发生，不要求特定介质。

3.腐蚀疲劳裂纹较多，只有主干，没有分支，主要是穿晶的；而应力腐蚀裂纹较少，分支多，可以是穿晶型，也可以是晶间型。

（二）腐蚀疲劳机理

由于腐蚀疲劳本身的复杂性，到目前为止，对腐蚀疲劳的机理还没有完全搞清楚。下面分别介绍两种有代表性的腐蚀疲劳模型：

1.蚀孔产生应力集中模型

该模型认为，腐蚀环境使金属表面形成蚀孔，在孔底应力集中处产生滑移，滑移台阶的溶解使逆向加载时，表面不能复原，成为裂纹源，反复加载，裂纹不断扩展。

2.滑移带优先溶解模型

该模型认为，在交变应力作用下产生驻留滑移带，挤出挤入处由于位错密度高或杂质在滑移带沉积等原因，使原子具有较高的活性，故受到优先腐蚀，导致腐蚀疲劳裂纹形核，变形区为阳极，未变形区为阴极，在交变应力作用下裂纹不断扩展。

当腐蚀疲劳裂纹扩展到裂纹尖端最大应力场强度因子接近金属的断裂韧性时，裂纹失稳扩展。

（三）影响因素

1.力学因素

（1）当频率很高时，腐蚀的作用不显著，以机械疲劳为主。频率很低时，与静拉伸应力作用下的应力腐蚀相似。当频率在0.01～0.1 Hz时，裂纹扩展速率最大。

（2）疲劳加载方式的影响按顺序排列：扭转疲劳>旋转弯曲疲劳>拉压疲劳。

（3）应力波形也有影响，其影响比较复杂。

2.环境因素

介质的成分、浓度、pH值、温度等对金属的腐蚀疲劳均有影响。介质的腐蚀性越强，腐蚀疲劳强度越低，但当腐蚀性过强时，形成疲劳裂纹的可能性减小，反而使裂纹扩展速率下降。一般pH<4时，疲劳寿命较低；pH在4～10之间时，疲劳寿命逐渐增加，pH>12时，与纯疲劳寿命相同。随着温度升高，材料的耐腐蚀疲劳性能下降。

3. 材料因素

耐蚀性较高的金属，如钛、不锈钢等，对腐蚀疲劳的敏感性较小；耐蚀性较差的金属，如高强铝合金、镁合金等，对腐蚀疲劳的敏感性较大。热处理对碳钢、低合金钢腐蚀疲劳行为的影响较小，提高强度的热处理有降低腐蚀疲劳强度的倾向。但细化晶粒提高钢的腐蚀疲劳强度。对不锈钢来说，某些提高强度的热处理可提高腐蚀疲劳强度。

（四）防止措施

1. 表面涂层，如镀锌可延长钢丝在海水中的疲劳寿命。

2. 表面处理，如喷丸、氮化、高频淬火等，使表面层形成残余压应力。

3. 改变结构，减少部件内应力。

4. 加入缓蚀剂。

5. 阴极保护。阴极保护已广泛用于防止海洋金属结构的腐蚀疲劳。

四、磨损腐蚀

相互接触的物体发生相对运动时，表面会产生磨损损伤。若在两物体的接触表面有腐蚀介质存在，这种损伤就会加剧，即所谓磨损腐蚀。当相对运动的物质之一是气体、液体或含有悬浮固体或气泡的液体时，机械损伤和电化学反应的共同作用会造成冲蚀、空蚀等破坏，如磷肥厂的中和搅拌桨、管道弯头，油气田中的泥浆泵叶轮和旋流除砂器锥筒等。当这种相对运动的物质是固体时，机械损伤与化学或电化学反应的共同作用可能造成滑动磨损腐蚀或者微动腐蚀。

（一）常见的磨损腐蚀

这里仅介绍三种磨损腐蚀：冲蚀腐蚀、空泡腐蚀和微动腐蚀。

1. 冲蚀腐蚀

冲蚀腐蚀是流体粒子冲击材料表面所引起的磨损腐蚀。造成冲蚀腐蚀的原因在于流体既加速了腐蚀剂的供应，又附加了一个流动介质对金属表面的切应力，加速了腐蚀，并使腐蚀产物一形成即被冲走。如果流体中含有气泡或固体颗粒，会增强表面切应力的作用，加速冲蚀腐蚀。遭受冲蚀腐蚀的金属表面常出现深谷和凹槽。

2. 空泡腐蚀

空泡腐蚀又称气蚀或空蚀，是指腐蚀介质与金属构件做高速相对运动时，在金属表面的局部区域产生湍流，在金属表面上伴随有气泡的反复形成和崩溃而引起金属破坏的一种特殊腐蚀形态。在高速流体有压力突变的区域，容易发生空泡腐蚀。例如，水轮机叶片和轮船螺旋桨的背面及离心泵叶轮叶片所发生的腐蚀。空泡腐蚀的外表类似孔蚀，只是表面比较粗糙，蚀孔分布更密。

3.微动腐蚀

微动腐蚀是指两个相互接触的金属表面由于振动而产生微小幅度的滑动振动，导致金属表面损伤的现象。由于滑动幅度很小，金属磨粒不易逸出，因此，这种损伤可能同时存在黏着磨损、磨粒磨损和腐蚀的共同作用。接触部位有腐蚀产物。如换热器管与折流板之间、钢丝绳以及铁轨上上紧的螺栓与垫片之间等经常发生这类破坏。

（二）防止磨损腐蚀的措施

防止或减轻磨损腐蚀可以从选材、结构设计、降低流速、控制环境、表面涂层和阴极保护等方面考虑。

1.选材

由于影响磨损腐蚀的因素多且复杂，要根据具体的工作条件、结构形状、使用要求、经济和工艺等因素，综合分析，参考有关手册、资料进行选材，有时要研制新材料。例如，对冲蚀腐蚀，要综合考虑材料的耐蚀性和力学性能。对于大角度（接近90°）冲蚀，要选择弹性好的材料；对于小角度冲蚀，要选择硬度高的材料。

2.结构设计

合理设计可以减少磨损腐蚀，延长使用寿命。如增加管径，减小流速，以获得层流。避免容易造成冲蚀的截面变化的设计，可以减少冲蚀腐蚀。采用整体结构，用焊接、粘接代替其他连接，避免相对运动，可减轻微动腐蚀。增大弯头直径并使弯头流线形化能减轻冲蚀腐蚀。

3.表面涂层

根据具体情况合理选取。

4.阴极保护

阴极保护对减少冲蚀腐蚀有作用，但还未受到普遍重视。

5.控制环境

控制环境温度、pH值、氧含量，加入缓蚀剂，去除介质中有害成分，均可减少磨损腐蚀。

第三节　化学因素引起的金属腐蚀形式

一、高温气体腐蚀

石油化工生产中，很多设备在高温气体环境下工作，如合成氨转化炉、废热锅炉、乙烯裂解炉等。金属材料在热加工过程中也是处于高温气体环境中。在高温下，金属与含氧、含硫、含卤素等气体接触时发生反应，在其表面生成氧化物、硫化物、卤素化物等固体膜。这种现象称为金属的氧化。金属的氧化有两种含义：狭义的氧化是指金属与环境介质中的氧化合生成金属氧化物的过程；广义的氧化是指金属与介质作用失去电子的过程，氧化反应产物可以是氧化物，也可以是硫化物、卤化物、氢氧化物等。

（一）钢铁的高温气体腐蚀

1.高温氧化

钢铁在空气中加热时，在低温下（200～300 ℃），表面已经开始出现可见的氧化膜。随着温度的升高，氧化速度逐渐增大。在570 ℃以下，氧化膜由Fe_3O_4和Fe_2O_3组成；在570 ℃以上，氧化层由三种氧化物FeO、Fe_3O_4和Fe_2O_3（从内到外）组成。这些氧化物中，FeO结构疏松，易破裂，保护性差，而Fe_3O_4和Fe_2O_3结构致密，具有较好的保护性。因此，在570 ℃以下，钢铁的氧化速度较小，而在570 ℃以上，氧化层中出现大量有晶格缺陷的FeO，使Fe^{2+}易于扩散，氧化速度很大。表2-3给出了钢在热空气中的氧化速度。

表2-3　钢在热空气中的氧化速度

温度/℃	腐蚀率/mg·dm^{-2}·d^{-1}	温度/℃	腐蚀率/mg·dm^{-2}·d^{-1}	温度/℃	腐蚀率/mg·dm^{-2}·d^{-1}
100	0	500	62	900	5710
200	3.3	600	463	1000	13500
300	12.7	700	1190	1100	20800
400	45	800	4490	1200	39900

注：表中的腐蚀率是低碳钢在给定温度下的空气中暴露24 h后测得。

钢铁在570 ℃以上氧化膜的成长过程如图2-4所示。FeO为P型半导体，Fe^{2+}空位浓度较高（可达9%～10%），使得Fe^{2+}在其中快速向外扩散，在FeO/Fe_3O_4界面与O^{2-}结合生成FeO，膜厚增加很快。Fe_2O_3为N型半导体，具有O^{2-}空位，O^{2-}向内扩散，在Fe_2O_3/Fe_3O_4界面与Fe^{2+}、Fe^{3+}结合成Fe_2O_3·Fe_3O_4。Fe_3O_4中P型半导体占优势，其导电率比FeO低得多。这层膜的成长过程中，离子导电的80%是Fe^{2+}的向外扩散，20%是O^{2-}向内扩散。

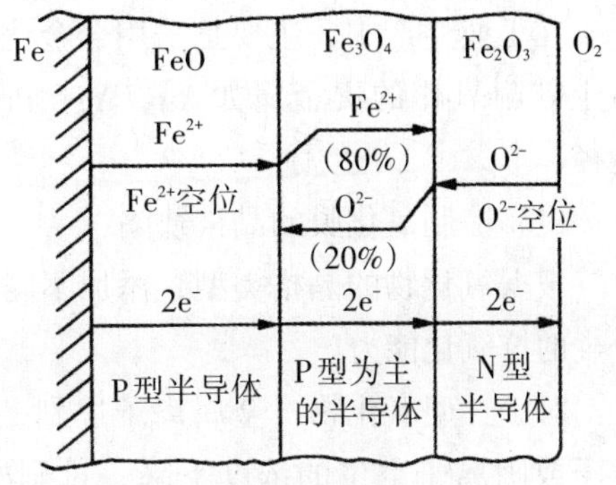

图2-4　在570 ℃以上空气中钢表面氧化层的形成

2.脱碳

钢在氧化过程中常伴随着脱碳现象。钢的高温脱碳是指在高温气体作用下，钢的表面在生成氧化膜的同时，与氧化膜相连接的金属表面层发生渗碳体减少的现象。这是由于当高温气体中含有O_2、H_2O、CO_2、H_2等成分时，钢中渗碳体与这些气体发生下述反应：

$$Fe_3C+O_2=3Fe+CO_2$$

$$Fe_3C+H_2O=3Fe+CO+H_2$$

$$Fe_3C+CO_2=3Fe+2CO$$

$$Fe_3C+2H_2=3Fe+CH_4$$

脱碳过程中产生了气体，破坏了表面膜的完整性，降低了膜的保护性，加快了氧化过程。同时由于钢表层的渗碳体减少，表层硬度和强度都大幅度下降，降低了工件的耐磨性和疲劳强度。渗碳体与氢气作用生成甲烷的过程就是氢腐蚀。

3.硫化

高温气体中常含有S蒸气、SO_2或H_2S等成分，这些成分可起氧化剂的作用。金属和高温含硫介质作用生成金属硫化物而变质的过程称为金属的高温硫化。高温硫化对炼油厂设备的破坏是很严重的。在加工含硫原油时，在设备高温部分（240～425 ℃）会出现高温硫的均匀腐蚀。腐蚀过程中，首先是有机硫化物转化为H_2S和元素S，它们的腐蚀反应如下：

$$Fe+H_2S \rightarrow FeS+H_2$$

H_2S在350～400 ℃仍能分解出S和H_2，分解出的元素S比H_2S的腐蚀还激烈：

$$Fe+S \rightarrow FeS$$

硫化作用比氧化作用快。在大气或在燃烧产物（烟气）中有含S气体存在时，都会加速金属的腐蚀破坏。

4.铸铁的“长大”

铸铁的“长大”是指腐蚀性气体（如SO_2）沿着晶界、石墨和细裂缝渗进铸铁内部并发生了氧化，由于氧化产物的体积较大而加大了铸铁的尺寸，使工件的几何尺寸改变，机械强度下降。

（二）防止高温气体腐蚀的途径

1.通过合金化提高合金的抗氧化性能

在工业生产中，主要是采用合金化的方法来提高金属的抗高温氧化性，一般不采用本质上就耐氧化的贵金属如Au、Ag、Pt等。利用合金化提高金属的抗氧化性有以下四种途径：

（1）控制氧化膜的晶格缺陷

根据氧化物的晶格类型，添加不同的合金元素，可以控制氧化物中的晶格缺陷，增大合金的抗氧化能力。

对于N型氧化物（金属离子过剩，如ZnO等），加入较高价的金属元素，使间隙金属离子或阴离子空位的浓度下降，过剩电子的浓度增加，可降低由扩散控制的氧化速率。例如，在Zn中加入0.1%～1%原子数的Al时，Zn在390 ℃的氧化速度降至原有速度的1/100～1/200。

对于P型氧化物（金属离子不足，例如NiO、CoO等），加入较低价的金属元素，使阳离子空位或间隙阴离子的浓度下降，增加了电子孔洞的数量，扩散控制的氧化速度降低。如在Ni中加入Li。

这种方法只有在添加的合金组分的氧化物与基体金属的氧化物能够互溶时才有效。

（2）生成具有保护性的稳定新相

加入的合金元素与基体金属的氧化物能够互溶形成新相，使反应物质在其中的扩散速度非常小，可提高金属的抗氧化性能。例如，在金属离子不足的P型氧化物（如FeO、NiO）中加入少量的铬，由于铬的原子价较高而使金属离子空位缺陷增多，氧化加快。但是，当合金中加入的铬量超过10%时，生成了$FeO \cdot Cr_2O_3$或者$NiO \cdot Cr_2O_3$新相。在这类尖晶石型的复合氧化物膜中，不是由于晶格缺陷减少，而是由于离子移动所需的激活能增加，使得离子在其中扩散困难，因而，显示出优异的抗氧化性能。

（3）通过选择性氧化形成保护性氧化膜

通过加入与氧亲和力更大的合金元素的优先氧化，生成晶格缺陷少而薄的氧化物膜，这种合金元素的添加量必须适当，使得生成只有添加合金组分的保护膜，这样才能使基体金属的氧化速度降低，显示出抗氧化性，这种现象称为选择性氧化。

合金元素的离子半径应比基体金属离子半径小，这样有利于合金元素向表面扩散，便于优先生成仅由该合金元素组成的氧化膜。合金元素离子半径比基体金属离子半径小得愈多，愈易发生选择性氧化。另外，在同一合金系中，合金元素加入量越多，越能在低的加热温度下发生选择性氧化。例如，对钢铁而言，在含Cr18%以上或者含Al10%以上，发生选择性氧化，形成Cr_2O_3或Al_2O_3氧化膜，可对钢铁的氧化起到保护作用；对于Fe-Si合金，当Si含量为8.55%时，1000 ℃加热，在极薄的Fe_2O_3膜下，生成SiO_2保护膜。如果几种合金元素联合加入，则发生选择性氧化的各合金组分含量可以减少。

（4）增加氧化物膜与基体金属的结合力

在合金中加入稀土元素，可增加氧化物膜与基体金属的结合力，使氧化膜不易破坏，显著提高其抗氧化能力。

2.表面涂层

高温涂层分两大类：第一类在高温下可生成抗氧化保护层，如Ni、Cr、Al和Ni基合金涂层以及钢铁表面的渗Cr、渗Al层等；第二类本身就是稳定的耐蚀材料，如Au、Ag、Pt以及陶瓷等。

3.改变气体成分

改变气体成分减轻气体的侵蚀作用，如为了降低工件的高温氧化和脱碳，可在热处理时充氮气或者充氢气。

二、氢腐蚀

（一）腐蚀特征

高温、高压氢环境中，氢扩散后，与钢中的碳及Fe_3C反应产生甲烷，会造成表面严重脱碳和沿晶网状裂纹，使钢的强度和塑性大幅度下降。

氢腐蚀最早是在生产氨的容器上发现的。目前炼油厂的加氢精制、加氢裂化、铂重整的预加氢等装置，均使材料面临苛刻的高温高压氢环境。在一些情况下，氢与钢中的碳及Fe_3C反应生成甲烷，会造成表面严重脱碳和沿晶网状裂纹，使钢的强度和塑性大幅度下降。

（二）腐蚀机理

氢腐蚀是一种化学腐蚀，是在高温高压下钢中过量的氢与钢中固溶的碳或碳化物作用生成甲烷造成的，反应式如下：

$$C+4H \rightarrow CH_4$$

生成的甲烷在钢中扩散能力很低，聚集在晶界原有的微观空隙内。该区域的碳浓度随着反应的进行而降低，由于碳浓度梯度的存在，别处的碳不断地通过扩散而补充到该区域，使反应持续进行。这样甲烷的量将不断增多，形成高压，造成应力集中，使甲烷聚集的晶界形成裂纹。在靠近表面的夹杂等缺陷处会形成气泡，最终造成钢表面出现鼓包。裂纹和鼓包出现后，使得钢的性能恶化，造成氢腐蚀损伤。

甲烷的产生，使得晶界附近脱碳，随着碳的不断扩散和反应的不断进行，新生裂纹处甲烷、氢、碳的浓度均较低，使得碳、氢向其中扩散更容易。随着此过程的不断进行，在晶界形成网状裂纹，钢的强度、塑性大幅度下降。

氢腐蚀大致分三个阶段：

1.孕育期

在此期间晶界碳化物及其附近有大量亚微型充满甲烷的鼓包形核，钢的力学性能没有明显变化。

2.迅速腐蚀期

小鼓包长大达到临界密度后，便沿晶界连接起来形成裂纹，钢的体积增大，力学性能迅速下降。

3.饱和期

裂纹彼此连接的同时，碳逐渐耗尽，钢的力学性能和体积不再改变。

（三）影响因素及防止措施

1.温度和压力

提高温度和压力均会增加腐蚀速度。压力一定时，提高温度可缩短孕育期；温度一定时，提高氢分压也可缩短孕育期。当温度或压力低于某一临界值时，将不发生氢腐蚀。如果氢分压较低而温度较高，氯腐蚀生成的甲烷一部分逸出钢外，钢中残剩的甲烷不足以引起氢腐蚀裂纹或鼓包，钢只发生脱碳。Nelson根据许多临氢设备的使用经验，总结了温度和压力对氢腐蚀的影响，得出了著名的Nelson曲线（图2-5）。此曲线对预防氢腐蚀有一定参考价值。

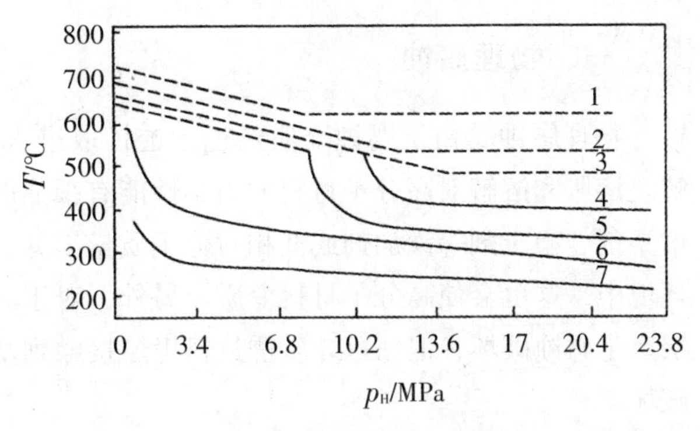

1. 6.0Cr-0.5Mo钢；2. 3.0Cr-0.5Mo钢；3. 2.25Cr-1Mo钢；4. 2.0Cr-0.5Mo钢；5. 1.25Cr-0.5Mo钢；6. 0.5Mo钢；7. 碳钢

（虚线代表脱碳，实线代表氢腐蚀）

图2-5　钢在氢介质中合用界限的Nelson曲线

2. 钢的成分和组成

钢中含碳量增加，会促进甲烷的产生，氢腐蚀倾向增加。钢中含有镍、铜等非碳化物形成元素时，由于这些元素促进碳的扩散，氢腐蚀倾向增加。钢中含有铬、铝、钛、铌、钒等碳化物形成元素时，由于这些元素阻碍碳化物的分解，而使氢腐蚀的倾向下降。因此，碳化物形成元素是抗氢腐蚀钢的主要合金元素。

降低钢中的夹杂物含量或者将碳化物处理成球状，均可降低钢的氢腐蚀倾向。

3. 表面堆焊超低碳不锈钢

氢在超低碳奥氏体不锈钢中，不仅溶解度小，而且扩散速度小，因此，表面堆焊超低碳奥氏体不锈钢对防止基体材料氢腐蚀很有效。

4. 冷加工

预先的冷加工变形会加大钢的组织和应力的不均匀性，提高了钢中碳、氢的扩散能力，使氢腐蚀加快。冷加工后的再结晶退火能降低由冷加工引起的氢腐蚀倾向。

第四节　高分子材料的腐蚀形式

高分子材料的腐蚀（有时称为老化）与金属的腐蚀有着本质区别。首先是它的导电性小或完全不导电，所以在电解质溶液中也不会发生电化学腐蚀。其次，金属腐蚀多在其表面上开始，然后逐步向深处发展；而高分子材料的腐蚀，一方面腐蚀介质会向材料内部进行扩散渗透，另一方面，材料中的某些组分（如增塑剂和稳定剂等）也会从材料内部向外扩散迁移，最后溶解在介质中，这两种扩散是高分子材料腐蚀中的重要环节。

高分子材料腐蚀的主要形式有物理腐蚀（包括扩散和渗透、溶胀和溶解）、化学腐蚀（包括水解反应、氧化反应等）以及应力腐蚀。

一、物理腐蚀

物理腐蚀是由于腐蚀介质经过渗透扩散进入高分子材料内部，引起材料的溶胀和溶解。溶胀和溶解对高分子材料的力学性能有很强的破坏作用。高分子材料中的某些成分如增塑剂、稳定剂等添加剂或低相对分子质量组分，也会从固体内部向外扩散、迁移，溶入环境中，这也会使高分子材料变质。另外，对于高分子材料衬里，即使渗入介质不会使衬层产生腐蚀破坏，但一旦介质透过衬里层接触到基体，也会引起基体材料的腐蚀，使设备破坏。

（一）渗透和扩散

高分子材料被浸入介质或暴露在气体中时，质量会逐渐增加或减少。腐蚀介质通过材料表面渗入内部使质量增加，材料中的可溶性成分及腐蚀产物逆向扩散进入介质中使质量减少，前者大于后者时腐蚀试验呈增重，反之呈失重。常用的耐腐蚀高分子材料，如聚氯乙烯、聚丙烯等在无机酸、碱、盐水溶液中，向介质溶出的量很少，常可以忽略。

在防腐领域中，一般来说，高分子材料的分子属于大分子，腐蚀介质的分子属于小分子，当两者相接触时，由于大分子及其腐蚀产物较难进行热运动，不易向周围环境扩散，但腐蚀介质的小分子却比较容易通过渗透、扩散作用进入高分子材料内部。

渗透是指物质分子从浓度高的一边向浓度低的一边迁移的现象，是由浓度差而引起的扩散过程。介质的渗透能力常用渗透率表示。渗透率是指单位时间内通过单位面积渗透到材料内部的介质质量。高分子材料的耐蚀性能与其抗渗透能力有关。一般而言，介质对材料的渗透率愈大，材料就愈容易破坏。

渗透率取决于渗透介质的浓度梯度及其在材料内部的扩散系数，在浓度梯度一定时，扩散系数对渗透率起主要作用。

渗透扩散过程比较复杂，其影响因素很多，主要有高分子材料结构、介质分子、介质浓度、温度等因素。

1.高分子材料结构的影响

介质在高分子材料中的扩散是通过空位或者间隙进行的。高分子材料不可避免地存在着各种缺陷（空位是其中一种）以及无定型部分，缺陷愈多，扩散愈容易。凡是提高材料结构紧密程度的因素，如提高结晶度、取向度、交联密度等，均能使扩散系数和渗透率下降。例如，酚醛树脂具有交联结构，对水的渗透率很小；氟塑料是晶态的，加之表面高度的惰性，对水的渗透率非常小。而聚氯乙烯由于是无定型的，存在较大的自由体积，渗透率较大。

2.介质分子的影响

在一定温度下，扩散系数取决于渗透分子的体积、质量、极性、高分子材料的组织结构以及介质与高分子材料的亲和力。一般来说，当材料中的组织结构已定时，介质分子愈小，介质扩散速度愈大；流线型介质分子比体积蓬松的介质分子在材料中的扩散要快；介质分子的极性接近高分子的极性时，两者亲和力较大，介质扩散的阻力较小，扩散渗透速度较大。例如，非极性的渗透介质氧分子，在非极性高聚物如聚乙烯、聚苯乙烯、聚丙烯等塑料中的渗透率比在极性的聚氯乙烯、聚酯中明显大。

3.介质浓度的影响

介质浓度对渗透率影响比较大，但关系比较复杂。介质浓度的影响分为两种情况：若介质分子与高分子材料发生化学反应，一般是随着介质浓度升高，扩散速度加快；若两者之间不发生化学反应，则腐蚀介质起主要作用的是水，介质浓度越大，水化作用消耗的水分子越多，主要起扩散作用的水分子减少，因而使扩散渗透速度减小。

4.温度的影响

温度对扩散渗透性能有很大的影响。温度上升，大分子及其链段的热运动增大，将出现更多的空位和自由体积，介质分子就容易通过；另一方面，温度升高也使介质分子热运动能力增大，扩散能力提高。两者均使介质在材料中的扩散渗透速度增大。

5.添加剂的影响

少量的活性添加剂能增大高分子材料的抗渗透能力。但含量过大时，无论添加何种物质均会促进渗透。

6.试件尺寸及二次加工的影响

试件尺寸对扩散系数没有影响，但厚度增加会延长介质透过的时间。因此，对用作衬里的高分子材料来说，厚度增大可减少介质到达基体材料的数量。

高分子材料经过二次热加工（如加热成型或热风焊）后，渗透速度增大。因为热加工后，高分子材料的取向、结晶等聚集态结构、孔隙率以及内应力分布等均会发生变化。

（二）溶胀和溶解

高分子材料的溶解过程比较复杂。一般要经历溶胀和溶解两个阶段。由于高分子材料的结构不同，其溶胀和溶解的情况也不同。

非晶态高分子材料的结构比较松散，分子间隙大，分子间的相互作用力较小，溶剂分子容易渗入材料内部。当溶剂与高分子的亲和力较大时，就与材料表面的大分子发生溶剂化作用，并因热运动而向大分子间隙渗透。渗透进去的小分子会进一步发生溶剂化，使链段间的作用力减小，间距增大。与小分子溶解过程不同，高分子材料的分子很大，又相互缠结，即使已被溶剂化了的大分子仍难扩散到溶剂中去，只能引起材料产生体积增大或质量增加，这就是所谓的高分子材料的溶胀。如果材料是线性结构，溶剂化和溶胀可继续进行下去，直到材料的大分子充分溶剂化后，才可缓慢地从材料表面逐渐向溶剂中扩散，形成均匀的溶液，完成溶解过程。如果是网状结构的高分子材料，只能溶胀，不能溶解。

结晶态高分子材料因结构紧密，很难发生溶胀和溶解。即使可能溶胀，也先从其中非结晶区开始，逐渐进入结晶区。因此，速度很小。

在防腐领域中讨论溶胀和溶解的目的，主要是研究怎样避免高分子材料因溶胀和溶解而受到溶剂的腐蚀，并针对已给定的化工生产条件（介质、温度、压力等），选择耐腐蚀材料。判断高分子材料的耐溶剂能力有以下两条原则：

1.极性相似原则

即非极性的高分子材料易溶于非极性溶剂中；极性小的高分子材料易溶于极性小的溶剂中；极性大的高分子材料易溶于极性大的溶剂中。

未经硫化处理的天然橡胶、聚乙烯和聚丙烯等非极性高分子材料易溶于汽油和苯等非极性溶剂中，而对水、酸、碱、盐的水溶液等极性介质耐蚀性较好，对中等极性如有机酸等溶剂具有一定的耐蚀能力。

强极性高分子材料如聚醚、聚酰胺、聚乙烯醇等，不溶或难溶于烷烃、苯、甲苯等非极性溶剂中；但可溶解（溶胀）于水、醇、酚等强极性溶剂。

中等极性的高分子材料如聚氯乙烯、环氧树脂、不饱和聚酯树脂、聚氨基甲酸酯、氯丁橡胶等，这类材料对于溶剂有选择性的适应能力，但大多不耐酯、酮、卤代烃等极性溶剂。

一般来说，当溶剂与大分子链节结构相似时，常具有相近的极性。聚四氟乙烯虽然是非极性的，但由于其表面的高度惰性，也不溶于任何溶剂。

2.溶解度参数相近原则

溶解度参数是一个近似描述溶剂分子之间或高分子材料大分子链间作用大小的参数。若溶剂的溶解度参数为 δ_1，高分子材料的溶解度参数为 δ_2，当 $\Delta\delta = \left|\delta_1 - \delta_2\right| < 1.7$ 时，为不耐溶剂腐蚀；当 $\Delta\delta > 2.5$ 时，为耐溶剂腐蚀；当 $\Delta\delta$ 在1.7～2.5之间时，为尚耐溶剂腐蚀或称为有条件的耐溶剂腐蚀。

二、化学腐蚀

耐腐蚀高分子材料的大分子中应尽量不含易与环境介质作用的官能团。但实际上高分子材料的分子中总含有一些具有一定活性的官能团，它们与特定的介质发生化学反应，导致高分子材料性能的改变，造成材料的老化或者腐蚀破坏。这种由于高分子材料和介质之间的化学反应而引起的腐蚀，称为高分子材料的化学腐蚀。

与低分子材料的情况一样，高分子材料的耐蚀性取决于官能团的反应能力。具有反应能力大的基团的高分子材料一般耐蚀性较差。但是，高分子材料的化学反应与低分子材料的化学反应相比具有一些不同特点。实验证明，官能团的反应能力不依赖于相对分子质量的大小，大分子链节的化学活性基本上可代表大分子的化学活性。但是，由于高分子材料的腐蚀过程是典型的多相反应，因此，扩散能力对腐蚀速度影响很大。当反应速度很大时，腐蚀速度主要取决于小分子（即腐蚀介质）在材料中的扩散速度。

气体中的氧与液相介质中的水具有很大的渗透能力和反应活性，因此，氧化与水解是高分子材料腐蚀破坏的两种最主要的反应，此外，还有侧基的取代、卤化和交联反应等。

（一）氧化反应

烯烃类聚合物分子中，经常存在易被氧化的薄弱环节。如天然橡胶（或聚异戊二烯）、聚丁二烯中的不饱和键，聚乙烯、聚丙烯中的α-碳原子等。这些材料在辐射或者紫外光或者氧化性介质（如浓硝酸和浓硫酸）等的作用下会发生氧化反应，使高分子材料腐蚀破坏。

强氧化性的酸、盐（如HNO_3、NaClO等）对大部分高分子材料也很危险，能使其氧化降解，诱导产生应力腐蚀开裂，从而造成材料的腐蚀破坏。

高分子材料的键能大小，对抗氧化能力影响很大。结晶密度大，键能大，不易氧化；反之，密度低或具有不饱和键等，键能小，则易于氧化。

碳链高分子材料的易氧化程度依次为：聚二烯烃>聚丙烯>低密度聚乙烯>高密度聚乙烯。在烯烃的大分子中引入卤素后（如聚氯乙烯）抗氧化能力有所改善。杂链大分子比碳链难氧化。

（二）水解反应

对于杂链高聚物，水是破坏性最大的物质。由于高分子链中除碳原子外，还含有O、N、Si等原子，这些原子与碳原子之间构成极性键，例如醚键、酯键、酰胺键等，因为水分子的极性很大，易于攻击杂原子与碳原子形成极性键，从而使高分子材料降解，这个过程称为高分子材料的水解。氢离子和氢氧根离子是水解反应的催化剂，即高分子材料在酸和碱作用下，容易发生水解反应，从而使高分子材料受到腐蚀。

高分子材料的腐蚀与介质的种类和性质有关，以不可逆的碱式水解为甚。碱溶液浓度增加，材料的腐蚀加剧。

含不同官能团的高分子材料，由于各种官能团的水解活化能不同，其耐水解程度也不同。

（三）取代反应

当饱和的碳链高分子中不含杂原子时，化学稳定性较高。但在光和热的作用下，它们除了可以被氧化外，还可能与氯、氟等发生取代反应。当取代基引起反应时，会使材料性质发生变化，有时会导致彻底的腐蚀破坏。如常与酚醛等树脂混用以改善玻璃钢界面性能的聚乙烯醇缩丁醛，会因侧基水解而成为水溶性的聚乙烯醇。强碱性介质对卤代烃类聚合物的作用是夺去其卤原子，形成不饱和键。聚氯乙烯的氯原子有可能在NaOH作用下水解。

（四）交联反应

有些高分子材料常会发生交联反应而硬化变脆，如软聚氯乙烯，在使用中会由于增塑剂的挥发和分子间的交联反应逐渐硬化变脆。硬聚氯乙烯在长期的日光曝晒或加热（如用热风焊接）时，会发生交联反应而变脆，在加有ZnO填料时交联反应更易发生。用聚苯硫醚喷涂的化工设备在高温（>240 ℃）下长期使用后，也会由于交联反应使韧性和黏结力下降，丧失使用性能。

高分子材料的化学腐蚀往往是氧化、水解、取代和交联等反应的综合结果，只不过在某些条件下，某一反应可能是主要的。

三、应力腐蚀开裂

高分子材料在某些环境介质中，在低于正常断裂应力的作用下，会产生表面裂纹，进而导致开裂，这种现象称为高分子材料的应力腐蚀开裂。这种应力既包括外加的应力，也包括材料加工、使用中残留于材料内部的内应力。不论是部分结晶的高分子材料如聚乙烯、聚丙烯、聚苯醚以及全氟乙丙烯树脂，还是无定型的高分子材料如聚甲基丙烯酸甲酯、聚氯乙烯，均会在相应介质中发生应力腐蚀开裂。

高分子材料处于环境介质中时，介质首先从表面开始逐步向材料内部渗透，介质的渗入首先使材料表面增塑，使其屈服极限降低。在应力作用下，材料表面层就会产生塑性变形和大分子的高度取向，结果形成银纹。银纹是由具有纤维结构的空穴和一定量的物质组成的。裂纹是在更大的应力或更长时间作用下，使一部分大分子与另一部分大分子完全裂开。银纹和裂放的出现有利于介质向材料内部渗透和扩散。银纹是材料发生应力腐蚀开裂的前提条件，裂纹的出现表明应力腐蚀开裂已经开始。

高分子材料与不同的介质发生不同的作用，从而引起不同类型的应力腐蚀开裂，主要有以下几种类型：

1.介质是表面活性物质

例如醇类和非离子型表面活性剂等，高分子材料与这类介质接触时，不会产生很大的溶胀，只在材料表面产生较多的银纹，造成应力集中，应力集中又促进了银纹的成长，导致银纹不断扩大与汇合直到发生脆性断裂，这是一种典型的环境应力腐蚀开裂。

2.介质是溶剂型物质

这类介质与高分子材料有相近的溶解度参数，所以对材料有较强的溶胀作用。介质进入大分子之间起到增塑作用，使大分子链间易于相对滑动，因此使材料强度降低，在较低的应力作用下就会发生应力腐蚀开裂。这种断裂称为溶剂开裂或溶剂龟裂。

3.介质是强氧化性物质

例如浓硫酸和浓硝酸等，这类介质与高分子材料的大分子发生反应，使大分子链氧化裂解，在应力作用下会在少数薄弱环节处产生银纹，银纹中的空隙进一步加速介质的渗入，继续发生氧化裂解，最后在银纹尖端应力集中比较大的地方使大分子断链，产生裂纹，发生开裂。这类开裂并不形成大量的银纹，只是形成少数银纹并迅速发展而开裂。这种开裂称为氧化应力开裂。

应力腐蚀开裂不仅与介质有关，也与高分子材料的性质有关。不同的材料具有不同的耐应力腐蚀开裂的能力，如聚丙烯耐溶剂应力腐蚀开裂的能力比聚乙烯好得多。同一种材料由于相对分子质量、结晶度、残余应力等的不同，应力腐蚀开裂抗力不同。一般来说，相对分子质量小的发生开裂所需的时间短；结晶度高的容易产生应力集中；晶区与非晶区的过渡交界处容易受到介质的作用，因此易于产生应力腐蚀开裂。

高分子材料的耐热性较差，当其在介质中受力作用时，往往同时存在蠕变与应力腐蚀。随外界条件不同，既可能发生蠕变断裂，也可能发生应力腐蚀开裂。图2-6为聚丙烯在酸、碱中的断裂曲线。除浓硫酸外，聚丙烯在其他介质中的强度均下降不大，破坏形式也属于延性断裂。可以看出，聚丙烯不宜用于浓硫酸。

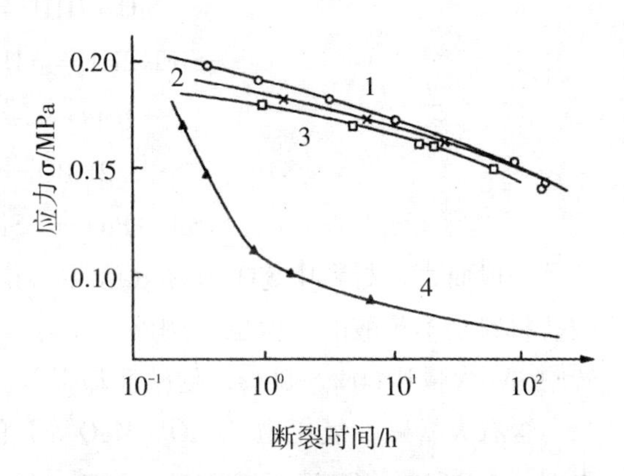

1.盐酸；2.稀硫酸；3.氢氧化钠溶液；4.浓硫酸

图2-6 聚丙烯在酸、碱溶液中的断裂曲线（40 ℃）

应力还可加速高分子材料的腐蚀。拉伸应力使材料的大分子间距增大，空隙增多，使介质更容易进行渗透扩散，使进入材料内部的介质增多，导致腐蚀加剧，材料在介质中的增重比无应力时明显增大。

第五节 无机非金属材料的腐蚀形式

无机非金属材料种类繁多，但绝大多数属于硅酸盐材料。因此，这里只讨论硅酸盐材料的腐蚀原理。

硅酸盐材料的腐蚀破坏主要有两种形式：一种是表面腐蚀，腐蚀介质与材料表面直接发生化学反应而引起破坏，腐蚀是从材料的表面开始的；另一种是内部腐蚀，腐蚀介质或腐蚀产物渗透到材料内部，由于发生了物理或化学变化，从而引起材料体积的变化使之破坏。在实际中，这两种腐蚀破坏形式往往同时存在、互相促进，形成一个恶性循环。

一、表面腐蚀

硅酸盐材料由于种类繁多，化学组成差异很大，因此其表面腐蚀机理完全不同。硅酸盐材料主要可分为以酸性氧化物（SiO_2）为主的和以碱性氧化物（如CaO）为主的两类。

大部分硅酸盐材料是以酸性氧化物二氧化硅为主，它们可以耐酸的腐蚀（氢氟酸和高温磷酸除外），而不耐碱的腐蚀。当二氧化硅（特别是无定形的二氧化硅）和碱液接触时，将发生如下的化学反应而受到腐蚀，生成的硅酸钠易溶于水和碱液。

$$SiO_2+2NaOH = Na_2SiO_3+H_2O$$

在氢氟酸和高温磷酸（温度高于300 ℃）中，SiO_2会受到腐蚀，化学反应如下：

$$SiO_2+4HF = SiF_4\uparrow +2H_2O$$

$$SiF_4+2HF = H_2(SiF_6)\text{（氟硅酸）}$$

$$H_3PO_4 \xlongequal{\text{高温}} HPO_3+H_2O$$

$$2HPO_3 \rightarrow P_2O_5+H_2O$$

$$SiO_2+P_2O_5 = SiP_2O_7\text{（焦磷酸硅）}$$

一般而言，材料中SiO_2的含量越高，耐酸性越强，SiO_2含量低于55%的天然及人造硅酸盐材料是不耐酸的。但也有例外，如铸石中只含55%左右的SiO_2，其耐酸性很好；而红砖中SiO_2含量达60%～80%，耐酸性却很差。

含有大量碱性氧化物（CaO、MgO等）的硅酸盐材料，如以碱性氧化物为主的硅酸盐水泥（CaO64%～67%，$SiO_2$21%～24%，$Al_2O_3$4%～7%，$Fe_2O_3$2%～4%），可被所有的无机酸腐蚀，而在一般碱液（除浓的烧碱外）中是耐蚀的。

硅酸盐水泥和无机酸接触时，因反应生成可溶于水的钙盐而被腐蚀。硅酸盐水泥和有机酸接触时，因有机酸比无机酸弱得多，它们和硅酸盐水泥中的氢氧化钙作用生成的盐类，视其水溶性大小，腐蚀的程度有很大差别。醋酸、乳酸等同水泥中游离的氧化钙化合，生成水溶性盐而使水泥受到腐蚀。但草酸、酒石酸等和水泥生成不溶性盐，附着在水泥表面形成保护层，使水泥受腐蚀的程度大为减小。

硅酸盐水泥呈碱性，对碱有较大的抵抗能力。对于氢氧化钠等强碱，当浓度不大（15%以下）、温度不高（<50℃）时，耐腐蚀性较好。

氢氧化钠可以和硅酸盐水泥中的铝酸盐发生化学反应而使水泥受到腐蚀。

二、内部腐蚀

硅酸盐材料除熔融制品（玻璃、铸石）外，或多或少都存在一定的孔隙，腐蚀介质很容易通过这些孔隙向材料内部渗透，使材料和腐蚀介质的接触面积增大，使腐蚀加速。当腐蚀介质或腐蚀产物在材料内部形成结晶，产生积聚和聚合时，还会造成物理破坏，因为这增大了材料内部的体积，使材料膨胀，造成内应力，从而导致材料破坏。

当硅酸盐水泥和氢氧化钠溶液接触时，渗透到材料孔隙中的氢氧化钠就会吸收空气中的二氧化碳，并发生如下的反应：

$$2NaOH+CO_2 = Na_2CO_3 \cdot H_2O$$

这种含结晶水的碳酸钠是一种膨胀性的结晶，在材料内部产生内应力，使材料破坏。

渗透到硅酸盐水泥内部的硫酸盐（Na_2SO_4、$CaSO_4$、$MgSO_4$等）和水泥中的某些成分发生化学反应，使材料发生内部腐蚀。例如，硫酸镁与水泥水化产物氢氧化钙作用时，生成氢氧化镁和二水硫酸钙：

$$Ca(OH)_2+MgSO_4+2H_2O = CaSO_4 \cdot 2H_2O+Mg(OH)_2$$

氢氧化钙转变为二水硫酸钙，体积增大1倍，造成膨胀，引起内部腐蚀。

硫酸钠和硅酸盐水泥中的水化铝酸钙可发生如下反应：

$$2(3CaO \cdot Al_2O_3 \cdot 12H_2O)+3(Na_2SO_4 \cdot H_2O)+10H_2O \rightarrow$$
$$3CaO \cdot Al_2O_3 \cdot 3CaSO_4 \cdot 31H_2O(\text{硫铝酸钙})+2Al(OH)_3+6NaOH$$

生成的硫铝酸钙晶体含有大量结晶水，使材料体积增大，引起破坏。

三、影响硅酸盐材料腐蚀的因素

（一）材料的化学成分

一般来说，硅酸盐材料中二氧化硅的含量愈高，耐酸性愈好，一般认为二氧化硅的含量低于55%时，是不耐酸的。

在硅酸盐材料中，除了主要成分二氧化硅外，尚含有氧化钾、氧化钠、氧化钙和氧化镁等碱性氧化物，它们是耐碱而不耐酸的。所以，当硅酸盐材料中含有大量碱性氧化物时，就会成为耐碱而不耐酸的材料。硅酸盐水泥就是一例。

（二）材料的结构形态

硅酸盐材料的耐腐蚀性能与其结构形态有关，晶态结构材料的耐腐蚀性比无定型结构材料好。例如，晶态二氧化硅（如石英）既是良好的耐酸材料，对碱也有一定的耐蚀性，但无定型二氧化硅就易溶于碱液中而受到腐蚀。具有晶态结构的熔铸辉绿岩也是如此。它比同一组分的无定型化合物具有更高的化学稳定性。

铸石中二氧化硅含量只有55%左右，但由于二氧化硅与氧化铝、氧化铁等在高温下能形成耐腐蚀性能良好的结构形态——普通辉石，它的耐酸性能却很好；而含二氧化硅高达60%～80%的红砖，由于其中的二氧化硅是以无定型的形态存在，所以耐酸性能不好。如果将红砖在高温下煅烧，生成黏结的坯质——硅线石（$Al_2O_3 \cdot 2SiO_2$）和谟来石（$3Al_2O_3 \cdot 2SiO_2$），则耐蚀性很高。这说明了硅酸盐材料的耐蚀性不仅与化学成分有关，而且还与它的结构形态有关。

材料的孔隙愈大愈容易产生内部腐蚀。加入密实剂，可减小某些材料的孔隙率，提高其耐腐蚀性能。

（三）介质的酸碱性

碱性介质对以酸性氧化物为主的硅酸盐材料的腐蚀较大，而对以碱性氧化物为主的硅酸盐材料的腐蚀较小，酸性介质则正好相反。并且介质的浓度愈大，一般来说对材料的腐蚀破坏作用愈大。

（四）介质的黏度

介质的黏度愈小，愈容易向材料内部渗透，愈容易造成内部腐蚀。例如，同一浓度的盐酸和硫酸相比，由于盐酸的黏度较小，在同一时间内渗入材料的深度就比较大，腐蚀作用也随之增加。

（五）环境温度和湿度

在大气中，特别是在干湿交替变化的条件下，环境温度和湿度对材料的腐蚀破坏影响较大。例如，在含有容易吸湿潮解盐类（如氯化铵、硝酸铵、尿素等）的厂房内，大气温度和湿度的变化是加速厂房水泥结构腐蚀破坏的重要因素。因为附着在水泥构件表面的盐类粉尘，在湿度较大、温度较高的夏季，会吸湿潮解，变成溶液渗透到水泥构件的内部，并与水泥中的某些成分发生化学反应引起化学腐蚀破坏；另一方面，在湿度较小、温度较低的冬季，这些盐溶液和腐蚀产物又会重新结晶，体积增大，引起水泥的物理腐蚀破坏。化学腐蚀和物理腐蚀往往同时存在，互相促进，使水泥构件出现疏松、起鼓和开裂等腐蚀破坏现象。

复习题

1. 名词解释

（1）全面腐蚀；（2）点腐蚀；（3）缝隙腐蚀；（4）晶间腐蚀。

2. 简述电偶腐蚀的影响因素和防止措施。

3. 简述氢脆的特点和防止措施。

4. 简述应力腐蚀开裂所经历的阶段。

5. 简述腐蚀疲劳的影响因素和防止措施。

6. 什么是磨损腐蚀？防止磨损腐蚀的措施有哪些？

7. 防止高温气体腐蚀的途径有哪些？

8. 简述氢腐蚀的影响因素及防止措施。

9. 简述渗透扩散过程的影响因素。

10. 简述影响硅酸盐材料腐蚀的因素。

第三章　金属材料的耐蚀性能

第一节　铁碳合金

铁碳合金即碳钢和普通铸铁，是工业上应用最广泛的金属材料，由于它产量较大，价格低廉，有较好的力学性能及工艺性能；在耐蚀性方面，虽然它的电极电位较负，在自然条件下（大气、水及土壤中）耐蚀性较差，但是可采用多种方法对它进行保护，如采用覆盖层及电化学保护等，平常所说防腐蚀的主要对象也多数是指铁碳合金，因此，铁碳合金现在仍然是主要的结构材料。在使用普通碳钢和铸铁时，除了要考虑耐蚀性外，还应注意其他性能，例如普通铸铁属于脆性材料，强度低，不能用来制造承压设备，也不能用来制造用于处理和储存有剧毒或易燃、易爆的液体和气体介质的设备。

一、合金元素对耐蚀性能的影响

铁碳合金的主要元素为铁和碳，它的基本组成相为铁素体、渗碳体及石墨，三者电极电位相差很大，当与电解质溶液接触构成微电池时，便会促进铁碳合金腐蚀。铁碳合金中的渗碳体和石墨分别成为碳钢和铸铁的微阴极，从而影响铁碳合金的耐蚀性能。

铁碳合金的成分除了铁和碳外，还有锰、硅、硫、磷等元素，合金元素对铁碳合金的耐蚀性能的影响如下：

（一）碳

铁碳合金中，随着含碳量的增加，则渗碳体和石墨所形成的微电池的阴极面积相应增大，因而加快了析氢反应，导致了在非氧化性酸中的腐蚀速度随含碳量的增加而加快，见图3-1，由于铸铁含碳量比碳钢高，所以在非氧化性酸中铸铁的腐蚀比碳钢快，如在常温的盐酸中，高碳钢的溶解速度比纯铁大得多，在氧化性酸中，例如在浓硫酸中则正好相

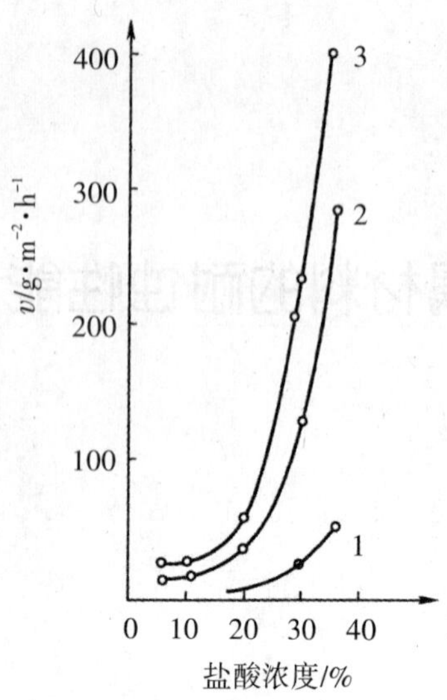

1.工业纯铁；2.含0.1%C的碳钢；3.含0.3%C的碳钢

图3-1 铁在盐酸中的腐蚀速度与含碳量的关系

反，铁碳合金中的微阴极组分渗碳体或石墨使合金转变为钝态的过程变得容易，有着微阴极夹杂物的铸铁在较低浓度的硝酸中比纯铁易于钝化。在中性介质中铁碳合金的腐蚀，其阴极过程主要为氧的去极化作用，含碳量的变化（即阴极面积的变化）对它的腐蚀速度无重大影响。

（二）锰

在低碳钢中存在于固溶体中的锰含量一般为0.5%～0.8%，锰对铁碳合金的耐蚀性无明显影响。

（三）硅

一般碳钢中硅含量为0.1%～0.3%，铸铁中硅含量为1%～2%；硅对腐蚀的影响一般很小。当碳钢中硅含量高于1%，铸铁中硅含量高于3%时，它们的化学稳定性甚至还有所下降，只有当合金中硅含量达到高硅铸铁所含硅量的程度时，才能对铁的耐蚀性产生有利影响。

（四）硫

碳钢和铸铁中硫含量一般在0.01%～0.05%的范围内变动。硫是有害物质，当硫同铁和锰形成硫化物，成单独的相析出时，起阴极夹杂物的作用，从而加快腐蚀过程。这种影响在酸性溶液中的腐蚀更为显著。对局部腐蚀的影响，则通过夹杂物能诱发点蚀和硫化物腐蚀破裂。

（五）磷

碳钢中磷含量一般不超过0.05%，铸铁中可达0.5%。在酸性溶液中，磷含量增大，能促进析氢反应，导致耐蚀性下降，但影响较小，过高的磷含量会使材料在常温下变脆（冷脆性），对力学性能影响较大，在海水及大气中，当磷含量高于1.0%，与铜配合使用时，能促进钢的表面钝化，从面改善钢的耐大气腐蚀和海水腐蚀的性能。

二、耐蚀性能

总的说来，铁碳合金在各种环境介质中，它们的耐腐蚀性都较差，因此一般在使用过程中都采取不同的保护措施。碳钢在水中或大气中的氧的作用下产生吸氧腐蚀，其阴极过程主要由氧的浓度扩散所控制，同时受到其他因素的影响，明显加剧了碳钢或铸铁的腐蚀。

下面讨论在几种常见介质中，铁碳合金的耐腐蚀性。

（一）在中性或碱性溶液中

1. 在中性溶液中

铁碳合金腐蚀主要为氧去极化腐蚀，碳钢和铸铁的腐蚀行为相似。

2. 在碱性溶液中

常温下，浓度小于30%的稀碱水溶液可以使铁碳合金表面生成不溶且致密的钝化膜，因而稀碱溶液具有缓蚀作用。

在浓的碱液中，例如浓度大于30%的NaOH溶液，表面膜的保护性能降低，这时膜溶于NaOH溶液生成可溶性铁酸钠；随着温度的升高，普通铁碳合金在浓碱液中的腐蚀将更加严重，在一定的拉应力共同作用下，几乎在5%NaOH以上的全部浓度范围内，都可产生碱脆，而以靠近30%浓度的NaOH溶液为最危险。对于某一浓度的NaOH溶液，碱脆的临界温度约为该溶液的沸点。

现在普遍认为，碱脆是应力腐蚀破裂。在制碱工业中典型事例是碱液蒸发器和熬碱锅的损坏，用作碱液蒸发器的管壳式热交换器，管子与管板焊接或胀接，产生较大的残余应力，在与高温浓碱（120 ℃左右，约450～600 g/L的NaOH溶液）共同作用下，不需很长时间，在离管板一定距离处的管子就发生断裂。

此外，用于储存和运输液氨的容器也曾发生过应力腐蚀破裂，国外普遍规定，对于碳钢或低合金钢制的这类容器，采取在液氨中加0.2%的水作为缓蚀剂，并在焊后热处理等措施，防止应力腐蚀破裂。

一般地说，当拉应力小于某一临界应力时，NaOH溶液浓度小于35%、温度低于120 ℃，碳钢可以用；铸铁耐碱腐蚀性能优于碳钢。

熔融烧碱对铸铁的腐蚀是一类特殊的腐蚀问题，铸铁制的熬碱锅和熔碱锅的损坏主要原因是铸铁锅经常遭受不均匀的周期性加热和冷却所产生的很大应力，这种应力与高温浓碱共同作用产生碱脆而导致破裂。根据中国的生产经验，用普通灰口铸铁铸造的碱锅应保持组织细致紧密、以珠光体为基体，并具有细面分布均匀的不连续石墨体较为适宜，同时应特别注意严格控制铸造质量，避免各种铸造缺陷。

（二）在酸中

酸对铁碳合金的腐蚀主要根据酸分子中的酸根是否具有氧化性。非氧化性酸对铁碳合金腐蚀的特点是其阴极过程为氢离子去极化作用，如盐酸就是典型的非氧化性酸；氧化性酸对铁碳合金腐蚀的特点是其阴极过程主要是酸根的去极化作用，如硝酸就是典型的氧化性酸。但是如果把酸硬性划分为氧化性酸和非氧化性酸是不恰当的，例如浓硫酸是氧化性酸，但当硫酸稀释之后与碳钢作用也与非氧化性酸一样，发生氢离子去极化而析出氢气，因而区分这两种性质的酸应根据酸的浓度，同时与金属本身的电极电位高低也有密切关系，特别是金属处于钝态的情况下，氧化性酸与非氧化性酸对金属作用的区别，显得更为突出。此外，温度也是一个重要的因素。

下面列举几种酸说明铁碳合金的腐蚀规律。

1. 盐酸

盐酸是典型的非氧化性酸，铁碳合金的电极电位又低于氢的电极电位，因此，它的腐蚀过程是析氢反应，腐蚀随酸的浓度增高面迅速加快。同时在一定浓度下，随温度上升，腐蚀速度也直线上升，在盐酸中铸铁的腐蚀速度比碳钢大，所以，铁碳合金都不能直接用作处理盐酸设备的结构材料。

2. 硫酸

碳钢在硫酸中的腐蚀速度与浓度有密切的联系（见图3-2），当硫酸浓度小于50%时，腐蚀速度随浓度的增大而加大，这属于析氢腐蚀，与非氧化性酸的行为一样。在浓度为47%～50%时，腐蚀速度达最大值，以后随着硫酸浓度的增高，腐蚀速度下降；在浓度为75%～80%的硫酸中，碳钢钝化，腐蚀速度很低，因此储运浓硫酸时，可用碳钢和铸铁制作设备和管道，但在使用中必须注意浓硫酸易吸收空气中的水分而使表面酸的浓度变小，从而使得气液交界处的器壁部分遭受腐蚀，因而这类设备可适当考虑采用非金属材料衬里或其他防腐措施。

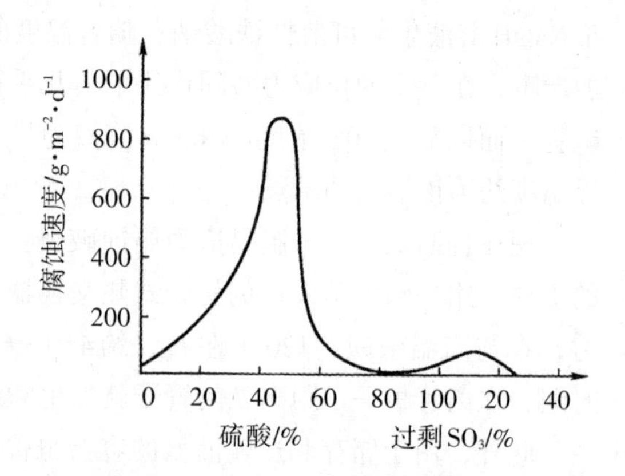

图3-2 铁的腐蚀速度与硫酸浓度的关系

当硫酸浓度大于100%后，由于硫酸中过剩SO_3增多，使碳钢腐蚀速度重新增大，因而碳钢在发烟硫酸中的使用时硫酸浓度应小于105%。

铸铁与碳钢有相似的耐蚀性，除发烟硫酸外，在85%～100%的硫酸中非常稳定。总的说来，在浓硫酸中特别是温度较高、流速较大的情况下，铸铁更适宜，而在发烟硫酸的一定范围内，碳钢耐蚀，铸铁却不耐蚀，这是因为发烟硫酸的渗透性促使铸铁内部的碳和石墨被氧化，会产生晶间腐蚀。在浓度小于65%的硫酸中，在任何温度下，铁碳合金都不能使用。当温度高于65 ℃时，不论硫酸浓度多大，铁碳合金一般也不能使用。

3. 硝酸

碳钢在硝酸中的耐腐蚀性与钝化特性的关系如图3-3所示，在硝酸中铁碳合金的腐蚀速度以硝酸浓度30%时为最大，当硝酸浓度大于50%时腐蚀速度显著下降；如果硝酸浓度提高到大于85%，腐蚀速度再度上升。在浓度为50%～85%的硝酸中，铁碳合金比较稳定的原因就是因为它的表面钝化而使腐蚀电位正移。

碳钢在硝酸中的钝化随温度的升高而易被破坏，同时当硝酸浓度增高时，又会产生晶间腐蚀，为此，从实际应用的角度出发，碳钢与铸铁都不宜作为处理硝酸的结构材料。

4. 氢氟酸

碳钢在低浓度氢氟酸（浓度48%～50%）中迅速腐蚀，但在氢氟酸浓度大于75%～80%，温度小于65 ℃时，则具有良好的稳定性，这是由于表面生成铁的氟化物膜不溶于浓的氢氟酸中，在无水氢氟酸中，碳钢更耐蚀，然而当氢氟酸浓度低于70%时，碳钢很快被腐蚀，因此，可用碳钢制作储存和运输浓度80%以上的氢氟酸容器。

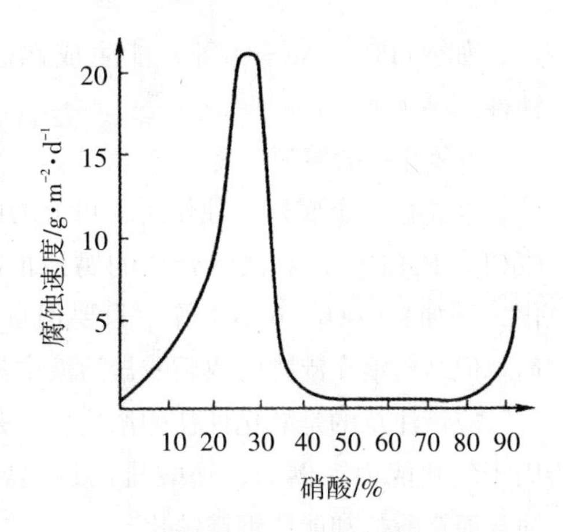

图3-3　低碳钢在25 ℃时腐蚀速度与硝酸浓度的关系

5. 有机酸

对铁碳合金腐蚀最强烈的有机酸是草酸、甲酸、乙酸及柠檬酸，但它们与同等浓度的无机酸（盐酸、硝酸、硫酸）的侵蚀作用相比要弱得多。铁碳合金在有机酸中的腐蚀速度随着酸中含氧量增大及温度升高而增大。

（三）在盐溶液中

铁碳合金在盐类溶液中的腐蚀与这种盐水解后的性质有密切关系，根据盐水解后的酸碱性有以下三种情况：

1. 中性盐溶液

以NaCl为例，这类盐水解后溶液呈中性，铁碳合金在这类盐溶液中的腐蚀，其阴极过程主要为溶解氧所控制的吸氧腐蚀，随浓度增加，腐蚀速度存在一个最高值（3%NaCl），此后则逐渐下降，图3-4所示为NaCl浓度与碳钢腐蚀速度的关系，这是因为氧的溶解度是随盐浓度增加连续下降的。随着盐浓度的增加，一方面溶液的导电性增加，使腐蚀速度增大；另一方面又由于氧的溶解度减小而使腐蚀速度减小。所以钢铁在高浓度的中性盐溶液中，腐蚀速度是较低的，但当盐溶液处于流动或搅拌状态时，因氧的补充变得容易，腐蚀速度要大得多。

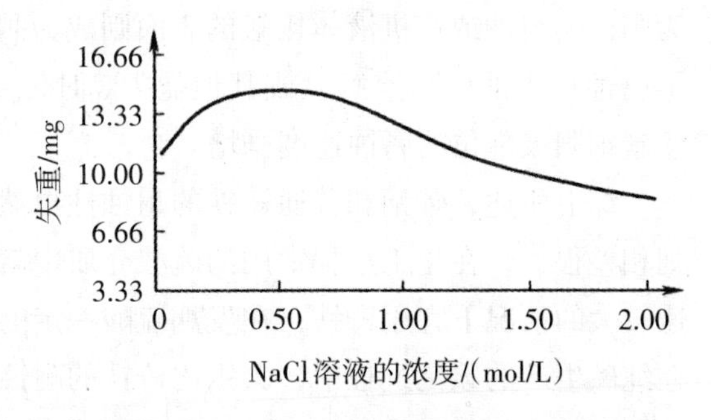

图3-4　NaCl浓度对碳钢腐蚀速度的影响

2. 酸性盐溶液

这类盐水解后呈酸性，引起铁碳合金的强烈腐蚀，因为在这种溶液中，其阴极过程既有氧的去极化，又有氢的去极化；如果是铵盐，则NH_4^+离子与铁形成络合物，增加了它的腐蚀性；高浓度的NH_4NO_3，由于NO_3^-离子的氧化性，更促进了腐蚀。

3. 碱性盐溶液

这类盐水解后呈碱性，当溶液pH值大于10时，同稀碱液一样，腐蚀速度较小，这些盐，如Na_3PO_4、Na_2SiO_3等，能生成铁盐膜，具有保护性，腐蚀速度大大降低而具有缓蚀性。

4.氧化性盐溶液

这类盐对金属的腐蚀作用，可分为两类：一类是强去极剂，可加速腐蚀，例如$FeCl_3$、$CuCl_2$、$HgCl_2$等，对铁碳合金的腐蚀很严重；另一类是良好的钝化剂，可使钢铁发生钝化，例如$K_2Cr_2O_7$、$NaNO_3$等，只要用量适当，可以阻止钢铁的腐蚀，通常是良好的缓蚀剂。但结构钢在沸腾的浓硝酸盐溶液中易产生应力腐蚀破裂。

应该注意的是氧化性盐的浓度，不是它们的氧化能力的标准，而腐蚀速度也不都是正比于氧化能力，例如，铬酸盐比Fe^{3+}盐是更强的氧化剂，但Fe^{3+}盐能引起钢铁更快的腐蚀，而铬酸盐却能使钢铁钝化。

（四）在气体介质中

化工过程中的设备、管道常受气体介质的腐蚀，大致有高温气体腐蚀、常温干燥气体腐蚀、湿气体腐蚀等。常温干燥条件下的气体，如氯碱厂的氯气，硫酸厂的SO_2及SO_3等，对铁碳合金的腐蚀均不强烈，一般均可采用普通钢铁处理；而湿的气体，如Cl_2、SO_2、SO_3等，则腐蚀强烈，其腐蚀特性与酸相似。

（五）在有机溶剂中

在无水的甲醇、乙醇、苯、二氯乙烷、丙酮、苯胺等介质中，碳钢是耐蚀的；在纯的石油烃类中，碳钢实际上也耐蚀，但当水存在时就会遭受腐蚀，例如石油储槽或其他有机液体的钢制容器，如果介质中含有水分，则水会积存在底部的某一部位，与水接触部位成为阳极，与油或有机液体接触的表面则成为阴极，而这个阴极面积很大，为油膜覆盖阻止了腐蚀；当油中含溶解氧或其他盐类、H_2S、硫醇等杂质时，将导致阴极反应迅速发生，使碳钢阳极部位的腐蚀速度剧增。

综上所述，碳钢和普通铸铁的耐蚀性虽然基本相同，但又不完全一样，在有些介质中则相差很大，在化工过程常用的硫酸介质中就是如此。如在浓硫酸中特别是温度较高、流速较大的情况下宜用铸铁；在发烟硫酸一定的范围内碳钢能耐蚀，而铸铁却不能用。又如在纯碱生产的碳化过程中，碳钢比铸铁的耐蚀性差，因而常用铸铁。在自然条件下，一般铸铁则比碳钢的耐蚀性强。造成这种现象的主要原因是铸铁的含碳量高，可以促进钝化，同时铸铁在铸造时形成的铸造黑皮起一定的保护作用。另一方面，铸铁有石墨化腐蚀倾向的特点。

总之，在一般可以采用铁碳合金的场合下，究竟是用碳钢还是铸铁，应根据具体条件并结合力学性能进行综合比较，有时还应通过试验才能确定。

第二节　高硅铸铁和低合金钢

一、高硅铸铁

在铸铁中加入一定量的某些合金元素，可以得到在一些介质中有较高耐蚀性的合金铸铁。高硅铸铁就是其中应用最广泛的一种。含硅10%～16%的一系列合金铸铁称为高硅铸铁，其中除少数品种含硅量在10%～12%以外，一般含硅量都在14%～16%。当含硅量小于14.5%时，力学性能可以改善，但耐蚀性能则大大下降。如果含硅量达到18%以上，虽然耐蚀，但合金变得很脆，以致不适用于铸造了。因此工业上应用最广泛的是含硅14.5%～15%的高硅铸铁。

（一）性能

1.耐蚀性能

含硅量达14%以上的高硅铸铁之所以具有良好的耐蚀性，是因为硅在铸铁表面形成一层由SiO_2组成的保护膜，如果介质能破坏SiO_2膜，则高硅铸铁在这种介质中就不耐蚀。

一般地说，高硅铸铁在氧化性介质及某些还原性酸中具有优良的耐蚀性，它能耐各种温度和浓度的硝酸、硫酸、醋酸、常温下的盐酸、脂肪酸及其他许多介质的腐蚀。它不耐高温盐酸、亚硫酸、氢氟酸、卤素、苛性碱溶液和熔融碱等介质的腐蚀。不耐蚀的原因是由于表面的SiO_2保护膜在苛性碱作用下，形成了可溶性的Na_2SiO_3；在氢氟酸作用下形成了气态SiF_4等而使保护膜破坏。

2.力学性能

高硅铸铁性质为硬而脆，力学性能差，应避免承受冲击力，不能用于制造压力容器。铸件一般不能采用除磨削以外的机械加工。

（二）机械加工性能的改善

在高硅铸铁中加入一些合金元素，可以改善它的机械加工性能，在含硅15%的高硅铸铁中加入稀土镁合金，可以起净化除气的作用，并改善铸铁基体组织，使石墨球化，从而提高了铸铁的强度、耐蚀性能及加工性能，对铸造性能也有所改善。这种高硅铸铁除可以磨削加工以外，在一定条件下还可车削、攻丝、钻孔，并可补焊，但仍不宜骤冷骤热；它的耐腐蚀性能比普通高硅铸铁好，适应的介质基本相近。

在含硅13.5%～15%的高硅铸铁中加入6.5%～8.5%的铜可改善机械加工性能，耐腐蚀性与普通高硅铸铁相近，但在硝酸中较差。此种材料适宜制作耐强腐蚀及耐磨损的泵叶轮和轴套等。也可用降低含硅量，另外加合金元素的方法来改善机械加工性能；在含硅

10%～12%的硅铸铁（称为中硅铁）中加入铬、铜和稀土元素等，可改善它的脆性及加工性能，能够对它进行车削、钻孔、攻丝等，而且在许多介质中，耐蚀性仍接近于高硅铸铁。

在一种含硅量为10%～11%的中硅铸铁中，再外加1%～2.5%的钼、1.8%～2.0%的铜和0.35%的稀土元素等，机械加工性能有所改善，可车削，耐蚀性与高硅铸铁相近似。实践证明，这种铸铁用于制造硝酸生产中的稀硝酸泵叶轮及氯气干燥用的硫酸循环泵叶轮，效果都很好。

以上所述的这些高硅铸铁，耐盐酸的腐蚀性能都不好，一般只有在常温低浓度的盐酸中才能耐蚀。为了提高高硅铸铁在盐酸（特别是热盐酸）中的耐蚀性，可增加钼的含量，如在含Si量为14%～16%的高硅铸铁中加入3%～4%的钼得到含钼高硅铸铁，会使铸件在盐酸作用下表面形成氯氧化钼保护膜，它不溶于盐酸，从而显著地增加了高温下抗盐酸腐蚀的能力，在其他介质中耐蚀性保持不变，这种高硅铸铁又称抗氯铸铁。

（三）应用

由于高硅铸铁耐酸的腐蚀性能优越，已广泛用于化工防腐蚀，最典型的牌号是STSi15，主要用于制造耐酸离心泵、管道、塔器、热交换器、容器、阀件和旋塞等。

总的来说，高硅铸铁质脆，所以安装、维修、使用时都必须十分注意。安装时不能用铁锤敲打；装配必须准确，避免局部应力集中现象；操作时严禁温差剧变，或局部受热，特别是开车、停车或清洗时，升温和降温必须缓慢；不宜用于制造受压设备。

二、低合金钢

低合金钢是指加入到碳钢中的合金元素质量分数小于3%的一类钢。当加入合金元素的目的主要是改善钢在不同腐蚀环境中的耐蚀性时，则称为耐蚀低合金钢，由于这类钢所用的合金元素少，成本低，强度高，综合力学性能及加工工艺性能好，耐蚀性比碳钢优越，尤其是它的高强度值（包括高温强度值）是工程上最重要的属性之一。

从腐蚀与防护的角度来看，为数众多的低合金钢的属性是在自然条件下（特别是在大气中）有着比碳钢好得多的耐蚀性能以及耐高温气体腐蚀性能。

（一）在自然条件下的耐蚀性

很多低合金钢较碳钢有优越得多的耐大气腐蚀性能，主要起作用的合金元素是铜、磷、铬、镍等。对于耐大气腐蚀性能，铜是很有用的合金元素。16Mn是有名的低合金高强度钢，它的耐大气腐蚀性能就比普通碳钢好，而16MnCu则又比16Mn好，如再加入少量铬和镍，耐蚀性又可大为提高。一种含铬、镍、铜、磷的低合金钢是有名的耐大气腐蚀钢，这种钢在城市大气中开始时要生锈，但随后几乎完全停止了锈蚀。因而随着近代低合金钢的发展，钢铁结构在城市大气中有可能不用涂料或其他覆盖层。

在低合金钢中，由于铜与铬的同时加入而显著地改善了钢的钝化能力；镍的加入则可提高钢的耐酸耐碱性，还能提高耐腐蚀疲劳及耐海水腐蚀的能力。

含铜钢除了耐大气腐蚀性能优于普通碳钢外，还具有良好的塑性及可焊性，可以加工成各种薄壁件，因而又称为高耐候性结构钢。这种钢与表面涂料的结合性也较强。

近来，世界各国都设法在钢中加入多种少量的合金元素来提高钢的耐大气腐蚀能力；中国也利用自己矿产资源的特点，在含铜钢的基础上发展了一些耐大气腐蚀的低合金钢，例如10MnSiCu、09MnCuPTi等。

（二）在高温氢气中的耐蚀性

在化学工业中的高温氢侵蚀主要发生在合成氨工业中的氨合成塔。氢侵蚀作用主要是脱碳生成CH_4，因而提高钢材抗氢侵蚀的途径之一就是向钢中加入能形成稳定碳化物的合金元素，以防止氢与钢中的碳起作用而发生脱碳，这类合金元素有铬、钼、钒、钨、钛等，例如铬能与碳形成$Cr_{23}C_6$等碳化物，含铬量越高，越能形成稳定的碳化物，抗氢侵蚀性能也就越好。图3-5所示为抗氢侵蚀曲线，图中的曲线表示钢在不同的氢分压下允许使用的极限温度。

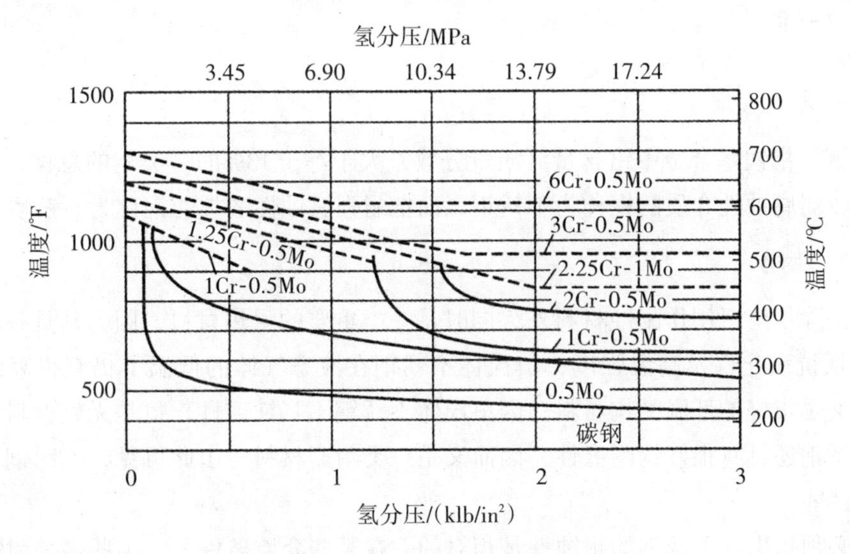

图3-5　钢材抗氢腐蚀图（钢材处于曲线下的条件，可安全使用）

氢侵蚀曲线是合成氨和石油加氢过程中，根据氢侵蚀的大量实际运行的经验数据而绘制的经验曲线。它提出了碳钢和合金钢在氢作用下安全使用的压力-温度范围。它们基本上可以满足合成氨和石油加氢装置设计和操作的需要，但由于经验数据的积累不足，随着更多氢侵蚀现象的发现，这些曲线时常要进行修订。

从图中可以明显看出，碳钢在合成氨生产条件下只能用于不超过200 ℃的操作温度，含钼钢和铬钼钢比碳钢耐氢侵蚀性能好，含铬、钼的量越高，耐蚀性越高；只有3.0%Cr及0.5%Mo的钢就已经具有相当好的耐氢侵蚀性能。

但是另一方面，由于铬、钼等合金元素的加入能引起形成氮化物的可能性，因而铬钼钢用作合成氨生产中耐氢、氮、氨腐蚀的材料仍不够理想。目前大型氨合成塔一般都采用18-8不锈钢制造，这种钢能形成稳定的铬的碳化物；由于奥氏体钢塑性很好，所以抗氢侵蚀性能良好；同时这种钢的表面在氨合成塔内件的条件下，也形成表层很薄的氮化物。

近来，中国发展了若干抗氢、氮、氨侵蚀的低合金钢，如10MoVNbTi、10MoVWNb等，适用于制作化肥生产中400 ℃左右的抗氢、氮、氨腐蚀的高压管及炼油厂500 ℃以下的高压抗氢装置。此外，还发展了一系列抗硫化氢、碳酸氢铵等腐蚀介质的低合金钢和耐腐蚀不起皮钢，它们的耐蚀性都比碳钢好。

第三节　不锈钢

一、概述

（一）定义

不锈钢是指铁基合金中铬含量（质量分数）大于等于13%的一类钢的总称。习惯上把耐大气及较弱腐蚀性介质的钢称为不锈钢，而把耐强腐蚀性酸类的钢称为不锈耐酸钢。

（二）性能

不锈钢除了广泛用作耐蚀材料外，同时是一类重要的耐热材料，因为其具备较好的耐热性，包括抗氧化性及高温强度；奥氏体不锈钢在液态气体的低温下仍有很高的冲击韧性，因而又是很好的低温结构材料；因奥氏体不锈钢不具铁磁性，也是无磁材料；高碳的马氏体不锈钢还具有很好的耐磨性，因而又是一类耐磨材料。由此可见，不锈钢具有广泛而优越的性能。

但是必须指出，不锈钢的耐蚀性是相对的，在某些介质条件下，某些钢是耐蚀的，而在另一些介质中则可能要腐蚀，因此没有绝对耐蚀的不锈钢。

（三）分类

不锈钢按其化学成分可分为铬不锈钢及铬镍不锈钢两大类。铬不锈钢的基本类型是Cr13型和Cr17型；铬镍不锈钢的基本类型是18-8型和17-12型（前边的数字为含Cr质量分数，后边数字为含Ni质量分数）。在这两大基本类型的基础上发展了许多耐蚀、耐热以及提高力学性能和加工性能等各具特点的钢种。

不锈钢按其金相组织分类有马氏体型、铁素体型、奥氏体型、奥氏体-铁素体型及沉淀硬化型五类。

不锈钢的品种繁多，随着近代科学技术的发展，新的腐蚀环境不断出现，为了适应新的环境，发展了超低碳不锈钢和超纯不锈钢，还发展了许多具有特定用途的专用钢。因而不锈钢是一类用途十分广泛，对国民经济和科学技术的发展都十分重要的工程材料。

二、机理

（一）Tamman（塔曼）定律

塔曼在研究单相（固溶体）合金的耐蚀性时，发现其耐蚀的能力与固溶体的成分之间存在一种特殊关系。在给定介质中当Cr和Fe组成的固溶合金，其中，耐蚀组元Cr的含量等于12.5%、25%、37.5%、50%……（原子分数，Cr的原子数与合金总原子数之比），即相当于1/8、2/8、3/8、4/8、…、n/8、（n=1.2、…、7），每当n增加1时，合金的耐蚀性将出现突然地阶梯式的升高，合金的电位亦相应地随之升高。这一规律称为n/8定律，或Tamman定律，参见图3-6。

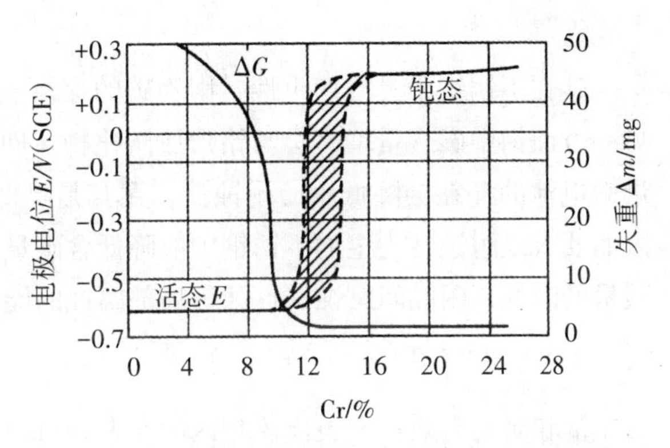

图3-6　Fe-Cr合金在0.5 mol/L $FeSO_4$溶液中电位的变化（相对于甘汞电极）和在3 mol/L HNO_3中的腐蚀失重

（二）提高不锈钢耐蚀性的途径

当钢中加入了足够量（>1/8或2/8）的合金元素铬时，在氧化性介质作用下形成Fe-Cr氧化膜，紧密附着在钢的表面，厚度达1～10 mm，从而使钢钝化。这一层膜中的含铬量较之铁基体中的含铬量，高出几倍甚至几十倍，即有明显的富集现象。不锈钢耐蚀，正是由于铁铬合金表面形成了这种富铬的钝化膜所起的作用。铁铬合金是不锈钢的基础。提高不锈钢耐蚀性的途径是在铁铬合金基础上添加或减少某些元素。

三、主要合金元素对耐蚀性的影响

除了铬是各类不锈钢中不可缺少的合金元素之外，为提高不锈钢在各种环境介质中的耐蚀性以及提高力学和加工性能，还加入少量其他合金元素，分别讨论如下：

（一）铬

铬元素的电极电位虽然比铁低，但由于它极易钝化，因而成为不锈钢中最主要的耐蚀合金元素。不锈钢中一般含铬量必须符合Tamman定律，即Cr/Fe的原子数之比为1/8或

2/8，铬含量越高，耐蚀性越好，但不宜超过30%，否则会降低钢的韧性。

（二）镍

镍是扩大奥氏体相区的元素，镍加到一定的量后能使不锈钢呈单相奥氏体组织，可改善钢的塑性及加工、焊接等性能。镍还能提高钢的耐热性。

（三）钼

由于钼可在Cl^-中钝化，可提高不锈钢抗海水腐蚀的能力，同时不锈钢中加钼还能显著提高不锈钢耐全面腐蚀及局部腐蚀的能力。

（四）碳

碳在不锈钢中具有两重性，因为碳的存在能显著扩大奥氏体相区并提高钢的强度，而另一方面钢中碳含量增多会与铬形成碳化物，即碳化铬，使固溶体中含铬量相对减少，大量微电池的存在会降低钢的耐蚀性，尤其是降低抗晶间腐蚀能力，易使钢产生晶间腐蚀，因而要求以耐蚀性为主的不锈钢中应降低含碳量。大多数耐酸不锈钢含碳量$<0.08\%$，随含碳量的降低，耐晶间腐蚀、点蚀等局部腐蚀的能力逐步升高。

（五）锰和氮

锰和氮是有效扩大奥氏体相区的元素，可以用来代替镍获得奥氏体组织。锰不仅可以稳定奥氏体组织，还能增加氮在钢中的溶解度。但锰的加入会促使含铬量较低的不锈钢耐蚀性降低，使钢材加工性能变坏，因此在钢中不单独使用锰，只用它来代替部分镍。在钢中加入氮在一定程度上可提高钢的耐蚀能力，但氮在钢中能形成氮化物，而使钢易于产生点蚀。不锈钢中氮含量一般在0.3%以下，否则钢材气孔量会增多，力学性能变差。氮与锰共同加入钢中起节省镍元素的作用。

（六）硅

硅在钢中可以形成一层富硅的表面层，硅能提高钢耐浓硝酸和发烟硝酸腐蚀的能力，改善钢液流动性，从而获得高质量耐酸不锈钢铸件；硅又能提高钢抗点蚀的能力，尤其与钼共存时可大大提高钢的耐蚀性和抗氧化性，可抑制钢在含Cl^-离子介质中的腐蚀。

（七）铜

在不锈钢中加入铜，可提高抗海水Cl^-侵蚀及抗盐酸侵蚀的能力。

（八）钛和铌

钛和铌都是强碳化物形成元素。不锈钢中加入钛和铌，主要是与C优先形成TiC或NbC等碳化物，可避免或减少碳化铬（$Cr_{23}C_6$）的形成，从而可降低由于贫铬而引起的晶间腐蚀的敏感性，一般稳定化不锈钢中都加入钛。由于钛易于氧化烧损，因而焊接材料中多加入铌。

四、发展方向

不锈钢是现代工业的重要材料，随着现代化工、石油、生物等工程的不断发展，人们对不锈钢提出了越来越高的要求。

（一）尽量低的含碳量

从防腐蚀角度来说，含碳量越低，耐蚀性越好；含碳量由小于0.1%到小于0.08%～0.03%（低碳），再到小于0.03%～0.01%（超低碳），直到<0.01%（超超低碳或称超纯），与此同时，与相应含碳量等级相配套的焊条、焊接工艺及安装工艺都要匹配，否则母材含碳量再低也难以保证焊缝不出问题。

（二）节省资源

镍是不锈钢的重要元素，但镍又是紧缺资源，属战略物资，发展节镍不锈钢是未来的发展方向，科学家们正在研究以氮代镍、以锰代镍或发展奥氏体-铁素体双相不锈钢及高性能的铁素体不锈钢等。

（三）开发可在恶劣环境中使用的不锈钢

开发耐海水不锈钢、抗高温浓硫酸及满足新的大型化工生产装置操作条件的不锈钢。

（四）不锈钢的民用化

随着人们生活条件的改善，不锈钢制品正大踏步地走进家庭，超市及商场内目不暇接的不锈钢商品丰富和改善了人们的生活，开发质优价廉的民用不锈钢也是世界潮流之一。

五、应用及经济评价

现以铬不锈钢及铬镍不锈钢两大基本类型，分别从其金相组织及耐蚀性能来讨论化工生产过程中的应用及经济评价情况。

（一）铬不锈钢

铬不锈钢包括Cr13型及Cr17型两大基本类型。

1. Cr13型不锈钢

这类钢一般包括0Cr13、1Cr13、2Cr13、3Cr13、4Cr13等钢号，含铬量12%～14%。

（1）金相组织

除0Cr13外，其余的钢种在加热时有铁素体→奥氏体转变，淬火时可得到部分马氏体组织，因而习惯上称为马氏体不锈钢。实际上0Cr13没有相变，是铁素体钢；1Cr13为马氏体-铁素体钢，2Cr13、3Cr13为马氏体钢；4Cr13为马氏体-碳化物钢。

（2）耐蚀性能及其应用

大多数情况下Cr13型不锈钢都经淬火、回火以后使用。淬火温度随含碳量增高及要求硬度的增大而上升，一般控制在1000～1050 ℃，保证碳化物充分溶解，以得到高硬度并提高耐蚀性。0Cr13由于不存在相变，所以不能通过淬火强化。0Cr13含碳量低，耐蚀性比其他Cr13型钢好，在正确热处理条件下有良好的塑性与韧性，它在热的含硫石油产品中具有高的耐蚀性能，可耐含硫石油及硫化氢、尿素生产中高温氨水、尿素母液等介质的腐蚀。因此它可用于石油工业，还可用于制造化工生产中防止产品污染而压力又不高的设备。

1Crl3、2Cr13在冷的硝酸、蒸汽、潮湿大气和水中有足够的耐蚀性；在淬火、回火后可用于制造耐蚀性要求不高的设备零件，如尿素生产中与尿素液接触的泵件、阀件等，并可制造汽轮机的叶片。

3Cr13、4Cr13含碳量较高，主要用于制造弹簧、阀门、阀座等零部件。

Cr13型马氏体钢在一些介质（如含卤素离子溶液）中有点蚀和应力腐蚀破裂的敏感性。

2. Cr17型不锈钢

这类钢的主要钢号有1Cr17、0Cr17Ti、1Cr17Ti、1Cr17Mo2Ti等。

（1）金相组织

这类钢含碳量较低而含铬量较高，均属铁素体钢，铁素体钢加热时不发生相变，因而不可能通过热处理来显著改善钢的强度。

（2）耐蚀性能及其应用

由于含铬量较高，因此对氧化性酸类（如一定温度及浓度的硝酸）的耐蚀性良好，可用于制造硝酸、维尼纶和尿素生产中一定腐蚀条件下的设备，还可制造其他化工过程中腐蚀性不强的防止产品污染的设备。如1Cr17Mo2Ti，由于含钼，提高了耐蚀性，能耐有机酸（如醋酸）的腐蚀，但其韧性及焊接性能与1Cr17Ti相同。

由于Cr17型不锈钢较普遍地存在高温脆性等问题，因此在Cr17型不锈钢的基础上加镍和碳，发展成1Cr17Ni2钢种，镍和碳均为稳定奥氏体元素，当加热到高温时，部分铁素体转变为奥氏体，这样淬火时能得到部分马氏体，提高其力学性能，通常列为马氏体型不锈钢，其特点是既有耐蚀性又有较高的力学性能。这种钢在一定程度上仍有高铬钢的热脆性敏感等缺陷，常用于制造既要求有高强度又要求耐蚀的设备，如硝酸工业中氧化氮透平鼓风机的零部件。又可在Cr17型不锈钢基础上提高含铬量至25%或25%以上，得到Cr25型不锈钢。这种钢的耐热和耐蚀性能都有了提高。常用的有1Cr25Ti、1Cr28，可用作强氧化性介质中的设备材料，也可用作抗高温氧化的材料。1Cr28不适宜于焊接。

3.经济评价

与铬镍不锈钢相比较，铬不锈钢价格较低，但由于其脆性、焊接工艺等问题，化工生产过程中应用不是很多，多用于腐蚀性不强或无压力要求的场合。

（二）铬镍奥氏体不锈钢

铬镍奥氏体不锈钢是目前使用最广泛的一类不锈钢，其中最常见的就是18-8型不锈钢。18-8型不锈钢又包括加钛或铌的稳定型钢种、加钼的钢种（常称为18-12-Mo型不锈钢）及其他铬镍奥氏体不锈钢。

1.金相组织

在这类钢的合金元素中，镍、锰、氮、碳等是扩大奥氏体相区的元素，含铬17%～19%的钢中加入7%～9%的镍，加热到1000～1100 ℃时，就能使钢由铁素体转变为均一的奥氏体。由于铬是扩大铁素体相区的元素，当钢中含铬量增加时，为了获得奥氏体组织，就必须相应增加镍含量。碳虽然是扩大奥氏体相区的元素，但当含碳量增加时将影响钢的耐蚀性，并影响冷加工性能，所以国际上普遍发展含碳量低的超低碳不锈钢，甚至超超低碳不锈钢，即使一般的18-8钢含碳量也多控制在0.08%以下（如中国GB1220—1975中规定0Cr18Ni9中的含碳量≤0.06%），而适当地提高镍、锰、氮等扩大奥氏体相区的元素以稳定奥氏体组织。有些钢的含镍量较低或完全无镍，如1Cr18Mn8Ni5N、0Cr17Mn13N，它们就是用锰和氮代替18-8型不锈钢中的部分或全部镍以得到奥氏体组织的钢种，也属于奥氏体钢，一般称为锰氮系不锈钢。

2.耐蚀性能及其应用

18-8型不锈钢具有良好的耐蚀性能及冷加工性能，因而获得了广泛的应用，几乎所有化工生产中都采用这一类钢种。

（1）普通18-8型不锈钢

这种钢耐硝酸、冷磷酸及其他一些无机酸、许多种盐类及碱溶液、水和蒸汽、石油产品等化学介质的腐蚀，但是对硫酸、盐酸、氢氟酸、卤素、草酸、沸腾的浓苛性碱及熔融碱等的化学稳定性则差。

18-8型不锈钢在化学工业中的主要用途之一是处理硝酸，它的腐蚀速度随硝酸浓度和温度的变化而变化。例如18Cr-8Ni不锈钢耐稀硝酸腐蚀性能很好，但当硝酸浓度增高时只有在很低温度下才耐蚀。

（2）含钛的18-8型不锈钢（0Cr18Ni9Ti、1Cr18Ni9Ti）

这是用途广泛的一类耐酸耐热钢。由于钢中的钛促使碳化物的稳定，因而有较高的抗晶间腐蚀性能，经1050～1100 ℃在水中或空气中淬火后呈单相奥氏体组织。在许多氧化性介质中有优良的耐蚀性，在空气中的热稳定性也很好，可达850 ℃。

（3）含钼的18-8型不锈钢

这是在18Cr-8Ni型钢中增加铬和镍的含量并加入2%～3%的钼，形成了含钼的18Cr-12Ni型的奥氏体不锈钢。这类钢提高了钢的抗还原性酸的能力，在许多无机酸、有机酸、碱及盐类中具有耐蚀性能，从而提高了在某些条件下耐硫酸和热的有机酸性能，能耐50%

以下的硝酸、碱溶液等介质的腐蚀，特别是在合成尿素、维尼纶及磷酸、磷铵的生产中，对熔融尿素、醋酸和热磷酸等强腐蚀性介质有较高的耐蚀性。其耐蚀原因主要是加强了钼在甲铵液（尿素生产中主要的强腐蚀性介质）中的钝化作用。

这类钢包括不含钛的、含钛的和超低碳的一系列18-12-Mo钢，其中含钛的（如0Cr18Ni12Mo2Ti）和超低碳的（如00Cr17Ni14Mo2）钢种一般情况下均无晶间腐蚀倾向，因此在多种用途中比18Cr-8Ni钢优越，同时耐点蚀性能也比18Cr-8Ni钢好。

（4）节镍型铬镍奥氏体不锈钢（如1Cr18Mn8Ni5N）

这是添加锰、氮以节镍而获得的奥氏体组织不锈钢，在一定条件下部分代替18-8型不锈钢，它可耐稀硝酸和硝铵腐蚀；可用于制造硝酸、化肥的生产设备和零部件。在这种钢的基础上进一步加锰节镍，发展了完全无镍的0Cr17Mn13N奥氏体不锈钢，耐蚀性与1Cr18Mn8Ni5N近似，也可用于稀硝酸生产和耐蚀性不太苛刻的条件，以代替18-8型不锈钢。

（5）含钼、铜的高铬高镍奥氏体不锈钢

这类钢有高的铬、镍含量并加钼与铜，提高了耐还原性酸的性能，常用于制造条件苛刻的耐磷酸、硫酸腐蚀的设备。国外发展多种耐硫酸腐蚀的合金，如20号合金，具有奥氏体组织，具有接近18-8型不锈钢的力学性能。

在化工生产过程中，18-8型不锈钢如0Cr18Ni9、0Cr18Ni9Ti、1Cr18Ni9Ti等已大量用于制造合成氨生产中抗高温高压氢、氮气腐蚀的装置（合成塔内件）；用于脱碳系统腐蚀严重的部位；用于制造尿素生产中常压下与尿素混合液接触的设备，苛性碱生产中浓度小于45%、温度低于120 ℃的装置，合成纤维工业中防止污染的装置；也常用作高压蒸汽、超临界蒸汽的设备和零部件的材料；此外，还广泛用于制药、食品、轻工业及其他许多工业部门。同时，由于它们在高温时具有高的抗氧化能力及高温强度，因而又常用作一定温度下耐热部件的材料。它们还有很高的抗低温冲击韧性，常用作空分、深冷净化等深冷设备的材料。近来，随着工业的发展，在一些环境苛刻的部位多采用超低碳的00Cr18Ni10钢。

3.经济评价

铬镍奥氏体不锈钢是应用最广泛的不锈钢，这类钢品种多，规格全，不但具有优良的耐蚀性，还具有优异的加工性能、力学性能及焊接性能，这类钢根据合金量、材料截面形状及尺寸的变化价格相差很大，每吨价格大概在20000～70000元之间。

（三）奥氏体-铁素体型双相不锈钢

奥氏体-铁素体型双相不锈钢指的是钢的组织中既有奥氏体又有铁素体，因而性能兼有两者的特征。奥氏体的存在，降低了高铬铁素体钢的脆性，改善了晶体长大倾向，提高了钢的韧性和可焊性；而铁素体的存在，显著改善了钢的抗应力腐蚀破裂性能和耐晶间腐蚀性能，并提高了铬镍奥氏体的强度。

由于钢的组织为双相，有可能在介质中形成微电池，电池中阳极优先腐蚀，即相的选择性腐蚀，但如果使两相都能在介质中钝化，也就有可能不会发生此种现象。生产实践证明，0Cr17Mn13Mo2N及1Cr18Mn10Ni5Mo3N用于制造高效半循环法尿素合成塔内套，效果很好，这说明耐蚀性不完全与组织有关，而是与产生钝态的合金元素有很大关系。

第四节 有色金属及其合金

在化工生产过中，腐蚀、高温、低温、高压等各种工艺条件下，除了大量使用铁碳合金以外，还应用一部分有色金属及其合金。例如，广泛使用的有铝、铜、镍、铅、钛及具有优异耐蚀性能的高熔点金属，如钽、锆等金属。

有色金属和黑色金属相比，常具有许多优良的特殊性能，例如许多有色金属有良好的导电性、导热性，优良的耐蚀性，良好的耐高温性，突出的可塑性、可焊性、可铸造性及切削加工性能等。

现简略介绍以下几种有色金属及其合金，重点是它们的耐蚀性能。

一、铝及铝合金

铝及铝合金在工业上应用广泛。铝是轻金属，密度为2.7 g/cm^3，约为铁的1/3，铝的熔点较低（657 ℃），有良好的导热性与导电性，塑性高，但强度低；铝的冷韧性好，可承受各种压力加工；铝的焊接性与铸造性差，这是由于它易氧化成高熔点的Al_2O_3。铝的电极电位很低，是常用金属材料中最低的一种。由于铝在空气及含氧的介质中能自钝化，在表面生成一层很致密又很牢固的氧化膜，同时破裂时，能自行修复。因此，铝在许多介质中都很稳定，一般说来，铝越纯越耐蚀。

（一）铝的耐蚀性能

铝在大气及中性溶液中，是很耐蚀的，这是由于在pH=4～11的介质中，铝表面的钝化膜具有保护作用，即使在含有SO_2及CO_2的大气中，铝的腐蚀速度也不大。铝在pH>11时出现碱性侵蚀，铝在pH<4的淡水中出现酸性侵蚀，活性离子如Cl^-离子的存在将使局部腐蚀加剧；水中如含有Cu^{2+}离子会在铝上沉积出来，使铝产生点蚀。水中存在CrO_4^{2-}、$Cr_2O_7^{2-}$、PO_4^{3-}、SiO_3^{2-}等离子时对铝则产生缓蚀作用。

铝在强酸强碱中的耐蚀性取决于氧化膜在介质中的溶解度。铝在稀硫酸中和发烟硫酸中稳定，在中等和高浓度的硫酸中不稳定，因为此时氧化膜被破坏。铝在硝酸中的耐蚀情况见图3-7，当硝酸浓度在25%以下时，腐蚀随浓度增加而增大，继续增加酸的浓度则腐

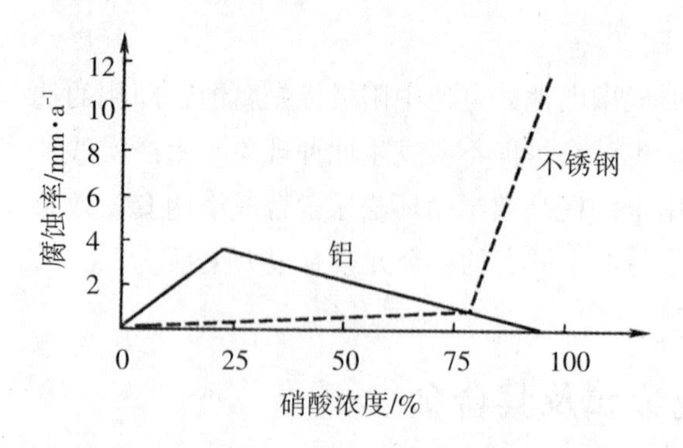

图3-7 铝及铬镍不锈钢的腐蚀率与硝酸浓度的关系

蚀速度下降，浓硝酸实际上不起作用，因此，可用铝制槽车运浓硝酸。铝的膜层在苛性碱中无保护作用，因此在很稀的NaOH或KOH溶液中就可溶解，但铝能耐氨水的腐蚀。

在非氧化性酸中铝不耐蚀，如盐酸、氢氟酸等，对室温下的醋酸有耐蚀性，但在甲酸、草酸等有机酸中不耐蚀。

在一些特定的条件下，铝能发生晶间腐蚀与点蚀等局部腐蚀，如铝在海水中通常会由于沉积物等原因形成氧浓差电池而引起缝隙腐蚀。不论在海水中还是淡水中，铝都不能与正电性强的金属（如铜等）直接接触，以防止产生电偶腐蚀。

在化学工业中常采用高纯铝制造储槽、槽车、阀门、泵及漂白塔；可用工业纯铝制造操作温度低于150 ℃的浓硝酸、醋酸、碳铵生产中的塔器、冷却水箱、热交换器、储存设备等。

由于铝离子无毒、无色，因而常应用于食品工业及医药工业；铝的热导率是碳钢的3倍，导热性好，特别适于制造换热设备；铝的低温冲击韧性好，适于制造深冷装置。

（二）铝合金的耐蚀性能

铝合金的力学性能较铝好，但耐蚀性则不如纯铝，因此化工中用得不很普遍。一般多利用它强度高、密度小的特点而应用于航空等工业部门。在化工中用得较多的是铝硅合金（含硅11%～13%），它在氧化性介质中表面生成氧化膜，常用于制造化工设备的零部件（铸件），这是由于铝硅合金的铸造性较好。

硬铝（杜拉铝）是铝-镁-硅合金系列，力学性能好，但耐蚀性差，在化工生产中常把它与纯铝热压成双金属板，作为既有一定强度又耐腐蚀的结构材料；硬铝也用在深冷设备的制造上。铝和铝合金的耐蚀性与焊接工艺有密切关系，因此在制造及应用中要注意正确掌握焊接工艺；制造过程中还必须尽量消除残余应力；使用过程中不可与正电性强的金属接触，防止电偶腐蚀；还应注意保护氧化膜不受损伤，以免影响铝和铝合金的耐蚀性能。某些高强度铝合金在海洋大气、海水中有应力腐蚀破裂倾向；其敏感性的大小有明显的方向性，多种材料当所受应力垂直于轧制方向时，敏感性较大。因而可采用改变应力方向（如锻打）来降低铝的应力腐蚀破裂倾向。

二、铜及铜合金

铜的密度为8.93 g/cm^3，熔点为1283 ℃。铜的强度较高，塑性、导电导热性很好。在低温下，铜的塑性和抗冲击韧性良好，因此铜可以制造深冷设备。铜的电极电位较高，化学稳定性也较好。

（一）铜的耐蚀性能

铜在大气中是稳定的，这是腐蚀产物形成了保护层的缘故。潮湿的含SO_2等腐蚀性气体的大气会加快铜的腐蚀。

铜在停滞的海水中是很耐蚀的，但如果海水的流速增大，保护层较难形成，铜的腐蚀加剧。铜在淡水中也很耐蚀，但如果水中溶解了CO_2及O_2，这种具有氧化能力并有微酸性的介质可以阻止保护层的形成，因而将加快铜的腐蚀。由于铜是正电性金属，因此铜在酸性水溶液中遭受腐蚀时，不会发生析氢反应。

在氧化性介质中铜的耐蚀性较差，如在硝酸中铜迅速溶解。铜在常温下低浓度的不含氧的硫酸和亚硫酸中尚稳定，但当硫酸浓度高于50%、温度高于60 ℃时，腐蚀加剧；铜在浓硫酸中迅速溶解，所以处理硫酸的设备、阀门等的零部件一般均不用铜。铜在很稀的盐酸中，没有氧或氧化剂时尚耐蚀，随着温度和盐酸浓度的增高，腐蚀加剧；如果有氧或氧化剂存在，则腐蚀更为剧烈。

在碱溶液中铜耐蚀，在苛性碱溶液中也稳定，氨对铜的腐蚀剧烈，因为转入溶液的铜离子会形成铜氨配位离子。

在SO_2、H_2S等气体中，特别在潮湿条件下铜遭受腐蚀。

由于铜的强度较低，铸造性能也较差，因而常添加一些合金元素来改善这些性能。不少铜合金的耐蚀性也比纯铜好。

（二）铜合金的耐蚀性能

1.黄铜

黄铜是一系列的铜锌合金，黄铜的力学性能和压力加工性能较好，一般情况下耐蚀性与铜接近，但在大气中耐蚀性比铜好。

为了改善黄铜的性能，有些黄铜除锌以外还加入锡、铝、镍、锰等合金元素成为特种黄铜，例如含锡的黄铜，加入锡的主要作用是降低黄铜脱锌的倾向及提高在海水中的耐蚀性，同时还加入少量的锑、砷或磷可进一步改进合金的抗脱锌性能；这种黄铜广泛用于海洋大气及海水中做结构材料，因而又称为海军黄铜。

黄铜在某些普通环境中（如水、水蒸气、大气中），在应力状态下可能产生应力腐蚀破裂。黄铜弹壳的破裂就是最早出现的应力腐蚀破裂，动力装置中黄铜冷凝管也出现破裂问题，此外，氨（或从铵类分解出来的氨）是使铜合金（黄铜和青铜）破裂的腐蚀剂。对黄铜来说，其耐破裂性能随铜含量的增加而增强，如含铜量85%的黄铜要比含铜量65%的黄铜具有更好的耐破裂性能。由于黄铜制件中的应力大多来源于冷加工产生的残余应力，因而可通过退火消除这种残余应力以解决破裂中的应力因素。

2.青铜

青铜是铜与锡、铝、硅、锰及其他元素所形成的一系列合金，用得最广泛的是锡青铜，通常所说的青铜就是指锡青铜。锡青铜的力学性能、耐磨性、铸造性及耐蚀性良好，是中国历史上最早使用的金属材料之一。锡青铜在稀的非氧化性酸以及盐类溶液中有良好的耐蚀性，在大气及海水中很稳定，但在硝酸、氧化剂及氨溶液中则不耐蚀，锡青铜有良好的耐冲刷腐蚀性能，因而主要用于制造耐磨、耐冲刷腐蚀的泵壳、轴套、阀门、轴承、旋塞等。

铝青铜的强度高，耐磨性好，耐蚀性和抗高温氧化性良好，它在海水中耐空泡腐蚀及腐蚀疲劳性能比黄铜优越，应力腐蚀破裂的敏感性也较黄铜小。此外，还有铜镍、铜铍等许多种类的铜合金。

三、镍及镍合金

镍的密度为8.907 g/cm³，熔点为1450 ℃，镍的强度高，塑性、延展性好，可锻性强，易于加工，镍及其合金具有非常好的耐蚀性，由于镍基合金还具有非常好的高温性能，所以发展了许多镍基高温合金以适应现代科学技术发展的需要。

（一）镍的耐蚀性能

概括地说，镍的耐蚀性在还原性介质中较好，在氧化性介质中较差。镍的突出的耐蚀性是耐碱，它在各种浓度和各种温度的苛性碱溶液或熔融碱中都很耐蚀。但在高温（300～500 ℃）、高浓度（75%～98%）的苛性碱中，没有退火的镍易产生晶间腐蚀，因此使用前要进行退火处理。当熔碱中含硫时，镍的腐蚀加快。含镍的钢种在碱性介质中都耐蚀，就是因为镍在浓碱液中可在钢的表面上生成一层黑色保护膜而具有耐蚀性。

镍在大气、淡水和海水中都很耐蚀。但当大气中含SO_2时，则它能在晶界生成硫化物，影响其耐蚀性。

镍在中性、酸性及碱性盐类溶液中的耐蚀性很好；但在酸性溶液中，当有氧化剂存在时，氧化剂会对镍的腐蚀起到剧烈的加速作用。在氧化性酸中，镍迅速溶解；镍对室温时浓度为80%以下的硫酸是耐蚀的，但随温度升高，腐蚀加速。在非氧化性酸（如室温时的稀盐酸）中，镍尚耐蚀，温度升高，腐蚀加速；当有氧化剂存在（如向盐酸或硫酸内通入空气）时，腐蚀速度剧增。镍在许多有机酸中也很稳定，同时镍离子无毒，可用于制药和食品工业。

（二）镍合金的耐蚀性能

镍合金包括许多种耐蚀、耐热或既耐蚀又耐热的合金，它们具有非常广泛的用途，在许多重要的技术领域中获得了应用。常用的有以下几种：

1.镍铜合金

镍铜合金包括一系列的含镍70%左右、含铜30%左右的合金，即蒙乃尔（Monel）合金。这类合金的强度比较高，加工性能好，在还原性介质中比镍耐蚀，在氧化性介质中又比铜耐蚀，在磷酸、硫酸、盐酸中，在盐类溶液和有机酸中都比镍和铜更为耐蚀。它们在大气、淡水及流动的海水中很耐蚀，但应避免缝隙腐蚀。这类合金在硫酸中的耐蚀性较镍好；在温度不高的稀盐酸中尚耐蚀，温度升高腐蚀加剧。在任何浓度的氢氟酸中，只要不含氧及氧化剂，耐蚀性非常好。在氧化性酸中不耐蚀。蒙乃尔合金在碱液中也很耐蚀，但是在热浓苛性碱中，在氢氟酸蒸气中，当处于应力状态下都有产生应力腐蚀破裂的倾向，蒙乃尔合金力学性能、加工性能良好，因价格较高，生产中主要用于制造输送浓碱液的泵与阀门。

2.镍钼铁合金和镍铬钼铁合金

这两个系列的镍合金，称为哈氏合金（Hastelloy合金）。哈氏合金包括一系列的镍钼铁合金及镍钼铬铁合金，如以镍、钼、铁为主的哈氏合金A及哈氏合金B为例，在非氧化性的无机酸和有机酸中有高的耐蚀性，如耐70 ℃的稀硫酸，对所有浓度的盐酸、氢氟酸、磷酸等腐蚀性介质的耐蚀性好；以镍、钼、铬、铁（还含钨）为主的哈氏合金C，就是一种既耐强氧化性介质腐蚀又耐还原性介质腐蚀的优良合金。这种合金对强氧化剂（如氯化铁、氯化铜等以及湿氯）的耐蚀性都好，并且对许多有机酸和盐溶液的腐蚀抵抗能力也很强，被认为是在海水中具有最好的耐缝隙腐蚀性能的材料之一。

哈氏合金在苛性碱和碱性溶液中都是稳定的。同时，这类合金的力学性能、加工性能良好，可以铸造、焊接和切削，因此在许多重要的技术领域中获得了应用。由于镍合金价格昂贵，镍又是重要的战略资源，在应用时要考虑到经济承受能力和必要性。

四、钛及钛合金

钛用作结构材料始于20世纪50年代，是一种较新的材料。钛是轻金属，熔点为1725 ℃，密度为4.5 g/cm^3，只有铁的1/2略强。钛和钛合金有许多优良的性能，钛的强度高，具有较高的屈服强度和抗疲劳强度，钛合金在450～480 ℃下仍能保持室温时的性能，同时在低温和超低温下也仍能保持其力学性能，随着温度的下降，其强度升高，而延伸性逐渐下降，因而首先被用于航空工业；钛材的耐蚀性好，可耐多种氧化性介质的腐蚀；此外，钛材的加工性能好，但其焊接工艺只能在保护性气体中进行。因此，作为一类新型的结构材料，钛及其合金在航空、航天、化工等领域日益得到广泛应用。

钛的电极电位很低，是很活泼的金属，但是它有很好的钝化性能，所以钛在许多环境中表现出很高的耐蚀性。

（一）钛的耐蚀性能

钛的耐蚀性取决于其钝态的稳定性。在许多高温、高压的强腐蚀性介质中，钛的耐蚀性远远优于其他材料，这与钛的氧化膜具有很高的稳定性有关，其稳定程度远远超过铝及不锈钢的氧化膜，而且在机械损坏后能很快修复。

钛在大气、海水和淡水中都有优异的耐蚀性，无论在一般污染的大气与海水中或在较高流速及温度的条件下，钛都有很高的耐蚀性。钛在非氧化性酸（磷酸、稀硫酸或纯盐酸）中是不耐蚀的，但在盐酸中加入氧化剂（如硝酸、铬酸盐等），可以显著地降低钛在盐酸中的腐蚀率，如在1份硝酸、3份盐酸的混合酸（王水）中，60 ℃以下时基本不腐蚀。酸中含少量氧化性金属离子（如Fe^{3+}、Cu^{2+}等）也可使腐蚀减缓。

钛在湿的氧化性介质中很耐蚀，如在任何浓度的硝酸中均有很高的稳定性（红色发烟硝酸除外），它在压力为19.62 MPa的尿素合成的条件下耐蚀性很好。而在无水的干燥氯气中氧化剧烈，产生自燃，但在潮湿氯气中却又相当稳定。

钛对大多数无机盐溶液是耐蚀的，但不耐$AlCl_3$的腐蚀；钛在温度不很高的大多数碱溶液中是耐蚀的，但随溶液温度与浓度的升高，耐蚀性降低。

钛有明显的吸氢现象。不仅在处理含氢介质中是如此，即使介质中不含氢气，仅腐蚀过程中产生的氢，也有可能出现这种现象。钛由于吸氢可以变脆而导致破裂，这是钛材应用中的主要问题。钛中含铁，或表面有铁的污染，会迅速增大氢的扩散速度，存在的铁越多，钛的吸氢现象越严重。表面污染的铁一般来自制造过程，所以钛制设备的制造施工必须十分注意，焊接必须保证不受污染。对于现场组装的大型装置可预先对钛结构施加阳极电流，这一方面可使表面钝化，同时，还可溶解外来的铁，因而效果很好。但对于强腐蚀环境在必要时需要采用经常性的阳极保护来提供持久的耐蚀性，一般情况下，钛不发生点蚀，晶间腐蚀倾向也小，钛抗腐蚀疲劳性能、耐缝隙腐蚀性能良好，但在湿氯介质中钛会发生缝隙腐蚀。

由于钛的突出的耐蚀性，在化学工业及其他工业部门中用于制造对耐蚀性有特殊要求的设备，如热交换器、反应器、塔器、电解槽阳极、离心机、泵、阀门及管道等。也用于各种设备的衬里。

（二）钛合金的耐蚀性能

钛合金的力学性能与耐蚀性能均较纯钛有较多提高，少量钯（0.15%）加入钛中形成钛钯合金能促进钝化，改善在非氧化性酸中的耐蚀性，如果非氧化性酸中添加氧化剂更有利于钛钯合金的钝化。

钛钯合金在高温、高浓度氯化物溶液中极耐蚀，且不产生缝隙腐蚀，但对强还原性酸还是不耐蚀的。含钼的钛合金在盐酸中的耐蚀性更高。高应力状态下的钛合金在某些环境中（如甲醇、高温氯化物等）有应力腐蚀破裂倾向。

复习题

1.钢中含硫量高会对钢的耐蚀性产生哪些影响?

2.高硅铸铁为什么具有较好的耐蚀性?在安装使用过程中应注意些什么?

3.不锈钢具有优良耐蚀性是利用什么原理?为什么不锈钢抗氧化性介质的性能远好于抗还原性介质的性能?

4.不锈钢中主要合金元素有哪些?它们对钢起什么作用?

5.铝及铝合金、铜及铜合金的耐蚀特点有何区别?

6.说明镍的耐蚀特点。在化工生产中常用的镍合金有哪几类?主要成分是什么?

7.试述钛的主要耐蚀性能。

8.含碳量对铁碳合金在酸中的耐蚀性有何影响?解释为什么在浓硫酸中铸铁的耐蚀性优于碳钢。

9.指出碳钢及铸铁在下列溶液中的耐蚀性:

(1) 30%H_2SO_4;(2) 80%H_2SO_4;(3) 10%NaCl;(4) 3%$CuSO_4$;(5) 5%Na_3PO_4。

10.简述不锈钢的耐蚀特点。为什么铬不锈钢的成分一般是含铬量高而含碳量低?

11.奥氏体不锈钢的金相组织有什么特点?它具有哪些优越的性能?

12.以海水为循环冷却水的热交换器使用普通的18-8型不锈钢制造有何问题?说明理由。

13.为什么铝在电解质溶液中只有当pH值在4～10范围内才具有耐蚀性?

第四章 非金属材料的耐蚀性能

第一节 非金属材料的特点与性能

大多数非金属材料有着良好的耐蚀性能和某些特殊性能，并且原料来源丰富，价格比较低廉，所以近年在化工生产中用得越来越多。采用非金属材料不仅可以节省大量昂贵的不锈钢和有色金属，实际上在某些工况下，已不再是所谓“代材”了，而是任何金属材料所不能替代的。例如，合成盐酸、氯化和溴化过程、合成酒精等生产系统，只有采用了大量非金属材料才使大规模的工业化得以实现。处于1100 ℃以上高温气体环境中工作的烧嘴、气-气高温换热器等也只有非金属材料才能胜任。另外，某些要求高纯度的产品，如医药、化学试剂、食品等生产设备，很多都是采用陶瓷、玻璃、搪瓷之类的非金属材料制造。

一、非金属材料的一般特点

非金属材料与金属材料相比较，具有以下特点：

（一）密度小，机械强度低

绝大多数非金属材料的密度都很小，即使是密度相对较大的无机非金属材料（如辉绿岩铸石等）其密度也远小于钢铁。非金属材料的机械强度较低，刚性小，在长时间的载荷作用下，容易产生变形或破坏。

（二）导热性差（石墨除外）

导热、耐热性能差，热稳定性不够，致使非金属材料一般不能用于制造热交换设备（除石墨外），但可用作保温、绝缘材料。同时非金属材料制造的设备也不能用于温度过高、温度变化较大的环境中。

（三）原料来源丰富，价格低廉

天然石材、石灰石等直接取自自然，以石油、煤、天然气、石油裂解气等为原料制成的有机合成材料种类繁多，产量巨大，为社会提供了大量质优价廉的防腐材料。

（四）优越的耐蚀性能

非金属材料的耐蚀性能主要取决于材料的化学组成、结构、孔隙率、环境的变化对材料性能的影响等。如以碳酸钙为主要成分的非金属材料易遭受无机酸腐蚀，但耐碱性良好；以二氧化硅为主要成分的非金属材料易遭受浓碱的腐蚀，但耐酸性良好。对有机高分子材料来说，一般它们的相对分子质量越大，耐蚀性越好。有机高分子材料的破坏，多数是由氧化作用引起的，如强氧化性酸（硝酸、浓硫酸等）能腐蚀大多数的有机高分子材料。有机溶剂也能溶解很多有机高分子材料。

有时非金属材料的破坏不一定是它的耐蚀性不好，而是由于它的物理、力学性能不好引起的，如温度的骤变、材料的各组成部分线膨胀系数的不同、材料的易渗透性或其他方面的原因，都有可能引起材料的破坏。

有些非金属材料长期载荷下的机械强度与短期载荷下所测定的机械强度有较大的差别，在进行设备设计时应充分考虑这种因素。

二、耐腐蚀高分子材料的性能特点与力学特性

（一）高分子材料的性能特点

高分子材料工业的发展，为化工防腐蚀领域开辟了广阔的材料来源，高分子材料已取代金属材料成为制造化工设备的主要材料。高分子材料作为化工生产中的耐腐蚀材料与金属材料相比，具有如下一些性能特点：

1.结构复杂，相对分子质量大

高分子材料的结构复杂，通常都是由大分子链构成，相对分子质量很大。这些大分子链又分为线形、支化、网状等多种形式。根据大分子链的堆砌状态，又可分为结晶型和非结晶型（无定型）两大类。这些结构特点决定着各种高分子材料的性能特点。例如，有些高分子材料在加热时变软，具有可塑性；有些在加热后会由液态变成固态，硬化；还有些高分子材料在不同的温度条件下呈现出不同的物理状态。这些性能特点，对于防腐施工是非常有用的。

2.耐化学腐蚀性能优良

高分子材料在许多化学介质中具有优良的耐腐蚀性能，某些高分子材料还能解决金属材料所不能解决的腐蚀问题。例如聚四氟乙烯几乎可耐一切化学介质。硬聚氯乙烯塑料制造的设备在硝酸、氯碱、硫酸等生产中得到广泛的应用。

3.密度小、比强度高

高分子材料的密度一般都比金属材料小得多，单位质量所能承受的外力（比强度）要比金属高。同样质量的金属材料制造的设备与高分子材料相比其体积要小得多。

4.耐热性能低，是热的不良导体

与金属材料相比，高分子材料的机械强度虽然较低，但与某些材料复合在一起制成的增强塑料，其强度可与金属材料相媲美。

高分子材料的耐热性能较低，且为热的不良导体，因而给高分子材料用于较高温度的环境和作为传热设备造成了障碍。但随着高分子材料工业的发展，预期耐热性能优良的高分子材料将会不断出现。

5.加工性能优良

与金属材料相比，高分子材料容易加工，可进行车、锯、焊等加工。热塑性塑料还可用挤压注射和加热模压等方法加工成型。

（二）高分子材料的力学特性

与金属材料相比，高分子材料有许多力学特性，在设计和使用这些材料时，应充分注意以下几个问题：

1.高分子材料的强度一般比金属材料低，对温度的敏感性大，热塑性塑料在焊接时易受热分解，焊缝强度低，焊缝系数也不稳定，会使设备的承载能力下降。所以，未经增强的塑料设备不宜在较高的温度和压力下使用。经过增强的材料具有较高的强度，如玻璃钢的比强度甚至超过某些金属材料。

2.与金属材料相比，高分子材料的弹性模量（应力与应变之比）较小，玻璃态高分子材料的弹性模量只有980～9800 MPa，橡胶态的更小。因此，作为衬里材料或垫片使用时，具有良好的力学特性。

3.由于高分子材料具有黏弹性，其蠕变和应力松弛现象比其他材料更为明显。所以在长期受力时其强度大大降低。同时，这些材料的断裂强度、弹性模量、伸长率等力学性能与使用的环境温度、外力作用的时间和速度等都有密切的关系，对这些外界条件的变化非常敏感。

4.高分子材料的力学性能对温度和加载速度的敏感性，又会使力学试验的数据因试验条件（如温度、湿度、拉伸速度等）的不同而有较大变化。与金属材料相比，它要求对试验条件的控制更为严格。另外，由于高分子材料的结构不均匀性很大，同种材料的力学性能会因制备方法和组分（添加剂、增塑剂等）的不同而有相当大的变化。所以，高分子材料的力学性能数据往往非常分散，不同资料所载数据会有较大的差别。在引用这些数据时，要特别注意材料的型号和测试条件。

由于高分子材料的力学特性与金属材料相比有很大的差异，所以，在采用高分子材料制造耐腐蚀设备时，应根据这些材料特有的机械性能和力学规律进行设计和加工制造，不能套用金属材料的经验，只有充分了解和掌握这些材料的力学特性，扬长避短，才能充分发挥高分子材料在化工防腐中的作用。

三、无机硅酸盐材料的组成分类和性能

（一）硅酸盐材料的构成与分类

构成硅酸盐材料的主要元素是硅和氧，此外还有一些铝、钾、钙、镁等金属元素。其化学组成比较复杂，一般的表示式是把构成硅酸盐的氧化物写出来或用无机配盐表示。如

正长石 $K_2O \cdot Al_2O_3 \cdot 6SiO_2$

高岭土 $Al_2O_3 \cdot 2SiO_2 \cdot 2H_2O$

白云母 $K_2O \cdot 3Al_2O_3 \cdot 6SiO_2 \cdot 2H_2O$

上述化学式表示了不同硅酸盐的化学组成。

硅酸盐材料的聚集态结构可分为晶态、玻璃态和凝胶态三种形式。根据其来源，又可将硅酸盐材料分为天然的和人造的两种。

天然的硅酸盐材料是以石英和长石为主所形成的岩石（如花岗岩等），以及白云石、大理石等。人造硅酸盐材料有铸石、玻璃、陶瓷、搪瓷、水泥及其制品等。

在化工防腐中应用最多的是各种人造硅酸盐材料。如各类耐酸瓷砖、瓷板、铸石板、搪瓷、玻璃和耐酸水泥等。主要做衬里层使用。也有采用天然花岗岩石块来砌筑各类酸塔、贮槽、电解槽、耐酸地面、沟槽和设备基础等。

（二）硅酸盐材料的物理机械性能

1.机械强度

硅酸盐材料的机械强度与它的矿物相组成、聚集态结构以及颗粒的大小等有关。不同的组成和结构，其机械强度相差很大。但它们的共同特点是：抗压力度都比较大，而抗拉强度、抗弯强度和抗冲击强度都较小。抗拉强度与抗压力度相比，一般相差10～20倍，甚至更多。

2.脆性

硅酸盐材料全是脆性材料。其特点如下：

（1）在外力作用下，当超过其强度极限时，不发生明显的变形即破坏。

（2）由于材料的抗拉强度和抗弯强度远远低于抗压力度，所以，不能承受较大的拉伸应力和剪切应力。

（3）在静态负荷时有相当高的强度，而当突然施加外力（冲击）时，则容易破坏。

3.热稳定性

硅酸盐材料的热稳定性是指材料经受温度变化而不开裂的能力。当环境温度发生急剧

变化时，由于材料内外层受热情况不同，另外，硅酸盐材料内部结构中各组分的膨胀系数也不一样，所以会引起不均匀的体积变化，产生内应力，当此内应力超过材料的抗拉强度极限时，材料就会被破坏。

第二节　防腐蚀涂料

涂料是目前化工防腐中应用最广的非金属材料品种之一。由于过去涂料主要是以植物油或采集漆树上的漆液为原料经加工制成的，因而称为油漆。石油化工和有机合成工业的发展为涂料工业提供了新的原料来源，如合成树脂、橡胶等。这样，油漆的名字就不够确切了，所以比较恰当地应称为涂料。

一、涂料的种类和组成

（一）涂料的种类

涂料一般可分为油基涂料（成膜物质为干性油类）和树脂基涂料（成膜物质为合成树脂）两类。按施工工艺又可分为底涂、中涂和面涂，底涂是用来防止已清理的金属表面产生锈蚀，并用它增强涂膜与金属表面的附着力；中涂是为了保证涂膜的厚度而设定的涂层；面涂为直接与腐蚀介质接触的涂层。因此，面涂的性能直接关系到涂层的耐蚀性能。

（二）涂料的组成

涂料的组成大体上可分成三部分，即主要成膜物质、次要成膜物质和辅助成膜物质。

主要成膜物质是油料、树脂和橡胶，在涂料中常用的油料是桐油、亚麻仁油等。树脂有天然树脂和合成树脂。天然树脂主要有沥青、生漆、天然橡胶等；合成树脂的种类很多，常用的有酚醛树脂、环氧树脂、呋喃树脂、过氯乙烯树脂、氟树脂；合成橡胶有氯磺化聚乙烯橡胶、氟橡胶及聚氨酯橡胶等。

次要成膜物质是颜料。颜料除使涂料呈现装饰性外，更重要的是改善涂料的物理、化学性能，提高涂层的机械强度和附着力、抗渗性和防腐蚀性能。颜料分为着色颜料、防锈颜料和体质颜料三种。着色颜料主要起装饰作用；防锈颜料起防蚀作用；体质颜料主要是提高漆膜的机械强度和附着力。

辅助成膜物质只是对成膜的过程起辅助作用。它包括溶剂和助剂两种。

溶剂和稀释剂的主要作用是溶解和稀释涂料中的固体部分，使之成为均匀分散的漆液。涂料敷于基体表面后即自行挥发，常用的溶剂及稀释剂多为有机化合物，如松节油、汽油、苯类、醇类及酮类等。

助剂是在涂料中起某些辅助作用的物质，常用的有催干剂、增塑剂、固化剂、防老剂、流平剂、防沉剂、触变剂等。

二、常用的防腐蚀涂料

涂料的种类很多，用于防腐蚀的涂料也有多种，下面是一些常用的防腐蚀涂料。

（一）氯磺化聚乙烯（橡胶）涂料

氯磺化聚乙烯是聚乙烯经氯化和磺化反应而得的高分子化合物。

用于涂料的产品有氯磺化聚乙烯-20和氯磺化聚乙烯-30两种。前者的氯、硫含量分别为29%～33%和1.3%～1.7%；后者的氯、硫含量分别为40%～45%和0.9%～1.1%，它们易溶于芳烃和卤烃中。

氯磺化聚乙烯防腐蚀涂料由氯磺化聚乙烯橡胶、硫化剂、硫化促进剂、颜料和溶剂等组成。在120 ℃以上使用时，还需加入防老剂。固化后的涂层结构饱和，又无发色基因存在，因而涂层具有良好的耐氧化、耐晒性和保色性好的特点，亦耐酸、耐碱。涂层本身既有弹性，又耐磨蚀，所以除可作为金属防腐蚀涂料之外，尤其适用于橡胶、塑料、织物等的防护。

氯磺化聚乙烯涂料作为价廉物美的涂料品种，广泛用于工业厂房、设备及桥梁等外表面的抗大气腐蚀。

（二）高氯化聚乙烯涂料

高氯化聚乙烯涂料，国外早在20世纪60年代就取得了成功的应用，该产品的主要成膜物质“高氯化聚乙烯”兼有橡胶和塑料的双重特性，是“氯化高聚物中的新成员”。

氯含量超过60%的高氯化聚乙烯树脂，具有良好的耐臭氧、耐水、耐油、耐燃、耐化学品等性能，作为成膜材料所制成的涂料可替代过氯乙烯、氯化橡胶、氯磺化聚乙烯等涂料，其性能则大大超过了这些涂料。

高氯化聚乙烯涂料是以高氯化聚乙烯树脂为主要成膜物质，加入不同的改性树脂、增塑剂、溶剂、添加剂、防锈颜料、填料等，可生产出多种高氯化聚乙烯重防腐涂料配套体系。

高氯化聚乙烯涂料，继承了过氯乙烯及氯磺化聚乙烯防腐涂料的优异性能，又能补充其不足，具体体现在以下几个方面：

1.防腐、防水、耐油性好

高氯化聚乙烯是饱和结构的高聚物，因此具有更好的耐臭氧、耐光老化、耐热老化等性能。高氯化聚乙烯的主链上没有双键，故其性能稳定，涂膜对水蒸气和氧气的渗透率低，因此具有更优异的防水性、涂膜封闭性，对化工大气，酸、碱、盐类等矿物油等，具有更优异的防蚀性能。

2.具有阻燃、防霉功能

高氯化聚乙烯制成的涂膜，在火焰的作用下会形成具有热障作用的多孔碳化层，因而具有良好的阻燃性，由于高氯化聚乙烯“氯”含量较高，因此具有抑制霉菌滋长的性能。

3.装饰性优良

高氯化聚乙烯面漆和磁漆，具有涂膜平整、色泽丰满、装饰性好的特点，具有优于过氯乙烯、氯磺化聚乙烯涂料的涂膜光泽。

4.物理、力学性能好

高氯化聚乙烯涂膜坚韧耐磨，兼有橡胶的韧性和塑料的硬性。高氯化聚乙烯涂料对钢铁结构表面、水泥墙面均有优良的附着力，涂层与涂层之间由于溶剂的浸渗作用，上下层相互黏成一体，从而加强了涂膜间的黏附力，在旧漆膜上如需重新涂装，由于干湿涂膜间有互溶之特性，当维修时不需要去掉牢固的旧涂膜，因此维修十分方便。

5.施工性能好

涂膜厚，一道涂膜可达40～50 μm；单组分包装不用固化剂，施工方便；涂膜干燥迅速，在常温2～3 h内即可涂刷第二道涂料，溶剂挥发后涂膜没有毒性，可在-15～50 ℃的环境中施工，涂膜可在-20～120 ℃的宽广条件下长期使用。

6.应用面广

由于高氯化聚乙烯涂料是一种新型高性能重防腐涂料，对各种材质具有很强的附着力，并具有诸多优异的防腐性能和装饰性，拓宽了应用范围，目前在冶金、石油、化工、电力、机械、纺织、印染及电子等行业得到了广泛的应用。

（三）聚氨酯涂料

此类涂料是指分子结构中含有相当多氨基甲酸酯键的涂料，由多异氰酸酯和含活性氢的化合物“逐步聚合”而得。涂层中不仅含有氨基甲酸酯键，而且还含有醚键、脲键、脲基甲酸酯键、缩二脲键及异氰脲酸酯键等，从而使它兼有多种合成树脂的性能，堪称合成树脂涂料中性能最优者。其优异性能有：坚硬、柔韧、耐磨；光亮、丰满、高装饰性；耐腐蚀；既可自干亦可烘干，适用范围广；可与多种树脂配合使用，可按不同要求调节配方制得多品种、多性能的涂料产品，满足各种需要。其不足之处是施工要求较高，有时层间附着力欠佳，芳香族异氰酸酯的产品户外应用易泛黄等。聚氨酯涂料也是近年来发展很快的涂料品种之一。按涂料组成和固化机理，分为五类：

（1）聚氨酯单组分涂料；

（2）单组分湿固化聚氨酯涂料；

（3）单组分封闭型聚氨酯涂料；

（4）双组分催化型聚氨酯涂料；

（5）双组分羟基固化型聚氨酯涂料。

目前国产定型产品品种有五十余个。聚氨酯涂料广泛用于各种化工防腐蚀，海上设备、飞机、车辆、仪表等的涂装。

（四）环氧树脂涂料

这是一类以各种环氧树脂为主要成膜物质并加有各种辅助材料的防腐蚀涂料。主要特性有：非常强的附着力；优异的耐蚀性能；可耐各种稀酸、稀碱及盐溶液，耐温≤80 ℃，对多数溶剂具有抗溶解能力。

工程上用的环氧树脂为双组分包装，固化剂为多元胺、聚酰胺或胺加成物。

环氧树脂涂料施工方便，既可用高压无气喷涂，也可采用人工刷涂。

根据环氧树脂的分子结构，可用各种树脂进行改性，制备多品种、多性能的防腐蚀涂料。特别是环氧树脂重防腐涂料的问世，为环氧树脂防腐涂料的发展开辟了新的广阔的应用空间。环氧自流平地坪涂料用于制药、食品工业厂房地坪。环氧云铁重防腐涂料用于设备内防腐；环氧富锌底层涂料用于钢铁表面底层。

（五）酚醛树脂涂料

酚醛树脂涂料是以酚醛树脂为主要成膜物质，加入填料和适当的助剂配制而成的防腐蚀涂料。

酚醛树脂具有突出的耐酸性，也耐各种盐溶液和多种有机溶剂，但不耐碱侵蚀。另外，涂层内聚力大，弹性差，对金属的附着力不理想，冷固化酚醛树脂涂料固化剂为酸性，会对基材钢铁产生腐蚀，所以常与其他树脂底漆配套使用。酚醛树脂不适宜长期储存，一般储存期为6个月，冷固化酚醛树脂防腐涂料多由施工单位现场自行配制。

酚醛树脂可与环氧树脂配制成改性环氧酚醛树脂涂料，兼有两种树脂的优点。

（六）呋喃树脂涂料

呋喃树脂涂料就是将呋喃树脂溶于适当的溶剂中，再加入颜料、填料配制而成的各种磁漆。呋喃树脂耐酸性能相当于酚醛树脂，耐碱性能很好。可在160 ℃以下使用，但由于力学性能和施工方面的限制，在防腐蚀涂料中仅以糠醇树脂涂料等几个品种较为常用。

呋喃树脂涂层坚硬，缺乏柔韧性，对金属附着力不好。此外，呋喃树脂的成膜性差，大部分品种均需在酸性催化剂或高温作用下才能成膜。正是由于这些缺点，它们的应用范围较小。各种改性呋喃树脂的出现，增加了呋喃树脂涂料的品种，逐步扩大了它们的应用范围。

与酚醛树脂一样，呋喃树脂冷固化的固化剂也多为酸性，底层必须用其他树脂涂料打底。

呋喃树脂可用环氧树脂改性，配制成改性环氧呋喃树脂涂料，兼有环氧树脂与呋喃树脂两种树脂的优点。

（七）改性涂料

改性涂料是由两种或两种以上树脂配制而成的，中国目前商品涂料多为改性涂料，自配涂料也大量使用改性涂料，下面就自配涂料加以说明。

1.改性环氧酚醛涂料

改性环氧酚醛涂料是由环氧树脂和酚醛树脂溶于有机溶剂中配制而成的。它兼有环氧树脂和酚醛树脂两者的长处，既有环氧树脂的良好的附着力，又有酚醛树脂的良好的耐酸性能。

该涂料固化剂为胺类，没有酸性，可以直接刷在钢铁表面。

2.改性环氧呋喃涂料

改性环氧呋喃涂料是由环氧树脂和呋喃树脂溶于有机溶剂中配制而成的。它有环氧树脂和呋喃树脂两者的长处，既有环氧树脂良好的力学性能和附着力，又有呋喃树脂的耐酸碱、耐溶剂及耐水性能。

该涂料固化剂为胺类，没有酸性，可以直接用于钢铁表面。

三、重防腐涂料

满足严重苛刻的腐蚀环境，同时又能保证长期的防护，重防腐涂料就是针对上述条件而研制开发出的新的涂料。重防腐涂料在化工大气和海洋环境里，一般可使用10年或15年以上，在酸、碱、盐等溶剂介质里并在一定温度的腐蚀条件下一般能使用5年以上。

（一）富锌涂料

富锌涂料是一种含有大量活性填料——锌粉的涂料。这种涂料一方面由于锌的电位较负，可起到牺牲阳极的阴极保护作用，另一方面在大气腐蚀下，锌粉的腐蚀产物比较稳定且可起到封闭、堵塞涂膜孔隙的作用，所以能得到较好的保护效果。富锌涂料用作底层涂料，结合力较差，所以涂料对金属表面清理要求较高。为延长其使用寿命，可采用相配套的重防腐中间涂料和面层涂料与之匹配，达到长效防护的目的。

（二）厚浆型耐蚀涂料

该涂料是以云母氧化铁为颜料配制的涂料，一道涂膜厚度可达30～50 μm，涂料固体含量高，涂膜孔隙率低，刷四道以上总膜厚可达150～250 μm，可用于相对苛刻的气相、液相介质。成膜物质通常选用环氧树脂、氯化橡胶、聚氨酯-丙烯酸树脂等。在工业上主要用于储罐内壁、桥梁、海洋设施等混凝土及钢结构表面。

（三）玻璃鳞片涂料

由于涂层破坏主要是介质的渗透造成的，因此研究延长介质对涂层的渗透时间是提高涂层寿命的一个重要方面，为此在20世纪60年代，美国首先推出了具有高效抗渗性能的玻璃鳞片涂料。

玻璃鳞片涂料是以耐蚀树脂为基础加20%～40%的玻璃鳞片为填料的一类涂料，其耐蚀性能主要取决于所选用的树脂，此树脂有三大类：双酚A型环氧树脂；不饱和聚酯树脂；乙烯基酯树脂。这些树脂以无溶剂形态使用，因此一次涂刷可得较厚涂层（150～300 μm），层间附着力好。此外，树脂、稀释剂、固化剂等的品种、用量、使用方法均与上述树脂的普通涂料无多大差别。

由于大量鳞片状玻璃片在厚涂层中和基体表面以平行的方向重叠，参见图4-1，从而产了以下的特殊作用：

（1）延长了腐蚀介质的渗透路径；

（2）提高了涂层的机械强度、表面硬度和耐磨性、附着力；

（3）减小了涂层与金属之间热膨胀系数的差值，可阻止因温度急变而引起的龟裂和剥落。

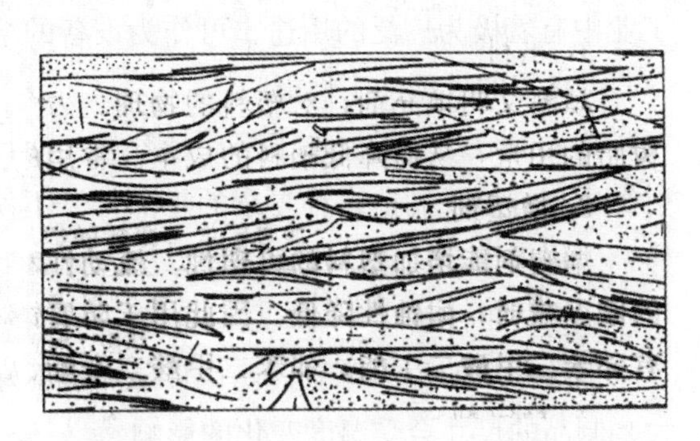

图4-1　玻璃鳞片在其制成的玻璃鳞片涂层中的放大照片

以上这些均是保证涂层具有优异防腐蚀性能的重要因素。

玻璃鳞片涂料一般用于需要长期防腐的场合，是一种高效重防腐涂料。目前中国对玻璃鳞片涂料的开发取得了很大进展，已能生产出较高水平的玻璃鳞片涂料。

第三节　塑料

一、定义及特性

（一）塑料的定义

塑料是以合成树脂为主要原料，再加入各种助剂和填料组成的一种可塑制成型的材料。

（二）塑料的特性

1.质轻

塑料的密度大多在0.8×10^3～2.3×10^3 kg/m^{3}之间，只有钢铁的$\frac{1}{8}$～$\frac{1}{4}$。这一特点，对于要求减轻自重的设备具有重要的意义。

2.优异的电绝缘性能

各种塑料的电绝缘性能都很好，是电机、电器和无线电、电子工业中不可缺少的绝缘材料。

3.优良的耐腐蚀性能

很多塑料在一般的酸、碱、盐、有机溶剂等介质中均有良好的耐腐蚀性能。特别是聚四氟乙烯塑料更为突出，甚至连“王水”也不能腐蚀它。塑料的这一性能，使它们在化学工业中有着极为广泛的用途，可作为设备的结构材料、管道的防腐衬里等。

4.良好的成型加工性能

绝大多数塑料成型加工都比较容易，而且形式多种多样，有的可采用挤压、模压、注射等成型方法，制造多种复杂的零部件，不仅方法简单，而且效率也高。有的可像金属一样，采用焊、车、刨、铣、钻等方法进行加工。

5.热性能较差

多数塑料的耐热性能较差，且导热性不好，一般不宜用于制造换热设备；热膨胀系数大，制品的尺寸会受温度变化的影响。

6.力学性能较差

一般塑料的机械强度都较低，特别是刚性较差。在长时间载荷作用下会产生破坏。

7.易产生自然老化

塑料在存放或在户外使用过程中，因受日照和大气的作用，性能会逐渐变劣，如强度下降、质地变脆、耐蚀性能降低等。

二、组成

塑料的主要成分是树脂，它是决定塑料物理、力学性能和耐蚀性能的主要因素。树脂的品种不同，塑料的性质也就不同。为改善塑料的性能，除树脂外，塑料中还常加有一定比例的添加剂，以满足各种不同的要求。塑料的添加剂主要有下列几种：

（一）填料

填料又叫填充剂，对塑料的物理、力学性能和加工性能都有很大的影响，同时还可减少树脂的用量，从而降低塑料的成本，常用的填料有玻璃纤维、云母、石墨粉等。

（二）增塑剂

增塑剂能增加塑料的可塑性、流动性和柔软性，降低其脆性并改善其加工性能，但使塑料的刚度减弱、耐蚀性降低。因此用于防腐蚀的塑料，一般不加或少加增塑剂。常用的增塑剂有邻苯二甲酸二丁酯、邻苯二甲酸二辛酯、磷酸三丁酯等。

（三）稳定剂

稳定剂能增强塑料对光、热、氧等老化作用的抵抗性，延长塑料的使用寿命，常用的稳定剂有硬脂酸钡、硬脂酸铅等。

（四）润滑剂

润滑剂能改善塑料加热成型时的流动性和脱模性，防止黏模，也可使制品表面光滑。常用的润滑剂有硬脂酸盐、脂肪酸等。

（五）着色剂

着色剂能使制品美观及适应各种要求。

（六）其他

除上述几种添加剂外，为满足不同要求，还可以加入其他种类的添加剂。如为使树脂固化，需用固化剂；为增加塑料的耐燃性，或使之自熄，需加入阻燃剂；为制备泡沫塑料，需用发泡剂；为消除塑料在加工、使用中因摩擦产生静电，需加入抗静电剂；为降低树脂黏度、便于施工，可加入稀释剂等。

三、分类

塑料的种类很多，分类的方法也不尽相同，最常用的分类方法是按它们受热后的性能变化，将塑料分为两大类。

（一）热固性塑料

热固性塑料是以缩聚类树脂为基本成分，加入填料、固化剂等其他添加剂制成的。这类塑料在一定温度条件下，固化成型后变为不熔状态，受热不会软化，强热后分解被破坏，不可反复塑制。以环氧树脂、酚醛树脂及呋喃树脂制得的塑料等即属这类塑料。

（二）热塑性塑料

热塑性塑料是以聚合类树脂为基本成分，加入少量的稳定剂、润滑剂或增塑剂，加入（或不加）填料制取而成的。这类塑料受热软化，具有可塑性，且可反复塑制。聚氯乙烯、聚乙烯、聚丙烯、氟塑料等属于这类塑料。

四、聚氯乙烯塑料（PVC）

聚氯乙烯塑料是以聚氯乙烯树脂为主要原料，加入填料、稳定剂、增塑剂等辅助材料，经捏合、混炼及加工成型等过程而制得的。

根据增塑剂的加入量不同，聚氯乙烯塑料可分为两类，一般在100份（质量比）聚氯乙烯树脂中加入30～70份增塑剂的称为软聚氯乙烯塑料，不加或只加5份以下增塑剂的称为硬聚氯乙烯塑料。

（一）硬聚乙烯塑料

硬聚氯乙烯塑料是中国发展最快，应用最广的一种热塑性塑料。由于硬聚氯乙烯塑料具有一定的机械强度，且焊接和成型性能良好，耐腐蚀性能优越，因此，已成为化工、石油、冶金、制药等工业中常用的一种耐蚀材料。

1.物理、力学性能

硬聚氯乙烯塑料的物理、力学性能在非金属材料中，可以说是相当优越的。但是，随着环境温度的变化和受载荷时间的延长，硬聚氯乙烯塑料的力学性能也将随之而起变化。因此，在设计受长期载荷和较高或较低温度条件下运行的设备时，许用应力的选取，必须充分考虑此因素。

硬聚氯乙烯塑料的强度与温度之间的关系非常密切，一般情况下只有在60 ℃以下方能保持适当的强度；在60～90 ℃时强度显著降低；当温度高于90 ℃时，硬聚氯乙烯塑料不宜用作独立的结构材料。当温度低于常温时，硬聚氯乙烯塑料的冲击韧性，随温度降低而显著降低，因此当采用它制作承受冲击载荷的设备、管道时，必须充分注意这一特点。

2.耐腐蚀性能

硬聚氯乙烯塑料具有优越的耐腐蚀性能，总的说来，除了强氧化剂（如浓度大于50%的硝酸、发烟硫酸等）外，硬聚氯乙烯塑料能耐大部分的酸、碱、盐类，在碱性介质中更为稳定。在有机介质中，除芳香族碳氢化合物、氯代碳氢化合物和酮类介质、醚类介质外，硬聚氯乙烯塑料不溶于许多有机溶剂。

硬聚氯乙烯塑料的耐蚀性能与许多因素有关。温度越高，介质向硬聚氯乙烯内部扩散的速度就越大，腐蚀就越厉害；作用于硬聚氯乙烯的应力越大，腐蚀速度也越大。

目前对硬聚氯乙烯塑料的耐蚀性能尚无统一的评定标准。一般可根据其外观、体积、质量和力学性能的变化，加上实际生产中的应用情况，综合地加以评定。

3.加工性能

硬聚氯乙烯塑料可以切削加工，也可以焊接。它的焊接不同于金属的焊接，它不用加热到流动状态，也不形成熔池，而只是把塑料表面加热到黏稠状态，在一定压力的作用下黏合在一起。目前用得最普遍的仍为电热空气加热的手工焊。这种方法焊接的焊缝一般强度较低，也不够安全，因此焊缝系数的选取需视具体情况而定。

4.应用

由于硬聚氯乙烯塑料具有一定的机械强度，良好的成型加工及焊接性能，且具有优越的耐蚀性能，因此在化学工业中被广泛用作生产设备、管道（如塔器、储罐、电除雾器、排气烟囱、泵和风机以及各种口径的管道等）的结构材料。20世纪60年代，用硬聚氯乙烯塑料制作的硝酸吸收塔，使用二十余年，腐蚀轻微，效果良好。另外，在氯碱行业中已成功地应用了硬聚氯乙烯塑料氯气干燥塔；在硫酸生产净化过程中，已成功地应用了硬聚氯乙烯塑料电除雾器等。

近年来，人们对聚氯乙烯做了许多改性研究工作，如玻璃纤维增强聚氯乙烯塑料，就是在聚氯乙烯树脂加工时，加入玻璃纤维进行改性，以提高其物理、力学性能，又如导热聚氯乙烯，就是用石墨来改性，以提高其导热性能等。

（二）软聚氯乙烯塑料

软聚氯乙烯因其增塑剂的加入量较多，所以其物理、力学性能及耐蚀性能均比硬聚氯乙烯要差。

软聚氯乙烯质地柔软，可制成薄膜、软管、板材以及许多日用品，可用作电线电缆的保护套管、衬垫材料，还可用作设备衬里或复合衬里的中间防渗层等。

五、聚乙烯塑料（PE）

聚乙烯是乙烯的聚合物，按其生产方法可分为高压聚乙烯、中压聚乙烯和低压聚乙烯。

（一）物理、力学性能

聚乙烯塑料的强度、刚度均远低于硬聚氯乙烯塑料，因此不适宜做单独的结构材料，只能用作衬里和涂层。

聚乙烯塑料的使用温度与硬聚氯乙烯塑料差不多，但聚乙烯塑料的耐寒性很好。

（二）耐腐蚀性能

聚乙烯有优越的耐腐蚀性能和耐溶剂性能，对非氧化性酸（盐酸、稀硫酸、氢氟酸等）、稀硝酸、碱和盐类均有良好的耐蚀性。在室温下，几乎不被任何有机溶剂溶解，但脂肪烃、芳烃、卤代烃等能使它溶胀；而溶剂去除后，它又恢复原来的性质。聚乙烯塑料的主要缺点是较易氧化。

（三）应用

聚乙烯塑料广泛用作农用薄膜、电器绝缘材料、电缆保护材料、包装材料等。聚乙烯塑料可制成管道、管件及机械设备的零部件，其薄板也可用作金属设备的防腐衬里。聚乙烯塑料还可用作设备的防腐涂层。这种涂层就是把聚乙烯加热到熔融状态使其黏附在金属表面，形成防腐保护层。聚乙烯涂层可以采用热喷涂的方法制作，也可采用热浸涂方法制作。

六、聚丙烯塑料（PP）

聚丙烯是丙烯的聚合物。近年来，聚丙烯的发展速度很快，是一种大有发展前途的防腐材料。

（一）物理、力学性能

聚丙烯塑料是目前商品塑料中密度最小的一种，其密度只有0.9～0.91 g/cm³，虽然聚丙烯塑料的强度及刚度均小于硬聚氯乙烯塑料，但高于聚乙烯塑料，且其比强度大，故可作为独立的结构材料。

聚丙烯塑料的使用温度高于聚氯乙烯和聚乙烯，可达100 ℃，如不受外力作用，在150 ℃时还可保持不变形。但聚丙烯塑料的耐寒性较差，温度低于0 ℃，接近-10 ℃时，材料变脆，抗冲击强度明显降低。另外，聚丙烯的耐磨性也不好。

（二）耐腐蚀性能

聚丙烯塑料有优良的耐腐蚀性能和耐溶剂性能。除氧化性介质外，聚丙烯塑料能耐几乎所有的无机介质，甚至到100 ℃都非常稳定。在室温下，聚丙烯塑料除在氯代烃、芳烃等有机介质中产生溶胀外，几乎不溶解于所有的有机溶剂。

（三）应用

聚丙烯塑料可用于制造化工管道、储槽、衬里等；还可用于制造汽车零件、医疗器械；用作电器绝缘材料、食品和药品的包装材料等；若用各种无机填料增强，可提高其机械强度及抗蠕变性能，用于制造化工设备；若用石墨改性，可制成聚丙烯热交换器。

七、氟塑料

含有氟原子的塑料总称为氟塑料。随着非金属材料的发展，这类塑料的品种不断增加，目前主要的品种有聚四氟乙烯（简称F-4）、聚三氟氯乙烯（简称F-3）和聚全氟乙丙烯（简称F-46）。

（一）聚四氟乙烯塑料（PTFE）

1.物理、力学性能

常温下聚四氟乙烯塑料的力学性能与其他塑料相比无突出之处，它的强度、刚性等均不如硬聚氯乙烯，但在高温或低温下，聚四氟乙烯的力学性能比一般塑料好得多。

聚四氟乙烯的耐高温、低温性能优于其他塑料，其使用温度范围为-200～250 ℃。

2.耐腐蚀性能

聚四氟乙烯具有极高的化学稳定性，完全不与“王水”、氢氟酸、浓盐酸、硝酸、发烟硫酸、沸腾的氢氧化钠溶液、氯气、过氧化氢等作用。除某些卤化胺或芳香烃使聚四氟乙烯塑料有轻微溶胀现象外，酮、醛、醇类等有机溶剂对它均不起作用。对聚四氟乙烯有破坏作用的只有熔融态的碱金属（锂、钾、钠等）、三氟化氯、三氟化氧及元素氟等。但也只有在高温和一定压力下才有明显作用。另外，聚四氟乙烯不受氧或紫外线的作用，如

0.1 mm厚的聚四氟乙烯薄膜，经室外暴露6年，其外观和力学性能均无明显变化。

聚四氟乙烯因其优越的耐蚀性能而被称为“塑料王”。

3.表面性能及成型加工性能

聚四氟乙烯表面光滑，摩擦系数是所有塑料中最小的，可用作轴承、活塞环等摩擦部件的材料。聚四氟乙烯与其他材料的黏附性很差。几乎所有固体材料都不能黏附在它的表面，这就给其他材料与聚四氟乙烯黏结带来困难。

聚四氟乙烯的高温流动性较差，因此难以用一般热塑性塑料的成型加工方法进行加工，只能将聚四氟乙烯树脂预压成型，再烧结制成制品。

4.应用

聚四氟乙烯塑料除常用作填料，用于制造垫圈、密封圈以及阀门、泵、管子等各种零部件外，还可用于制造设备衬里和涂层。由于聚四氟乙烯的施工性能不良，它的应用受到了一定的限制。

（二）聚三氟氯乙烯塑料（PCTFE）

聚三氟氯乙烯的强度、刚性均高于聚四氟乙烯，但耐热性不如聚四氟乙烯。

聚三氟氯乙烯的耐蚀性能优良，仅次于聚四氟乙烯，对无机酸（包括浓硝酸、王水等氧化性酸）、碱、盐、有机酸、多种有机溶剂等抗蚀能力优良，只有含卤素和氧的一些溶剂（如乙醚、乙酸乙酯、四氯化碳、三氯乙烯等）能使其溶胀，一般在常温下影响不大。不耐高温的氟、氟化物、熔融碱金属（钾、钠、锂等）、熔碱、浓硝酸和发烟硝酸、芳烃等。聚三氟氯乙烯吸水率极低。

聚三氟氯乙烯高温时（210 ℃以上）有一定的流动性，其加工性能比聚四氟乙烯要好，可采用注塑、挤压等方法进行加工，也可与有机溶剂配成悬浮液，用作设备的耐腐蚀涂层。

聚三氟氯乙烯在化工防腐蚀中，主要用作耐蚀涂层和设备衬里材料，还可用作泵、阀、管件和密封件材料。

（三）聚全氟乙丙烯塑料（FEP）

聚全氟乙丙烯是一种改性的聚四氟乙烯，耐热性稍次于聚四氟乙烯，而优于聚三氟氯乙烯，可在200 ℃的高温下长期使用。聚全氟乙丙烯的抗冲击性、抗蠕变性均较好。

聚全氟乙丙烯的化学稳定性极好，除使用温度稍低于聚四氟乙烯外，在各种化学介质中的耐蚀性能与聚四氟乙烯相仿，只有熔融碱金属、发烟硝酸、氟化氢对其有破坏作用。

聚全氟乙丙烯的高温流动性比聚三氟氯乙烯好，易于加工成型，可用模压、挤压和注射等成型方法制造各种零件，也可制成防腐涂层。

氟塑料在高温时会分解出剧毒产物，所以在施工时，应采取有效的通风方法，操作人员应戴防护面具或采用其他保护措施。

八、氯化聚醚（CPE）

氯化聚醚又称聚氯醚，具有良好的力学性能和突出的耐磨性能，吸水率低，体积稳定性好。氯化聚醚在温度骤变及潮湿情况下，也能保持良好的力学性能，它的耐热性较好，可在120 ℃的温度下长期使用。

氯化聚醚的耐蚀性能优越，仅次于氟塑料，除强氧化剂（如浓硫酸、浓硝酸等）外，能耐各类酸、碱、盐及大多数有机溶剂，但不耐液氯、氟、溴的腐蚀。

氯化聚醚的成型加工性能很好，可用模压、挤压、注射及喷涂等方法加工成型。成型件可进行车、铣、钻等机械加工。

氯化聚醚可用于制造泵、阀、管道、齿轮等设备零件；也可用于防腐涂层；还可作为设备衬里。

九、聚苯硫醚（PPS）

聚苯硫醚具有优良的耐热性能，可在260 ℃下仍保持良好的抗拉强度和刚性。聚苯硫醚的体积稳定性优良，吸水率低。

聚苯硫醚的耐蚀性能优良，除强氧化性酸（如氯磺酸、硝酸、铬酸等）外，能耐强酸、强碱的作用，甚至在沸腾的盐酸和氢氧化钠中也较稳定。在175 ℃以下不溶于所有溶剂，在较高温度中，能部分溶于二苯醚、氯化萘、联苯及某些脂肪族的酰胺类化合物中。

聚苯硫醚的成型工艺性能较好，可用于制造生产设备及零部件，也可应用于各种涂装工艺制成涂层，在高温和腐蚀环境中有一定用途。

第四节　玻璃钢

玻璃钢即玻璃纤维增强塑料，它是以合成树脂为黏结剂，玻璃纤维及其制品（如玻璃布、玻璃带、玻璃毡等）为增强材料，按一定的成型方法制成的。由于它的比强度超过一般钢的，因此称为玻璃钢。

玻璃钢的密度小、强度高，其电性能、热性能、耐腐蚀性能及施工工艺性能都很好，因此在许多工业部门都获得了广泛的应用。

玻璃钢的种类很多，通常可按所用合成树脂的种类来分类：即由环氧树脂与玻璃纤维及制品制成的玻璃钢称为环氧玻璃钢；由酚醛树脂与玻璃纤维及其制品制成的玻璃钢称为酚醛玻璃钢等。目前，在化工防腐中常用的有环氧、酚醛、呋喃、聚酯四类玻璃钢，为了改性，也可采用添加第二种树脂的办法，制成改性的玻璃钢。这种玻璃钢一般兼有两种树脂玻璃钢的性能。常用的有环氧-酚醛玻璃钢、环氧-呋喃玻璃钢等。

玻璃钢由合成树脂、玻璃纤维及其制品以及固化剂、填料、增塑剂、稀释剂等添加剂组成，其中合成树脂和玻璃纤维及其制品对玻璃钢的性能起决定性作用。

一、主要原材料

（一）用作黏结剂的合成树脂

1.环氧树脂

环氧树脂是指含有两个或两个以上的环氧基团的一类有机高分子聚合物。环氧树脂的种类很多，以二酚基丙烷（简称双酚A）与环氧氯丙烷缩聚而成的双酚A环氧树脂应用最广。化工防腐中常用的环氧树脂型号为6101（E-44）、634（E-42），二者均属此类。

（1）环氧树脂的固化

环氧树脂可以热固化，也可以冷固化。工程上多用冷固化方法固化，环氧树脂的冷固化是在环氧树脂中加入固化剂后成为不熔的固化物，只有固化后的树脂才具有一定的强度和优良的耐腐蚀性能。

环氧树脂的固化剂种类很多，有胺类固化剂、酸酐类固化剂、合成树脂类固化剂等，最常用的为胺类固化剂，如脂肪胺中的乙二胺和芳香胺中的间苯二胺。这些固化剂都有毒性，使用时应加强防护。胺加成物固化剂有：二乙烯三胺与环氧丙烷丁基醚的加成物；间苯二胺与环氧丙烷苯基醚的加成物；乙二胺与环氧乙烷的加成物等。这些加成物一般具有使用方便、毒性小的优点。其他类型固化剂目前在防腐工程中应用还不多，许多固化剂虽可在室温下使树脂固化，然而一般情况下，加热固化所得制品的性能比室温固化要好，且可缩短工期，所以，在可能条件下，以采用加热固化为宜。

（2）环氧树脂的性能

固化后的环氧树脂具有良好的耐腐蚀性能，能耐稀酸、碱以及多种盐类和有机溶剂，但不耐氧化性酸（如浓硫酸、硝酸等）。

环氧树脂具有很强的黏结力，能够黏结金属、非金属等多种材料。

固化后的环氧树脂具有良好的物理、力学性能，许多主要指标比酚醛、呋喃等优越。但其使用温度较低，一般在80 ℃以下使用。环氧树脂的工艺性能良好。

2.酚醛树脂

酚醛树脂是以酚类和醛类化合物为原料，在催化剂作用下缩合制成的。根据原料的比例和催化剂的不同可得到热塑性和热固性两类。在化工防腐中用的玻璃钢一般都采用热固性酚醛树脂。

（1）酚醛树脂的固化

热固性酚醛树脂要达到完全固化，一般要经过A、B、C三个阶段。A阶段树脂表现出可溶性质，即易溶于乙醇和丙酮，常温下具有流动性；B阶段是树脂固化的中间状态，常温下已不溶于乙醇和丙酮，加热时变软；C阶段是树脂固化的最终状态，是不溶不熔的固体产物。

热固性酚醛树脂长期存放，自己亦会达到C阶段，但这种固化过程到最后是非常缓慢的，在常温下很难达到完全固化，所以必须采用加热固化。加入固化剂能使它缩短固化时间，并能在常温下固化。

用于酚醛树脂的固化剂一般为酸性物质，因此施工时应注意不宜将加有酸性固化剂的酚醛树脂直接涂覆在金属或混凝土表面上，中间应加隔离层。常用的固化剂有苯磺酰氯、对甲苯磺酰氯、硫酸乙酯等，这些固化剂有的有毒，挥发出来的气体刺激性大，施工时应加强防护措施。就其性能而言，它们各有特点。为了取得较佳效果也常用复合固化剂，如对甲苯磺酰氯与硫酸乙酯等。用桐油钙松香改性可以改善树脂固化后的脆性。

（2）酚醛树脂的性能

酚醛树脂在非氧化性酸（如盐酸、稀硫酸等）及大部分有机酸、酸性盐中很稳定，但不耐碱和强氧化性酸（如硝酸、浓硫酸等）的腐蚀。对大多数有机溶剂有较强的抗溶解能力。

酚醛树脂的耐热性比环氧树脂好，可达到120～150 ℃，但酚醛树脂的脆性大，附着力差，抗渗性不好。

3.呋喃树脂

呋喃树脂是指分子结构中含有呋喃环的树脂。常见的种类有糠醛树脂、糠醛-丙酮树脂、糠醛-丙酮-甲醛树脂等。

（1）呋喃树脂的固化

呋喃树脂的固化可用热固化，也可用冷固化。工程上常用冷固化。

呋喃树脂固化时所用的固化剂与酚醛树脂一样，如苯磺酰氯、硫酸乙酯等，不同的只是呋喃树脂对固化剂的酸度要求更高，所以在施工时同样应注意不能和金属或混凝土表面直接接触，中间应加隔离层，也应加强劳动保护。

（2）呋喃树脂的性能

呋喃树脂在非氧化性酸（如盐酸、稀硫酸等）、碱、较大多数有机溶剂中都很稳定，可用于酸、碱交替的介质中，其耐碱性尤为突出，耐溶剂性能较好。呋喃树脂不耐强氧化性酸的腐蚀。

呋喃树脂的耐热性很好，可在160 ℃的条件下应用。但呋喃树脂固化时反应剧烈、容易起泡，且固化后性脆、易裂。可加环氧树脂进行改性。

4.聚酯树脂

聚酯树脂是多元酸和多元醇的缩聚产物，用于玻璃钢的聚酯树脂是由不饱和二元酸（或酸酐）和二元醇缩聚而成的线形不饱和聚酯树脂。

（1）不饱和聚酯树脂的固化

不饱和聚酯树脂的固化是在引发剂存在下与交联剂反应，交联固化成体形结构。

可与不饱和聚酯树脂发生交联反应的交联剂为含双键的不饱和化合物，如苯乙烯等。用作引发剂的通常是有机过氧化物，如过氧化苯甲酰、过氧化环己酮等。由于它们都是过氧化物，具有爆炸性，为安全起见，一般都掺入一定量的增塑剂（如邻苯二甲酸二丁酯等）配成糊状物使用。为促进反应完全，还需加入促进剂。促进剂的种类很多，不同的引发剂要不同的促进剂配套使用，常用的促进剂有二甲基苯胺、萘酸钴等。

不饱和聚酯树脂的整个固化过程也包括三个阶段，即：

凝胶——从黏流态树脂到失去流动性生成半固体状有弹性的凝胶。

定型——从凝胶到具有一定硬度和固定形状，可以从模具上将固化物取下而不发生变形。

熟化——具有稳定的化学、物理性能，达到较高的固化度。

不饱和聚酯树脂可在室温下固化，且具有固化时间短、固化后产物的结构较紧密等特点，因此不饱和聚酯树脂与其他热固性树脂相比，具有最佳的室温接触成型的工艺性能。

（2）不饱和聚酯树脂的性能

不饱和聚酯树脂在稀的非氧化性无机酸和有机酸、盐溶液、油类等介质中的稳定性较好，但不耐氧化性酸、多种有机溶剂、碱溶液的腐蚀。

不饱和聚酯树脂主要用作玻璃钢。聚酯玻璃钢加工成型容易，力学性能仅次于环氧玻璃钢，是玻璃钢中用得最多的品种。由于它的耐蚀性不够好，所以在某些强腐蚀性环境中，有时用它作为外面的加强层，里面则用耐蚀性较好的酚醛玻璃钢、呋喃玻璃钢或环氧玻璃钢。

（二）玻璃纤维及其制品

玻璃纤维及其制品是玻璃钢的重要成分之一，在玻璃钢中起骨架作用，对玻璃钢的性能及成型工艺有显著的影响。

玻璃纤维是以玻璃为原料，在熔融状态下拉丝而成的。玻璃纤维质地柔软，可制成玻璃布或玻璃带等织物。

玻璃纤维的抗拉强度高，耐热性好，可用到400 ℃以上；耐腐蚀性好，除氢氟酸、热浓磷酸和浓碱外能耐绝大多数介质；弹性模量较高。但玻璃纤维的伸长率较低，脆性较大。

玻璃纤维按其所用玻璃的化学组成不同可分成有碱、无碱和低碱等几种类型。在化工防腐中无碱和低碱的玻璃纤维用得较多。

玻璃纤维还可根据其直径或特性分为粗纤维、中级纤维、高级纤维、超级纤维、长纤维、短纤维、有捻纤维、无捻纤维等。

二、成型工艺

玻璃钢的施工方法有很多，常用的有手糊法、模压法和缠绕法三种。

（一）手糊成型法

手糊成型是以不饱和聚酯树脂、环氧树脂等室温固化的热固性树脂为黏结剂，将玻璃纤维及其织物等增强材料粘接在一起的一种无压或低压成型的方法。它的优点是操作方便，设备简单，不受产品尺寸和形状的限制，可根据产品设计要求铺设不同厚度的增强材料，缺点是生产效率低，劳动强度大，产品质量欠稳定。由于其优点突出，因此在与其他成型方法竞争中仍未被淘汰，目前在中国耐腐蚀玻璃钢的制造中占有主要地位。

（二）模压成型法

模压成型是将一定质量的模压材料放在金属制的模具中，于一定的温度和压力下制成玻璃钢制品的一种方法。它的优点是生产效率高，制品尺寸精确，表面光滑，价格低廉，多数结构复杂的制品可以一次成型，不用二次加工；缺点是压模设计与制造复杂，初期投资高，易受设备限制，一般只用于制造中、小型玻璃钢制品，如阀门、管件等。

（三）缠绕成型法

缠绕成型是连续地将玻璃纤维经浸胶后，用手工或机械法按一定顺序绕到芯模上，然后在加热或常温下固化，制成一定形状的制品。用这种方法制得的玻璃钢产品质量好且稳定；生产效率高，便于大批生产；比强度高，甚至超过钛合金。但其强度方向比较明显，层间剪切强度低，设备要求高。通常适用于制造圆柱体、球体等产品，在防腐方面主要用来制备玻璃钢管道、容器、储槽，可用于油田、炼油厂和化工厂，以部分代替不锈钢使用，具有防腐、轻便、持久和维修方便等特点。

三、耐蚀性能

一般说来，玻璃钢中的玻璃纤维及其制品的耐蚀性能很好，耐热性能也远好于合成树脂。因此，玻璃钢的耐蚀性能和耐热性能主要取决于合成树脂的种类。当然，加入的辅助组分（如固化剂、填料等）也有一定的影响。

合成树脂的耐蚀性能随品种的不同而不同。概括起来，环氧树脂、酚醛树脂、呋喃树脂、聚酯树脂的共性是不耐强氧化性酸类，如硝酸、浓硫酸、铬酸等；既耐酸又耐碱的有环氧树脂和呋喃树脂，呋喃树脂耐酸耐碱能力较环氧树脂好。酚醛树脂和聚酯树脂只耐酸不耐碱，酚醛树脂的耐酸性比聚酯树脂好，与呋喃树脂相当。以玻璃纤维为增强材料制得的玻璃钢由于玻璃纤维不耐氢氟酸的腐蚀，所以它的制品也不耐氢氟酸，抗氢氟酸必须选用涤纶等增强材料。

在实际选用玻璃钢时，除应考虑其耐蚀性外，还要考虑玻璃钢的其他性能，如力学性能、耐热性能等。

玻璃钢有一系列的配方，即使所用树脂相同，只要配方不同，其性能也有差别，施工时必须根据使用条件，参照有关手册进行仔细选择，必要时要进行试验，而后确定配方。目前化工生产中自行施工时，用得较普遍的为环氧玻璃钢、环氧-酚醛玻璃钢、环氧-呋喃玻璃钢等。

四、应用及经济评价

（一）应用

1.设备衬里

玻璃钢用作设备衬里既可单独作为设备表面的防腐蚀覆盖层，又可作为砖、板衬里的中间防渗层。这是玻璃钢在化工防腐蚀中应用最广泛的一种形式。

2.整体结构

玻璃钢可用来制造大型设备、管道等。目前较多用于制造管道。随着化学工业的发展，大型玻璃钢化工设备的应用范围越来越广。

3.外部增强

玻璃钢可用于塑料、玻璃等制造的设备和管道的外部增强，以提高强度和保证安全，如玻璃钢增强的硬聚氯乙烯制造的铁路槽车效果很好。用得较为普遍的是用玻璃钢增强的各种类型的非金属管道。

（二）经济评价

用玻璃钢制成的设备与不锈钢相比来讲，价格要便宜得多，运输、安装费用也要少得多，是应用很广泛的防腐材料。

第五节 硅酸盐材料和不透性石墨

一、硅酸盐材料

硅酸盐材料是化工生产过程中常用的一类耐蚀材料，包括化工陶瓷、玻璃、化工搪瓷等。这类材料一般均具有极好的耐蚀性、耐热性、耐磨性、电绝缘性和耐溶剂性，但这类材料大多性脆、不耐冲击、热稳定性差。又因其主要成分为SiO_2，故不耐氢氟酸及碱的腐蚀。

(一) 化工陶瓷

化工陶瓷按组成及烧成温度的不同，可分为耐酸陶瓷、耐酸耐温陶瓷和工业陶瓷三种。耐酸耐温陶瓷的气孔率、吸水率都较大，故耐温度急变性较好，容许使用温度也较高，而其他两类的耐温度急变性和容许使用温度均较低。

化工陶瓷的耐腐蚀性能很好，除氢氟酸和含氟的其他介质以及热浓磷酸和碱液外，能耐几乎其他所有的化学介质，如热浓硝酸、硫酸，甚至“王水”。

化工陶瓷制品是化工生产中常用的耐蚀材料。许多设备都用它做耐酸衬里。化工陶瓷也常用作耐酸地坪；陶瓷塔器、容器和管道常用于生产和储存、输送腐蚀性介质；陶瓷泵、阀等都是很好的耐蚀设备。化工陶瓷是一种应用非常广泛的耐蚀材料。

由于化工陶瓷是一种典型的脆性材料，其抗拉强度小，冲击韧性差，热稳定性低，所以在安装、维修、使用中都必须特别注意。应该防止撞击、振动、应力集中、骤冷骤热等，还应避免大的温差范围。

(二) 玻璃

玻璃是有名的耐蚀材料，其耐蚀性能随其组分的不同有较大差异，一般说来玻璃中SiO_2含量越高，其耐蚀性越好。

玻璃的耐蚀性能与化工陶瓷相似，除氢氟酸、热浓磷酸和浓碱以外，几乎能耐一切无机酸、有机酸和有机溶剂的腐蚀，但玻璃也是脆性材料，具有和陶瓷一样的缺点。

玻璃光滑，对流体的阻力小，适宜制造输送腐蚀性介质的管道和耐蚀设备，又由于玻璃是透明的，能直接观察反应情况且易清洗，因而玻璃可用来制造实验仪器。

目前用于制造玻璃管道的主要有低碱无硼玻璃和硼硅酸盐玻璃，用于制造设备的为碳硅酸盐玻璃。这类玻璃耐热性差，但价格低廉，故应用较广，这类玻璃也是制造实验仪器的主要材料。

玻璃在化工中应用最广的是制造管道，为克服玻璃易碎的缺点，可用玻璃钢增强或钢材玻璃管道的方法，还发展了高强度的微晶玻璃。玻璃制化工设备有塔器、冷凝器、泵等。如使用得法，效果都很好。

石英玻璃不仅耐蚀性好（含SiO_2达99%），而且有优异的耐热性和热稳定性。加热700～900 ℃，迅速投入水中也不开裂，长期使用温度高达1100～1200 ℃，目前主要用于制造实验仪器和有特殊要求的设备。

(三) 化工搪瓷

化工搪瓷是将含硅量高的耐酸瓷釉涂敷在钢（铸铁）制设备表面上，经900 ℃左右的高温灼烧使瓷釉紧密附着在金属表面而制成的。

化工搪瓷设备兼有金属设备的力学性能和瓷釉的耐腐蚀性能的双重优点。除氢氟酸和含氯离子的介质、高温磷酸、强碱外，能耐各种浓度的无机酸、有机酸、盐类、有机溶剂和弱碱的腐蚀，此外，化工搪瓷设备还具有耐磨、表面光滑、不挂料、防止金属离子干扰化学反应污染产品等优点，能经受较高的压力和温度。

化工搪瓷设备有储罐、反应釜、塔器、热交换器和管道、管件、阀门、泵等。化工搪瓷大量用来制造精细化工过程设备。

化工搪瓷设备虽然是钢（铸铁）制壳体，但搪瓷釉层本身仍属脆性材料，使用不当容易损坏，因此运输、安装、使用都必须特别注意。

（四）辉绿岩铸石

辉绿岩铸石是将天然辉绿岩熔融后，再铸成一定形状的制品（包括板、管及其他制品）。它具有高度的化学稳定性和非常好的抗渗透性。

辉绿岩铸石的耐蚀性能极好，除氢氟酸和熔融碱外，对一切浓度的碱及大多数的酸都耐蚀，它对磷酸、醋酸及多种有机酸也耐蚀。辉绿岩铸石在多种无机酸中腐蚀时，只在最初接触的数十小时内有较显著的作用，以后即缓慢下来，再过一段时间，腐蚀完全停止。

化工中用得最普遍的是用辉绿岩板做设备的衬里。这种衬里设备的使用温度一般在150 ℃以下为宜。辉绿岩铸石的脆性大，热稳定性小，使用时应注意避免温度的骤变。辉绿岩粉常用作耐酸胶泥的填料。

辉绿岩铸石的硬度很大，故也是常用的耐磨材料（如球磨机用的球等），还可用作耐磨衬里或耐蚀耐磨的地坪。

（五）天然耐酸材料

天然耐酸材料中常用作结构材料的为各种岩石。在岩石中用得较为普遍的则为花岗石。各种岩石的耐酸性决定于其中二氧化硅的含量、材料的密度以及其他组分的耐蚀性和材料的强度等。

花岗石是一种良好的耐酸材料。其耐酸度很高，可达97%～98%，高的可达99%。花岗石的密度很大，孔隙率很小。但是由于密度大，所以热稳定性低，一般不宜用于超过200～250 ℃的设备，在长期受强酸侵蚀的情况下，使用温度范围应更低，一般以不超过50 ℃为宜。花岗石的开采、加工都比较困难，且结构笨重。

花岗石可用来制造常压法生产的硝酸吸收塔、盐酸吸收塔等设备，较为普遍的为花岗石制造的耐酸储槽、耐酸地坪和酸性下水道等。

石棉也属于天然耐酸材料，长期以来用于工业生产中，是工业上的一项重要的辅助材料，有石棉板、石棉绳等，也常用作填料、垫片和保温材料。

（六）水玻璃耐酸胶凝材料

水玻璃耐酸胶凝材料包括水玻璃耐酸胶泥、砂浆和混凝土，它们是以水玻璃为胶黏剂，氟硅酸钠为硬化剂，再加耐酸填料按一定比例调制而成的，在空气中凝结硬化成石状材料。这种材料的机械强度高、耐热性能好、化学稳定性也很好，具有一般硅酸盐材料的耐蚀性，耐强氧化性酸的腐蚀，但不耐氢氟酸、高温磷酸及碱的腐蚀，对水及稀酸也不太耐蚀，且抗渗性差。

水玻璃胶泥常用作耐酸砖板衬里的黏结剂。水玻璃混凝土、砂浆主要用于耐酸地坪、酸洗槽、储槽、地沟及设备基础。

二、不透性石墨

石墨分为天然石墨和人造石墨两种，在防腐中应用的主要是人造石墨，人造石墨是由无烟煤、焦炭与沥青混捏压制成型，于电炉中焙烧，在1400 ℃左右所得到的制品叫炭精制品，再于2400～2800 ℃高温下石墨化所得到的制品叫石墨制品。石墨具有优异的导电、导热性能，线膨胀系数很小，能耐温度骤变，但其机械强度较低，性脆，孔隙率大。

石墨的耐蚀性能很好，除强氧化性酸（如硝酸、铬酸、发烟硫酸等）外，在所有的化学介质中都很稳定。

虽然石墨有优良的耐蚀、导电、导热性能，但由于其孔隙率比较高，这不仅影响到它的机械强度和加工性能，而且气体和液体对它有很强的渗透性，因此不宜用于制造化工设备。为了弥补石墨的这一缺陷，可采用适当的方法来填充孔隙，使之具有“不透性”。这种经过填充孔隙处理的石墨即为不透性石墨。

（一）种类及成型工艺

1.种类

常用的不透性石墨主要有浸渍石墨、压型石墨和浇注石墨三种。

2.成型工艺

（1）浸渍石墨

浸渍石墨是人造石墨用树脂进行浸渍固化处理所得到的具有“不透性”的石墨材料。用于浸渍的树脂称浸渍剂。在浸渍石墨中，固化了的树脂填充了石墨中的孔隙，而石墨本身的结构没有变化。

浸渍剂的性质直接影响到成品的耐蚀性、热稳定性、机械强度等指标。目前用得最多的浸渍剂是酚醛树脂，其次是呋喃树脂、水玻璃以及其他一些有机物和无机物。

浸渍石墨具有导热性好、孔隙率小、不透性好、耐温度骤变性能好等特点。

（2）压型石墨

压型石墨是将树脂和人造石墨粉按一定配比混合后经挤压和压制而成。它既可以看作是石墨制品，又可看作是塑料制品，其耐蚀性能主要取决于树脂的耐蚀性，常用的树脂为酚醛树脂、呋喃树脂等。

与浸渍石墨相比，压型石墨具有制造方便、成本低、机械强度较高、孔隙率小、导热性差等特点。

（3）浇注石墨

浇注石墨是将树脂和人造石墨粉按一定比例混合后，浇注成型制得的。为了具有良好的流动性，树脂含量一般在50%以上。浇注石墨制造方法简单，可制造形状比较复杂的制品，如管件、泵壳、零部件等，但由于其力学性能差，所以目前应用不多。

（二）性能

石墨经浸渍、压型、浇注后，性质将发生变化，这时其表现出来的是石墨和树脂的综合性能。

1.物理、力学性能

（1）机械强度

石墨板在未经“不透性”处理时，结构比较疏松，机械强度较低，而经过处理后，由于树脂的固结作用，强度较未处理前要高。

（2）导热性

石墨本身的导热性能很好，树脂的导热性较差。在浸渍石墨中，石墨原有的结构没有破坏，故导热性与浸渍前变化不大，但在压型石墨和浇注石墨中，石墨颗粒被热导率很小的树脂所包围，相互之间不能紧密接触，所以导热性比石墨本身要低，而浇注石墨的树脂含量较高，其导热性能更差。

（3）热稳定性

石墨本身的线膨胀系数很小，所以热稳定性很好，而一般树脂的热稳定性都较差。在浸渍石墨中，由于树脂被约束在空隙里，不能自由膨胀，故浸渍石墨的热稳定性只是略有下降。但压型石墨和浇注石墨的情况就不是这样了，它们随温度的升高，线膨胀系数增加很快，所以它们的热稳定性与石墨相比要差得多，不过不透性石墨的热稳定性比许多物质要好，在允许使用温度范围内，不透性石墨均可经受任何温度骤变而不破裂和改变其物理、力学性能。不透性石墨的这一特点为热交换器的广泛使用和结构设计提供了良好的条件，也是目前许多非金属材料所不及的。

（4）耐热性

石墨本身的耐热性很好，树脂的耐热性一般不如石墨，所以不透性石墨的耐热性取决于树脂。

总的说来，石墨在加入树脂后，提高了机械强度和抗渗性，但导热性、热稳定性、耐热性均有不同程度的降低，并且与制取不透性石墨的方法有关。

2.耐蚀性能

石墨本身在400 ℃以下的耐蚀性能很好，而一般树脂的耐蚀性能比石墨要差一些，所以，不透性石墨的耐蚀性有所降低。不透性石墨的耐蚀性取决于树脂的耐蚀性。在具体选用不透性石墨设备时，应根据不同的腐蚀介质和不同的生产条件，选用不同的不透性石墨。

（三）应用及经济评价

1.应用

不透性石墨在化工防腐中的主要用途是制造各类热交换器，也可制成反应设备、吸收设备、泵类和输送管道等。还可以用作设备的衬里材料。这类材料尤其适用于盐酸工业。

2.经济评价

石墨制换热器目前用得比较广泛，价格与不锈钢相当或略低，但它可以用在不锈钢无法应用的场合（如含Cl^-的介质）。石墨作为内衬材料，价格比耐酸瓷板略贵。但在有传热、导静电及抗氟化物的工况下只能使用石墨作为衬里材料。

复习题

1.非金属材料与金属材料相比具有哪些主要特点？

2.涂料的组成可以分为几部分？各起什么作用？

3.塑料有哪些主要特性？其基本组成有哪些？

4.玻璃钢的基本组分有哪些？为什么称之为玻璃钢？

5.硅酸盐材料一般具有哪些特点？在使用过程中应注意哪些问题？

6.不透性石墨主要有哪几种？各有什么特点？

7.什么是重防腐涂料？玻璃鳞片涂料与一般涂料相比有哪些特殊作用？

8.热固性塑料和热塑性塑料各有何特点？这两类塑料能重复应用吗？为什么？

9.简述环氧树脂、酚醛树脂、呋喃树脂的耐酸碱性。

10.酚醛树脂可直接涂刷在钢铁表面吗？为什么？

第五章　腐蚀防护与控制技术

第一节　化工腐蚀的危害和现状

一、腐蚀及化学工业中腐蚀的危害

腐蚀遍及国民经济各个行业。几乎所有材料和它们制成的设备、工具、车船、建筑等等，在自然环境和人为环境中都可能遭受到不同程度的腐蚀，导致资源浪费、环境污染，甚至造成各种恶性事故，危及人身安全。

腐蚀造成的经济损失十分惊人，据报道，全球每年因腐蚀造成的经济损失约为7000亿美元，占各国国民生产总值（GNP）之和的2%～4%。腐蚀损失为自然灾害（地震、风灾、水灾、火灾等）损失总和的6倍。

腐蚀造成的资源浪费和环境污染极为严重。腐蚀一方面要损耗大量的材料（金属材料和非金属材料），导致材料过早失效，同时也造成资源和能源的大量浪费。据统计，因腐蚀每年约30%的钢铁产品报废，10%的钢铁将全部变为无用的铁锈。以此计算我国每年因腐蚀损失的钢铁约为1000万吨。同时，腐蚀产物和污垢致使锅炉、换热器等设备传热效率下降，浪费大量能源。仅锅炉结垢降低传热效率一项，我国每年就要多消耗1750万吨标准煤。这些燃烧煤产生的SO_2等有害气体又加剧环境污染。

化工（包括石油化工，下同）行业是国家的支柱产业，在国民经济中占有重要地位。因此，国家对化工的发展非常重视，但由于化工生产过程经常接触各种酸、碱、盐和有机溶剂等强腐蚀性介质，所以化工行业腐蚀损失尤为严重。随着现代化工的发展，化工生产过程愈来愈多地要求在高温、高压、强腐蚀和连续操作条件下运行，一旦设备出现腐蚀破坏，整个装置就将被迫停车，造成重大的经济损失。

化工生产的腐蚀危害还表现在由于某些腐蚀问题难以解决而妨碍新工艺上马和化工装

置的正常运行。在国际上曾有一个典型的腐蚀影响新工艺实现的例子。尿素生产工艺早在1870年就被提出来，但是由于该工艺有高温、高压、强腐蚀和连续生产的特点，人们为寻找防蚀技术和实用的耐蚀材料奋斗了大半个世纪。20世纪20年代到40年代曾用纯银纯铅做合成塔衬里，在较低温度下合成效率低、检修频繁，无法形成大规模的生产。直到1953年，荷兰的Stamicarbon公司提出在CO_2原料气中加入氧气作为钝化剂维持不锈钢的钝化，基本上解决了不锈钢作为尿素装置结构材料的腐蚀问题，才使尿素工艺从此真正走上了工业化道路。又如，国内有两家硫酸厂曾采用过一种热利用率高、尾气中酸雾少的高温三氧化硫吸收工艺，温度高达120 ℃。但整个系统中的泵、管道和吸收塔内的分酸器都遭受高温浓硫酸的严重腐蚀而无法实现生产的正常运行，这两家工厂又只好改回低温吸收工艺。再如，国内原有三套聚异丁烯橡胶生产装置，在抽提的过程中遇到高温稀硫酸的腐蚀问题，一直开开停停，生产十分被动，20世纪60年代初期开始就一直在组织攻关、会战，但一直未能解决这个难题，其中两套装置已被迫下马，剩下的一套虽然已将防腐蚀投资增大到原装置投资的4～5倍，甚至在部分管道内衬了近100万元1吨的金属锆，但生产仍然很被动，装置从1971年至2000年初，一直处于开开停停的状态，生产周期从几天到1个月，产量长期达不到设计值。还有磷肥工业中的磷酸生产，国内最普遍采用的是二水法流程，其反应温度为75 ℃。但从工艺而言，半水法可以制得更浓的磷酸，是比较先进和合理的。只是由于其反应温度高达95 ℃，使其中的硫酸、氢氟酸的腐蚀加剧，严重限制了半水法工艺的发展。

和其他工业部门相比，化工生产的腐蚀危害性还表现在其设备的腐蚀破坏更容易引起火灾、爆炸、有毒气体泄漏等突发恶性事故，严重危及人身安全、污染环境。美国保险公司曾公布近几年发生的重大化工事故中，因腐蚀而造成的占31.1%，这些事故通常是由应力腐蚀破裂、腐蚀疲劳、氢脆和孔蚀等难以预测的局部腐蚀所引起的。例如某天然气管线多次发生破裂爆炸，引起火灾，其中最严重的一次伤亡20多人，就是硫化氢应力腐蚀破裂所致。某化肥厂废热锅炉进口管突然爆炸着火，造成7人死亡，就是由于氢腐蚀引起的。由于腐蚀使化工设备发生跑、冒、滴、漏，有毒气体及化工物料不断泄漏，污染了大气、河流、湖泊。硫酸厂的腐蚀易造成二氧化硫、三氧化硫的泄漏，硝酸厂的腐蚀易发生氮氧化物泄漏，氯碱厂的腐蚀易导致盐酸气、氯气的泄漏。化工生产排放出来的氮氧化物既可以破坏臭氧层，又会引起温室效应；排放出来的二氧化碳、二氧化硫等既会引起温室效应，又会引起酸雨和酸雾。贵州、两广地区均下过酸雨，重庆已成为世界第三大酸雨城市。除此之外，大量腐蚀报废的各种金属、玻璃钢、塑料、橡胶、石墨、涂料回炉处理问题难以解决，对生态环境的危害也是其他部门无法相比的。

化工（包括石油化工）生产中因腐蚀而损失的有色金属与别的工业部门相比是最多的。化工设备大量采用含铬、镍的不锈钢以及铜、铝、锌、铅、钼、钛等金属，这些元素中大多数在地球上已经所剩无几，只够人类再享用几十年。可是化工生产仍然在大量吞噬这些宝贵资源，因此，为了我们的子孙后代，加强防蚀工作，减少材料的损耗，防止地球上有限的矿产资源过早枯竭是具有重要战略意义的。

二、化学工业腐蚀的现状

（一）氯碱行业

氯碱厂的产品主要是烧碱、盐酸、液氯、聚氯乙烯等，全国综合利用氯产品的氯碱工业大、中、小厂有数百家，重点企业有几十家。氯碱工业所处理的原料、中间产品及产品，都有强烈的腐蚀性。在电解过程中，由于输入了大量的电流，还会产生特有的杂散电流腐蚀。因此，氯碱行业一直是化学工业中腐蚀最严重的一个部门。我国氯碱防腐蚀工作开展得较早，防腐蚀技术力量较强，解决了许多腐蚀难题，生产基本上能正常运行。

氯碱厂的主要腐蚀介质有盐水和电解槽内介质、湿氯气和无机酸、氯化物和碱液。常见的结构材料有碳钢、铸铁、不锈钢、镍和镍合金、铜、钛等金属材料。非金属材料有石墨、聚氯乙烯、玻璃钢、衬胶等。氯碱行业腐蚀问题很多，防腐蚀任务仍然十分艰巨。

（二）化肥行业

化肥包括氮肥、磷肥、硫酸和钾肥，其中氮肥、磷肥和硫酸是化工生产系统中腐蚀问题多、腐蚀较严重、对生产影响较大的三个次级行业。

1.氮肥

氮肥包括碳酸氢铵、硫酸铵、氯化铵、尿素、复合肥料和液体肥料等。氮肥中的氮主要来自氨，因此不论是什么氮肥厂都离不开合成氨的生产。氨虽然主要用于制造氮肥，但它又是重要的基本化工原料，广泛用于制药、炼油、合成纤维、炸药和染料等工业。因此通常将氨的生产单独称为合成氨生产，而将氨作为原料去制造化肥和其他工业产品的生产称为氨加工生产。对于合成氨生产，中小型氮肥厂主要是以煤和焦炭做原料，而合成氨的发展趋势是以石油和天然气代替煤和焦炭。工业发达国家20世纪60年代末早已完成了这一转变。我国则主要在新建的大氮肥厂的合成氨生产中体现这一转变。合成氨生产的设备大部分采用耐高温、高压腐蚀介质的金属材料，生产过程中腐蚀问题也十分突出。腐蚀最严重而且对生产影响较大的有大氮肥厂的一段转化炉、废热锅炉、脱碳系统，中氮肥厂的加压变换系统。

尿素设备的腐蚀可按大尿素和中尿素来区分。年产45万吨尿素为大尿素，我国有大尿素厂几十家。尿素生产设备材料主要为316L不锈钢。尿素本身腐蚀轻，但它的中间产物氨基甲酸铵（甲铵）呈还原性，破坏很多金属的钝化。此外，尿素在高温、高压条件下会产生同分异构体氰酸铵，氰酸铵解离生成的氰酸根同样具有强烈的还原性，会破坏不锈钢的钝化膜。大尿素以二氧化碳汽提法为主，主要的腐蚀设备为二氧化碳汽提塔、高压甲铵冷凝器、尿素合成塔和高压洗涤塔。这四大高压设备的腐蚀集中反映了大尿素装置的严重腐蚀问题，也是目前国内大尿素生产中腐蚀的难点和热点，因为这四台设备在大尿素装置中造价最高、维修最困难、操作最关键、腐蚀最严重。虽已采取一系列防腐蚀措施，但腐蚀控制尚未取得突破性进展，腐蚀部位大都集中在焊接和堆焊层。其中以晶间腐蚀、选择性腐蚀及氯化物应力腐蚀最为突出。

2.磷肥

我国有近千家以普钙为主的小磷肥厂，绝大多数磷肥都是由湿法制成，即用各种无机酸和磷矿石反应制取过磷酸盐或制取过磷酸盐和磷酸。湿法磷酸的生产中，以杂质对腐蚀的影响最为严重。如有害杂质F^-、Cl^-及游离硫酸的化学协同作用，可使合金钢在磷酸中的腐蚀速率增加10～1000倍。另一个重要的影响因素是料浆中含有30%～40%的固体颗粒，磨蚀加剧了搅拌桨、料浆泵等转动设备的损坏，即物理磨损作用与电化学腐蚀的协同效应，可令合金钢的腐蚀速率增大15～50倍。因此，杂质和磨蚀是造成湿法磷酸中腐蚀严重的两个主要原因。虽然半水法生产工艺比现行的二水法合理、先进，但由于半水法的反应温度高达95 ℃，使设备腐蚀大大加剧，严重阻碍这种新工艺的发展，成了磷肥生产的一大难题。

3.硫酸

硫酸工业的历史悠久。公元8世纪就有人用蒸馏硫酸铁的方法制硫酸。接触法生产硫酸始于1831年，1918年我国建成第一家接触法硫酸厂，现在我国硫酸的生产，以硫铁矿为原料的工艺约占77%，以冶炼尾气为原料的约占18%，以硫黄为原料的约占3%。硫酸生产过程中的腐蚀介质为SO_2、SO_3、稀硫酸、浓硫酸、发烟硫酸等，其腐蚀类型主要为吸氢腐蚀（氢去极化腐蚀）。

（三）农药行业

我国农药产品主要有四大类：杀虫剂、杀菌剂、除草剂和植物生长调节剂。农药品种近200种。由于农药生产中无机酸与有机介质并存，很多产品反应温度高、介质腐蚀性强，所以腐蚀问题十分突出。

有机磷和非有机磷农药生产装置大多采用金属材料，如碳钢、铸铁、铅、不锈钢、钛材等。非金属材料则以石墨、搪玻璃、陶瓷、聚氯乙烯、聚丙烯、氟塑料等居多。腐蚀形态主要有管道和阀门为主的全面腐蚀、18-8型不锈钢在酸性氯化物溶液中的孔蚀及高温浓碱碱脆为主的应力腐蚀破裂。农药生产设备的防腐蚀问题，主要反映在防腐蚀产品不过关，严重阻碍农药生产的正常运行。

（四）染料行业

染料行业包括染料、有机颜料、中间体和染整助剂。我国染料在1995年年产量已达24万吨，居世界首位。染料行业中，大型设备不多，但腐蚀问题很严重。

染料生产品种不同，其反应各异，但大多数反应于高温中的酸、碱、盐介质条件下进行，尤其是高温稀硫酸腐蚀及某些强氧化剂如H_2O_2的高温腐蚀非常严重，要解决这些腐蚀难题须付出巨大的代价。

（五）石油化工行业

我国石油化工行业生产装置中，氯乙烯、苯乙烯、烷基苯、间甲酚、丁辛醇、乙醛/醋酸、苯酚/甲酮等七类共12套装置腐蚀最为严重。从腐蚀介质看，主要是三大合成材料的原料及单体生产装置中所接触的高温盐酸、高温浓稀硫酸等强腐蚀介质，主要集中在泵和热交换设备上。从腐蚀形态看，石化生产装置由于广泛接触氯离子、硫化氢、氢气等，因此产生应力腐蚀破裂、腐蚀疲劳和氢脆等危害性很大的腐蚀破坏。

石化装置腐蚀损失巨大，仅以合成纤维为例，我国1997年年产400万吨合成纤维，已跃居世界第二合成纤维大国。我国合成纤维工业的主要原料是石油。据统计，化纤工业每年腐蚀造成的经济损失达10亿元之多。这是由于合成纤维生产中很多原料、溶剂、催化剂和副产物都具有很强的腐蚀性，而且大多数生产过程都在高温、高压下进行，因此设备腐蚀相当严重。

（六）纯碱行业

纯碱生产中氨碱和联碱工艺的主要介质有精制盐水、蒸馏冷凝液、氨盐水、母液、氨母液及NH_4Cl等，这些溶液实际上是$NaCl$、NH_4Cl、$(NH_4)_2CO_3$、NH_4HCO_3和$NaHCO_3$等盐类的混合液，均属强电解质，对碳钢腐蚀较严重。主要腐蚀形态为全面腐蚀、磨损腐蚀、孔蚀、缝隙腐蚀和应力腐蚀。早期纯碱工业的设备和管道绝大部分采用铸铁和碳钢，其中以铸铁居多。随着纯碱工艺的不断更新，尤其是精制盐水工艺大量采用后，Ca^{2+}、Mg^{2+}浓度降低，导致设备、管道表面不能形成致密的$CaCO_3$、$Mg(OH)_2$和$MgCO_3$等保护膜，从而大大降低其使用寿命，加上铸铁设备笨重且制造工艺复杂，难以有效保证稳定生产和产品质量。因此，铸铁作为纯碱工业设备的主体材料已无法适应日益发展的纯碱工艺及规模化生产的需求。

目前，合金铸铁、不锈钢、钛材、工程塑料以及各种防腐蚀衬里和电化学保护等防蚀技术已广泛应用于纯碱工业中并取得显著成果。

第二节 表面预处理技术的应用

随着科学技术的发展，人们对材料不断提出了多方面的性能要求，在很多情况下单一材料已远不能满足人们的要求。表面技术的基本内容就是利用各种表面涂镀层及表面改性技术，赋予基体材料本身所不具备的特殊的力学、物理或化学性能，如高硬度、高疲劳强度、高耐蚀性以及绝缘、导电、抗辐射等。表面技术之所以受到重视并得到迅速发展，是因为各种机器设备的绝大部分失效如疲劳、磨损、腐蚀等都起源于表面。采用表面技术，可以极大地提高机器设备工作的质量和使用性能，大幅度延长使用寿命，并且大多数表面技术简便可行，能取得事半功倍的效果。

表面预处理对以后的涂层影响很大，表面预处理的质量与涂层本身的性能对以后的使用性能和使用寿命的影响同等重要。表面预处理质量的好坏，直接影响涂层质量和涂层性能的充分发挥。

一、金属表面的预处理

在表面涂层以前，要求把金属表面处理平整清洁，目的是除去金属表面的铁锈、油污以及旧的防腐层。金属表面预处理的方法大致有机械法、化学法、电化学法和火焰清理法等。采用何种方法，应根据金属表面污染物的性质、严重程度以及施工条件、施工质量要求而定。

（一）金属表面除油

金属表面上的油脂包括皂化油和非皂化油。皂化油是能与碱起化学作用生成肥皂的动物油、植物油，非皂化油是不能与碱反应生成肥皂的矿物油，例如凡士林、润滑油、石蜡等。这两类油都不溶于水。

1.化学除油

（1）溶剂法

有机溶剂的特点是可以较快地除去皂化油与非皂化油。缺点是除油不彻底，易燃易爆，有不同程度的毒性，成本高。因此，一般要求有机溶剂溶解油脂的能力强，毒性小，不易着火，挥发性小，便于操作，价格低廉。通常采用甲苯、汽油、松节油、石油溶剂、二甲苯、二氯乙烷、三氯乙烯、四氯乙烯、四氯化碳、丙酮、乙醇等。应用较多的是含氯脂肪烃。

除油的方法可以是擦洗、浸洗和在脱脂机中浸洗。

（2）碱液法

碱液可使皂化油转化为可溶于水的肥皂而除去。非皂化油不和碱起作用，要在碱液中加入乳化剂，使油与碱液形成乳浊液而除去。一般要求碱液既有较强的皂化能力和乳化能力，又不腐蚀基体金属。碱液配方一般由$NaOH$、Na_2CO_3、Na_3PO_4、Na_2SiO_3和肥皂等组成。表5-1是几种除油碱液的配方。

近年来采用合成洗涤剂辅助碱液除油，效果良好，基本上代替了用溶剂除油的旧方法，既防止了中毒与燃烧，又降低了成本。

碱液除油多采用浸渍法，主要用于较小的零部件除油和电镀、化学镀的预处理。

（3）乳化法

用乳化剂清洗金属表面，其优点是可以在室温下进行，效果比碱液清洗好，与溶剂法相比不易着火和中毒。乳化剂由煤油、松节油、月桂酸、三乙醇胺等组成。

表5-1　几种除油碱液配方

配方	质量浓度/$g \cdot L^{-1}$	操作条件		适用对象
		温度/℃	时间/min	
1	40～60 NaOH	80～90	10～30	带大量油污的钢铁件
	80～100 Na_2CO_3			
	5～10 Na_2SiO_3			
2	30～50 NaOH	80～90	10～30	一般的钢铁件
	20～30 Na_2CO_3			
	40～60 Na_3PO_4			
	5～10 Na_2SiO_3			
3	10～20 NaOH	70～90	10～30	铜及铜合金
	20～30 Na_2CO_3			
	40～60 Na_3PO_4			
	3～10 Na_2SiO_3			

2.电化学除油

对工件通以阳极或阴极电流，使工件极化，可降低油-溶液界面的表面张力。在电解时，电极上产生的氢或氧气泡对油膜具有强烈的撕裂作用，可使油膜转化为小油珠，而气泡上升时的机械搅拌作用，又会强化除油过程。为了避免阴极除油法可能引起氢脆的缺点，可先进行阴极除油，后进行阳极除油。电化学除油的配方见表5-2。电化学除油工艺条件见表5-3。这种方法不适于电流不易均匀分布的复杂工件。

表5-2　电化学除油配方（g/L）

组成	NaOH	30～50	10～20
	Na_2CO_3	20～30	20～30
	Na_3PO_4	50～70	20～30
	Na_2SiO_3	5～10	3～5

表5-3 电化学除油工艺条件

<table>
<tr><th colspan="2">工艺条件</th><th>方法1</th><th>方法2</th></tr>
<tr><td colspan="2">温度/℃</td><td>70～90</td><td>70～80</td></tr>
<tr><td colspan="2">电流密度/A·dm⁻²</td><td>3～7</td><td>5～10</td></tr>
<tr><td colspan="2">电压/V</td><td>8～12</td><td>8～12</td></tr>
<tr><td rowspan="2">时间/min</td><td>先阴极除油</td><td rowspan="2">根据油脂除净程度变换</td><td>5～10</td></tr>
<tr><td>后阳极除油</td><td>1～2</td></tr>
</table>

（二）金属表面除锈

1.机械除锈法

机械除锈法是一种广泛采用的、有效的除锈方法。它主要是利用机械力去冲击、摩擦金属以除去表面的锈层与污物。其基本方式有两种：一种是借助机械力或风力带动工具敲打金属表面；另一种是用压缩空气带动固体颗粒或高压水流喷射到金属表面，以冲击和摩擦的方式达到除锈的目的。

常用的方法有以下几种：

（1）手工除锈

手工除锈是用钢丝刷、小锤、铲刀、砂轮、砂纸等手工工具来除锈。其优点是方法简便，不受环境限制，但劳动强度大，效率低，除锈质量因人而异，适用于有拐角而不易用其他机械方法除锈，以及防腐施工要求不高的地方，如管道和金属构件外表面。

为了提高效率可采用风砂轮、风动锤、针束除锈器、风动敲铲枪等工具，这样除锈质量也比较好，但这些工具操作时噪音大，劳动强度高，又易损伤基体，因而实际使用较少。

（2）喷砂除锈

干法喷砂是用压缩空气带动砂粒通过专门的喷嘴高速喷射到金属表面，借助砂粒棱角对金属表面的摩擦与冲击，除去表面锈层和污物。效率高，质量好，并得到有一定表面粗糙度的金属基体表面，有利于涂层的附着。目前，多采用铁丸、钢渣、铁丝段、金刚砂代替砂子，以减少环境污染。

湿法喷砂除锈是采用水砂混合压出或水砂分路混合压出的方式喷射到金属表面，也有同样效果。这种方法自动化程度与效率高，劳动强度低，表面清理质量好。适用于大面积平板和大型设备的外表面除锈，以及机械零件、翻砂制品的清理。

（3）高压水除锈

高压水除锈是利用高压水射流的冲击作用除去金属表面的锈层及污物。可以单独采用高压水流的冲击，也可以在高压水中加砂子进行除锈。由于水的压力很高，冲击力很大，因而除锈效果好，效率高，适用于大面积和难除锈垢的处理。操作时要注意安全。

2.化学除锈法

化学除锈法是采用酸或碱溶液侵蚀金属制品，通过化学作用及侵蚀过程中产生氢气泡的机械剥离作用来清除金属表面的氧化物（或水垢）的方法。例如用硫酸溶解钢铁表面上的氧化物：

$$FeO+H_2SO_4=FeSO_4+H_2O$$

$$Fe_3O_4+4H_2SO_4=FeSO_4+Fe_2(SO_4)_3+4H_2O$$

$$Fe_2O_3+3H_2SO_4=Fe_2(SO_4)_3+3H_2O$$

与此同时，酸又把金属溶解：

$$Fe+H_2SO_4=FeSO_4+H_2\uparrow$$

因此，在酸洗时要加入各种相应的缓蚀剂。表5-4与表5-5分别列出盐酸与硫酸酸洗钢铁制品的常用配方。

表5-4　钢铁盐酸酸洗溶液配方

工件表面状态	水的体积/L	盐酸(相对密度1.19)体积/L	乌洛托品质量/kg	温度/℃	处理时间/min
未抛光,严重锈蚀	700	300	3	30～40	除净氧化物为止
抛光,一般生锈	750	250	5	30～40	
抛光,生锈不严重,要求尺寸不变	800	200	20	30～40	

表5-5　钢铁硫酸酸洗溶液配方

工件表面状态	水的体积/L	硫酸(相对密度1.84)体积/L	乌洛托品质量/kg	温度/℃	处理时间/min
未抛光,严重锈蚀	800	200	3	60～80	除净为止
抛光,一般生锈	850	150	5	60～80	

酸洗可以采用浸泡法、淋洗法以及循环清洗法等。常用的浸泡法酸洗工艺过程为：酸洗—除锈—冷水冲洗—热水冲洗—吹干—钝化。酸洗除锈除了用于防腐施工前的预处理外，还可用于清除不便于喷砂处理的设备内部锈垢，如换热器的清洗。酸洗时要注意氢脆问题，尤其对高强度钢。与硫酸相比，盐酸除锈速度快，效率高，且氢脆倾向小。

3.电化学除锈法

电化学除锈是在酸洗的同时，给被除锈的工件通入适当的直流电，以加快除锈速度，并可节省酸的用量。电化学除锈分为阳极侵蚀法与阴极侵蚀法。目前用得较多的是阴极除锈法。阴极除锈法有使工件产生氢脆的可能，对形状复杂的零件不易除净。在电解液中加入铅离子与锡离子可以克服这些缺点，阴极除锈后再阳极处理，除去工件上的铅和锡。

对于锈皮厚、油污多、表面凹凸不平的工件宜采用表5-6所示的阳极脱脂—阴极侵蚀—电解除铅的工艺。

表5-6　电化学除锈工艺

工艺过程		脱脂	侵蚀	除铅
电解液浓度/g·L^{-1}	NaOH	85	—	85
	Na_3PO_4	30	—	30
	H_2SO_4	—	45	—
	HCl	—	30	—
	NaCl	—	20	—
温度/℃		75～85	60～70	50～60
电流密度/A·dm^{-2}		7	7～10	5～7
处理时间/min		10～15	10～15	8
阳极		工件	高硅铸铁或铅①	工件
阴极		铁板	工件	铁板

注：①含Si20%～40%的铸铁；铅阳极面积为高硅铁阳极面积的10%～20%。

（三）旧涂层的处理

对于局部轻度损伤，其他部位涂层施工质量和性能仍较好，还能起到保护作用的，可采用手工或者轻度喷砂的方法，将局部损伤的地方清理干净，重新涂刷2～4层防腐涂料，可继续使用。对于严重损坏，已失去保护作用的旧涂层，需要彻底清理，重新进行防腐施工。清除这种旧涂层除手工、喷砂等方法外，还可采用火焰烧烤法、碱液脱漆法和有机溶剂法。金属表面的油性旧漆膜可用碱液水洗来清除，碱液中NaOH的浓度一般为15%左右。如果旧漆膜较厚，可采用以下配方：水16 kg，氢氧化钠2 kg，生石灰0.2 kg，面粉0.2 kg，先用面粉调和后，在85 ℃下预热配料。

（四）金属表面预处理的等级标准

HGJ229—1991《工业设备、管道防腐蚀工程施工及验收规范》中规定，金属表面处理的质量分四个等级，见表5-7。不同的防腐措施，对金属表面预处理质量的要求不同，因而采用的预处理方法也不同：

1. 凡是进行橡胶衬里、金属喷涂、塑料喷涂以及过氯乙烯涂料、热固性酚醛树脂涂料等防腐施工，表面处理必须达到一级标准，通常采用喷砂处理。

2.进行设备内部的防腐涂层、玻璃钢衬里、树脂胶泥砖板衬里、搪铅等防腐施工，表面处理的质量要达到二级标准，可用喷砂或化学除锈等方法。

3.一般的防腐涂料、水玻璃胶泥砖板衬里等防腐施工，要求表面处理的质量达到三级标准，可用喷砂或手工除锈等方法。

4.一般的涂料、衬铅、挂衬塑料板等防腐施工，要求表面处理的质量达到四级标准，采用手工除锈即可。

表5-7　金属表面处理的质量等级标准

级别	质量标准
一	彻底除净金属表面上的油污、氧化垢、氧化皮、锈蚀产物和旧的防腐层,表面无任何可见的残留和粉尘,呈现均一的金属本色,并有一定的表面粗糙度。
二	完全除去金属表面上的油垢、氧化皮、锈蚀产物和旧的防腐层,残存的锈斑、氧化皮等引起轻微变色的面积在任何100 mm×100 mm的面积上不得超过百分之五,并除净粉尘。
三	完全除去金属表面上的油垢、疏松的氧化皮、浮锈和旧的防腐层,紧附的氧化皮、点蚀锈坑或旧漆等斑点状残留物的面积在任何100 mm×100 mm的面积上不得超过三分之一,并除净粉尘。
四	除去金属表面上的油垢、浮锈、疏松的氧化皮和损坏的旧防腐层。允许有紧附的氧化皮、锈蚀产物和旧的防腐层存在。

二、水泥制品表面的预处理

建筑设备基础和某些物料的贮槽和污水处理池等，都用混凝土制造。为了防止各种介质对水泥制品的侵蚀破坏，必须采取各种防护措施。为了确保防腐施工质量，也需要进行必要的预处理。

（一）干燥、脱碱

水泥制品属于多孔性材料，而且内部含有一定的水分和碱性物质。水分挥发会降低防腐层与混凝土基体的结合力，甚至会引起防腐层变色、鼓包、脱落。碱性物质会对一些不耐碱的防腐层如水玻璃胶泥、酚醛树脂以及能被皂化的油性涂料等起破坏作用。因此，水泥制品表面（特别是新的表面）在防腐施工前必须进行干燥和脱碱处理。

干燥处理通常是依靠水泥制品在养护过程中的自然干燥，必要时可采用烘烤方法加速干燥（一般是在45 ℃烘烤3昼夜），干燥后的混凝土在20 mm深处的含水量不大于6%（目测水泥表面发白，手感干爽）。

脱碱处理一般是采用5%的硫酸锌溶液（水解呈酸性）清洗、中和表面碱性物质，1天后用水冲洗干净，干燥后即可施工。如果急待施工，可用15%～20%硫酸锌溶液或氯化锌溶液在水泥表面涂刷数次，也可用稀醋酸或0.3%的稀盐酸进行中和，经水洗干燥后即可施工。对于空气中放置较长时间（半年以上）的水泥制品表面，由于长期与空气中二氧化碳作用，表面的碱性物质变成了难溶的碳酸盐，此时就不一定要进行脱碱处理了。

中和脱碱处理工序比较复杂，施工单位一般不愿采用。近年来采用水泥基层底漆配套施工，效果较好：

1. 水泥基层干燥后，采用双组分S01-5聚氨醋清漆添加15%～20%溶剂稀释（注意少加固化剂50%），用排笔均匀涂刷于混凝土或水泥砂浆基层表面，干后即可进行批嵌腻子、打磨等涂漆工艺。也可采用铁红底漆或G51-1过氯乙烯耐氨漆稀释后做底漆。

2. 水泥基层干燥后，采用有机硅防水剂进行表面封闭处理，使表面生成甲基硅酸钠，能防止水泥中水分外溢对防腐层所起的破坏作用。

（二）表面的清理、整修

水泥制品表面必须平整，无明显的气孔、裂纹和凹凸不平等缺陷，拐角处应呈圆弧状，对凸出的棱角必须铲平。用腻子将气孔、裂纹和凹陷处封闭抹平。必要时要重新抹面。水泥制品表面应清洁无油污、无灰尘浮土，并有一定的粗糙度。可用钢丝刷或砂布进行处理，必要时可进行喷砂处理，但喷砂的压力不宜太高。

（三）旧水泥制品表面的处理

对已被介质腐蚀破坏的旧水泥制品进行修复时，首先应将腐蚀损坏的部分彻底清除，直到露出坚实的未被腐蚀的表面。必要时采用火焰烘烤或化学处理的方法将渗入内部的腐蚀介质和腐蚀产物清理干净。也可采用高压水枪进行处理。由于渗入内部的腐蚀介质很难清理干净，而这些残留的腐蚀介质在适当的条件下（如温度和湿度变化）又会继续对水泥制品起破坏作用。为了防止渗入水泥内部的腐蚀介质继续起破坏作用，除了采用清洗、烘烤等处理方法外，还可采用封闭隔离措施，即在已清理干净的表面涂2层适当的封闭涂料（如环氧煤焦油），将残留在水泥内部的腐蚀介质封闭起来，通常是第一层漆料稀一点，有利于渗透，第二层可稠一些，并在固化前撒上一层石英砂，有利于与新的修复层的结合。封闭隔离层固化后，即可在此基础上进行水泥砂浆或混凝土的修复工程。在施工过程中应注意防止腐蚀介质对封闭隔离层的污染。

三、塑料表面的预处理

塑料的表面能远远低于大多数金属和金属氧化物，也低于玻璃和陶瓷等材料。因此，塑料，特别是热塑性塑料的黏结性能较差。为了清除塑料表面的脱模剂、油污和杂质，提高塑料的表面能，达到良好的黏结性，必须通过表面处理来解决。

（一）热固性塑料的表面预处理

热固性塑料的表面能一般高于热塑性塑料，表面处理比较容易。首先用有机溶剂去除表面的脱模剂、油污等，其次用砂纸打磨或喷砂粗化，在防腐施工前再用丙酮、无水乙醇或异丙醇等清洗、干燥。

（二）热塑性塑料的表面处理

热塑性塑料的品种多，性能差异大，必须严格按照表面脱脂去除污物、表面粗化和表面活化的工序进行表面处理。

1.表面脱脂

脱脂处理主要是将塑料制品表面的脱模剂和其他油污清理干净。可用有机溶剂、碱液和肥皂水等直接洗刷。对于耐溶剂较差的塑料，可用乙醇、汽油、肥皂水等脱脂。对于耐溶剂较好的塑料，可用甲苯、丙酮、三氯甲烷等脱脂。此外，还可用砂纸打磨或喷砂处理等方法脱脂，同时还可以使表面粗化。

2.表面粗化

粗糙的表面一般都有较好的黏结效果。粗化处理一般都是采用砂纸打磨或喷砂处理等方法。

3.表面活化

影响塑料黏结性的关键因素是其极性和结晶性。极性与塑料的化学结构有密切关系，分子中带有羟基（—OH）、羧基（—COOH）、甲氧基（$—OCH_3$）等极性基团的塑料一般极性大，而由氢基（—H）、甲基（$—CH_3$）和苯基（$—C_6H_5$）等非极性基团组成的塑料极性小或者没有极性。塑料的极性越大，胶黏性越好，反之，则胶黏性越差。普通胶黏剂对非极性塑料的浸润性极差，黏结比较困难。实践中往往事先对这些塑料表面进行特殊的极性化表面处理，即表面活化处理，例如氧化、交联、引入极性基、接枝和放电等处理方法，都可提高塑料的黏结强度。聚四氟乙烯常用钠的液氨溶液（含钠1%～5%）和萘钠四氢呋喃的溶液进行活化处理5～10 min。聚丙烯常用重铬酸钾和硫酸混合液处理，配比为$K_2Cr_2O_7$5份，H_2SO_4（d=1.84）100份，水8份，在65～70 ℃下处理1～2 min即可。

四、玻璃、陶瓷表面的预处理

玻璃、陶瓷表面的处理方法是：先用甲酮、乙酮或丙酮等溶剂清洗脱脂或用三氯乙烯蒸汽脱脂，然后用洗涤溶液进行处理。洗涤溶液配方：饱和重铬酸钠水溶液35 mL，浓硫酸1000 mL。在室温下浸泡15～30 min，取出后用水洗净，再在80～95 ℃条件下干燥20～30 min。

对于玻璃，经表面处理后，再涂以硅烷偶联剂（如KH-550、KH-560等）的丙酮或酒精溶液，烘干后再涂胶黏剂，可提高防腐层的强度和耐久性。

第三节　表面涂层技术的应用

采用表面技术，在材料表面形成一种与基体材料性能不同的金属或非金属覆盖层以满足某种特殊性能要求的方法称为涂层保护。这样的覆盖层称为表面涂层。表面涂层分金属涂层和非金属涂层。

防腐工程中，对表面涂层的基本要求是：①耐腐蚀性好；②对基体材料的附着力强；③表面完整，有一定的厚度和均匀性，孔隙率小；④有良好的物理性能和力学性能。在选择表面涂层时要从基体、腐蚀环境、涂层的性能以及保护要求等方面综合考虑。

一、金属涂层

金属涂层按涂层金属与基体金属之间的电位关系分为阳极性涂层和阴极性涂层。涂层金属电位比基体金属负时为阳极性涂层，这种涂层不但能起隔离介质的作用，而且还能起牺牲阳极的阴极保护作用。镀锌铁上的镀锌层就是阳极性涂层。涂层金属电位比基体金属正者为阴极性涂层。当阴极性涂层有缺陷时，则构成大阴极小阳极的腐蚀电池，基体金属会遭到严重的局部腐蚀。因此这种涂层要完整，才能起保护的作用，镀锡、镍、铜、银和金的铁都属于这一类。

金属涂层按施工方法可分为：电镀、化学镀、热浸镀、渗镀（扩散渗透）、喷涂、堆焊、离子注入、激光合金化、气相沉积、辗压（机械键）及衬里等。

（一）电镀

利用直流电从电解液中析出金属，并在物件的表面沉积而获得金属涂层的方法称电镀。

根据电镀的基本原理，待镀的零部件做阴极，镀层金属做阳极，槽液是含镀层金属离子以及各种必要的添加剂的盐溶液。

当接通电源后，阳极上发生金属溶解的氧化反应（例如镀镍时$Ni \rightarrow Ni^{2+}+2e^-$），阴极上发生金属析出的还原反应（例如$Ni^{2+}+2e^- \rightarrow Ni$）。这样，阳极上的镀层金属不断溶解，同时在阴极的工件表面上不断析出，电镀液中的盐浓度不变。如果阳极是不溶性的，则必须随时向溶液中补充适量的盐以维持电解液的浓度。镀层的厚度可由电镀时间控制。

电镀层多为纯金属，如Cr、Ni、Au、Pt、Ag、Cu、Sn、Pb、Zn、Cd等，也有合金电镀层，如Ni-P、Ni-W、黄铜、锡青铜等。

电镀层的质量不仅与电流密度、温度、搅拌状态及镀液的质量等有关，还与电极相对面积的大小、电极之间的距离、电极成分、金属表面质量等有关。

电镀层具有镀层均匀、表面光洁、结合力比喷涂高、消耗镀层金属少等优点，但电镀层有一定的孔隙率，成本较高，一般只适于较小型的工件，对大型的工件，电镀的应用受到限制。

（二）化学镀

利用还原剂将溶液中的金属离子还原并沉积在具有催化活性的工件表面上形成镀层的方法称为化学镀。如化学镀镍，常用的槽液组成为$NiCl_2 \cdot 6H_2O$25～35 g·L^{-1}，$NaH_2PO_2 \cdot H_2O$10～20 g·L^{-1}，$CH_3COONa \cdot 3H_2O$5～10 g·L^{-1}。溶液中的Ni^{2+}在还原剂$NaH_2PO_2 \cdot H_2O$的作用下，与P一起沉积在工件表面上，反应如下：

还原剂的氧化：

$$NaH_2PO_2+H_2O \rightarrow NaH_2PO_3+2H$$

金属离子的还原：

$$Ni^{2+}+2H \rightarrow Ni+2H^+$$

$$NaH_2PO_3+H_2O \rightarrow H_3PO_3+NaOH$$

$$H_3PO_3+3H \rightarrow P+3H_2O$$

$$2H \rightarrow H_2\uparrow$$

化学镀的优点有：

1.不消耗电能；

2.工件的形状不影响镀层的均匀分布，只要镀液能到达的表面都可得到光亮、平整、均匀的镀层；

3.不仅可在金属表面上得到镀层，而且在经特殊镀前处理的非金属（如塑料、玻璃、陶瓷等）表面也可得到镀层；

4.镀层晶粒细，致密，孔隙小，比电镀层耐蚀。

缺点是镀液易分解报废，工作温度较高，需加热。

目前最常用的有化学镀镍和化学镀铜。其他的还有镀金、银、铂以及各种复合镀和合金镀。

（三）热喷涂

热喷涂是利用热源将金属（或非金属材料）加热到熔化或半熔化状态，用高速气流将其吹成微小颗粒，喷射到经过处理的工件表面，形成涂层，从而使工件表面获得不同的力学、物理及化学性能。

热喷涂技术有以下特点：

1.取材范围广，几乎所有的金属、陶瓷、塑料等均可作为喷涂材料；

2.可用于各种基体材料；

3.基体温度较低，因而不变形，不弱化；

4.被喷涂物件的大小不受限制；

5.工效高；

6.成本低，经济效益显著。

热喷涂的种类很多，包括熔融喷涂、火焰线材喷涂、火焰粉末喷涂、爆炸喷涂、超音速喷涂、电弧喷涂、等离子喷涂、感应加热喷涂等。目前国内使用较多的有氧乙炔火焰喷涂和等离子喷涂。

氧乙炔火焰喷涂是以氧乙炔火焰为热源，将合金粉末加热到熔化或半熔化状态，以高速喷射在固体工件表面上，形成所需涂层。这种工艺设备简单，投资少，操作容易，工件受热温度低，变形小，已在机器零部件的修复和防护上广泛应用，但这种工艺环境污染大。

等离子喷涂以电弧放电产生等离子体作为高温热源，将喷涂粉末材料迅速加热至熔化或熔融状态，在等离子射流加速下获得高速度，喷向清洁而粗糙的工件表面形成涂层。这种工艺的优点在于等离子弧可获得高温，可熔化目前已知的任何固体材料；喷射出的微粒高温、高速，形成的涂层结合强度高，质量好，并且不受基体材料和喷涂材料的限制。但工艺装备复杂，价格高，通常需惰性气体保护；喷涂时，工件受工作台限制，操作不太灵活。

（四）热浸镀

把工件浸入比本身熔点更低的熔融金属中，或以一定的速度通过熔融金属槽，使工件涂上低熔点金属覆盖层，这种工艺叫热浸镀，也称为热镀或热敷。

热浸镀要求工件的基体金属与镀层金属可以形成化合物或固溶体。主要的热浸镀层种类如表5-8。热浸镀层的结构具有不同成分与性质的层次，靠近基体的内层含镀层金属的量较少，越接近表面，含镀层金属越多。热浸镀工艺金属耗量大，镀层厚度不均，但涂层一般较厚，对防腐有利。

表5-8 热浸镀种类

镀层金属	熔点/℃	简介
锡	231.9	用于热浸镀层的最早的金属
锌	419.45	应用最广泛,为了提高耐蚀性能,近年来开发了锌基合金热浸镀层
铝	658.7	应用较晚
铅	327.4	接触状态下,不能浸润钢材表面,通常加入锡提高浸润能力

（五）渗镀

渗镀是通过加热扩散的方式把某种金属或合金渗入基体金属表面。如渗铬、渗铝、渗硼、渗氮以及二元或多元共渗等。这种工艺方法也称作化学热处理。

（六）气相沉积

气相沉积是材料表面强化新技术之一。气相沉积分物理气相沉积（PVD）和化学气相沉积（CVD）。物理气相沉积包括真空蒸镀、阴极溅射和离子镀。真空蒸镀是一种在高真空中使金属、合金或化合物蒸发，然后凝聚在基体表面上的方法。阴极溅射即用核能粒子轰击某一靶材（阴极），使靶材表面的原子以一定的能量逸出，然后在工件表面沉积的过程。离子镀是借助于一种惰性气体的辉光放电使金属或合金蒸气离子化，离子经电场加速而沉积到带负电荷的基体上。化学气相沉积是指在任一压力的气相中，输入热能或辐射能使其进行一定的化学反应，在特定的表面上形成固态膜的合成方法。

真空蒸镀是比较早的PVD工艺，结合力较低，目前已不多用。而阴极溅射和离子镀结合力高，应用范围正在扩大，二者的特点是：

1.离子溅射效应使工件表面净化、使表面在整个涂覆过程中能保持清洁；

2.涂层结合力好；

3.不仅可在金属上，而且也能在陶瓷、玻璃、塑料上得到结合力好的涂层；

4.涂覆过程中温度较低，工件很少发生变形和软化现象；

5.一般无须再加工；

6.无公害。

CVD涂层反应温度高（1000～1200 ℃），在基材和涂层之间易形成扩散层，结合力好，且容易实现设备大型化，可以大量处理。但高温下进行涂层易引起工件变形、晶粒长大、强度降低等问题，因此CVD处理后要重新热处理。

（七）激光束、离子束及电子束技术

激光束、离子束、电子束材料表面改性技术，是近年迅速发展起来的表面新技术，是材料科学的最新领域之一。

用这些束流对材料表面改性的技术主要包括两个方面：第一，利用激光束、电子束可获得极高的加热和冷却速度，从而可制成微晶、非晶及其他一些热力学平衡相图上不存在的亚稳合金，使材料表面得到特殊性能；第二，利用离子注入和激光束可以把异类原子直接引入表面层中进行表面合金化，引入的原子种类和数量不受任何常规合金化热力学条件的限制。这些束流加热材料表面的速度特别快，整个基体的温度在加热过程中可以不受影响。

激光束、离子束、电子束表面改性技术不仅可用于提高机械零件表面的耐蚀性和耐磨性，还可用于半导体技术和催化剂技术，因为催化行为是由表面成分和结构决定的，半导体材料的各种电性能通常是由材料的最外层微米数量级厚的成分和结构决定的。

（八）复合金属层

用辊压、堆焊、爆炸复合等方法将耐蚀性好的金属包覆在被保护金属表面，形成复合金属层，用于保护碳钢的包覆层有铜、铅、镍、不锈钢、钛、锆等金属。

石油化工生产中常用的不锈钢-碳钢复合板、复合管，钛-碳钢复合板、复合管以及加氢反应器筒体（材料2.25Cr-1Mo）内壁堆焊奥氏体不锈钢等均属于这类复合金属层防护的应用实例。

复合金属层的优点是复合层较厚，一般大于0.1 mm，耐蚀性好，可大大降低设备成本。

（九）衬里

表面衬里也常用于防腐工程，如在钢铁设备内部衬铅、衬银等，既克服了钢铁设备耐蚀不良的缺点，又弥补了某些有色金属虽然耐蚀性好，但是强度低、价格高的不足。

二、金属表面的转化保护层

金属表面的转化保护层是采用化学或电化学处理，使金属表面生成有一定保护性的薄膜，它主要用来防止大气腐蚀和弱腐蚀性介质的腐蚀。常见的处理方法有氧化处理和磷化处理。

（一）氧化处理

1.钢铁的氧化处理

钢铁的氧化处理可以使钢铁表面生成黑色或深蓝色的氧化铁的薄膜，俗称“发蓝”。

钢铁氧化处理的方法主要有两种：

（1）碱性氧化法

把钢铁零部件浸入含有氧化剂的浓热苛性钠溶液中，在一定温度下保持一段时间，即可得到氧化铁保护膜。氧化工艺如下：

第一次氧化：NaOH 550～650 g·L^{-1}和$NaNO_2$ 100～150 g·L^{-1}水溶液，130～135 ℃，氧化10～20 min；再进行第二次氧化：NaOH 750～850 g·L^{-1}和$NaNO_2$ 150～200 g·L^{-1}水溶液，140～150 ℃，氧化40～50 min；清洗：冷水清洗，用20～30 g·L^{-1} 80～90 ℃肥皂水洗3～5 min，热水清洗，吹干。

碳钢中碳含量越高，氧化处理的时间越短。

（2）酸性氧化法

酸性氧化法处理所得薄膜的耐蚀性与附着力都比碱性氧化法好，省时间，温度低，成本低。

工艺：$Ca(NO_3)_2$ 80～100 g·L^{-1}，MnO_2 10～15 g·L^{-1}，H_3PO_4 3～10 g·L^{-1}的水溶液，温度

100 ℃，时间40～50 min。

表面氧化处理法简易、经济、膜层薄，厚度一般为0.5～1.5 μm，不改变零件原尺寸。

2.铝及其合金的氧化处理

（1）化学氧化法

把表面处理干净后，放入Na_2CO_3 20～50 g·L^{-1},Na_2CrO_4 7～25 g·L^{-1}，温度为80～100 ℃的水溶液中，处理10～20 min可得到0.5～1 μm薄膜。

（2）阳极氧化法

工艺：H_2SO_4（相对密度1.84）100～150 g·L^{-1}，温度15～25 ℃，电流密度0.1～1.5 A·dm^{-2}，槽压12～20 V，处理时间40～50 min，以铝构件为阳极进行氧化。电解液还可以用铬酸和草酸等溶液。

阳极氧化后得到的Al_2O_3膜可达250 μm，耐蚀性比化学氧化法处理的好。

氧化处理后对氧化膜上的孔隙做封闭处理，可使膜的抗蚀性、绝缘性、耐磨性更好。封闭的方法是把氧化好的工件浸入pH为4.5～6.5、温度为90～95 ℃的自来水中；或浸入重铬酸钾水溶液中；也可浸入清漆、石蜡、树脂或干性油中封闭。

铝的阳极氧化膜硬度高，耐磨，吸附性强，带有各种色彩，绝热性良好。许多日用铝制品是经过阳极氧化处理的。

3.铜和铜合金的氧化处理

（1）化学氧化法

工艺1:$K_2S_2O_8$ 10～20 g·L^{-1},NaOH 45～50 g·L^{-1}，温度60～65 ℃，处理5～10 min。此法适用于纯铜零件的氧化处理。对于铜合金，应在氧化前镀3～5 μm的纯铜。

工艺2：$CuCO_3 \cdot Cu(OH)_2$ 40～50 g·L^{-1}，氨水（25%）200 mL·L^{-1}，温度15～40 ℃，时间5～15 min，此法适用于黄铜零件的氧化处理。

铜及其合金零件也可以采用铬酸盐氧化处理，工艺如下：$Na_2Cr_4O_7$ 100～150 g·L^{-1}，H_2SO_4 5～10 g·L^{-1},NaCl 4～7 g·L^{-1}，在室温下处理3～8 min。

（2）阳极氧化法

用NaOH 100～250 g·L^{-1}的水溶液，温度80～90 ℃，阳极电流密度0.6～1.5 A·dm^{-2}，阳极氧化20～30 min。

氧化后的零件应在100 ℃左右烘干30～60 min，然后浸油处理或浸涂清漆，以提高抗蚀性能。

（二）磷化处理

磷化处理就是在含有磷酸盐和其他药品的稀溶液中处理金属工件，在其表面上形成完整的具有中等防蚀作用的不溶性磷酸盐层。

磷化处理工艺按温度可分为高温磷化（90～98 ℃）、中温磷化（50～70 ℃）和常温磷化（25～35 ℃）三种。

1.高温磷化

高温磷化处理溶液组成及工艺条件见表5-9，其优点是磷化膜的抗蚀能力较强，结合力好；缺点是磷化时间长，槽液温度高，挥发量大，游离酸度不稳定，结晶粗细不均匀。

表5-9 高温磷化处理溶液成分及工艺条件

溶液成分($g·L^{-1}$)及工艺条件	方法1	方法2	方法3
磷酸锰铁盐(马日夫盐)	30～40	—	30～35
磷酸二氢锌[$Zn(H_2PO_4)_2·H_2O$]	—	30～40	—
硝酸锌[$Zn(NO_3)_2·6H_2O$]	—	55～65	55～65
硝酸锰[$Mn(NO_3)_2·6H_2O$]	15～25	—	—
游离酸度(点)	3.5～5.0	6～9	5～8
总酸度(点)	35～50	40～58	40～60
温度/℃	94～98	90～95	90～98
时间/min	15～20	8～15	15～20

（2）中温磷化

中温磷化处理溶液组成及工艺条件见表5-10，其优点是游离酸度较稳定，容易掌握，磷化时间较短，生产效率高，磷化膜耐蚀性能与高温磷化基本相同。

表5-10 中温磷化处理溶液成分及工艺条件

溶液成分($g·L^{-1}$)及工艺条件	方法1	方法2
磷酸锰铁盐(马日夫盐)	30～35	—
磷酸二氢锌[$Zn(H_2PO_4)_2·H_2O$]	—	30～40
硝酸锌[$Zn(NO_3)_2·6H_2O$]	80～100	80～100
游离酸度(点)	5～7	5～7.5
总酸度(点)	50～80	60～80
温度/℃	50～70	60～70
时间/min	10～15	10～15

3.常温磷化

常温磷化处理溶液成分和工艺条件见表5-11，其优点是不需加热，药品消耗小，溶液稳定，缺点是有些配方处理时间较长。

由于磷化膜多孔，能被润滑油或油漆浸润，可作为涂层的底层。又由于磷化膜的孔隙多，在磷化后还应用氧化剂（如重铬酸钾溶液）或油封闭。膜只有5～6 μm厚，对工件尺影响小。缺点是膜脆，机械强度差，硬度不高，多孔。

表5-11　常温磷化处理溶液成分及工艺条件

溶液成分($g \cdot L^{-1}$)及工艺条件	方法1	方法2
磷酸二氢锌[$Zn(H_2PO_4)_2 \cdot H_2O$]	60～70	50～70
硝酸锌[$Zn(NO_3)_2 \cdot 6H_2O$]	60～80	80～100
亚硝酸钠($NaNO_2$)	—	0.2～1.0
氟化钠(NaF)	3～4.5	—
氧化锌(ZnO)	4～8	—
游离酸度(点)	3～4	4～6
总酸度(点)	70～90	75～95
温度/℃	25～30	20～35
时间/min	30～40	20～40

三、非金属涂层

在防腐蚀工程中，经常采用涂、衬、搪、砌等方法，将各种有机高分子材料和无机非金属材料覆盖在设备或者零件表面，以达到防腐蚀的目的。

（一）涂层

这里的涂层是指将涂料涂刷或喷涂于工件表面所得到的涂层。

涂层是一种广泛应用的防腐蚀方法。它不仅可以把腐蚀介质和金属表面机械地分开，而且由于成膜物质的性质，所使用的颜料和填料以及各种助剂等方面因素的作用，使涂层具有钝化缓蚀作用。

防腐涂层应在腐蚀介质中具有良好的稳定性和抗渗透性，相适应的物理与机械性能；对基体材料的附着力强，黏结牢固；施工性能好；经济合理。

1.涂层的基本结构

涂层结构包括底漆、腻子和面漆。先在清理干净的金属表面上涂上底漆，然后涂腻子，最后涂面漆。

（1）底漆

底漆的作用是防止清理好的金属表面锈蚀，增强漆膜与金属的黏着强度，是涂层的基础。一次涂刷不宜过厚，应分层涂刷。

（2）腻子

腻子的作用是填平底漆上的不平处。每层腻子厚度不宜超过0.3 mm，厚涂层应多次涂刷，最后一层在干燥后用砂纸打磨光滑。

（3）面漆

面漆直接起防止腐蚀介质破坏的作用。面漆越厚越耐腐蚀，但也必须分层涂刷，并考虑经济效果。

2. 常用防腐涂料

涂料按防护作用可分为防锈涂料和防腐蚀涂料：前者是指用于防止材料免受自然因素锈蚀的各种底漆；后者是指用于防止材料免受各种介质腐蚀的各种涂料。

（1）防锈涂料

①铁红防锈漆

铁红防锈漆由铁红及少量锌黄、磷酸锌、氧化锌等防锈颜料和油基、酚醛树脂、环氧树脂、乙烯树脂等基料组成。铁红性质稳定，遮盖力强，颗粒细，在涂层中起到很好的封闭作用，但其本身不具有化学防锈作用；锌黄等少量化学防锈颜料的加入可提高防锈能力。这种防锈底漆具有无毒、耐候、价格低廉、施工方便的特点，在石油、化工、建筑、船船、桥梁等工业部门得到广泛应用。

②红丹防锈底漆

红丹防锈底漆是以红丹为主体配制的各种防锈底漆，漆膜坚韧，附着力好，耐水，防锈性能优异，并且对钢铁表面处理要求不高，但它具有铅消耗量大、有毒、不能用于经火焰处理（如焊接）的结构上以及涂刷性差等缺点。另外，它不能用于铝、镁及其合金制品的表面。

③富锌涂料

锌粉是一种化学活性颜料，对钢铁表面可起到牺牲阳极的保护作用。根据成膜基料的不同，可分为有机富锌涂料和无机富锌涂料。有机富锌涂料常用环氧树脂、氯化橡胶、乙烯系树脂和聚氨酯树脂等为基料。锌粉在干膜中的含量为85%～92%（质量分数）。锌不仅起阴极保护作用，而且具有极好的屏蔽作用。宜做暴露在大气中的石油化工装置、构筑物的防锈底漆或防腐涂料。无机富锌底漆是以锌粉（在干膜中的质量百分数达95%）和水玻璃、正硅酸乙酯或水泥浆为基料组成的。这种涂料具有良好的耐蚀性以及耐温、耐海水和耐候性。但施工较麻烦。目前仅限于做底漆或水下防腐涂料。

（2）防腐涂料

①酚醛树脂防腐涂料

包括一般耐酸涂料和热固醇溶性酚醛防腐涂料。

Ⅰ. 一般耐酸涂料

固化涂层可耐室温下低浓度的硫酸、磷酸及各种酸性盐溶液的侵蚀，不耐氧化性酸和碱，耐水性比一般耐酸涂料好，机械性能尚好，可自干，也可烘干。适用于受酸气腐蚀的木材和钢铁表面的一般保护和装饰。

Ⅱ.热固醇溶性酚醛防腐涂料。

(a) 耐水、水蒸气和油的酚醛涂料

在热固性酚醛清漆中加入锌粉、铝粉，由于铝粉的屏蔽性和锌粉的阴极保护作用，使涂层具有良好的耐水、水蒸气和耐油性。锌、铝的加入使涂层具有良好的导热性和耐热性，可在130 ℃下长期使用，宜做热交换器的保护涂层。

(b) 耐强腐蚀介质的酚醛涂料

耐强腐蚀介质的酚醛涂料由酚醛清漆和各种惰性填料组成，涂层对100 ℃时60%硫酸、32%盐酸、沸腾的苯和乙醇都比较稳定。耐碱性不好。加入石墨的酚醛涂料可用在要求导热性较好的设备上。

(c) 环氧改性酚醛涂料

这类涂料既具有酚醛树脂优异的耐酸、耐热和耐溶剂性能，又具有环氧树脂坚韧、附着力大和耐碱性好的特性。综合防腐效果好，在石油化工行业广泛应用，常用于石化装置和设备的内壁防腐。

②环氧树脂防腐涂料

包括：胺类固化的环氧涂料；环氧沥青防腐涂料；环氧酚醛防腐涂料；环氧粉末防腐涂料。

Ⅰ.胺类固化的环氧涂料

(a) 多元胺固化的环氧涂料

这类涂层韧性好，具有很好的附着力和硬度，耐稀酸、碱和脂肪烃类溶剂，可室温固化，但毒性大。适用于不能烘烤的大型设备（如油罐、贮槽的内壁及地下管道）的防腐。

(b) 聚酞胺固化的环氧涂料

这类涂层耐候性好，不易产生橘皮和泛白，对金属和非金属都有很好的黏结性。可以在不完全除锈或较潮湿的钢铁表面上涂覆，使用期长，施工性能好，毒性小，但耐化学药品性能不如用多元胺固化的环氧涂料。

Ⅱ.环氧沥青防腐涂料

这类涂料吸收了沥青涂料耐水、耐酸碱和柔韧性优良的优点，保持了环氧树脂优异的附着力、机械强度和耐溶剂性能，适当改善了环氧树脂涂层的耐候性。它耐酸、碱，耐水性尤为突出，不耐高浓度酸和芳烃，也不耐晒，广泛应用于石油化工设备、管道、海上装置和装备、构筑物以及混凝土表面的防腐。作为输油管道外壁涂层，效果很好。

Ⅲ.环氧酚醛防腐涂料

这是以环氧树脂为主体的高性能环氧防腐涂料，与环氧改性酚醛涂料不同，烘烤成膜后综合了环氧树脂的附着力、柔韧性和耐碱性以及酚醛树脂的耐酸、耐热和耐溶剂性等优点。

Ⅳ.环氧粉末防腐涂料

这是由固体树脂、颜填料、固化剂、流平剂等组成的一种固态粉末涂料。涂层与金属基体附着力强、机械强度高、电绝缘性好、耐蚀性优异。已广泛应用于机电、石油化工、仪器仪表、汽车等领域，其中以管道防腐为主。用于管道内壁防腐，使用温度为-30～110 ℃，用于工业水和废水管线，使用温度在60 ℃以下。

③其他涂料

包括：聚氨酯防腐涂料；过氯乙烯树脂防腐涂料；氯磺化聚乙烯涂料；生漆（大漆）。

Ⅰ.聚氨酯防腐涂料

聚氨酯防腐涂料的优点是适应性和综合性均好，调整组分可得到由线型结构的弹性漆膜至高度交联的坚硬漆膜。同时兼备良好的耐蚀性与耐磨性、硬度与弹性以及良好的抗渗透性与附着强度，因而适用于复杂多变的工作条件。主要用于石油化工设备和管道、机电设备、交通运输工具、建筑以及木器、塑料、橡胶等的涂装，缺点是施工要求高，价格高。

Ⅱ.过氯乙烯树脂防腐涂料

过氯乙烯结构饱和，侧链较少，因而耐各种酸（强氧化性酸除外）、碱及大多数盐溶液的腐蚀，耐寒性好。使用温度范围为-30～60 ℃，防潮、防霉性、防燃性较好。但耐热性差，附着力不良。可加入醇酸树脂、聚酯树脂、环氧树脂改善附着力，可作为设备内外壁、建筑物室外防腐蚀涂料。尤其适用于海滨盐雾及热带、亚热带潮湿地区使用。在防石油化工大气老化方面也得到了广泛应用。

Ⅲ.氯磺化聚乙烯涂料

固化后的漆膜结构饱和，无潜在发色基团，故保色性好。耐氧化剂、臭氧及大气老化，也耐酸、碱。使用温度达120 ℃，漆膜具有强韧和耐磨性能。用煤焦油改性，不但能显著地提高耐腐蚀性能，而且又能促进硫化。已广泛应用于石油化工大气、石油化工设备和管道、石油化工建筑的防腐蚀，还适用于橡胶、塑料、织物等的防护。

Ⅳ.生漆（大漆）

生漆为我国特产，生漆涂层耐蚀性良好。它能抵抗任何浓度的盐酸、稀硫酸、稀硝酸、磷酸、醋酸、海水及室温下溶剂的侵蚀。但不耐强氧化剂和碱，不耐晒，附着力良好。生漆可用作水煤气塔、水塔、原油贮罐、海水冷却器以及耐工业大气或经受酸液喷溅作用的设备保护涂层。

生漆内的漆酚有毒，0.001 mg的生漆即能使人得过敏性皮炎。改性生漆，如漆酚缩醛类防腐涂料、漆酚环氧类防腐涂料等，可在保持生漆各项优异性能的前提下，降低毒性，改善耐蚀性、机械性能、附着力和施工性能。

3.涂刷方法

表5-12比较了几种常用的涂装方法的优缺点。

涂层干燥的方法有自然干燥、对流烘干、红外线烘干以及电磁感应加热烘干法。烘烤干燥的涂层在硬度、附着力、耐蚀性等方面一般都高于自然干燥的涂层。

表5-12　各种涂装方法的比较

涂装方法	使用的涂料			涂装对象	设备及方法	优缺点
	类别	黏性	干燥速度			
刷涂法	油性漆、酚醛漆、醇酸漆等各类涂料	黏度小	较慢	一般建材、室内外大型机械设备、石油化工设备等	毛刷、滚子	优点：适应性强，操作简单，省漆料，投资少 缺点：效率低，不能机械化，涂膜外观与操作人员的手法关系极大，一般较差
浸涂法	除挥发性快干涂料以外的各种合成树脂涂料	触变性小，流平性好	中等	小型零件、设备等	浸漆槽、离心机、真空设备	优点：投资少，省工省料，施工方便，适用于结构复杂的设备、工件，可实现自动流水作业，效率高 缺点：流平不太均匀，有流挂现象
电泳涂装	各种水溶性电泳涂料	黏度小	需要烘烤	汽车车身、金属制品及构造复杂的机械零件、日用轻工品等	电泳槽、整流器、稳压器、烘干室、传动装置	优点：效率高、漆耗小，适合生产自动化，无溶剂污染或着火的危险 缺点：设备投资大，耗水、耗油量较大，需污水处理
喷涂法	各种涂料，如醇酸、氨基、硝基、环氧等	黏度小	挥发、干燥适中	各种被涂材料及产品	喷枪、空气压缩机、油水分离器等	优点：适应性强，施工效率高，涂膜装饰性好，应用广 缺点：漆料损耗大，利用率低，溶剂污染大，有燃烧和中毒危险
高压无空气喷涂法	厚浆涂料，高固体组分涂料，双组分涂料	固体组分高，黏度较小	适当	桥梁、船舶、车辆、飞机、机床及各种钢结构	高压泵、蓄压器、调压阀、过滤器、高压软管、喷枪等	优点：效率高、层膜外观及附着力好，减少了漆料损失 缺点：技术要求高，对漆料、设备、溶剂等均有特殊要求
静电喷涂法	各种合成树脂涂料，如醇酸、氨基、丙烯酸、环氧、聚氨酯等，硝基漆也可	触变性较小	初期挥发较快的不适合	中小型设备、汽车、电工器材、日用轻工产品等	静电喷射器及其辅助设备等	优点：漆耗小，效率高，可自动化生产，对环境污染小 缺点：技术要求高，对漆料、设备、溶剂等均有特殊要求

续表5-12

涂装方法	使用的涂料			涂装对象	设备及方法	优缺点
	类别	黏性	干燥速度			
粉末静电流化床法和粉末静电喷涂法	各种粉末	粉末	高温固化干燥或烘烤固化	耐化学腐蚀设备，管道，金属玩具	静电流化床、高压发生器、喷枪、供粉器等专用设备	优点：漆耗小，效率高，可连续生产，涂膜厚 缺点：设备投资大，不适合不能受热的金属设备及非金属材料涂装

4.涂层保护的特点

涂料的品种多，适应性强，不受被保护设备的大小与形状的限制，使用方便，比较经济。但是，涂层薄，有孔隙，在运送安装与使用中易碰伤，耐高温及耐久性比较差。尽管目前已开发出一些在强腐蚀介质中使用的重防腐涂料和耐磨涂料，但在强腐蚀性及受冲击与摩擦的环境中使用仍受到限制。

（二）衬里

1.玻璃钢衬里

玻璃钢衬里就是在金属、水泥及木材为基体的设备表面，用手工贴衬玻璃纤维织物并涂刷胶液形成玻璃钢防腐层。玻璃钢衬里与基体要用树脂底漆黏结起来形成一个整体。要求底漆体积膨胀系数小，与基体的黏结力大，一般以环氧树脂最好，环氧-呋喃树脂、环氧-酚醛树脂次之；要求玻璃布耐蚀性好，树脂易于浸透，铺复性好，易排除气泡，并且与树脂黏结力大，便于施工。防腐衬里常用的树脂有环氧树脂、酚醛树脂、呋喃树脂、聚酯树脂和聚酚酯树脂，其中环氧树脂、环氧-酚醛树脂、环氧-呋喃树脂和环氧-聚酯树脂的综合性能较好。

玻璃钢衬里的主要优点是施工方便，技术容易掌握，整体性能好，强度高，使用温度高，黏结力大，适用于大面积和复杂形状设备以及非定型设备的成型，成本低。缺点是施工操作环境较差，衬里质量与施工技术和胶液配比有关。常用于常压设备内壁防护，也可用作设备、地坪、砖板衬里的隔离层，设备内件的外层保护以及塑料管道的外壁增强。

2.塑料衬里

常用的塑料衬里有硬聚氯乙烯衬里和软聚氯乙烯衬里。衬里方法一般有松套衬里、螺栓固定衬里和粘贴衬里三种。与硬聚氯乙烯相比，软聚氯乙烯强度低，耐蚀性也稍差，但耐温性、耐冲击性及弹性好，尤其是软聚氯乙烯衬里施工方便，速度快，成本低，因而在防腐中经常采用。在处理稀HNO_3、75%H_2SO_4、10%～15%HCl和氟硅酸等化工设备中已成功采用了软聚氯乙烯衬里。

近年来，聚丙烯和聚四氟乙烯衬里的应用也愈来愈多。

3.橡胶衬里

衬里施工用的橡胶是由橡胶、硫化剂和其他配合剂混合而成，称为生橡胶板（未硫化橡胶板）。施工时，按工艺要求，贴于设备表面后，加热硫化，使其变为结构稳定的防护层。未硫化胶板是目前橡胶衬里的常用胶板。按橡胶中含硫量的不同，可将橡胶分为硬橡胶（含硫量>40%）、半硬橡胶（含硫量10%～40%）、软橡胶（含硫量1%～4%）三种。除了未硫化胶板外，衬里胶板还使用预硫化胶板（即在制造厂预先硫化好）、自硫化胶板（可常温硫化）和非硫化胶板（不需硫化），这些胶板适用于没有硫化设备的中小工厂以及无法进行热硫化的大型设备内制作橡胶衬里。

常用的贴衬胶板的方法有热烙法、热贴法以及冷贴滚压法。其中热烙法适用范围最广，热烙法是用加热的烙铁在贴衬胶板的表面依次沿一定方向将橡胶表面与金属表面压实，并将残存气泡赶出。

橡胶衬里黏着性强，施工容易，检修方便，衬里后设备增重小，在石油、化工、制药、有色冶金和食品等工业部门得到广泛应用。

4.砖板衬里

砖板衬里是在设备内壁用胶泥衬砌耐腐蚀砖板等块状材料，将腐蚀介质与设备基体隔开，以达到防腐的效果。耐蚀砖板有天然石材、瓷砖与瓷板、石墨砖、铸石砖、高铝砖以及玻璃板、碳化硅砖等。胶泥应具有很好的耐蚀性和物理与机械性能，抗渗透、热稳定性好，固化收缩率小，黏结强度高，此外，胶泥还应与基体不发生化学反应，便于施工。常用的胶泥有水玻璃和以酚醛树脂、环氧树脂、呋喃树脂等为原料的合成树脂胶泥。

砖板衬里具有应用广泛、材料丰富、工艺简单、使用寿命长等优点，选用不同材质的砖板和胶泥可防止多种介质的腐蚀，也可用于高温设备和有一定压力的设备。但砖板衬里也存在整体性差、劳动强度大、不能承受冲击、不便运输吊装、易龟裂粉化等缺点。

砖板衬里在我国应用较早，在防腐工程中占重要地位。据估计，采用砖板衬里防腐的设备，约占化工、冶金生产中全部防腐设备的一半。砖板衬里主要用于强腐蚀介质、高温、受压及存在磨损条件下的设备防腐，如浓硝酸贮罐和合成盐酸贮罐等。

第四节　电化学保护技术

电化学保护是利用外部电流改变金属在电解质溶液的电极电位，从而防止金属腐蚀的方法，分阴极保护和阳极保护两种。阴极保护是利用外电源或连接在金属设备上的活泼金属，使金属阴极极化，从而使设备腐蚀速度大幅度降低。阳极保护是用外电源使金属设备阳极极化，使金属的电位达到并保持在钝化区，从而防止金属腐蚀。

一、阴极保护

（一）阴极保护的原理

阴极保护按其阴极电流的来源分为牺牲阳极保护和外加电流保护。在被保护的金属上连接一个电位更负的金属作为系统的阳极，可促使被保护金属阴极极化。这种方法称为牺牲阳极保护，又称护屏保护。把被保护的金属与直流电源的负极相连，通入阴极电流使金属阴极极化，这种方法称为外加电流阴极保护。

两种阴极保护在原理上完全相同，只是使被保护金属阴极极化而输入的阴极电流来源不同，前者靠另一个电位更负的金属的腐蚀溶解，后者靠外加直流电源。如果将被保护的金属简单地看作短路的双电极腐蚀原电池，则阴极保护的原理如图5-1所示，图中a、c分别代表被保护金属腐蚀原电池的阳极和阴极。

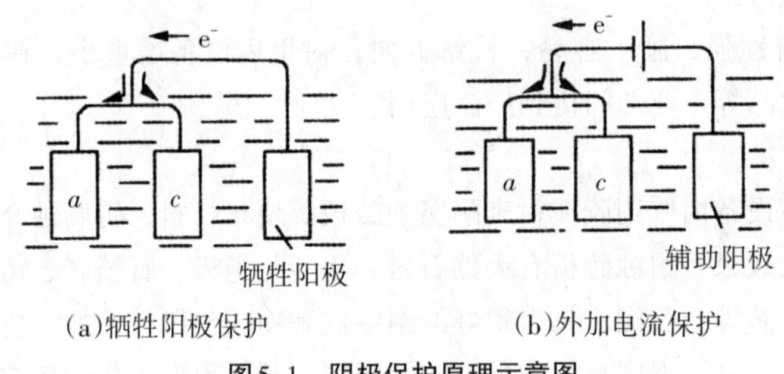

(a)牺牲阳极保护　　(b)外加电流保护

图5-1　阴极保护原理示意图

（二）阴极保护的主要参数

在阴极保护时，金属设备怎样才能得到最理想的保护？怎样判断腐蚀是否被完全抑制呢？最小保护电流密度和最小保护电位是衡量阴极是否达到完全保护的两个主要参数。外加阴极电流越大，被保护金属的腐蚀速度就越小。使金属腐蚀停止，即达到完全保护时所需的最小电流值称为最小保护电流，若以电流密度为单位，就称为最小保护电流密度。

在实际工作中，往往很难直接测量被保护金属表面的电流密度，因此常以测定金属在介质中的电位来评定其保护程度。阴极保护时，使金属刚好完全停止腐蚀时所需的电位称为最小保护电位。为了使金属腐蚀完全停止，必须使被保护的金属极化到它的电位等于表面上最活泼的阳极点的开路电位。对钢结构来说，这电位就是铁在给定介质中的平衡电位。

最小保护电流密度和最小保护电位都可通过实验确定，它们与被保护金属的种类、表面状态以及腐蚀介质的性质、浓度、温度、运动状况等因素有关。随着条件不同，最小保护电流密度变化的幅度很大，可以从几十分之一$mA \cdot m^{-2}$，到几百$A \cdot m^{-2}$。而最小保护电位受上述因素影响较小。

（三）阴极保护主要参数的确定

阴极保护的效果用保护度Z来表示：

$$Z=\frac{v_0-v}{v}\times 100\%$$

式中：Z是保护度，%；

v_0是阴极保护前金属的腐蚀速度；

v是阴极保护后金属的腐蚀速度。

从理论上来说，阴极保护电位越负，阴极保护效果越好。但保护度不是随保护电流的增高线性增大。例如，碳钢在联碱结晶器溶液中，当保护电流密度为1.27 A · m^{-2}时，保护度为98.4%，当把保护电流密度增至3.2 A · m^{-2}时，保护度只达到98.5%。可见过大的保护电流密度是没有必要的，这不仅使耗电量增大，而且可能产生“过保护”。过保护是指由于保护电流密度增大而使保护度下降的现象。这是由于在过大的保护电流密度所对应的较负的电位下，金属表面的氧化膜可能被还原（如铁、不锈钢）；或者作为阴极的被保护金属表面发生析氢，析氢会使周围溶液中的OH^-浓度增加，可能导致腐蚀加速（如铝可能发生这种情况），析氢还会引起氢损伤，在有涂层时导致表面涂层的脱落。因此，并不是所有设备都要达到完全保护，最合适的阴极保护是既能够达到较高的保护度，又可得到较大的保护效率。

保护效率P由下式表示：

$$P=\frac{i_{corr}-i_a}{i_{保}}$$

式中：i_{corr}是 阴极保护前金属的腐蚀电流密度；

i_a是 阴极保护后金属的腐蚀电流密度；

$i_{保}$是 阴极保护时外加的电流密度。

（四）外加电流阴极保护的方法

1.确定电源的容量

阴极保护所需的电流往往随时间延长而减少，因此在设计时要计算最大保护电流以满足阴极保护初期以及外界条件恶化时的需要。最大保护电流、电源输出电压、电源输出功率的计算可查阅相关手册。

2.参比电极的选择与安装

参比电极用来测量和控制被保护结构的电位，使其处于保护电位范围之内。参比电极应具备以下性能：电位稳定；重现性好；耐蚀；经久耐用；具有一定的机械强度；容易制造、安装与使用。

参比电极的选择，可查阅相关手册。

安装参比电极时，要把参比电极全部浸入介质中，参比电极与导线的连接要可靠并加以密封。参比电极一般安装在离阳极较近，即电位较负的地方，以防止此处出现过保护现象。

3.辅助阳极的选择与分布

辅助阳极应导电性好，耐腐蚀，机械强度高，易加工，成本低，来源广。常用的辅助阳极材料有石墨、硅铸铁、镀铂钛、铅银合金、铂钯合金以及碳钢等。

辅助阳极的分布关系到被保护表面的电流分布，对保护效果影响很大。布置辅助阳极，应使被保护设备的各部位得到尽可能均匀的电流密度。

4.阴极保护的监控

金属表面的保护电流密度往往受各种因素的影响，会有波动。为了便于对保护参数进行监测和控制，在被保护的设备上应预留监测点。常用的监控方法有控制电流法和控制电位法，生产上使用较多的是监控保护电位。

（五）牺牲阳极阴极保护的方法

1.阳极材料

阳极材料对护屏保护的效果起决定性作用。为了使被保护的表面获得足够的电流密度要求阳极材料：①有足够负的电位；②极化性能愈小愈好；③使用中表面不产生高电阻的硬壳，溶解均匀；④电流效率高；⑤来源充足，价格便宜，加工方便。锌与锌合金、镁合金（如含6%Al，3%Zn，0.2%Mn）、铝合金（如含Zn2.5%～7.5%，In0.02%～0.05%）等常用来做阳极材料。锌-铝-镉三元锌合金（含0.6%Al，0.1%Cd）阳极在海水中使用，电位稳定，寿命长，保护效果可靠，且价格便宜，容易制造。

2.牺牲阳极输出电流

阳极输出电流按欧姆定律计算，几种形状的阳极电阻计算，可查阅相关手册。

3.阳极使用寿命

阳极使用寿命按下式计算：

$$t=\frac{m \cdot \mu}{eI}$$

式中：t是阳极的有效寿命，a；

m是阳极的净质量，kg；

μ是 阳极利用系数，长条形取0.9，其他形状取0.85；

e是阳极的消耗率，$kg\cdot(A\cdot a)^{-1}$；

I是阳极的平均输出电流，A。

4.阳极的布置和安装

阳极的分布应该均匀，以使电流均匀分布。有时为了保护腐蚀较严重的地区，如船的尾部及平台的焊接接头，在这些地区应多安装些阳极。安装方法视具体情况而定。水中结构，可将阳极内部引出的钢质芯棒用焊接或螺栓固定在被保护设备上。焊接时应在阳极与设备之间留一定距离，螺栓连接时应用垫片使阳极与设备绝缘。可以在阳极周围的设备表面上涂绝缘层以改善电流分布。对地下管线，阳极应与管线有一定距离（一般2～8 m），用导线连接。可用可调电阻调节输出电流。牺牲阳极不能直接埋在土壤中，而应埋在导电性回填物中，以降低阳极周围介质的电阻，活化阳极表面，增加阳极溶解速度。镁阳极采用硫酸镁+硫酸钙+硫酸钠+黏土，铝合金阳极用粗食盐+生石灰+黏土；锌合金阳极用石膏+硫酸钠+黏土。

（六）阴极保护的应用范围

目前，阴极保护主要应用于：

1.淡水及海水中，防止码头、船舶、平台、闸门以及冷却设备的腐蚀；

2.碱及盐类溶液中，防止贮槽、蒸发罐、熬碱锅等的腐蚀；

3.土壤及海泥中，防止管线、电缆、隧道等的腐蚀。

阴极保护还可用于防止某些金属的局部腐蚀，如孔腐蚀、应力腐蚀、腐蚀疲劳等。

阴极保护方法较为简便，易于实施，并且相当经济，效果较好，但不适用于酸性介质和非电解质中。

外加电流阴极保护可以调节电压和电流，可用于要求电量大的情况下，适用范围广。不足之处是要有日常操作、维护和检修，要有直流电源设备。牺牲阳极保护在电源不便的场合比较适用，易于施工安装，对附近设备无干扰，适应局部保护和需要小电流进行保护的场合。

二、阳极保护

（一）阳极保护的主要参数

具有钝化倾向的金属，在一定条件下可利用外加阳极电流进行阳极极化，使金属发生钝化。在钝化区，金属的腐蚀速度很小。阳极保护的主要参数有致钝电流密度、维钝电流密度和钝化区电位范围。

1.致钝电流密度

致钝电流密度可以表明被保护金属在给定环境中钝化的难易程度。致钝电流密度小的体系金属容易钝化。致钝电流密度小，不仅可以使用小容量的电源设备，减少设备投资和耗电量，而且致钝过程中，被保护金属的阳极溶解也比较少。致钝电流密度主要取决于金属的本质、介质条件以及致钝时间。在金属中添加易钝化的合金元素、在介质中添加氧化剂、降低介质温度均能使致钝电流密度减小。钝化膜的形成需要一定的电量。电流密度越小，则致钝时间越长；反之，电流密度大，致钝时间可以很短。当电流密度小到一定数值时，电流效率几乎等于零，电流全部消耗于电解腐蚀。因此，要合理选择致钝电流密度，既要考虑恰当的电源设备容量，又要使金属建立钝态时，不致遭受太大的电解腐蚀。

2.维钝电流密度

维钝电流密度可以表明金属在阳极保护正常操作时消耗电流的多少，同时也反映了阳极保护下的腐蚀速度。维钝电流密度小，维钝状态下金属的溶解速度小，电能消耗也少。维钝电流密度的大小同样也取决于金属的本质和介质条件（溶液组成、浓度、pH值、温度等）。如果维钝电流密度很大，采用阳极保护就没有意义。采用涂料-阳极保护的联合保护可降低维钝电流密度。

3.钝化区电位范围

稳定钝化区电位范围越宽越好，这样在实施阳极保护时，当外界因素引起电位波动时，金属由钝态转变为活态或过钝化状态的危险小，并且对控制电位的仪器设备和参比电极的要求也低。为了便于控制，这个区的电位范围应不小于50 mV，钝化区电位范围主要取决于金属和介质条件。

（二）阳极保护参数的确定

测定阳极极化曲线，从曲线上即可得到致钝电流密度、维钝电流密度和钝化区电位范围。在钝化区范围内选用所需电流密度最小的一段电位区间作为最合适的保护电位。可以直接用实验室数据来对现场设备进行保护。

（三）阳极保护的方法

阳极保护系统一般由阳极（被保护金属）、辅助阴极、参比电极、直流电源和导线组成。

1.辅助阴极材料的选择

阴极的材料应耐蚀，并有一定的机械强度，制作容易，价格便宜，有的材料在某些介质中还要考虑氢脆的影响。

对于浓硫酸，常选用铂、钽、铝等作为阴极材料；对稀硫酸则可选用银、铝青铜和石墨等，当硫酸的纯度要求不高时，可以采用比较便宜的高硅铸铁或普通铸铁。对盐类溶液和碱溶液可选用高镍铬合金或普通碳钢。用碳钢做阴极时，应适当地设计阴极面积，使阴极上具有必要的保护电流密度。例如，对碳铵生产的碳化塔进行阳极保护时，只要使碳钢辅助阴极的电流密度不小于5 A · m^{-2}，则碳钢阴极就能处于良好的阴极保护状态。

2.辅助阴极的布置

与阴极保护一样，阳极保护也存在电流遮蔽作用，在结构形状复杂的设备中，容易出现电流分布不均匀。距辅助阴极近的部位可能已钝化甚至过钝化，而距阴极较远或电流不易达到的地方，可能仍处于活化状态。阳极保护时阳极表面的钝化膜电阻高，那么距离对分散能力的影响就大为降低。因此，阴极的配置只要能满足致钝阶段的要求，那么，维钝阶段一定能保证。

阴极的布置一般根据现有经验或通过试验来确定。一般来说，一个阴极时，阴极位置不必在设备中央；几个阴极时，最好相对器壁匀称布置，距侧壁不小于设备半径的1/2，距设备底部应大于30 cm。

3.参比电极的选择和安装

阳极保护的参比电极应满足以下要求：

（1）电极表面的反应是可逆的；

（2）电极是不极化的或难极化的；

（3）再现性高；

（4）价格便宜；

（5）易于制造和安装。

阳极保护中常用的参比电极有金属/不溶盐电极，如甘汞电极、汞/硫酸汞电极等；金属氧化物电极，如Pt/PtO、Mo/MoO_3电极等；金属电极，如铂电极、不锈钢电极等。阳极保护时，要根据介质性质选择合适的参比电极。硫酸介质中可使用甘汞电极、Hg/$HgSO_4$电极、Ag/AgCl电极、铂电极等；对碱性较大的介质，如纸浆蒸煮釜，可使用Mo/MoO_3电极、甘汞电极等；对于稳定钝化区电位范围较宽的系统，可以使用金属电极，如铂电极、不锈钢电极、镍电极等。目前在碳化塔阳极保护中常使用的有不锈钢、铅、铸铁和碳钢等金属电极。这类电极在使用前应标定，使用过程中应定期校检。

参比电极一般安装在离阴极尽可能远或电位尽可能低处，只要这点电位在钝化区，整个设备就不会处于活化区。

4.电源

阳极保护一般采用大电流、低电压的直流电源。电源的大小应该能使设备在合适的时间内钝化。电源电压一般为10～20 V，输出电流一般可达750 A。阳极保护时常用大容量的电源致钝，然后用小容量的电源维钝。

（四）阳极保护的应用范围

阳极保护主要应用于：

1.硫酸、磷酸及有机酸中，防止贮槽、加热器、SO_3发生器等的腐蚀；

2.氨水及铵盐溶液中，防止贮槽、碳化塔等的腐蚀；

3.纸浆中，防止蒸煮锅等的腐蚀。

阳极保护效率高，又很经济，特别适用于氧化性较强的介质中。但当溶液中氯离子含量能破坏保护膜时，这种方法就不适用了。

（五）阴极保护与阳极保护的比较

阴极保护和阳极保护各有优缺点，两种方法的比较示于表5-13。

表5-13 阴极保护和阳极保护的比较

项目	阴极保护	阳极保护
适用的金属	一切金属	只适于活化-钝化金属
腐蚀介质	弱到中等	除含有大量活性离子外的所有介质
安装费	低	高
电能消耗	中等至高	很低
电流分散能力	低	很高
外加电流的含义	复杂,不代表腐蚀率	通常是被保护设备腐蚀率的直接尺度
保护参数	通常由实际试验确定	可由电化学测试精确而迅速地确定

三、电化学保护与涂料联合保护

阴极保护电能消耗较多，而涂料保护又会由于局部剥落、穿孔降低设备寿命。将二者结合起来，由于设备表面有涂层，只是局部（如涂层穿孔处）需电化学保护，这样，涂层局部缺陷处的金属得到阴极保护，而消耗电能又很小，设备寿命可大幅度提高。采用阳极保护与涂料联合保护，对于结构复杂或被保护面积很大的金属设备，可以改善电流分布，降低致钝电流和维钝电流，这样就可减少电源设备的容量。

第五节　腐蚀环境的控制

腐蚀环境的控制包括改变环境条件（如成分、温度、压力、流速、pH值等）和添加缓蚀剂两部分。

一、改变环境条件

腐蚀环境中介质的组成、pH值、温度、压力、流速等因素均影响材料和设备的腐蚀，控制这些因素，可有效减轻腐蚀破坏。

（一）降低有害成分含量

1.热力除氧

气体在溶液中的溶解度与该气体在液面上的分压成正比。在敞口的容器中，温度升高，气-水界面上的水蒸气分压升高，其他气体的分压降低。当溶液沸腾时，在气液界面上的蒸汽压与外界的压力相等，其他气体的分压为零，这时各种气体不再溶解在溶液中。

热力除氧就是根据这一原理把水加热到沸点，使水中的氧气迅速排走。热力除氧也同时把溶液中的各种其他气体如CO_2除去。

2.化学除氧

用化学药剂除氧的方法叫化学除氧。

（1）亚硫酸钠法

用Na_2SO_3还原水中的氧，反应如下：

$$2Na_2SO_3+O_2=2Na_2SO_4$$

此法会增加水中的含盐量，且亚硫酸钠在高温时会分解，生成腐蚀性物质如H_2S、SO_2等，这些有害气体被蒸汽带入汽轮机时，会使叶片、凝汽器、加热器的钢管和凝水管等受到腐蚀。通常在高压电厂不用亚硫酸钠法，它只用在中压电厂。

（2）联胺法

用联胺还原水中的氧，反应如下：

$$N_2H_4+O_2=N_2+2H_2O$$

联胺还可以把铁与铜的氧化物还原，以防止锅炉内产生铁锈与铜垢。用N_2H_4除氧的一般操作条件为pH9～11、温度200 ℃左右，适当过量的联胺，用量是20～50 μg · L^{-1}。所用联胺溶液含40%的$N_2H_4 \cdot H_2O$。

联胺法的缺点是有毒、易燃、具有挥发性，使用时要注意安全。

除了氧以外，介质中的Fe^{3+}、Cl^-、S、H_2S、SO_2以及无机盐（$MgCl_2$、$CaCl_2$等）均会加快设备的腐蚀。

（二）调整浓度

在有些情况下，适当提高或降低介质浓度，会大幅度降低腐蚀速度。如硝酸、硫酸和磷酸在高浓度时对一些金属的腐蚀性很小。降低硫酸浓度，又可降低铝的腐蚀速度。

（三）调整pH值

pH值对一些金属腐蚀速度的影响如图5-2所示，调整pH值可以降低腐蚀速度。

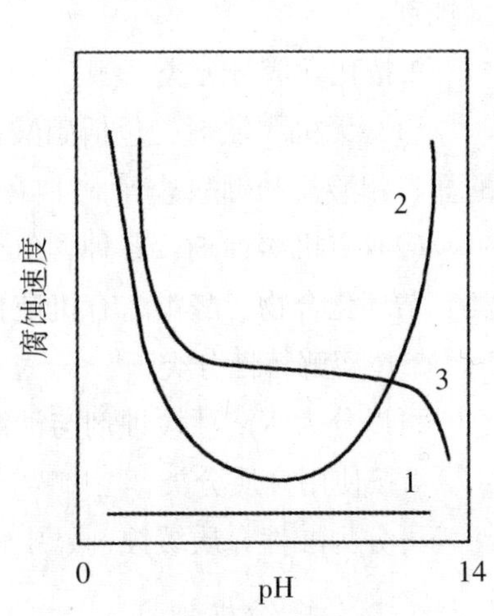

1.Au, Pt; 2.Al, Zn, Pb; 3.Fe, Ca, Mg, Ni等

图5-2　pH值对金属腐蚀速度的影响

例如，工业冷却水、锅炉用水和生活用暖气水等，如果pH过低，设备会发生氢去极化腐蚀。提高pH值，可有效控制腐蚀。常用的方法是加氨水，使水的pH值达8.5～9.2，加氨时要注意确保水中的溶解氧量很少。加氨量也不宜过多，一般使水中含氨量小于1.0～2.0 mg · L^{-1}，否则会引起锅炉系统的黄铜件腐蚀

破坏。另一个办法是加胺，如加莫福林（C_4H_8ONH）和环己胺（$C_6H_{11}NH_2$）。它们既可以中和水中的碳酸，又不会腐蚀铜，但价格比较贵。

（四）调整温度

大多数情况下，降低温度可降低金属的腐蚀速度，如许多酸对金属的腐蚀。但有些情况下提高温度也可降低腐蚀速度。因为温度升高可降低溶液中的氧浓度，如沸腾的水比不到沸腾的水的腐蚀性低。另外，对于露点腐蚀，适当提高温度或采用保温措施防止结露，可控制腐蚀。

（五）改变流速

降低流速，可减轻介质对设备的冲刷，降低腐蚀速度。但是，对于能钝化的金属，适当增加流速可能会有利于钝化。

二、添加缓蚀剂

在腐蚀工程中，人们常在腐蚀介质中添加少量能有效防止腐蚀发生或者降低腐蚀速度的物质，这种物质被称为缓蚀剂。加缓蚀剂是一项重要的防腐蚀技术，方法简便，经济效果好，广泛应用于石油、化工、机械、动力和运输等部门。

（一）缓蚀剂的分类

缓蚀剂种类繁多，用途各异。可以从不同角度进行分类，常见的有以下几种：

1.按对电极过程的影响分类

根据缓蚀剂对阴极过程与阳极过程的抑制程度可分为阴极缓蚀剂、阳极缓蚀剂和混合缓蚀剂。

2.按化学成分分类

（1）无机缓蚀剂：包括硝酸盐、亚硝酸盐、铬酸盐、重铬酸盐、磷酸盐、硅酸盐、碳酸盐、钼酸盐和硼酸盐等。

（2）有机缓蚀剂：各种含氧、氮、硫的有机化合物，乙炔化合物，包括胺类、咪哇啉类、杂环化合物、醛类、有机硫化物等。

3.按溶解特性分类

可以分为水溶性缓蚀剂与油溶性缓蚀剂。

4.按使用介质分类

可分为酸性介质缓蚀剂、中性介质缓蚀剂、碱性介质缓蚀剂和气相缓蚀剂。

（二）缓蚀机理

由于金属腐蚀过程和缓蚀作用过程的复杂性，目前对于缓蚀作用的机理还没有统一的观点，通常用于解释缓蚀作用的理论主要有以下几种：

1.吸附理论

吸附理论认为缓蚀剂分子与金属表面由于有静电引力和分子间作用力而发生物理吸附或者和金属表面形成化学键而发生化学吸附。缓蚀剂分子吸附在金属表面，一方面使金属表面能下降，增加了金属的逸出功；另一方面形成的吸附层把腐蚀介质与金属表面隔离开，阻碍了与腐蚀反应有关的电荷或物质的迁移，从而起到抑制腐蚀的作用。许多有机缓蚀剂，如胺类、亚胺类、明胶、淀粉、糊精、硫醇及硫脲等含硫化合物，喹啉及吡啶等含氮化合物其缓蚀作用都可用吸附理论来解释。

2.成膜理论

该理论认为缓蚀剂能在金属表面生成一层难溶的保护膜，因而可起缓蚀作用。保护膜可以是缓蚀剂氧化金属表面生成的氧化膜，如K_2CrO_4在中性水中可以氧化铁的表面而生成氧化铁钝化膜；也可以是缓蚀剂与腐蚀介质中的分子或离子反应生成的沉淀膜，如在水溶液中加入氨基醇，在铁表面形成铁与氨基醇的络合物；$ZnSO_4$在中性水中可以在铁表面生成$Zn(OH)_2$沉淀膜。

3.电化学作用理论

这一理论认为缓蚀剂通过加大腐蚀的阴极过程或阳极过程的阻力（即极化）而减缓了金属腐蚀。

阳极缓蚀剂由其阴离子向金属表面的阳极区迁移，使金属钝化而阻滞阳极过程。中性介质中的铬酸盐与亚硝酸盐就属于这一类。一些非氧化型的缓蚀剂，如苯甲酸盐和硅酸盐等在中性介质中，只有与溶解氧并存，才起缓蚀作用。

阴极缓蚀剂由其阳离子向金属表面的阴极区迁移，或者被阴极还原，或者与阴离子反应形成沉淀膜，使阴极过程受到阻滞而抑制腐蚀。例如$ZnSO_4$、$Ca(HCO_3)_2$、$AsCl_3$、$SbCl_3$，可以和OH^-生成$Zn(OH)_2$、$Ca(OH)_2$沉淀或被还原为As、Sb覆盖在阴极表面，以阻滞腐蚀。

混合型缓蚀剂既可抑制阳极过程，又可抑制阴极过程。例如含氮和含硫的有机化合物（胺、有机胺的亚硝酸盐、硫醇、硫醚和硫脲等）。

（三）影响缓蚀作用的因素

1.金属材料的影响

不同的缓蚀剂只对特定的金属和特定的介质起缓蚀作用。某种条件下，缓蚀作用可能很高，在另一条件下则可能很低，甚至可能加速腐蚀。例如，硫酸盐对不锈钢在含Cl^-水中的孔腐蚀和应力腐蚀具有缓蚀作用，而对于水中的碳钢有腐蚀作用。

在使用多种金属的体系中添加缓蚀剂时情况比较复杂，因为对某些金属起缓蚀作用的缓蚀剂对其他金属可能有腐蚀作用。

2.设备结构与力学因素的影响

死角或者缝隙影响缓蚀剂与金属表面的接触，因而影响了局部地区的缓蚀作用。对均匀腐蚀有效的缓蚀剂，对应力腐蚀不一定有效。

3.环境因素的影响

（1）介质组成的影响

缓蚀剂应根据材料与环境的组合来选择。缓蚀剂的性质必须与介质相容，不但要能分散在介质中，还不应与介质发生中和、氧化、还原等反应。介质中的杂质离子（如Cl^-、SO_4^{2-}）对缓蚀作用可能产生重要影响。如卤素离子在中性介质中起腐蚀作用，在酸性介质中却常起缓蚀作用。

（2）介质的pH值的影响

介质的pH值不同，缓蚀剂的作用效果不同，这是由于pH值变化，金属的腐蚀过程会发生变化。几乎所有的缓蚀剂都有一个有效缓蚀作用的pH范围。在中性介质中，要严格控制其pH值。例如，亚硝酸钠在$pH<5.5$时失效；多磷酸盐在$pH=6.5\sim7.5$时使用，铬酸盐对pH值的敏感性较小，但一般在$pH=8.5$左右使用为好；硅酸盐有一个依$n(Na_2O):n(SiO_2)$的比值而变的pH范围。

（3）温度的影响

温度对缓蚀效果的影响比较复杂，可分三种情况：

①随温度升高，缓蚀效果显著下降，这主要是由于温度升高腐蚀加快，而缓蚀剂的吸附作用却下降，结果使缓蚀效果降低。大多数缓蚀剂属于这种情况。

②在一定温度范围内缓蚀效率变化不大，当温度超过某临界值时缓蚀剂很快失去作用。如苯甲酸对20～80 ℃水中的碳钢有较好的缓蚀作用，温度在此范围变化影响不大，但在沸水中缓蚀剂失去作用。这可能与沸水的溶解氧浓度极低，水泡对氧化膜有破坏作用有关。

③随温度升高，缓蚀效率增强，这主要是由于高温对形成金属表面保护膜有利或对形成金属表面化学吸附膜有利，如硫酸溶液中二苄硫、碘化钾，盐酸中的含氮碱，某些生物碱等均属于这种情况。

（4）介质流动状态的影响

流动状态的影响比较复杂。有的缓蚀剂的缓蚀率随流速增加而下降；有的随流速增加而增大。有的缓蚀剂当其浓度不同时，流速的影响也不同。因此，不能以静态下对缓蚀剂的评定数据代替流动状态下的数据。

4.缓蚀剂浓度的影响

所有缓蚀剂都在浓度高于一定值后才具有缓蚀效果。缓蚀剂浓度的影响分三种情况：

（1）缓蚀效率随缓蚀剂浓度增大而增大，几乎所有的有机类缓蚀剂和很多无机类缓蚀剂在酸性及浓度不大的中性溶液中都属于这种情况。

（2）当缓蚀剂浓度达到某一定值时，缓蚀效率出现最大值。例如，当硫化二乙二醇的浓度是2×10^{-2} mol · L^{-1}时，碳钢在5 mol · L^{-1} HCl中的腐蚀速度达到最低值，醛类缓蚀剂也是这样。

(3) 当缓蚀剂浓度不足时，可能促进均匀腐蚀或点蚀，甚至比不添加缓蚀剂时的腐蚀更严重。大部分氧化膜型缓蚀剂，如铬酸盐、亚硝酸盐和过氧化氢等缓蚀剂具有这种性质。因此氧化膜型缓蚀剂又叫危险缓蚀剂。

(四) 缓蚀剂的应用

目前，缓蚀剂在循环冷却的水质处理和化学清洗中使用最普遍。用缓蚀剂防止油气井和一些炼油设备的硫化氢腐蚀以及防止大气腐蚀等方面，都已有很多应用实例和经验。

1.在冷却水中的应用

很多工业生产中的冷却水用量很大。为了节约用水，常常使用循环冷却水系统。循环冷却水系统分为敞开式和密闭式两种。

敞开式系统是指把经热交换器的水引入冷却塔冷却后再返回循环系统，这种冷却水由于充分充气，含氧量较高，腐蚀性强，并且经多次循环和凉水塔的蒸发，水中的硫酸钙、碳酸钙等无机盐浓度逐步增高，再加上微生物的生长，水质不断变坏。所以工业用循环冷却水中常加入缓蚀剂以及其他化学药剂，以防止设备腐蚀、结垢和微生物的生长，在这种冷却水系统中常采用重铬酸盐，这是一种很有效的阳极型缓蚀剂，投加浓度较高，达$3\times10^{-4}\sim500\times10^{-4}$，如果水中含有$Ca^{2+}$等金属离子，添加$2\times10^{-5}\sim3\times10^{-5}$的聚磷酸盐是有效的。聚磷酸盐和铬酸盐混合加入敞开式循环冷却水系统的缓蚀效果很好，目前正在广泛应用。

密闭式循环冷却水系统，如内燃机等的冷却系统，腐蚀环境更苛刻。采用的缓蚀剂有铬酸盐（加0.05%～0.3%）、亚硝酸盐（加0.1%）、锌盐、硅酸盐及含硫、含氮的有机化合物。

2.在化学清洗中的应用

化学清洗主要使用硫酸、盐酸和一些有机酸，因此，是一个酸洗过程。酸洗可以清除钢铁表面的氧化皮，除去锅炉和换热器中的水垢。为了防止酸洗过程中金属本身的腐蚀，应根据具体条件选用相应的缓蚀剂。

用于钢铁-硫酸腐蚀体系的缓蚀剂有有机胺、若丁、乌洛托品、硫脲、丙烯基硫脲、四氢噻唑硫铜等。国内常用的硫酸缓蚀剂有兰-826、天津若丁等。

用于钢铁-盐酸腐蚀体系的缓蚀剂有若丁、锑盐、砷盐、铋盐、甲醛、乌洛托品、有机胺、丙炔醇、乙基辛炔醇等。国内常用的盐酸缓蚀剂有天津若丁、沈1-D、兰-826等。

用于钢铁-硝酸腐蚀体系的有兰-5、兰-826、硫氰化物、硫化钠、硫脲等。

用于钢铁-氢氟酸腐蚀体系的有砷盐、天津若丁、乌洛托品、粗吡啶、兰-826等。

用于钢铁-柠檬酸腐蚀体系的有镉盐、天津若丁、仿若丁-31A、仿依比特-30A、兰-826等。

3.在化学工业中的应用

化工生产绝大多数都是连续过程，对于开式流程，要保持介质中缓蚀剂的稳定含量是比较困难的。所以目前缓蚀剂在化学工业中的应用还不多，但也有一些成功的实例。

（1）合成氨生产的苯菲尔脱碳系统中，脱碳液（碳酸钾-碳酸氢钾）吸收CO_2后的富液对设备及管道的腐蚀严重。当加入少量V_2O_5（在钾碱液中生成偏钒酸钾），其五价钒可使碳钢发生钝化。通常脱碳系统在正常生产之前先经预成膜处理，即以含1%五价钒（以KVO_3计）的脱碳液，在系统中循环一段时间后，使碳钢表面形成一层保护膜。正常生产时，只要保持循环的脱碳液中五价钒含量约0.6%，就能获得良好的防腐蚀效果。

（2）碳酸氢铵生产中碳化塔体和冷却水箱，常采用1%～3%的硫化钠预成膜处理后投入使用。

（3）烧碱生产中的铸铁熬碱锅，加入少量的$NaNO_3$（大约0.03%），缓蚀率可达80%～90%，不仅降低熬碱锅的严重腐蚀和碱脆，延长了设备寿命，而且减少了碱中Fe^{3+}的含量，提高了碱的质量。

4.在石油工业中的应用

石油、天然气中常含有H_2S、CO_2，经常造成开采设备及管道的腐蚀破坏。抗H_2S缓蚀剂研究得很多。这类缓蚀剂主要有铬酸盐、硅酸盐、氨水以及脂肪酸的衍生物、咪唑啉类及其衍生物、松香衍生物、有机硫化物、长链双胺的盐等，其中咪唑啉、烷基丙二胺水杨酸盐、氧化松香胺等效果较好。抗硫化氢的缓蚀剂商品，国外有康托尔、卡帮、若丁等，国内有7019、兰4-A、1011、1017和7251等产品。

5.在炼油工业中的应用

原油中含有无机盐、硫化物、环烷酸等，对炼油厂中的常减压设备、管线和油罐等造成严重腐蚀。国外用于炼油厂的缓蚀剂有PR、Kontol等，国内采用4502、1017、7019、兰4-A、尼凡丁-18、7201、1012、1014、4501以及仿Nalco-165AC等。

复习题

1.金属表面预处理的方法有哪些？

2.热塑性塑料的表面处理工序有哪些？

3.简述金属涂层的施工方法。

4.简述非金属涂层的基本结构。

5.比较几种常用的涂装方法的优缺点。

6.简述外加电流阴极保护的方法。

7.比较阴极保护和阳极保护的优缺点。

8.简述按化学成分可将缓蚀剂分为哪几类。

9.简述影响缓蚀作用的因素。

第六章　硫化氢应力腐蚀

第一节　硫化氢腐蚀的概况

石油化工生产中，与各种酸、碱、盐等强腐蚀性介质接触的化工机器与化工设备，腐蚀问题十分突出，往往会引起材料迅速的腐蚀损坏，造成重大损失，尤其石化厂中的吸收塔、精馏器、热交换器端板及管线等设备常见腐蚀破坏的发生。这是因为在炼油厂及石化厂的压力容器与管线的气态及液态碳氢化合物经常含有酸性成分，例如硫化氢、二氧化碳及其他酸性气体，若是氢原子渗透扩散进入金属，将使金属结构产生裂缝并继续扩大传播；另一方面，金属材料也受到容器内部的应力影响，在机械力与化学反应的交互作用下，金属材料的强度降低，因而造成重大意外事故。特别是石油炼制业原料油中硫元素含量越来越高，使得湿硫化氢环境引起的应力腐蚀问题日益突出。

初期H_2S与另一些腐蚀介质一起造成压力容器、管道及化工机器的破坏是常有的，但并未引起人们的注意。到20世纪80年代中期美国芝加哥某炼油厂的意外事故，引起人们对工作于湿的H_2S环境中的压力容器和管道的注意。该厂一个胺吸收装置的压力容器（材料为A516Gr70钢材）的破坏致使17人丧生，自此全世界的碳氢化工工业开始着手H_2S腐蚀工作的各项调查和研究，结果发现压力容器、管道母材、焊缝及热影响区即使硬度不高也出现H_2S腐蚀，而且还发现在湿的H_2S环境中，当有应力时会产生H_2S应力腐蚀，即使无应力状态下也产生腐蚀。同时发现该厂中81%的压力容器都有严重损伤。因此，美国压力容器机构要求设计人员对工作在湿H_2S环境下的材料在技术规范中必须采取相应的技术措施，以保证压力贮罐所采用的钢材具有抗H_2S破坏的性能。

一、腐蚀开裂的形式

湿硫化氢环境除了可以造成化工设备的均匀腐蚀外，更重要的是引起一系列与钢材渗氢有关的腐蚀开裂，具体有如下四种形式。

（一）氢鼓包（Hydrogen Blistering，简称HB）

腐蚀过程中析出的氢原子向钢中扩散，在钢材的非金属夹杂物、分层和其他不连续处，易聚集形成分子氢，由于在钢的组织内部的氢分子很难逸出，从而形成强大内压导致其周围组织屈服，形成表面层下的平面孔穴结构，称为氢鼓包，其分布平行于钢板表面。它的发生与外加应力无关，与材料中的夹杂物等缺陷密切相关。

（二）硫化氢应力腐蚀开裂（Sulfide Stress Corrosion Cracking，简称SSCC）

湿硫化氢环境中腐蚀产生的氢原子渗入金属材料的内部，固溶于晶格中，使金属材料的脆性增加，在拉应力或残余应力和酸性环境腐蚀的联合作用下，易发生低应力且无任何预兆的突发性断裂，称作硫化物应力腐蚀开裂，这是酸性环境（又称为湿硫化氢环境）中破坏性和危害性最大的一种腐蚀。SSCC通常发生在高强度钢中或焊缝及其热影响区等硬度较高的区域。SSCC与钢材的化学成分、力学性能、显微组织、外加应力与残余应力之和以及焊接工艺等有密切关系。

（三）氢致开裂（Hydrogen Induced Cracking，简称HIC）

在氢分压的作用下，不同层面上的相邻氢鼓包裂纹相互连接，形成阶梯状特征的内部裂纹，称为氢致开裂，裂纹也可扩展到金属表面。HIC和钢材内部的夹杂物或合金元素在钢中偏析产生的不规则微观组织密切相关，而与钢材中的拉应力无关。因而，焊后热处理不能改善钢材对HIC的抗力。

酸性环境中的钢材常因腐蚀产生原子态氢，由于H_2S介质的存在，阻滞了氢原子结合生成H_2分子，促进了原子氢向钢材中的扩散，在夹杂物或其他微观组织结构的不连续区域聚集成氢分子，并产生很高的压力，形成HIC（又称为阶梯形裂纹，SWC）。HIC常见于延性较好的低、中强度的管线用钢和容器用钢。其特点：一是它可以在甚至没有拉伸应力附加的情况下发生（而SSCC在一定的应力水平下才发生），也不是像SSCC那样具有突发性；二是HIC表现为阶梯裂纹。钢表面的氢鼓包是HIC中的一种。这种氢致开裂和炼油厂装置中的氢蚀不一样，炼油厂中的氢蚀是在高温（200 ℃以上）高压条件下，扩散侵入钢中的氢与钢中不稳定的碳化物反应生成甲烷。

$$Fe_3C+2H_2 \rightarrow 3Fe+CH_4$$

甲烷不能从钢材中逸出，聚集在晶界及附近的空隙和夹杂物等不连续处，形成甲烷空隙，压力逐渐升高，形成微小裂纹和表面的鼓包。因此可见，这两种由原子氢引起的腐蚀机理并不相同。在设计、选材中及防护上都应分别对待和考虑。

（四）应力导向氢致开裂（Stress Orientation Hydrogen Induced Cracking，简称SOHIC）

在应力引导下，夹杂物或缺陷处因氢聚集而形成的小裂纹叠加沿着垂直于应力的方向（即钢板壁厚方向）发展导致的开裂称为应力导向氢致开裂（SOHIC）。这种开裂在一例胺吸收塔爆炸事故中首次得到确认，其典型特征是裂纹沿之字形扩展。SOHIC发生在焊缝的热影响区及高应力集中的区域。开裂可能由于SSCC发生，其结果是造成应力集中继而形成SOHIC，使开裂不断扩展，但前者不是后者的先决条件。SOHIC和钢材内部的杂质、拉应力有关。因此低杂质含量的钢材及焊后热处理对SOHIC有较好的抗力。

SOHIC是近30年来被人们逐渐认识的，它易发生在设备的高应力部位（如存在残余应力和应力集中处），如应力集中的接管处、几何不连续处。引发SOHIC的原因有：SSCC裂纹；制造缺陷裂纹；少数HIC裂纹（这些裂纹沿钢材壁厚方向排列）。在这些裂纹中，在应力引导下加之氢原子的大量聚集形成的氢分子压力，进而发展成SOHIC。SOHIC沿着预先存在的裂纹进一步扩展。SOHIC往往伴随其他腐蚀形式出现，故危害性更大。尤其SSCC和SOHIC的叠加效应可能造成灾难性事故。应力集中常为裂纹状缺陷或应力腐蚀裂纹所引起。据报道，在多个开裂案例中都曾观测到SSCC和SOHIC并存的情况。

在压力容器部件的腐蚀中，应力腐蚀及其造成的破裂是最常见、危害最大的一种。

众所周知，在其他参数相同的情况下，钢中氢的渗透量越高，产生应力腐蚀和氢鼓包的可能性也越大，应力腐蚀断裂时间及发生氢鼓包的时间也越短。影响渗透量的两个主要环境参量是水的pH值和水中硫化氢含量。应力腐蚀的敏感度随水中硫化氢浓度的增加而增加，在高浓度硫化氢条件下，高强钢发生应力腐蚀穿透开裂往往只需要几天到几十天的时间。由于国内对应力腐蚀破裂的研究历史较短，没有形成一套较完善的应用技术（如检测、预测、控制和维护的技术），使应力腐蚀破裂明显比其他种类腐蚀更难进行防范。

影响硫化物应力腐蚀破裂（简称SSCC）的因素是多方面的，这也是腐蚀领域很难深入研究的原因之一，目前获得共识的SSCC的影响因素主要有3个：金属材料本身的性质和状态；金属结构所承受的应力；金属所处的环境介质。其中每种影响因素又包括多个方面。实践证明，钢的显微组织对硫化氢应力腐蚀的影响比钢的化学成分更为重要，对同一成分的钢材进行合适的热处理而得到适当的金相组织，可充分发挥钢材的抗硫化氢应力腐蚀破裂的能力。

二、国内化工设备发生硫化氢腐蚀现况调查分析

调查显示：腐蚀现象几乎涉及国民经济的一切领域。其中硫化氢的腐蚀与防护是石油、天然气开采和石油炼制过程中经常遇到和急需解决的问题。石油化工生产中，化工机器与化工设备在硫化氢介质中的腐蚀问题十分严重，使得相关设备程度不同地发生鼓包和开裂，给安全生产带来了隐患和经济损失。

（一）冷凝器外壳的鼓包和开裂

冷凝器外壳采用的是10 mm厚16Mn钢板焊接而成，焊条为J502，焊后未进行热处理。投用一年后发现鼓包和焊缝区开裂。裂纹起源于焊缝本体并向热影响区扩展，终止于重结晶区，断口表面覆盖有黑色硫化铁和普鲁士蓝色腐蚀产物。

1.环境介质

冷凝水中H_2S含量为22960 mg/L，CN^-含量为659 mg/L，NH_3含量为14459 mg/L，温度为30～60 ℃，压力为0.85 MPa。

2.材质

16Mn钢板轧制状态

厚度10 mm，σ_b 595 MPa，σ_s 390 MPa，成分如下：

C0.22%、Mn1.37%、S0.027%、P0.028%、Si0.345%、Cu0.07%。

据分析，焊缝和热影响区的硬度在HV240～265范围，高于通常认为的硫化氢应力腐蚀破裂临界应力值，其金相组织中存在对应力腐蚀敏感的贝氏体。分析认为，在这种情况下发生了典型的湿硫化氢环境中的HB、HIC和SSCC。

（二）解吸塔顶头盖焊缝开裂

该解吸塔使用抗湿硫化氢腐蚀低合金钢制造，顶头盖厚20 mm。制造过程中未能严格控制焊接工艺，采用奥302焊条施焊，焊后未经热处理。投用半年以后，连续发生起源焊封并向母材延伸的开裂4次。

1.环境条件

解吸塔顶部温度为45 ℃，压力为0.96 MPa，气相组分中H_2S含量最高达6%、HCN含量达0.1%，有冷凝水，属于典型湿硫化氢环境（H_2S-HCN-H_2O）。

2.材质

12Cr2AlMoV（中国牌号抗湿硫化氢腐蚀钢）钢板，轧制后经950 ℃正火+750 ℃回火后交货，金相组织为F+弥散碳化物，σ_b 480 MPa，σ_s 380 MPa，板厚20 mm。制造时用奥302焊条施焊，未预热和焊后热处理。成分如下：

C0.10%、Mn0.45%、Si0.36%、Cr2.25%、Mo0.34%、Al0.55%、V0.10%、S0.007%、P0.018%。

据分析，实例中主要的开裂原因是未严格执行焊接及热处理工艺，焊前未预热、焊后未消除应力，致残余应力较大。另外，采用奥氏体不锈钢焊条焊接使焊缝和热影响区合金元素成分突变，导致对H_2S-HCN-H_2O环境敏感性提高，造成硫化氢SSCC。

（三）换热器筒体破裂

换热器筒体材质为16MnR，磁粉探伤发现环焊缝上有两处较大的贯穿性裂纹，裂纹沿晶扩展，腐蚀产物含大量硫化物。

1.环境条件

H_2S13%、MEA7%、H_2O80%，温度120 ℃，压力0.8 MPa。

2.材质

16MnR，组织F+P（开裂部位与未开裂部位金相组织一致）。

硬度值：母材HB137，焊缝HB133，裂纹处HB161～HB176。

失效分析认为，腐蚀开裂是由于水相中高浓度的硫化氢和筒体焊缝局部的较高硬度区造成SSCC。

（四）重沸器壳体开裂

16MnR制造的重沸器壳体在FCC装置稳定汽油中运行（最短230天、最长3年半）后发生开裂泄漏。裂纹萌生于容器内壁靠近壳程入口的一条环焊缝的底部及局部母材上。检测表明，母材和焊缝金属化学成分符合标准要求，断口沉积物中有较高的硫。

1.环境介质

稳定汽油中含有约40 μg/g的硫化氢、35 μg/g的氢氰酸和0.06%的水，温度160 ℃（150～190 ℃），压力0.7～0.85MPa。

2.材质

16MnR轧制钢板，成分如下：C0.2%、Si0.40%、Mn1.46%、S0.015%、P0.011%。

分析认为，上游设备生产的腐蚀产物和其他污物及油中水分在重沸器底部沉积易于吸收硫化氢形成较高温度下的湿硫化氢腐蚀环境，导致开裂。

实例分析可知，碳钢和低合金钢在湿硫化氢环境中的腐蚀开裂发生的范围很广，温度从30 ℃到160 ℃、硫化氢浓度从40 μg/g到130000 μg/g、pH值从酸性到碱性都有发生。开裂设备中服役时间最短5个月，最长约40个月，宏观硬度最低的只有HB133～HB161，必须引起足够的重视。到目前为止，国内有关湿硫化氢环境中腐蚀开裂的现场检查和调查研究尚不深入，有些问题值得深入研究和讨论。

（五）北京燕山石化公司2000 m^3液化石油气球罐缺陷

设计压力：1.77 MPa；材质：07MnCrMoVR；规格：ϕ15700 mm×38 mm；焊后进行整体热处理。1998年投产运行。

1999年开罐检验时，发现多处缺陷，对其进行了返修和局部热处理。与此同时进行残余应力测试：下极板焊缝返修前最大残余应力达到$0.90\sigma_s$；返修后最大残余应力达到$1.14\sigma_s$；热处理后最大残余应力达到$0.90\sigma_s$。上极板环焊缝返修前最大残余应力达到$0.58\sigma_s$；返修后最大残余应力达到$0.88\sigma_s$。

表明按07MnCrMoVR系列钢的壁厚情况，目前球罐实际安装时采用焊后热处理和不热处理两种方式。现场检测与失效分析的一些数据表明：无论是否热处理，这类球罐的残余应力水平都比较高。

（六）天津石化公司石化二厂1000 m^3丙烯球罐的应力腐蚀开裂

该球罐于1995年由天津球罐联营工程公司设计、金州石化机械厂压片、鞍山压力容器厂现场组装，组装后未进行整体热处理。其设计压力为2.16 MPa、主体材质为07MnCrMoVR、规格为ϕ12300 mm×36 mm。1996年1月投入使用，1998年5月该球罐因混装H_2S严重超标的粗丙烯（H_2S含量达上10^{-9}），在很短时间内上温带纵缝出现穿透性裂纹而泄漏，开罐检查发现球罐内壁有数百条典型的应力腐蚀裂纹。

对于3000 m^3以上的这类钢制天然气球罐，组装后一般不进行整体热处理，残余应力也基本保持在较高的水平。如上海天然气储配站3500 m^3天然气球罐，壁厚38 mm，经测试上极板最大残余应力达到0.97σ_S，下极板最大残余应力达到0.88σ_S。北京10000 m^3天然气球罐的残余应力也是如此。

三、湿H_2S环境

（一）湿硫化氢环境的定义

1. 原化工行业标准HGJ15—1989中对湿硫化氢环境的定义为环境温度在0~65 ℃范围内，而生产实际中设备却发生了使用温度为-15 ℃以下时湿硫化氢应力腐蚀开裂导致爆炸的事故。为此，经过修订的新标准HG20581—1998中规定，湿硫化氢环境温度范围为≤（60+2P）℃（P为设计总压力，MPa）。从而明确了在低温下的含水环境中可以发生硫化氢应力腐蚀。

一般在常温到80 ℃的范围内，硫化氢与不同程度的水共存时在设备的某个部位，形成湿硫化氢腐蚀环境。如：

（1）在炼油过程中的常、减压蒸馏塔顶及冷凝系统；

（2）热裂化、催化裂化的稳定吸收系统；

（3）液化石油气的脱硫及储存系统。

2. 关于湿硫化氢环境的定义，在国际上比较权威的是由美国腐蚀工程师协会（NACE）提出的。在NACEMR0175—1997“油田设备抗硫化物应力开裂金属材料”标准中，对硫化氢环境做了如下规定：

（1）酸性气体系统

气体总压≥0.4 MPa，并且H_2S分压≥0.0003 MPa。

（2）酸性多相系统

当处理的原油中有两相或三相介质（油、水、气）时，条件可放宽为：气相总压≥1.8 MPa且H_2S分压≥0.0003 MPa；气相压力≤1.8 MPa且H_2S分压≥0.07 MPa，或气相H_2S含量超过15%。

3.湿硫化氢应力腐蚀开裂环境

（1）介质温度≤(60+2P)℃，其中P为介质的表压，MPa；

（2）H_2S分压≥0.00035 MPa（相当于常温下H_2S水中的溶解度≥10 mg/L）；

（3）介质中含有液相水或处于水的露点温度以下；

（4）介质的pH＜9，或有氰化物存在。

H_2S一方面使钢管发生均匀腐蚀，另一方面又是氢离子变成氢原子的催化剂，但又能阻碍氢原子合成为氢分子。特别是在含有水及HCN的情况下，如催化裂化装置，以H_2S的应力腐蚀开裂（SSCC）及氢鼓包为代表的腐蚀被加速。当显微组织中存在马氏体或材料硬度>HB230时即可发生开裂，而当硬度较低时则可发生氢鼓包，这类失效事故屡见不鲜。

（二）湿硫化氢环境中化工设备的腐蚀开裂过程

钢在湿硫化氢环境中的腐蚀反应过程如下：

硫化氢在水中发生电离：

$$H_2S \xrightarrow{\text{电离}} H^+ + HS^-$$

$$HS^- \xrightarrow{\text{电离}} H^+ + S^{2-}$$

钢在H_2S的水溶液中发生电化学反应：

阳极反应：

$$Fe - 2e^- \rightarrow Fe^{2+}$$

$$Fe^{2+} + S^{2-} \rightarrow FeS$$

$$Fe^{2+} + HS^- \rightarrow FeS + H^+$$

阴极反应：

$$2H^+ + 2e \rightarrow 2H \rightarrow H_2 \text{（2H渗透到钢材中）}$$

从以上反应过程可以看出，硫化氢在水溶液中解离出的氢离子，从钢中得到电子后还原成氢原子。氢原子间有很大的亲和力，易结合在一起形成氢分子排出。但是，如果环境中存在硫化物、氰化物将会削弱氢原子间的亲和力，致使氢分子形成的反应被破坏。这样一来，极小的氢原子就很容易渗入到钢的内部，溶解在晶格中。固溶于晶格中的氢原子具有很强的游离性，它影响钢材的流动性和断裂行为，导致氢脆的发生。

第二节　材质对硫化氢应力腐蚀的影响

一、抗硫化物应力腐蚀的材料

乙醇胺脱硫系统（H_2S-CO_2-乙醇胺腐蚀体系）腐蚀试验表明：316L、18-8钢、渗铝钢、0Cr13和碳钢等材料的腐蚀率（μm/a）依次是：2.1、4.4、1.5、2.2和15。

国外对硫化氢环境用钢要求比较严格，例如1990年法国压力容器标准CODAP—1990的附录MA3，对湿硫化氢环境用的碳钢和低合金钢提出了以下要求，其目的是使钢得到高的纯净度与满意的显微组织。

（1）降低夹杂，钢中应限制硫含量，例如S含量≤0.002%，如能达到0.001%则更好。通过加钙处理使夹杂成为球状。应限制钢中氧含量，例如O含量≤0.002%。

（2）改善显微组织，应限制磷含量，防止由于磷的偏析引起开裂，如将磷含量降到≤0.008%。应根据钢的强度限制其碳当量值，并使钢的焊接热影响区硬度不超过限定值。

（一）渗铝钢

渗铝钢是在普通碳钢或低合金钢表面，通过一定的工艺加工形成一层铝铁合金的表面处理方法，经处理后这种材料叫热浸渗铝钢，通常称为渗铝钢。

它在不影响各种钢材原有机械性能的同时，大大提高了钢材的抗腐蚀、耐高温氧化、防磨损等特性。与不锈钢、耐热钢相比，生产成本低，强度和硬度高于纯铝材，加之生产周期短，适宜大批量生产。在工业发达国家，如美国、日本等，热渗铝钢早已进入工业性生产，广泛地应用于电力、化工、机械、交通运输、建筑、通讯、太阳能和海洋工程。

渗铝钢是一种耐高酸、高硫腐蚀的优良材料。炼油厂中凡是高温环烷酸介质、高温硫化物介质的腐蚀环境或高温氧化、高温钒、高温渗碳的场合均可使用渗铝钢。工业应用证明渗铝钢耐高硫原油腐蚀性能为18-8钢的2倍以上。

渗铝工艺是目前提高钢材耐硫化物腐蚀最有效的手段之一，特别是对于高温硫化物，渗铝钢是经济耐蚀的好材料。实验证明：渗铝的碳钢、渗铝的低合金钢，在高温硫、硫化氢介质中都显示了很好的耐蚀性，在不超过430 ℃高温、约60%浓度的H_2S中，低碳钢渗铝后比18-8型不锈钢可提高2倍的耐蚀性，在不超过430 ℃高温、10%浓度的H_2S中，低碳钢渗透铝后也有良好的耐腐蚀性。

大量试验结果证明，渗铝钢是目前抗硫化物腐蚀最有效的材料，特别是高温硫化物，渗铝钢是唯一经济耐蚀的金属。在温度高为480 ℃，H_2S含量为6%的工作环境中，热浸渗铝碳钢相比原材料耐蚀性提高了29倍，渗铝含钼钢相比原材料耐蚀性提高了53倍。在温度为650 ℃、H_2S含量100%的工作环境中，渗铝碳钢相比原材料耐蚀性提高了290倍，渗铝含钼钢、铬钢、18-8钢相比原材料耐蚀性均提高360倍以上。

干燥的H_2S对钢材是不腐蚀的，但有水分存在时，H_2S的腐蚀却极为严重，而且造成氢脆、应力腐蚀开裂和腐蚀疲劳，在H_2S浓度为2×10^{-10}，常温常压下进行100 h试验，渗铝碳钢腐蚀率为0.006 mm/a，碳钢腐蚀率为0.15 mm/a，抗蚀性提高20倍以上。用50Mn油管钢在饱和的H_2S介质中进行氢脆试验，未渗铝时氢脆试验系数为55%，渗铝后为0，显示出渗铝钢优良的抗氢脆性能。

（二）08Cr2AlMo钢

在抗H_2S-HCN-H_2O系应力腐蚀用钢12Cr2AlMoV钢的基础上开发出来的08Cr2AlMo钢具有和12Cr2AlMoV钢相当的抗硫化氢应力腐蚀开裂的能力，也具有高的高温力学性能及低的脆性转变温度，使用温度范围为-60 ℃到500 ℃，同时还具有比碳钢与12Cr2MoV钢高的抗循环水、软化水及盐酸水溶液的耐蚀性。由于合理的化学成分和优良工装及精炼工艺条件使08Cr2AlMo钢的纯净度大大提高（夹杂物<1.5级），硬度降低（<150HB），并配有专用的焊接材料，使其具有良好的可焊性和制造性能，可广泛用于制造石油炼制系统热交换器管束。

08Cr2AlMo钢保留了耐腐蚀元素Cr、Al及Mo的含量，降低了钢的碳含量，并不加钒元素，使生产出的钢管既保持了高的抗硫化氢腐蚀的能力，同时又满足了热交换器的制造工艺。Al的加入可以提高钢抗单质硫腐蚀的能力，并可提高碳的活度。但是Al可使钢铁素体的脆性增加而导致钢韧性的降低，特别是焊接时在熔合线处易产生铁素体带，故通常把Al控制在中下限。Mo和V都是碳化物强烈形成元素，可以提高铁素体和珠光体钢在室温和高温的强度，而且Mo的加入可以提高钢在水介质中的耐蚀性，并抑制碳铬钢的回火脆性。加入V主要考虑到钢厚板的淬透性及细化钢的晶粒，使钢的强度进一步提高。

08Cr2AlMo钢配有专用焊接材料及焊接工艺，具有良好的可焊性，满足热交换器制造的要求。考虑到热交换器的环境介质，要求焊缝不仅具有一定的机械强度，还必须具有高的耐磨蚀性。值得强调的是本钢种不能采用不锈钢或焊丝进行焊接。因采用奥氏体不锈钢焊条如A302（Cr23Nil3）等焊接时，在焊接熔合线母材侧可形成合金马氏体，熔合线的硬度可达HB341～405，而导致硫化氢应力腐蚀裂纹。

同时由于该钢碳含量较低，从而提高了钢的纯净度，使该钢有较好的可焊性及制造性，具有高的抗H_2S-HCl-H_2O应力腐蚀能力，并具有与常用管板相匹配的硬度，配有专用焊接材料，符合GB151—1989《钢制管壳式换热器》的要求。

08Cr2AlMo钢是在铬铝钼钒钢的基础上降碳去钒得到的铬铝钼钢，通过电炉冶炼，炉外精炼，真空脱气，连续浇注热送连轧工艺制造，钢的纯净度高，S含量≤0.013%，P含量≤0.018%，O含量≤0.0012%，夹杂物含量＜1.5级，因此具有很高的抗硫化氢、氯化氢应力腐蚀开裂性能，$\sigma_{th} \geqslant 0.8\sigma_s$；同时具有良好的可焊性能和与使用相匹配的硬度等力学性能，主要用于制造石油化工用热交换器。

该钢基本解决了炼油系统中的H_2S的应力腐蚀开裂及氢鼓包的问题，提供了一种硬度与管板的硬度相匹配，具有良好焊接性能和制造性能，符合热交换器的制造标准GB151—1989的钢种。由于钢纯度的提高，该钢在抗H_2S-H_2O体系中保持了高的抗SSCC能力，并且抗H_2S-H_2O、HCl-H_2O介质的腐蚀能力比碳钢和铬钼钢有明显的提高，因此该钢是一种新的耐腐蚀热交换器专用钢管钢。

（三）16MnR钢

在炼油厂、化工厂中，许多壳体材质为16MnR的容器都是在含有H_2S介质的条件下工作。以往为抵御H_2S介质所造成的应力腐蚀开裂，往往是控制16MnR材质的含Mn量，焊后进行整体消除应力热处理和控制其产品焊接接头的最高硬度≤200HB。即使是这样，在容器使用中，焊接接头及母材上还不时有由于H_2S应力腐蚀作用产生的裂纹，有的甚至因此而导致容器报废。为此，近年来国内设计院和钢厂共同设计和研制开发出一种在H_2S介质条件下工作能抗应力腐蚀开裂的新钢种——抗氢诱导裂纹用钢，即16MnR（HIC）钢，该钢的主要特点是在控制其含Mn量的同时，严格控制其S、P含量（P含量≤0.015，S含量≤0.004），为改善钢材性能，还添加了部分微量合金元素，钢板的硬度≤200HB，对该钢制造的压力容器其焊缝也做出了相应的要求：其焊缝的S含量≤0.010%，P含量≤0.020%。焊接接头部位的硬度值经SR处理后≤200HB。这一新钢种现已被广泛地使用在压力容器制造上。国内哈尔滨焊接研究所、江南焊丝厂等也相继开发出满足该钢种焊接工艺要求的焊接材料。

为了预测石油化工设备在材料特性、应力特性和环境特性下的应力腐蚀开裂，用16MnR钢制作试件，模拟设备的应力水平，随设备一起长期运行，为研究设备的应力腐蚀开裂提供了一种行之有效的方法，从而为设备安全运行提供了重要数据。

研究表明，80～100 ℃的介质温度比常温更易使16MnR钢产生应力腐蚀，偏碱性的介质比偏酸性的介质更有利于16MnR产生应力腐蚀。当H_2S质量分数较低时，16MnR试样呈韧性断裂，微观断口有大量韧窝。随着H_2S质量分数的增加，试样从韧性断裂逐渐变为脆性断裂，微观断口出现冰糖花样，呈现明显的应力腐蚀脆性断裂特征。

16MnR材料在有Cl^-存在的硫化氢溶液中，具有更高的应力腐蚀开裂敏感性。16MnR钢在饱和硫化氢溶液中发生应力腐蚀开裂，氢致开裂裂纹和阳极溶解型裂纹并存。在酸性溶液中以氢致开裂裂纹为主，在中性或碱性溶液中以阳极溶解型裂纹为主。

大量实践中发现16MnR钢材具有抗SSCC的能力，但在H_2S浓度较大的酸性环境中，却多次发现HIC和氢鼓包。

（四）10Ni14钢

10Ni14钢是德国蒂森下莱茵（THYSSENNIEDERRHEIN）公司出品的低温钢，是典型的镍钢。这种材料很适宜于机械加工，对于厚度大于30 mm的钢板可采用热加工，其加工温度为800～950 ℃，成型后进行一次水淬+回火热处理。在低温下使用含镍钢板是比较多的，钢中添加镍后，可以强化铁素体基体，使奥氏体的稳定性增大，钢的低温韧性提高。林德绕管式换热器采用的镍钢主要就是10Ni14，它相当于3.5Ni钢，该钢板一般有两种供货状态，即正火状态和调质状态。如果是正火状态，经635 ℃应力回火后，可使用到-100 ℃，但其韧性的余度较少。若进行调质处理，其强度和韧性都有较大的提高，最低使用温度可达到-129 ℃。

（五）CF-62钢

20世纪70年代日本等国家针对大型球罐研制出$\sigma_s \geq 490$MPa、$\sigma_b \geq 610$MPa的低碳微合金、低焊接裂纹敏感性的高强钢，简称CF-62钢。

CF-62钢是综合性能较高的新一代高强度钢。国产CF-62钢，即低焊接裂纹敏感性钢，它除具有良好的焊接性能外，还具有较好的低温韧性，其钢板保证值为：-40 ℃，三个标准试样低温冲击功平均值$A_{kv} \geq 47$ J，单个值≥33 J，钢板具有较低的焊接裂纹敏感性组成（$P_{cm} \leq 0.21$），所需预热温度较低，焊接施工环境可得到明显改善。

武汉钢铁公司近几年来生产的CF-62钢比常用钢材16MnR、15MnVR16等在力学性能和焊接性能方面具有较明显的优越性。CF-62钢的低C含量，相应地降低了钢材的焊接裂纹敏感性指数；低P、S含量，提高了钢材的韧性；其中添加的微量合金元素起到了固溶强化、细晶强化、弥散强化的作用，提高了钢材的强度（其屈服强度指标为490 MPa）。选用这种材料可使得设计壁厚大大减薄，减小了球罐的总质量，既方便现场组焊施工，又节省了投资。采用国产CF-62钢板，球罐造价大大降低，与进口相比，一台1000 m^3球罐可节约300万人民币，经济效益非常可观。实践证明CF-62钢材具有良好的综合性能，尤其是焊接性能，是目前较为理想的球罐用材，为球罐大型化开辟了广阔的空间。

使用CF-62钢应注意介质的应力腐蚀问题。应当明确规定腐蚀性介质的允许浓度，应当准确合理地规定何种情况下需采取适当的方法（如整体热处理等）来减少焊接残余应力以及减少到什么程度，相关的标准有待完善。

对低合金钢来说，湿硫化氢环境与含氧及二氧化碳的液态氨环境会引起材料的应力腐蚀开裂。CF-62系列钢由于强度、硬度和应力水平比较高，对应力腐蚀比较敏感，容易形成应力腐蚀开裂。因此对可能发生湿硫化氢环境与含氧及二氧化碳的无水液态氨环境，应避免采用CF-62系列钢。CF-62钢材的化学成分见表6-1，力学性能见表6-2。

表6-1　CF-62钢的化学成分（%）

C	S	P	Si	Mn	Cr	Ni	Mo	Cu	B	V
0.098	0.010	0.019	0.269	1.279	0.270	1.215	0.273	0.119	0.0005	0.033

表6-2　CF-62钢原材料力学性能

Σ_s/MPa	σ_b/MPa	δ_5/%	ψ/%	A_{kv}/J	-40 ℃ A_{kv}/J	HB
330	546	29.5	65.3	166	20	163

二、材质对不同SSCC影响

（一）化学成分

钢材中对湿硫化氢压力容器开裂有重要影响的化学元素主要是锰和硫。锰元素在钢材中以MnS化合物的形态存在，当锰含量大于1.3%时，钢材对HIC的敏感性急剧增加。因此，钢材中锰含量应降到尽可能低的水平。硫元素在钢中以MnS、FeS夹杂物的形式存在，它对湿硫化氢应力腐蚀开裂的四种破坏形式都很敏感。根据国外调查数据和经验，在湿硫化氢环境下压力容器的材料不宜选用16MnR，而应选用20R为宜，但材料用量会有一定增加。

1. Mn元素

氢鼓包（HB）和氢致开裂（HIC和SOHIC）与金属中的MnS夹杂有密切关系，开裂敏感性随锰含量的增加而增加，而且锰元素在钢的生产和焊接过程中易产生偏析而形成富锰带，造成马氏体和贝氏体增加，局部显微硬度增高，对湿硫化氢环境十分敏感。因此，国内压力容器上大量使用的16Mn、16MnR、15MnV钢等在湿硫化氢环境中应用值得商榷。从收集的实例看，很多开裂确实发生在这几种钢中。相关的研究表明，16MnR、15MnV钢在焊接和随后的冷却过程中都易在热影响区形成对开裂敏感的马氏体和贝氏体，经焊后热处理，前者可基本消除这类组织，改善湿硫化氢环境开裂敏感性；但后者由于强碳化物形成元素钒阻碍碳从马氏体中析出，高硬度组织难以彻底转变，因此，即使经过严格的焊后热处理，15MnV钢在湿硫化氢环境中使用仍易发生腐蚀开裂。

2. P、S元素

钢材中S的含量、硫化物分布，P的含量对应力腐蚀及氢鼓包影响很大。例如，在球罐设计时，要提出控制钢板杂质含量的标准，尤其不能可靠控制介质硫化氢含量时，除对钢板的力学性能提出要求外，还应要求降低P、S含量，最好能控制P含量不大于0.008%，S含量不大于0.002%。在这种条件下，发生应力腐蚀和氢鼓包的可能性会降低很多。严格控制钢中的硫含量对提高其抗氢损伤性能效果显著。超低硫含量（S含量≤0.002%或更低）的抗HIC钢国外已批量生产，国内有些设计单位和炼油厂近年来也开始试用并取得较好效果。

目前国产钢材的水平已有较大提高，但仍不稳定。湿硫化氢环境下的球罐应选用高韧性的16MnR（WH510钢中P含量、S含量不大于0.01%，标准含量不大于0.035%），15MnNbR（WH530）或适当考虑选用P、S含量低的进口钢板。特殊要求的场合，应选用抗HIC钢（S含量不大于0.002%），或进口的抗HIC的A 51670钢（S含量不大于0.002%，并加钙处理），尤其是抗SOHIC性能好的ASTMA841钢，采用热机械控轧使钢板中几乎没有带状组织的铁素体、贝氏体组织。

3.其他元素

为了提高钢性能可以采用添加Nb、Mo、Cr、V等合金元素的方法改善组织，避免粗大的碳化物形成（开裂易在这里产生），使之均匀化。添加合金化元素Nb可以细化材质的晶粒，采用低P、低Si的钢种，同时加入一定的Mo可以防止晶界偏析；Mo、Cr、Mn会降低C的扩散速度，可以改变表面电极电位或在H_2S溶液中形成致密的钝化膜，从而阻碍氢的扩散进入。而Nb、V会和C形成NbC和V_4C_3，以此来使碳化物球化弥散分布。

（二）显微组织

钢的显微组织对硫化氢应力腐蚀的影响比钢的化学成分更为重要，对同一成分的钢材进行合适的热处理而得到适当的金相组织，可充分发挥钢材的抗硫化氢应力腐蚀破裂的能力。马氏体钢经高温回火得到的显微组织是在铁素体中均匀分布细微球状碳化物，这种组织具有最好的抗硫化氢应力腐蚀性能，未经回火的马氏体组织抗硫化氢应力腐蚀性能最差。钢材微观组织对SSCC敏感性的影响由大到小的顺序依次是：马氏体、贝氏体>铁素体、珠光体>回火马氏体。回火马氏体最稳定。这是由于回火马氏体微观组织为细小球状碳化物均匀地弥散分布在铁素体相内且消除了内部应力。

研究表明，精细的铁素体组织可以抑制氢致裂纹的扩展，从这一点出发，对钢材进行淬火（正火）+高温回火改善组织是有利的。带状或树枝状的MnS可以提高钢的开裂敏感性。利用现代控轧技术和喷钙处理可以改善组织和夹杂物的形态，有利于提高抗HB和HIC性能，但也有报告称控制轧制得到的组织有对SOHIC敏感的倾向，值得深入研究。严格控制钢中的硫含量对提高其抗氢损伤性能效果显著。

（三）硬度和强度

现场实践表明，按过去多年的常规，单纯控制母材和焊缝的硬度值不足以杜绝湿硫化氢环境中的腐蚀开裂，而且，宏观硬度值并不代表局部显微硬度，有时局部显微硬度过高就足以导致开裂。材料成分、组织和机械性能都对硫化氢应力腐蚀有很大的影响。一般地，强度级别高，产生应力腐蚀开裂的倾向大，因此在可能的情况下应选择较低强度级别的钢，并控制钢的碳含量。

第三节 工作环境和应力的影响

一、工作环境的影响

（一）原料硫含量的增加

随着国民经济的飞速发展，国内沿海地区从中东、西北地区从中亚进口含硫原油数量大幅度增加（中国石化集团进口原油情况见表6–3），以及国内含硫油田的开发，原油平均含硫量逐年增高。从目前的原油产量看含硫原油（含硫0.5%～2.0%）和高硫原油（含硫大于2.0%）的产量已占世界原油总量的75%，其中含硫大于2.0%的原油占30%。原油硫含量的增加，已超过硫的设计值，使得加工设备，包括进口的不锈钢设备和管道，发生了严重的硫化氢腐蚀。由于强烈的腐蚀作用，常减压蒸馏装置、催化裂化装置、气体脱硫塔、热交换器等炼油设备，往往过早失效。

表6–3　中国石化集团进口原油情况

年份	1999年	2000年	2001年	2010年
进口原油量/Mt	5.94	14.16	23.60	50.00～60.00

（二）H_2S的浓度和pH

1. H_2S的浓度

经过几十年的探索，美国腐蚀工程师协会（NACE）提出，液化了的石油气，在有液相水的情况下，H_2S的气相分压>0.00035MPa时，就存在H_2S对设备的腐蚀和破坏的危险性；日本由1962年开始研究，经过20多年的研究和实践，在解决高强度钢的H_2S应力腐蚀方面取得了一定的成果，并制订了《高强度钢使用标准》，该标准明确规定了不同程度级别的钢种允许储存H_2S浓度的限定值。我国在这方面的研究也有了较大的进展，中国石化总公司为避免H_2S对输送和储存设备的应力腐蚀，对液化石油气中的H_2S含量规定为1×10^{-11}以下。根据我国目前的状况，油田轻烃中多数未经精制，H_2S和水的含量普遍较高。近年来在许多储罐相继开罐检查中发现的裂纹，其中有相当数量的裂纹属于H_2S引起的应力腐蚀裂纹。

对各种材料来说，确定一个易于发生应力腐蚀的硫化氢浓度值的经验数据还有可能，但确定一个不会发生应力腐蚀开裂的“极限硫化氢浓度”值几乎不可能。所以，一般应严格控制并检测介质中硫化氢的浓度：16MnR材质球罐应控制硫化氢浓度在50×10^{-6}以下，高强钢球罐则应控制在20×10^{-6}以下。但切不可以认为达到了上述要求就不会出现应力腐蚀。还要综合考虑材料性能、制造工艺、使用管理等多种因素。表6–4给出了判断16MnR钢环境腐蚀程度的经验判断，可供参考。

对低碳钢：介质中的H_2S浓度在2～150 mg/L时，腐蚀速度增加很快；< 50 mg/L时，破坏时间较长；150～400 mg/L时腐蚀速度是恒定的；增加到1600 mg/L时腐蚀速度下降。当H_2S的浓度达到1600～2420 mg/L时，腐蚀速度基本不变。

对高强度钢：介质中的H_2S在很低浓度（1 mg/L以下）仍能迅速引起SSCC破坏。

湿H_2S浓度危险性可以分为三级：H_2S浓度 < 50 mg/L不开裂；H_2S浓度 > 50 mg/L开裂；H_2S浓度 > 50 mg/L+氢化物浓度 > 20 mg/L为开裂，其可靠程度应通过进一步的积累来证实。

表6-4　16MnR钢环境腐蚀程度经验判断

水的pH值	水中硫化氢含量/×10^{-6}		
	<50	50～1000	>1000
<5.5	低	中	高
5.5～7.5	低	低	中
>7.5	低	中	高

总体而言，H_2S的浓度越高，pH值下降，吸氢量增加，产生氢致开裂（HIC）的敏感性越大，断裂时间缩短，开裂加速。当钢材自身强度级别较高、焊接接头的硬度偏高时，氢致开裂（HIC）的速度更快。高强钢的氢致裂纹检出率大大高于低强钢。

2. pH值

当溶液呈酸性时，氢鼓包、氢致裂纹和应力诱导氢致开裂的腐蚀过程加速，尤其是高强钢更为敏感。

低pH值的条件下，有H_2S存在，其氢致开裂（HIC）倾向明显增强，出现鼓包的时间随pH值的减小而缩短。湿硫化氢解离过程中生成的H^+的浓度增加，大量的H渗入钢中，促使材料氢损伤。国内外的试验证实，当pH>5时，氢致开裂（HIC）的敏感性可以减缓。调节好介质中的pH值，可缓和湿硫化氢环境下的氢腐蚀。

（三）环境温度及溶解氧

在20～40 ℃常温范围内，在湿H_2S环境下，金属中吸入氢量最多，氢致开裂（HIC）最敏感。温度高于70 ℃后，其敏感性减弱，原因是形成的FeS膜的保护作用，随温度的不同而不同。而在常温下出现断裂的时间很短，严重时在1～2 h就可能出现。

对于低温硫化氢腐蚀而言，当操作温度高于水的露点温度以上时，由于水以蒸汽形式存在，构不成硫化氢的电化学腐蚀状态，而气相硫化氢的腐蚀性很弱；当操作温度低于水的露点温度时，硫化氢则溶解在水中，硫化氢浓度当达到饱和溶解状态时，发生强烈的阳极溶解型电化学腐蚀。另外，由于水或水蒸气中含有一定的溶解氧，会以FeS为阴极形成闭塞电池，产生坑蚀。

（四）流速

美国腐蚀工程师学会（NACE）在对几十套加氢装置反应馏出物空冷器的腐蚀情况进行调查分析后，提出在H_2S-NH_3-H_2O-CO_2的腐蚀环境下，介质流速要控制在4.6～6.1 m/s的范围内，介质流速若超过6.1 m/s，则腐蚀+冲蚀速率将急剧增大。

由于介质高速流动，在突然转弯或缩径处形成涡流，携带能量大且具有腐蚀作用的小液滴会与管壁激烈碰撞，使得管壁表面形成的FeS保护膜不断被去除，从而再次发生腐蚀，形成了腐蚀-冲刷-腐蚀的循环破坏形式。而直管段介质流速虽高，但仍处于环状流动，冲刷并不严重，因此腐蚀率较低。

二、应力的影响

研究证明，在湿硫化氢应力腐蚀环境下，强度较低的低碳钢和低合金钢当其应力水平接近或达到钢板的屈服极限时才发生SSCC；对于高强度钢其应力水平在远低于屈服极限时就可能发生SSCC。

（一）弹性应力

由于厚壁圆筒压力容器具有几何轴对称性，其应力和变形也对称于轴线。做三向应力分析：径向应力 σ_r 、周向应力 σ_θ 和轴向应力 σ_z 。

Lame公式：

$$\sigma_r = \frac{p_\mathrm{i} R_\mathrm{i}^2 - p_\mathrm{o} R_\mathrm{o}^2}{R_\mathrm{o}^2 - R_\mathrm{i}^2} - \frac{(p_\mathrm{i} - p_\mathrm{o}) R_\mathrm{i}^2 R_\mathrm{o}^2}{R_\mathrm{o}^2 - R_\mathrm{i}^2} \frac{1}{r^2}$$

$$\sigma_\theta = \frac{p_\mathrm{i} R_\mathrm{i}^2 - p_\mathrm{o} R_\mathrm{o}^2}{R_\mathrm{o}^2 - R_\mathrm{i}^2} + \frac{(p_\mathrm{i} - p_\mathrm{o}) R_\mathrm{i}^2 R_\mathrm{o}^2}{R_\mathrm{o}^2 - R_\mathrm{i}^2} \frac{1}{r^2}$$

$$\sigma_z = \frac{p_\mathrm{i} R_\mathrm{i}^2 - p_\mathrm{o} R_\mathrm{o}^2}{R_\mathrm{o}^2 - R_\mathrm{i}^2}$$

式中： p_i 、 p_o 为内压载荷及外压载荷；

R_i 、 R_o 为圆筒的内半径及外半径；

R 为圆筒壁内任意点的半径。

周向应力 σ_θ 和轴向应力 σ_z 均属于拉应力；内壁周向应力 σ_θ 是所有应力中的最大值，其值为 $\sigma_\theta = p\dfrac{K^2+1}{K^2-1}$ ，内外壁 σ_θ 之差为 p ；轴向应力是周向应力和径向应力的平均值，且为常数，即 $\sigma_z = \dfrac{1}{2}$ （ $\sigma_\theta + \sigma_r$ ）， σ_z 沿壁厚均匀分布，在外壁处 $\sigma_z = \dfrac{1}{2}\sigma_\theta$ 。

同时，由于原料进入口接管在进料时产生的振动，而在使用不久导致了该接管在内表面的开裂，使得介质进入夹层。如果夹层内介质温度升高，从而使介质膨胀、汽化，产生较高的应力。这也是产生开裂的主要应力之一。

（二）温差应力

压力容器内壁温度高于外壁时，内层材料的自由热膨胀变形必大于外层的，但内层变形又受到外层材料的限制，因此内层材料出现了压缩温差应力，而外层材料则出现了拉伸温差应力。

稳定传热状态的三向温差应力表达式：

径向温差应力 $\sigma_r^t = \dfrac{E\alpha\Delta t}{2(1-\mu)}\left(-\dfrac{\ln K_\mathrm{r}}{\ln K} + \dfrac{K_\mathrm{r}^2 - 1}{K^2 - 1}\right)$

周向温差应力 $\sigma_\theta^t = \dfrac{E\alpha\Delta t}{2(1-\mu)}(\dfrac{1-\ln K_r}{\ln K} - \dfrac{K_r^2+1}{K^2-1})$

轴向温差应力 $\sigma_z^t = \dfrac{E\alpha\Delta t}{2(1-\mu)}(\dfrac{1-2\ln K_r}{\ln K} - \dfrac{2}{K^2-1})$

式中：E、α、μ 分别为材料的弹性模量、线膨胀系数及泊松比；

Δt 为筒体内外壁的温差，$\Delta t = t_i - t_o$；

K 为筒体的外半径与内半径之比，$K = \dfrac{R_o}{R_i}$；

K_r 为筒体的外半径与任意半径之比，$K_r = \dfrac{R_o}{r}$。

温差应力的大小主要取决于内外壁的温差 Δt，也与材料的线膨胀系数等常数有关。然而 Δt 又取决于壁厚，K 值愈大，Δt 值也将愈大。

（三）焊接残余应力和弯曲应力

1.塑性变形而产生的残余应力

任何物体受到外力作用而变形时，其内部质点的相对位置都要发生变化，与此同时，质点间的相互作用力也发生了变化，这是产生残余应力的根本原因。板材在成型过程中要经历弹性变形阶段和弹性-塑性变形阶段。在弹性变形阶段，质点的相对位置变化量未超出其自身平衡位置的极限，材料服从虎克定律：

$$\sigma = E\varepsilon$$

式中：σ 为应力；E 为弹性模量；ε 为材料应变。

外力与由此而产生的材料的内应力相平衡，当外力消失时，弹性变形随之消失，材料的内应力也随之消失，弹性-塑性阶段则不然，在这一阶段，质点已超出平衡位置极限，在新的位置上重新处于稳定状态，这时如果外力消失，变形量不能完全消失，而只是恢复其弹性变形部分，塑性变形保留下来，内应力也不完全消失，部分地残存在材料内（残余应力）。

2.焊接时产生的内应力

焊接一般都采用熔化焊的方式。熔化焊的实质是通过加热使母材和焊缝金属形成共同的晶粒组织，达到原子间的结合。熔化焊一般都要经过加热、熔化、冶金反应、结晶、固态相变等过程。焊接过程产生残余应力的原因有以下几点：

（1）由于热应力而产生的不均匀塑性变形，从而产生残余应力

把材料急剧加热后，急剧冷却时，材料的外表和内部将产生很大的温差，因而产生热应力，这种热应力在弹性范围内与温差成比例关系，温差大到热应力超过材料的屈服点时，将产生塑性变形，这样当温差消失时，就会产生残余应力。

（2）相变时产生残余应力

随着热源的离开，局部熔化的金属就开始结晶，金属由液态转变为固态，铁是有同素

异构的金属，随着温度的下降，变成固态的铁还将发生固态相变即发生 $\delta-Fe \rightarrow \gamma-Fe \rightarrow \alpha-Fe$ 的转变。由于焊接是快速连续冷却，加之在固态原子的扩散要比液态下困难得多，因此这一相变过程容易过冷并被推移到较低的温度。$\delta-Fe \rightarrow \gamma-Fe \rightarrow \alpha-Fe$ 相变过程往往会造成很大的内应力，其原因是相变时体积变化引起的。

(3) 关于热影响区

在焊接过程中，熔合区的接近焊缝两侧的母材——热影响区，在焊接过程中受到热的作用，虽然热影响区中各质点的最高温度都不超过母材的熔点，但各质点所经受的焊接热循环不同，所发生的组织转变也不同，也要产生与熔合区相类似的残余应力，只是残余应力的大小分布随其距焊缝的远近而有所不同。

一般而言，应力愈大愈易引起应力腐蚀破裂，但在某些腐蚀环境下，微小的应力也有可能引起较大的腐蚀。

例如，球罐在组装过程中，由于施工条件恶劣，壳体大，焊缝长，冷却速度很快，钢板厚，焊接热循环次数多，应力状态复杂，容易产生变形，在球罐焊缝区造成很大的焊接残余应力和制造应力。球壳在内压作用下，焊缝的角变形和错口在垂直焊缝的方向上产生弯曲应力。如果储罐未做焊后整体热处理，则焊接残余应力较大，致使球罐的主应力增大，为裂纹的产生和扩展提供了外因。

不同的焊接匹配将导致设备材料的抗SSCC性能不同。焊缝及热影响区附近，它们化学成分、组织结构的差异使其物理和力学性能各不相同；在设备内表面往往表现为高残余拉应力；设备管道的螺旋成型造成带钢两侧存在不均匀的翘曲，会在焊缝附近产生附加弯曲应力，使外表面呈现压应力，内表面呈现拉应力。焊接结构中发生的SSCC就更为复杂，为此需合理选择焊接材料和工艺。

三、设备制造质量的影响

从失效实例看，设备提前开裂的一个重要原因是焊接工艺控制不严，焊接质量差，焊后未进行热处理及强行装配等，这些都是可以避免的。需要注意的是，消除残余应力对抑制SSCC和SOHIC有好处，但并不能有效抑制HB和HIC，应力并不是后者发生的必要条件。

相对氢鼓包的产生，制造质量对发生应力腐蚀的影响尤为重要。在发生SSCC的事故中，焊缝及热影响区是最经常破裂的部位，这与容器制造质量及焊后消除应力程度有直接的关系，一般应控制焊缝硬度不大于HB200，如能控制壳体应力值在 $0.6\sigma_s$ 以下，则所控制焊缝的硬度应小于HB235。

焊后热处理可消除焊缝中的大部分残余应力，合肥通用机械研究所统计表明，16MnR焊缝在标准规定的热处理工艺下，残余应力可降低50%～70%，大大降低了产生应力腐蚀的可能性。对壁厚小于32 mm的07MnCrMoVR也应进行焊后热处理。

第四节　湿硫化氢环境中的应力腐蚀

在不同的介质、压力、温度等环境下，引起H_2S应力腐蚀的σ_{SSCC}不同；对于不同钢材，引起H_2S应力腐蚀的σ_{SSCC}也不同；即使在同一环境下，同一钢号的材料，由于冶炼、加工及热处理方式不同，造成其化学成分、显微组织、强度、硬度、韧性等不同，其引起H_2S应力腐蚀的σ_{SSCC}也不同。

硫化氢应力腐蚀开裂的影响因素如下：

（1）冶金因素：金相组织、化学成分、强度、硬度、夹杂和缺陷；

（2）环境因素：硫化氢浓度、pH值、温度、压力、二氧化碳含量和氯离子浓度；

（3）力学因素：应力、冷加工和焊接残余应力。

一、应力腐蚀

金属构件在应力和特定的腐蚀性介质共同作用下，被腐蚀并导致脆性破裂的现象，叫应力腐蚀破裂。应力腐蚀是特殊的腐蚀现象和腐蚀过程，应力腐蚀破裂是应力腐蚀的最终结果。裂缝形态有两种：沿晶界发展，称晶间破裂；缝穿过晶粒，称穿晶破裂；也有混合型，如主缝为晶间型，支缝或尖端为穿晶型，它是最危险的腐蚀形态之一，可引起突发性事故。由于国内对应力腐蚀破裂的研究历史较短，没有形成一套较完善的应用技术（如检测、预测、控制和维护的技术），使应力腐蚀破裂明显比其他种类腐蚀更难进行防范。

应力腐蚀在拉应力和腐蚀介质同时存在时发生。应力可以是金属中的残余应力，也可以是外部应力。而腐蚀介质的组合环境对H_2S的腐蚀形态具有重要的作用。由于在pH值不同的介质中，钢材的表面状态也不相同，因而在后来所表现的腐蚀形态和速度上有较大的差异。在中性或碱性溶液中以阳极溶解型裂纹为主；在酸性溶液中以氢致开裂裂纹为主。

（一）阳极溶解型裂纹

阳极溶解型裂纹的形态为：裂纹在材料表面呈直线状开裂，主要从点蚀坑底部开始形核，裂纹的扩展以穿晶断裂为主，只有主裂纹，没有二次裂纹。这种裂纹形态的产生是在中性或碱性介质中由于存在某些活化阴离子（如CN^-、Cl^-等），它们对金属材料的表面膜具有极强的穿透、侵蚀作用，能够溶解覆盖在钢材表面的FeS保护膜，使钢材产生点蚀。点蚀形核后，形成一闭塞电池，在这个电池中，裂纹尖端为小面积、低电位的阳极，裂纹侧面及裂纹外侧为大面积、高电位的阴极，这样的小阳极、大阴极的活化-钝化局部腐蚀电池系统，使裂尖作为阳极快速溶解。在应力作用下，裂纹由此迅速扩展。例如16MnR

在有CN^-、Cl^-存在的湿H_2S环境下，具有更高的应力腐蚀开裂敏感性。

产生阳极溶解型裂纹所必须具备的条件：

（1）材料表面为FeS膜覆盖的钝性状态；

（2）介质中含有少量能溶解FeS膜的活化阴离子；

（3）有点蚀源（或裂纹源）存在。

当材料本身有表面微裂纹存在时，其裂纹的扩展过程与点蚀源的扩展过程相同。

（二）氢致开裂型裂纹

氢致开裂型裂纹的形态为：在材料表现呈圆形鼓起，内部裂纹呈台阶状扩展。裂纹的台阶部分平行于钢板的轧制方向，与主裂纹垂直。这种裂纹主要是氢渗入材料后聚集在沿轧制方向伸长的非金属夹杂物与基体之间的界面分离处或材料本身存在的缺陷中，并形成沿材料轧制方向的微裂纹。氢鼓包应为氢致开裂型腐蚀的表现形态之一。

当介质呈酸性时，由于大量负离子的存在，FeS保护膜被溶解，材料表面处于活性溶解状态，有利于反应中产生氢原子及氢原子向钢材内部渗透。这些氢原子渗入金属内部后向金属材料的薄弱部位，例如孔穴、非金属夹渣处聚集，结合成氢分子。随着聚集过程的进行，在某些部位氢气压力可达几十兆帕甚至几百兆帕。此外，氢原子还能与材料中夹杂的Fe_3C反应生成CH_4，同时产生气体聚集。气体聚集所产生的压力，在材料中形成很高的内应力，以致使材料较薄弱面发生塑性变形，造成钢板夹层鼓起，又称为氢鼓包。这在液化石油气储罐的检修中常常被发现，有时还发现包内存有可燃烧气体，可判定是氢及甲烷。如果氢气聚集处有微裂纹存在，则气体聚集形成的应力促使微裂纹继续扩展以致开裂。

产生氢致开裂型裂纹所必须具备的条件：

（1）材料内部存在夹渣、夹层或微裂纹缺陷；

（2）介质中水和H_2S同时存在且H_2S含量较高（反应后能产生足够多的氢原子）；

（3）材料表面为活性状态。

对于氢致开裂型裂纹的形成，介质中的氢离子是外因，材料组织结构存在的缺陷才是内因。

应力导向氢致开裂特征如下：

应力导向氢致延迟裂纹，多是在设备组焊过程中或焊后投用前的一段时间内形成的，而当时没有检查出来。此外，热影响区断续分布的夹渣和带状组织也可以成为裂纹扩展的通径。

延迟裂纹是一种常见的焊接冷裂纹，由于晶粒粗大、脆性马氏体组织和过饱和氢的共同作用，会降低金属的韧性。而且受热应力、拘束应力和组织应力的共同作用，经焊后一段时间的孕育，焊缝产生了开裂并不断地扩展。

应力导向氢致开裂是设备在运行中产生的新裂纹或是原有裂纹的扩展。从表面上看，这些裂纹都是沿着热影响区近焊缝侧的粗晶马氏体带的发展，裂纹宽度窄小、曲折、串接连通，主裂纹和横间枝杈大都终止在粗晶区边缘或者热影响区近母材侧的正火区内，裂纹周围马氏体组织的硬度值高达HV400以上。采取降低S含量即减少MnS的生成量，是有效提高耐HIC性能的手段之一。

据报道，硫化氢应力腐蚀经历了氢致开裂和阳极溶解联合作用。应力腐蚀与全面腐蚀、缝隙腐蚀、孔蚀不同，有自己的显著特征。产生应力腐蚀的金属材料主要是合金，纯金属较少。引起应力腐蚀裂纹的主要是拉应力，压应力虽能引起应力腐蚀，但并不明显。应力腐蚀裂纹呈枯枝状、锯齿状，其走向垂直于应力方向。

二、产生条件

（一）存在腐蚀环境

1.介质中含有液相水和H_2S，且H_2S浓度越高，应力腐蚀引起的破裂越可能发生。

2. pH<6或有氰化物存在。H_2S应力腐蚀破裂，一般只发生在酸性溶液中，pH<6容易发生应力腐蚀破裂，pH>6时，硫化铁和硫化亚铁所形成的膜有较好的保护性能，故不易发生应力腐蚀破裂，但系统中存在氰根离子时，氰根离子将与亚铁离子结合生成络合离子$[Fe(CN)_6]^{4-}$，它的溶度积比FeS小得多，因此FeS失去了成膜条件，使该系统发生应力腐蚀破裂。

3.温度为≤$(60+2P)$℃（P为设计总压力，MPa）。

（二）存在拉应力

结构材料中（壳体及其焊缝、接管等）必须存在拉应力。拉应力可以是由于冷加工、焊接或机械束缚等残留下的，也可以是在使用中外加的或由于吸附了某些腐蚀产物后产生的。

（三）相互搭配

机械设备发生应力腐蚀，必须遵循材质和腐蚀性介质之间的匹配关系，常见的有：

1.低碳钢：NaOH水溶液。

2.低合金钢：NO_3^-、HCN、H_2S、HAc等水溶液。

3.高强度钢：湿大气以及H_2S、Cl^-水溶液。

4.奥氏体不锈钢：Cl^-、NaOH、H_2S水溶液等。

三、应力腐蚀破裂的基本特点

1.应力腐蚀破裂属于脆性破裂，断口平齐，即使是塑性最好的不锈钢，其断口也没有明显的塑性变形特征，裂纹只发生在金属的局部区域，由表及里发展，破裂方向与主应力方向垂直。

2.应力腐蚀是一种局部腐蚀，其断口一般可分为裂纹扩展区和瞬时破裂区两部分，前者颜色较深，有腐蚀产物伴随，后者颜色较浅且洁净。如不锈钢的应力腐蚀断口常有宏观条纹，用扫描电镜可见断口呈河川状。

3.应力腐蚀裂纹在各种作用因素的影响下呈现不同的形式，在金相显微镜的观察下可分为穿晶型、晶间型和混合型三种。裂纹扩展过程中分支程度有很大不同，有的基本上无分支，有的分支很多，有如一棵树的树根一样。发生裂纹分叉时，有一主裂纹扩展得最快，其余是扩展得较慢的支裂纹。

4.引起应力腐蚀的应力必须是拉应力，且应力可大可小，极低的应力水平也可能导致应力腐蚀破坏。应力既可由载荷引起，也可是焊接、装配或热处理引起的残余应力。

5.纯金属不发生应力腐蚀，但几乎所有的合金在特定的腐蚀环境中都会产生应力腐蚀裂纹。极少量的合金或杂质都会使材料产生应力腐蚀。各种工程实用材料几乎都有应力腐蚀敏感性。

6.产生应力腐蚀的材料和腐蚀性介质之间有选择性和匹配关系，即当二者是某种特定组合时才会发生应力腐蚀。

7.应力腐蚀是一个电化学腐蚀过程，包括应力腐蚀裂纹萌生、稳定扩展、失稳扩展等阶段，失稳扩展即造成应力腐蚀破裂。

8. SCC的速度0.01～3 mm/a之间，既大于没有应力的腐蚀速度（10^{-4} mm/h），又小于单纯的力学断裂速度。

四、应力腐蚀机理

（一）四种学说

应力腐蚀机理比较成熟的有机械化学效应、闭塞电池理论、表面膜理论、氢脆理论四种学说。

机械化学效应理论认为，金属材料在应力作用下，在应力集中处迅速变形屈服成为腐蚀电池阳极区，与金属表面腐蚀电池的阴极区构成小阳极大阴极的腐蚀电池，使金属沿特定的狭窄区域迅速溶解开裂。

闭塞电池理论认为，某些几何因素使金属裂纹引发点处电解液流动不畅形成闭塞电池。该处为阳极，其他处为阴极，闭塞区内的金属溶解。之后的自催化作用使金属溶解加速，发展成裂纹。

表面膜理论认为，金属表面膜在应力作用下受到破坏露出新表面，新表面因与有保护膜部分存在电位差异而构成腐蚀电池阳极，发生溶解形成裂纹源。应力集中，使裂纹进一步发展。

氢脆理论认为，在应力作用下，金属腐蚀生成的氢被金属吸收，产生氢应变铁素体或高活化氢化物，使金属材料脆化而出现裂纹，并沿氢脆部位向前扩展，导致破裂。

应力腐蚀的机理很复杂，按照左景伊提出的理论，破裂的发生和发展可区分为三个阶段：

（1）金属表面生成钝化膜或保护膜；

（2）膜局部破裂，产生蚀孔或裂缝源；

（3）裂缝内发生加速腐蚀，在拉应力作用下，以垂直方向深入金属内部。

（二）H_2S应力腐蚀开裂的机理分析

H_2S在湿环境中发生电离

$$H_2S \rightarrow HS^- + H^+$$

$$Fe + HS^- \rightarrow FeS + H^+ + 2e^-$$

$$2H^+ + 2e^- \rightarrow H_2 \uparrow$$

Fe在硫化氢腐蚀下失去电子变为硫化亚铁，使金属表面形成小缺陷，或在划伤、焊缝咬边处被腐蚀，形成腐蚀开裂源。

开裂源极其微小，尖角处形成阳极区，Fe在阳极区被腐蚀，失去电子。

$$Fe + HS^- \rightarrow FeS + H^+ + 2e^-$$

小开裂在拉应力作用下开裂，尖角处新金属表面暴露，与介质中的H_2S直接接触，又被腐蚀，在拉应力作用下又开裂，如此周而复始进行下去使开裂拉长变深。可见，H_2S应力腐蚀是铁在阳极区失去电子被腐蚀后，在外拉应力作用下产生开裂。

五、应力腐蚀裂纹扩展判断

（一）K_{1scc}的概念及其测定

实践证明，在拉伸应力和腐蚀介质共同作用下的材料，其发生延滞断裂时间与应力场强度因子K_1之间有一定的关系，随着裂纹前端应力场强度因子K_1降低，相应地发生延滞断裂的时间就延长。当裂纹尖端$K_1=K_{1c}$时，立即断裂；当K_1为K_{11}时，必须经过t_1时间后，由于裂纹扩展，裂纹尖端K_1达到K_{1c}时才发生断裂；当K_1为K_{12}时，必须经过t_2时间后才发生断裂，K_{1i}表示经过t_i时间后，发生断裂的初始应力场强度因子。当K_1降低到某一定值后，材料就不会由于应力腐蚀而发生断裂（即材料有无限寿命），此时的K_1就叫应力腐蚀临界应力场强度因子，并以K_{1scc}表示。对于一定的材料，在一定的介质下，K_{1scc}为一常数。

K_{1scc}既然是材料的性能指标，因此就可以用K_{1scc}来建立材料发生应力腐蚀开裂的断裂判据。当裂纹前端的应力场强度因子K_1大于材料的K_{1scc}时，材料就可能产生应力腐蚀开裂而导致破坏，其开裂判据为：

$$K_1 \geqslant K_{1scc}$$

或 $$\sigma \geqslant \sigma_1 = \frac{K_{1scc}}{Y\sqrt{a}}$$

式中：K_1为裂纹尖端应力场强度因子，kg/mm$^{3/2}$；

K_{1scc}为应力腐蚀临界应力场强度因子，kg/mm$^{3/2}$；

σ为断裂抗力，kg/mm^2；

a为裂纹的一半长度；mm；

Y为裂纹形状系数。

测定材料的K_{1scc}可用恒载荷法或恒位移法等。目前测量K_{1scc}最简单、最常用的是恒载荷的悬臂梁弯曲试验法。所用试样与测定K_{1c}的三点弯曲试样相同，试样一端固定在机架上，另一端和一个力臂相连，力臂的另一端通过砝码进行加载。在整个试验过程中，载荷恒定，所以随着裂纹的扩展，裂纹前端的应力场强度因子K_1增大，裂纹前端的应力场强度因子K_1可用下式计算：

$$K_1 = \frac{4.12M}{BW^{3/2}}\left[\frac{1}{\alpha^3} - \alpha^3\right]^{1/2}$$

式中：$M=P \cdot L$，为弯曲力矩，P为砝码的重力（N），L为力臂的长度（mm）；

B为试样厚度，mm；

W为试样宽度，mm；

a为裂纹长度，mm；

$$\alpha = \frac{a}{W}$$

试验时，必须制备一组同样条件的试样，然后分别将试样置于盛有所研究的介质溶液槽内，并施加不同的恒定载荷P，使裂纹前端产生不同大小的应力场强度因子K_1，并记录下各种K_1时所对应的延滞断裂时间t。以K_1与t为坐标作图，便可得出K_1–t关系曲线，曲线水平部分对应的K_1值为材料的K_{1scc}。

（二）应力腐蚀裂纹扩展速率

当裂纹前端的$K_1>K_{1scc}$时，裂纹就会随时间而长大。单位时间内裂纹的扩展量叫作应力腐蚀裂纹扩展速率，用$\frac{da}{dt}$表示，实验证明，$\frac{da}{dt}$和裂纹前端的应力场强度因子有关。即

$$\frac{da}{dt} = f(K_1)$$

在$\frac{da}{dt}$–K_1的坐标上，曲线一般可分成三段：

第Ⅰ阶段：当K_1刚超过K_{1scc}时，裂纹经过一段孕育期后突然加速扩展，$\frac{da}{dt}$与K_1的关系曲线几乎与纵坐标轴平行。

第Ⅱ阶段：曲线出现水平段，$\frac{da}{dt}$和K_1几乎无关，因为这一阶段裂纹尖端变钝，裂纹

扩展主要受电化学过程控制。

第Ⅲ阶段：裂纹长度已接近临界尺寸，$\frac{da}{dt}$又明显地依赖K_1，$\frac{da}{dt}$随K_1增加而增大，这是材料走向快速扩展的过渡区，当K_{1i}达到K_{1c}时，便发生失稳扩展，材料断裂。

六、NACE规定与EFC准则比较

美国腐蚀工程师协会（NACE）为确定钢材对SSC的敏感性推荐了一系列试验方法（NACETM0177），主要通过恒载拉伸法测定σ_{th}，通过三点弯曲法测定S_c，通过断裂力学DCB法测定K_{1scc}，这些方法对不同钢材SSC敏感性高低的比较极其有用，但并未给出能用于实际H_2S工况环境的防止失效准则。国内兰州石油机械研究所20世纪80年代曾提出了一种用于湿H_2S环境中压力容器用钢的合格准则：$\sigma_{th} \geqslant 0.45\sigma_s$，其中$\sigma_{th}$是按NACE饱和$H_2S$标准溶液所测定的门限值。但这一推荐方法的实践依据只是当时为数不多的屈服强度为350 MPa左右的16MnR等数种钢种。当前屈服强度达到490 MPa以上的低合金高强钢已广泛应用于各种大型压力容器和油气田石化设备，如何判断其是否具备抗SSC能力事关重大。

欧洲腐蚀协会（EFC）经过多年论证，近年推出了H_2S工况中油气田设备选材的系列指南，给出了明确的防止H_2S应力腐蚀失效的选材标准——EFC准则，这也是第一次提出的有国际权威的准则，是H_2S环境设备选材问题的重要突破。

EFC准则的对象是H_2S环境中的油气田设备。影响H_2S环境下SSC性能的主要环境因素为H_2S浓度、pH值及温度。EFC准则的一个重要特点是为了保证设备选材在实际工况条件下的安全性，同时又符合经济性原则，试验环境溶液应选用与实际工况条件相同的环境溶液，而不是NACE规定的饱和H_2S溶液，即采用合于使用标准的原则（Fitness of Service）。

EFC对不同的设备及不同的失效形式推荐了不同的试验方法，为防止SSC失效，推荐了恒载拉伸法、四点弯曲法及C形环法等标准试验方法。试验在符合实际工况要求的环境溶液中进行，以720 h为试验周期，将材料在720 h内不发生SSC断裂的最高应力确定为应力腐蚀门限值σ_{th}。EFC准则规定：防止发生SSC失效，材料应满足的必要条件是$\sigma_{th} \geqslant 0.90\sigma_s$，式中$\sigma_s$为材料的实际屈服强度。

七、抗H_2S应力腐蚀的合格指标

可同时或分别采用三种指标：σ_{th}（临界拉伸应力）、S_c（临界弯曲应力）及K_{1scc}（应力腐蚀门限应力强度因子）对材料进行评价，尤其对比较材料用于H_2S环境的敏感性很有效，但对判定材料应用于微量H_2S环境是否合格，即严格制定一个微量H_2S环境的评定标准，则很困难。因为H_2S应力腐蚀开裂受多种因素的影响，可根据国内、外众多压力容器

和管道多年的现场运行状况考察以及实验室实验结果，提出大体上经过考验并略偏保守的推荐标准。

（一）材料恒载拉伸临界断裂应力 σ_{th} 的合格指标

许多用于湿硫化氢环境的钢材，其恒载拉伸的临界断裂应力 σ_{th} 都在 $0.4\sigma_s \sim 0.6\sigma_s$ 之间。例如美国P-1类钢的 σ_{th} 平均为 $0.43\sigma_s$，德国ST45和日本STS42的 σ_{th} 为（0.4～0.6）σ_s，国内16MnR的 σ_{th} 为（0.45～0.55）σ_s。

（二）简支梁试样的临界弯曲应力 S_c 的合格指标

对于低强度钢，大量事实证明，$S_c \geqslant 10\,S_s$ 的钢材用于湿硫化氢环境是安全的。在使用经验的基础上，根据理论分析，提出了不同强度级别的材料，其简支梁试样临界弯曲应力 S_c 的合格指标分析为：

（1）当钢材 $\sigma_s \leqslant 500$ MPa时，$S_c \geqslant S_m$ （=700 MPa）/ S_s；

（2）当钢材 $\sigma_s > 500$ MPa时，$S_c \geqslant S_m$ （$=1.4\sigma_s$）/ S_s。

因为三点弯曲试验测定钢材抗硫化氢应力腐蚀临界应力 S_s（表达单位为68.9 MPa），所以 S_c=700/68.9=10.12，即 $S_c \geqslant 10$；对 σ_s=600 MPa的钢材，则要求 $S_c \geqslant S_m$（$=1.4\sigma_s=1.4\times600$=840 MPa）/ S_s=840/68.9=12.2，即 $S_c \geqslant 12$，这与国外提出的合格指标一致。

第五节　应力腐蚀试验与分析

一、应力腐蚀的试验方法

（一）恒应变法

恒应变法的原理是使试样变形，从而产生一定的应力。恒应变的形式包括弯曲梁（二支点试样、三支点试样、四支点试样和双弯曲试样）和U形弯曲等。其评定方法，一般用到达产生裂纹的时间，作为材料应力腐蚀抗力的量度。其缺点是不易精确测定所加的应力值。

（二）恒载荷法

恒载荷法是试样受外负荷的作用，而产生拉应力。一般在应力腐蚀试验机上进行试验，试样可用板材、棒材等加工而成，试样的截面积大小取决于待测材料强度和试验机的加载能力。其评定方法，一般用测定产生应力腐蚀的临界应力值和在一定应力下的到达断裂的时间，作为应力腐蚀抗力的判据。此法的优点是试样的外加应力可以精确测定。

（三）恒应变速率法

恒应变速率法也是一种拉伸试验法，但其在试验过程中保持试样的瞬时变形速度为常数。这是一种加速的应力腐蚀试验方法，必须在恒应变速率试验机上进行试验。其评定方法，通常在30倍放大镜下对试样做表观检查就足以确定是否产生了应力腐蚀破裂，而断面金相观察和扫描电镜可用来证实确有应力腐蚀裂纹存在。

（四）断裂力学研究法

断裂力学研究法是应用预裂纹试样试验和通过断裂力学分析来进行的方法。

二、恒应变法——U形弯曲试验

（一）试验方法

溶液的成分、试验温度及浓度等按TM-01-77—1996标准执行，即：NACETM-01-77标准溶液；5%NaCl+0.5%HAC+H_2S（饱和）水溶液，pH值保证初始等于3，试验期间pH值不超过4.5；试验温度为24±3 ℃；H_2S浓度控制要求，通H_2S气体使试验溶液始终达到饱和。

试验材料取厚度3 mm，切割成80 mm × 20 mm板状，用600#砂纸磨光，弯成U形试件，弯曲部分内半径为5 mm，用相同材质固定，除U形弯曲部分外，其他部分均用环氧树脂涂封，用酮脱脂，蒸馏水冲洗。

两种材料的化学成分和力学性能分别见表6-5、表6-6和表6-7、表6-8。

表6-5　08Cr2AlMo钢的化学成分

元素	C	Mn	Si	S	P	Cr	Al	Mo
质量分数/%	0.08	0.28	0.34	0.007	0.010	2.18	0.44	0.33

表6-6　08Cr2AlMo钢的力学性能

σ_s /MPa	σ_b /MPa	δ_b %	HB	备注
≥215	380-540	≥25	≤150	正火+回火

表6-7　16MnR的化学成分

元素	C	Mn	Si	S	P
质量分数/%	≤0.20	1.20 ~ 1.60	0.20 ~ 0.60	≤0.035	≤0.035

表6-8　16MnR的力学性能

σ_s /MPa	σ_b /MPa	δ_b /%	φ /%
356	549	32.6	68.8

H_2S用稀硫酸和饱和Na_2S溶液反应制取，通入试验溶液直至饱和，试液用蒸馏水配制。试验结束后取出U形试件，用金相显微镜（XJJ-1型，重庆光学仪器厂制造）观察裂纹形态。

（二）试验结果

U形试件SSCC试验结果列于表6-9、表6-10。在试验温度24±3 ℃，当溶液中H_2S饱和且pH=3时，两种材料依次有3个和4个U形试件发生裂纹；pH=7时，两种材料依次只有1个和2个U形试件发生裂纹，因此溶液的酸度对试验结果有明显影响。

当H_2S不饱和时，4个U形试件没有明显的腐蚀裂纹，可见S^{2-}在腐蚀过程中起着主要作用。

表6-9　08Cr2AlMo钢实验结果

溶液编号	pH值	H_2S	T/℃	t/d	腐蚀状况
1	3	饱和	24±3	30	有裂纹(3/4)
2	5	饱和	24±3	30	有裂纹(3/4)
3	5	不饱和	24±3	30	无裂纹(0/4)
4	7	饱和	24±3	30	不明显(1/4)

表6-10　16MnR钢实验结果

溶液编号	pH值	H_2S	T/℃	t/d	腐蚀状况
1	3	饱和	24±3	30	有裂纹(4/4)
2	5	饱和	24±3	30	有裂纹(3/4)
3	5	不饱和	24±3	30	无裂纹(1/4)
4	7	饱和	24±3	30	不明显(2/4)

三、恒载荷法——恒载荷试验

（一）试验方法

按照GB/T15970.1—1995（idtISO7539—1987）《金属和合金应力腐蚀试验第一部分：试验方法总则》（Corrosion of metals and alloys-Stress corrosion testing-part 1：General guidance on testing procedures）制定腐蚀试验项目，采用目前国内外通用的试验方法——恒载荷法对材料进行评定。

该试验方法是根据NACETM-01-77和GB4157—1988标准《金属抗硫化物应力腐蚀开裂恒负荷拉伸试验方法》进行。其评定指标是在720 h的试验时间内，材料破坏和未破坏的门限应力σ_{th}>0.45 σ_s，则该材料符合NACE规范。

1.主要试验设备

YF1500型应力腐蚀测试仪（1：50）；KYKY1000B型扫描电镜（中科院科学仪器厂制造）。

2.试验介质条件

（1）NACETM-01-77标准溶液：5%NaCl+0.5%HAc+H_2S（饱和）水溶液；pH≈3.5。

（2）试验温度：24±3 ℃。

（3）H_2S浓度控制：通H_2S气体使试验溶液达到饱和，以后每天通1 h的H_2S气体。

08Cr2AlMo钢和16MnR的化学成分见表6-5、6-7，力学性能见表6-6、6-8。

试样制备采用直径3 mm的圆棒，将加工好的试样经过150#～700#金相砂纸打磨后，用千分尺精确测量试样工作部位的尺寸，求出承受载荷截面积，然后用无水乙醇清洗，丙酮脱脂，放入干燥器内备用。

试验在恒载荷拉伸机上进行。试验开始时，先挂上试样，按预定的载荷加载分别为屈服强度90% σ_s、80% σ_s和70% σ_s，腐蚀溶液容器两端密封，再向溶液内通入纯N_2约20 min，然后通入100%H_2S气体30 min，开始记录试验数据。

（二）试验结果

两种材料的耐SSCC试验结果列表如下：

表6-11　08Cr2AlMo钢耐SSCC性能试验结果

T/℃	24±3
σ_{th}	> 0.80 σ_s

表6-12　16MnR钢耐SSCC性能试验结果

T/℃	24±3
σ_{th}	> 0.75 σ_s

四、分析讨论

（一）断口扫描电镜分析

根据断口微观形貌分析可以发现断口微观形貌为冰糖块状，断口表面存在明显的二次裂纹，因此断口的微观形貌具有典型的应力腐蚀特征。

（二）裂纹金相组织分析

从试样的裂纹金相照片可以看出，材料16MnR的母材及其热影响区中过热区和焊缝区的金相组织，分别是：母材中有大量的铁素体+珠光体，并呈现轧制带状；开裂处的过热区为魏氏体；焊缝区为铸态的铁素体+珠光体。各区金相组织均属正常。

（三）结果分析

1. 从试验结果可知，在饱和H_2S水溶液中加NaCl使得08Cr2AlMo和16MnR钢的应力腐蚀敏感性显著增加。随着溶液酸性增强，应力腐蚀破裂的趋势不断增大。U形试件的受力条件比其他类型的应力腐蚀试验更苛刻，具有较复杂的应力状态，试件外缘受到较大程度的塑性变形，产生加工硬化效应。在酸性H_2S条件下，材料表面的钝化膜稳定性降低，既容易发生局部破坏，也容易渗氢，极可能产生氢致裂纹，因此在温度24±3 ℃的H_2S溶液中，当材料经历较大塑性变形或存在局部高硬度时，材料发生氢致开裂型裂纹，阴极极化会加快破裂进程，属于氢致硫化氢应力腐蚀破裂。在中性H_2S条件下，该体系一般发生阳极溶解型应力腐蚀破裂。

2. 08Cr2AlMo钢和16MnR钢耐SSCC性能良好，恒载荷试验中分别在0.80 σ_s和0.75 σ_s的拉伸应力作用下在NACE介质中试样720 h不断裂。并且经过720 h的NACE介质浸泡后，材料表面都没有明显的氢鼓包，可见其耐腐蚀性高。

3. 文献报道，恒载荷试验在90% σ_s的拉伸应力作用下，在NACE介质中试样720 h不断裂。10Ni14钢制造的设备在湿H_2S环境中，特别是在低温湿H_2S环境中表现出了优良的抗SSCC性能，并且比目前在用的抗SSCC的其他钢种的性能都好。

4. 16MnR钢、08Cr2AlMo钢和10Ni14钢抗SSCC性能由强到弱的顺序是：

10Ni14钢 > 08Cr2AlMo钢 > 16MnR钢

第六节　化工设备应力腐蚀防止对策

国内外最新研究结果表明：对低浓度硫化氢环境，可通过净化材质，大幅降低S、P含量，改善材料组织结构等措施防止SSSC；但对于高浓度的硫化氢环境，就目前的钢材冶炼水平，即使钢材纯净度达到S含量在0.002%以下的超低水平，仍难以避免发生SSSC。因此，近年来有采用热喷涂技术防止发生H_2S应力腐蚀的报道，热喷涂技术用于防止金属一般腐蚀已有多年历史，技术上也较成熟，但用于防止H_2S应力腐蚀尚属新课题。

钢材H_2S应力腐蚀开裂一般认为是氢致开裂机制控制，故不论是铝涂层还是铝锌涂层，在长时间腐蚀介质作用下，氢离子均有可能穿过涂层孔隙渗入到基体金属中诱发应力腐蚀开裂。因此，任何涂层的防护H_2S应力腐蚀功能并不会是绝对长效的；但从恒载荷拉伸试验结果看，有涂层的试件寿命比无涂层的试件寿命至少已超过20倍。

大量的事例表明，材料表面的硬度越高，发生应力腐蚀开裂的临界应力值越低，时间越短；而且破坏大都发生在硬度大于HB200（焊缝）的部位。因此，目前各国通用的控制因素是硬度，如美国抗应力腐蚀要求焊缝金属的硬度≤HB200，日本要求焊缝金属的硬度≤HB235，我国要求焊缝金属的硬度≤HRC22。

一、应力腐蚀的预测

应力腐蚀裂纹尖端的电流比其他部位大得多，裂纹尖端的腐蚀方向垂直于拉应力的方向。要使裂纹继续向前发展并维持这种几何形状，就要使裂纹尖端相对其他部位有更大的溶解活性。随着裂纹不断向前发展，原来是裂纹尖端的部位相对新的裂纹尖端活性减少了，甚至钝化。这就说明了什么样的环境会使金属产生应力腐蚀，即能使金属产生活化-钝化转变的介质才会产生应力腐蚀。可以用电化学方法测定活化-钝化转变。

从较负的电位开始（还原性金属在空气中生成的氧化膜），分别以快速（实线）和慢速（虚线）进行动电位扫描，测得极化曲线。快速扫描限制了测定过程中膜的生长，使金属维持在活性的状态，慢扫描使得有足够的时间生成氧化膜。

在某一电位区间慢扫描和快扫描的电流密度有很大差别，由此可区分产生应力腐蚀和点腐蚀或均匀腐蚀的电位区间。根据经验，两条极化曲线重合的电位区间只产生点蚀或均匀腐蚀，电流密度差大于1 mA/cm^{2}的电位区间才产生应力腐蚀。

二、防止湿H_2S环境应力腐蚀指导标准

为了防止湿H_2S环境中的腐蚀开裂，API和NACE针对这种环境制定了一系列的指导标准（API942、NACE—RP—04—972、NACE—RP—0296—1996、NACE—MR—01—1975等）。从减缓和防止腐蚀开裂的措施上可归纳为以下几个要点：

（1）限制焊缝硬度值不大于HB200，进行焊后热处理消除应力；

（2）严格控制焊缝金属化学成分，避免焊缝合金成分超标；

（3）加强对制造设备的材料的检查，板厚超过20 mm时，进行100%超声波检查等；

（4）限制硫化氢含量或使用多硫化等腐蚀抑制剂；

（5）慎重选择耐蚀钢种、涂层或衬里并进行腐蚀检测。

这些准则在炼油设备设计、制造、检验和维护中得到广泛应用，而且随着现代冶金工业的发展，控制超低硫和夹杂物形态的钢已经生产并应用，在一定程度上使湿H_2S环境中的腐蚀开裂问题得到缓解。

三、合理选材

合理选材是一个调查研究、综合分析与比较鉴别的复杂而细致的过程，一般应遵循三条原则：

（1）材料的耐腐蚀性能要满足生产要求；

（2）材料的物理性能、机械性能和加工工艺性能要满足设备设计与加工制造的要求；

(3) 选材时要争取最高的经济效益。

化工设备的制造除极少数需要铸造及锻造外，均需要焊接，因此材料必须具有良好的可焊性。增加含碳量和某些合金元素可提高强度，但又使可焊性变差。化工设备用钢的基本要求是：材料既具有高强度，又要有良好的塑性、韧性和可焊性，以至低温韧性。其主要通过钢材化学成分的设计来解决，还可借助热处理方法使材料性能变得更为理想。

选择对H_2S应力腐蚀敏感性低的材料。材料对H_2S应力腐蚀的敏感性是指材料抗H_2S应力腐蚀裂纹扩展能力的大小。一般来说，材料强度越高，则抗H_2S应力腐蚀裂纹扩展能力下降越多。选用合适的材料，尽量避开材料与敏感介质的匹配。大量实践已证明，高含镍量的奥氏体钢或含1%～2%Ti的低碳钢等材料，抗H_2S应力腐蚀破裂的性能良好。

H_2S应力腐蚀破裂与材料的强度、硬度、化学成分及金相组织有密切关系。

(一) 强度与硬度

随着材料的强度提高，应力腐蚀破裂的敏感性也在提高，产生破裂临界应力值σ_{th}与材料屈服极限σ_s的比值也就越小，材料强度级别越高则容易发生破裂，除了强度外，硬度也是重要因素，并且存在着不发生破裂的极限硬度值。实践证明，当材料的HB≤235 (HRC22，HV10≤247)，采用含Mn量在1.65%以下的普通碳素钢及低合金钢制压力容器，经焊后消除应力热处理后，不会发生H_2S应力腐蚀破坏，对于使用更高强度的合金钢，美国腐蚀工程师协会（NACE）提出如下意见：

1. 对淬火或正火的合金钢，应采用621 ℃以上的温度回火，使HRC≤22（HB≤235）σ_s≤630 MPa；

2. 焊后要进行621 ℃以上的焊后热处理，并使HRC≤22（HB≤235）；

3. 经冷变形加工的钢材，最低热处理温度为621 ℃，消除加工应力，并使HRC≤22（HB≤235）。

(二) 化学成分

化学成分中的各种元素，对应力腐蚀裂纹的形成影响是不一致的。有害元素Ni、Mn、Si、S、P等，在设计时要限制其含量。Ni元素是低温用钢和高温用钢中是不可缺少的重要元素之一，但是它却在抗硫化氢应力腐蚀中有害。Ni元素在金相组织中易偏析，偏析后降低了钢板的A_1相变点温度，在高温回火时很容易超过此限，易形成未回火马氏体组织，造成钢板本身性能的降低。另外，元素Ni还可以同H_2S生成一种特殊的硫化物，该硫化物组织疏松，极易使氢渗透而出现裂纹，设计时要限制其含量不能接近或达到1%，一般控制在0.5%以下使用，它的影响将不明显。Mn、Si元素含量偏高时，焊缝及热影响区的硬度无法控制，同时Si元素易偏析于晶粒边界，会助长晶间裂纹的形成，Mn元素也能降低A_1相变点温度。元素S、P系非金属夹杂物，它们容易引起层状撕裂裂纹和焊道尾部裂纹，上述裂纹同应力腐蚀裂纹相重合后能使裂纹加速扩展。建议在存在应力腐蚀的储罐的设计选材过程中，应注意S、P的含量不能太高。

防止H_2S应力腐蚀有益的元素有Cr、Mo、V、Ti、B等，加入少量的Cr、Mo元素能起到细化晶粒的作用，Mo元素在调质或正火钢板的热处理中能生成碳化物，易于除掉固溶碳，还能防止有害元素Si、P的晶间偏析，元素V、Ti、B可以提高钢材的相变点温度，提高钢板的淬透性，易于形成晶粒细化的回火马氏体组织，但元素V增加量大时对焊接不利。HGJ15—1989中规定：在湿H_2S应力腐蚀环境中使用的化工容器用碳钢及低合金钢（包括焊接接头）的化学成分应符合下列要求：

1.母材

Mn含量≤1.65%，Ni含量≤1%（尽可能不含），Si含量≤1.0%。

2.焊缝金属

C含量≤0.15%，Mn含量≤1.6%，Si含量≤1.0%，Ni含量≤1.0%（尽可能不含）。

（三）金相组织

金相组织对抗H_2S应力腐蚀破裂影响很大，其抗破裂能力按以下顺序减弱：回火马氏体组织在铁素体基体加球状碳化物组织→淬火后经充分回火的金相组织→正火和回火的金相组织→正火后的金相组织→未回火的网状淬火马氏体和贝氏体。总之，凡是晶格在热力学上越处于平衡状态的组织，其抗H_2S应力腐蚀破裂性能越好。

在湿H_2S的环境中，应选用强度级别偏低的材料，不用高强钢。如某厂脱硫系统换热器的小浮头螺栓，原用35CrMo，改为35号钢，均在短期内出现脆性断裂，导致小浮头密封失效。改为A3螺栓后情况良好。不进行热处理的高强钢制容器，在使用过程中则出现延迟裂纹。在湿H_2S环境下，延迟裂纹会出现氢致二次开裂。

提高钢材的纯净度（提高钢的冶炼质量），使钢中S含量<0.002%或更小；Mn含量偏小，可减少MnS夹杂物在钢中存在；冶炼中适当加入Cu、Ca、Re等元素，以促进钢中杂质呈球状，以减缓氢致开裂的形成。

四、优化结构设计

在设计机械设备时，要考虑防腐要求，以防止或减轻设备在使用中所产生的腐蚀危害。优化结构设计一般应遵循下述原则：

（1）设备尺寸应留有余量；

（2）结构形式力求简单；

（3）尽量避免残留液和沉积物造成腐蚀；

（4）避免加料时溶液飞溅；

（5）力求避免缝隙的存在；

（6）避免引起电偶腐蚀的结构设计；

(7) 避免使流体直接冲刷器壁;

(8) 避免应力过分集中;

(9) 高温气体(>800 ℃)入口处,为了避免管端烧坏,最好用耐火黏土或瓷管套装。

精心设计就是要选材正确,防腐措施得当,做到既满足生产上的工艺要求,又达到安全可靠、经济合理的目的,从生产工艺上避免材料腐蚀是最经济的防腐措施。结构设计合理,可避免局部腐蚀、应力集中、异金属接触,防止电偶腐蚀。

降低设计应力,使最大应力或应力强度降低到临界值以下。合理设计和加工以避免或减少局部应力集中。例如,选用大的曲率半径,采用流线形设计,关键部位适当增加壁厚。

在设计时应使应力分布尽可能均匀,减小局部应力集中的程度。设备的结构上应尽量连续,避免缝隙、死角等形状突变,防止应力集中,以最大限度地降低壳体的应力水平。或将这些边、角、槽、开孔设计在低应力区或压应力区,并做一定的处理,如锐角倒圆、毛刺磨掉、内角填平,对应力可能集中的关键部位,可适当增加部件的壁厚。设备的连接和支承设计也是容易造成缝隙和死角的场所,应予以充分考虑。

五、严格控制制造质量

制造与安装的质量是防腐成败的关键之一,制造安装时应有强有力的质量保证体系。在设备制造中,采用成熟合理的焊接工艺及装配成形工艺,焊制设备及构件,必须进行焊后热处理,以消除焊接残余应力及其他内应力,局部补焊后可用锤击法消除残余应力。降低焊缝及热影响区的硬度,减少壳体及焊缝区的残余应力,能有效防止应力腐蚀裂纹。

(一)降低焊缝区的硬度

先要从焊接开始,除了焊前预热外,应适当加大储罐上环缝的焊接线能量,因为线能量增大,能放慢焊缝区的冷却速度,不但能降低硬度,而且还能起到稳定金相组织的作用。当然,适当加大横焊缝的线能量,要因钢板和焊条的性能而异,还要有优秀焊工的配合,搞不好会出现过多的飞溅物和引起"咬肉"现象增加,"咬肉"处出现的麻点坑是应力腐蚀裂纹的重要起裂点之一,切不可马虎。近几年对许多在H_2S应力腐蚀的储罐开罐检查时,发现环焊缝附近(气相区)出现的裂纹,多数是由于输入线能量小,冷却速度快而引起硬度增加所致,同时,由于该处壳壁吸附的水蒸气凝聚成水珠,同H_2S气体进行电化学反应,大量的氢存在,又加快了该部位裂纹的扩展。

(二)焊后热处理

焊后热处理的主要目的是消除存在于球罐上由于组装焊接造成的残余应力,并改善焊接接头性能,特别是提高球罐整体抗脆性断裂和抗应力腐蚀的能力,同时能稳定结构形状与尺寸。对低温压力容器,我国GB150—1989《钢制压力容器》规定:"焊接接头厚度大于16 mm的碳素钢和低合金钢制低温压力容器或元件应进行焊后热处理。”在操作应力相同时，焊缝区的残余应力在应力腐蚀中起重要作用，残余应力大小的决定性因素是组装时的错边量和焊接时引起的角变形等。消除残余应力的有效手段是储罐进行整体热处理。存在应力腐蚀的储罐，整体热处理不但能消除大部分焊接、冷却和组装中引起的残余应力，而且还是降低硬度的重要措施之一。例如：液化石油气储罐常用的16MnR低合金钢，我国腐蚀数据手册中指出：这类钢在潮湿的硫化氢环境中，当温度在20～50 ℃时，平均腐蚀速率在0.5～1.5 mm/a之间。美国金属学会主编的《金属手册》中也指出：在室温条件下，硫化氢气体对低合金高强度钢具有应力腐蚀开裂的作用，在室温条件下溶于水中的硫化氢及硫化物杂质对于低合金高强度钢，更能引起和加速应力腐蚀开裂，而16MnR钢如果进行了焊后热处理，耐应力腐蚀能力明显提高，故而可用来制造液态烃罐。

（三）对策

1.改进焊缝结构，尽可能避免聚集的、交叉的和闭合的焊缝，施焊时应保证被焊金属结构能自由收缩；尽量采用窄间隙焊接，减少焊缝的宽度和余高，能大幅度降低残余应力。

2.减少错边、角变形和咬边的产生，即提高组装和焊接质量，是减少应力集中的有效途径；选择恰当的预热温度和焊接线能量以改善热影响区组织，采用回火焊道、把焊接区表面修磨光滑及焊后敲击焊缝等，也可减少残余应力。

3.焊后消除应力，采用热处理退火的方法，降低硬度和焊接残余应力。实测焊缝及热影响区的硬度，保证HB<200；有条件的，可实测焊接残余应力，保证焊接残余应力< $0.3\sigma_s$。

4.其他消除残余应力处理方法，如残余变形法，喷丸法等，即在受拉应力的合金表面进行喷丸、喷砂、锤击等处理以导入压应力，提高抗H_2S应力腐蚀破裂的性能。

5.可采用对焊缝及热影响区喷涂Al层后刷富锌涂料的办法来进行防腐保护。

6.定时对介质中的H_2S含量进行化验分析，尽量不使超标的介质进入设备内部。

六、严格控制H_2S含量和pH值

控制储存介质中H_2S及水含量，避免形成湿H_2S环境。对大多数用户而言，要做到这一点是不可能的，但可以做到经常对介质的环境数据进行调查和测定，对设备的在用环境做出评价，对设备的运行现状有所掌握。当液化石油气、轻石脑油为化工原料时，应严格进行脱硫处理，脱后介质H_2S含量<50 mg/L。当选用强度偏高的零部件时，H_2S含量应控制更低。为控制液化石油气中的H_2S含量，生产厂家应按照有关质量标准的规定，研制并制定新的脱硫、脱水工艺，最大限度地减少硫化氢含量。使硫化氢分压小于0.00035 MPa，提高介质的碱度以减少吸氢量和减缓腐蚀速率。

当介质呈酸性时，氢鼓包、氢致裂纹和应力诱导氢致开裂的腐蚀过程更快，尤其是高强钢更为敏感，因此控制介质的pH值，可有效防止化工设备的应力腐蚀开裂。

七、加强运行维护和腐蚀监测

设备运行是发挥经济效益的过程，也是检验防腐措施效果的过程，任何防腐措施，都只适用于某一条件下，所以要求操作人员严格遵守工艺规程，做到不超压、不超温、不超负荷、不随意改变介质种类和温度。为了保证设备可靠运行，防止腐蚀事故发生，建立和健全各种规章制度。

对低压湿硫化氢环境要加强易冲蚀部位的挂片探针在线腐蚀监测以及下游分离设备的冷凝水分析，并及时反馈结果指导生产。高压系统的湿硫化氢环境，因探针和挂片检测法难以实施，因此应加强易冲蚀部位的在线定点定期测厚，以防腐蚀加剧发生突发事故。

1.制定设备管道防腐管理制度，规定每半年全面测厚一次，对高温腐蚀环境中的管线加测一次。

2.将各装置的设备管道画成单体空视图，标明测点的位置，对测厚有问题的部位采取及时更换或加强监控措施。

3.计划将各种材质的挂片，挂入被测部位，探索在各种特定介质中的腐蚀规律。

按要求对化工设备管道及时进行全面检查。这是保证化工设备管道安全运行的一项重要措施。通过检查，可以全面掌握设备发生应力腐蚀的程度，及时消除隐患。实践证明，检查周期长的设备，其存在的应力腐蚀开裂的威胁要严重得多。

八、采用电化学保护

（一）化学镀镍技术

化学镀Ni-P合金表面处理技术已广泛应用，由于Ni-P合金的沉积形成伴有氢气析出，因此Ni-P合金层存在针孔，必须采用耐湿、耐油、附着力好的封孔剂进行封闭，才能有效防止针孔缺陷。

（二）牺牲阳极+涂料联合保护

对于贮罐，阳极采用铝合金，安装于罐底和罐壁（距罐底500 mm），涂料选用WF50原油贮罐防腐蚀涂料，效果较好。在表面喷锌、喷铝并用非金属涂料封闭的防护办法，可阻隔H原子向钢中扩散的数量，减少新鲜金属的暴露，延缓或阻止各类氢损伤的过程。但事先务必做到：对容器整体或焊接接头的局部，进行250～300 ℃保温2～2.5 h的除氢处理，避免残留在钢中的H原子孕育一定时间后出现氢致裂纹。

为防止湿H_2S应力腐蚀，在钢材表面进行热喷涂Al或Al系粉芯丝材、Fe-Cr系不锈钢粉芯丝材，均能起到一定的防护效果，其试验寿命均较未喷涂基材高10倍以上。

（三）利用外加电源控制电位

在合金-介质组成体系中，有些体系存在着临界破裂电位。当电位正于此值时，就发生应力腐蚀破裂；负于此电位值时，则不发生。对另一些体系可能有一临界破裂电位范围。此种体系又可分为两种情况：一种情况是在一定的电位范围内发生破裂，正于或负于此电位范围，破裂不发生或延缓；另一种情况则恰恰相反，在此电位范围内不发生应力腐蚀破裂，超出此电位范围，应力腐蚀破裂就发生。由此可知，采用阴极或阳极保护的方法可以防止应力腐蚀破裂。

九、缓蚀剂保护

缓蚀剂是一种在低浓度下能阻止或减缓金属在环境介质中腐蚀的物质。使用防腐剂是一种重要的防腐技术，广泛应用于石油、冶金、化工、机械制造、动力和运输等行业。

（一）在石油天然气开采中的应用

抗H_2S应力腐蚀破裂的缓蚀剂主要有：

1.无机缓蚀剂

铬酸盐、硅酸盐和氨水。

2.有机缓蚀剂

咪唑啉、烷基丙二胺水杨酸盐、氧化松香胺等。

3.国外商品

康托尔（Kontol）、卡帮（Conban）、若丁（Rodine）等产品。

4.国内商品

7019、兰4-A、1011.1017和7251等产品。

（二）在炼油工业中的应用

由于原油中含有无机盐、硫化物、环烷酸等，对炼油厂中的常压设备、减压设备、管线和油罐等造成严重腐蚀。一般而言，炼油中的低温轻油部分，主要的腐蚀介质是HCl-H_2S-H_2O；高温重油部分的主要腐蚀介质是S-H_2S-RSH。

1.国内炼油厂常用的缓蚀剂

4502、1017、7019、兰4-A、尼凡丁-18等。

2.国外炼油厂常用的缓蚀剂

PR、康托尔（Kontol）等。

十、控制使用环节的因素

对于在用化工设备，材料、制造质量已经定型，加强使用环节的管理就更为重要。应力腐蚀常对水分及潮湿气氛敏感，使用中应注意防湿防潮，对设备加强管理和检验。

首先，要加强化工设备使用环境的监测（主要是硫化氢含量监测），一旦发现高强钢化工设备（包括硬度值较高、强度级别较高、残余应力水平较高的设备）中硫化氢含量超标，要及时将超标介质导出，进行内壁清洗，并安排内外部检验。

其次，定期检验非常重要。分析破坏事故和试验数据表明，材料表面的硬度值越高，发生应力腐蚀开裂的临界应力值越低，时间越短。因此，必须在定期检验过程中进行硬度测定，特别要测定焊缝的硬度，因为焊缝和热影响区是经常发生应力腐蚀破坏的部位，对硬度大于HB200的部位更要重点监测。除了硬度较高部位外，接管高应变区及表面缺陷部位或几何不连续部位也应进行监测，应力腐蚀裂纹经常起始于表面缺陷处或有缺口效应处。在化工设备定期检验过程中，对无损检测应提出重点要求，特别是做磁粉探伤，普通磁粉很难发现表面微裂纹，应选用湿荧光磁粉或加反差剂。由于氢鼓包未开裂时很难检出，比如，对于盛装过硫化氢含量超标介质的16MnR球罐，检验时要将表面锈蚀产物清理干净，检验人员对球壳板逐张手摸检查，重点检查氢鼓包。

再次，采用金属表面处理技术也能够减轻湿硫化氢环境的腐蚀。

近年来一些企业采取了对焊缝喷铝或涂刷环氧系涂层、塑料等技术防止湿硫化氢腐蚀，能够降低产生应力腐蚀（SSCC）敏感性，延长断裂时间，或延缓氢鼓包（HB）的产生，取得了较好的效果，但前提是化工设备必须进行过焊后热处理，否则不仅不能完全避免缺陷的发生，还会因为不能及时发现缺陷酿成更大的事故。

复习题

1. 名词解释

（1）氢鼓包；（2）硫化氢应力腐蚀开裂；（3）氢致开裂；（4）应力导向氢致开裂。

2. 简述焊接残余应力和弯曲应力。

3. 简述硫化氢应力腐蚀开裂的影响因素。

4. 简述产生阳极溶解型裂纹所具备的条件。

5. 简述应力腐蚀破裂的基本特点。

6. 简述应力腐蚀裂纹扩展判断的基本思路。

7. 简述应力腐蚀的试验方法。

8. 简述防止湿H_2S环境中的腐蚀开裂的措施。

9. 简述优化结构设计一般应遵循的原则。

10. 简述严格控制制造质量的对策。

第七章　石化设备的腐蚀与防护

石油化学工业是我国国民经济的支柱产业，它以石油、天然气为原料，经过多次化学加工而生产出各种有机化学品及合成材料，石油化学工业的发展已使各种有机化学品及合成材料渗透到人民生活中有关衣、食、住、行的各个方面，石化产品在各个领域越来越广泛地替代各种天然材料。

石油化学工业大体上可分为原料和基础原料加工、中间产品加工、“最终”产品加工等几部分。

原料加工包括天然气加工和原油加工。天然气加工包括天然气脱硫、脱二氧化碳及烷烃分离，分离所得碳二以上的烷烃可作为裂解制乙烯、丙烯的原料，其中碳四烷烃尚可作为脱氢制丁烯、丁二烯或异丁烯的原料。原油加工包括蒸馏、催化重整、催化裂化、焦化、加氢精制、加氢裂化等加工手段。原油加工可提供大量的石油化工原料，例如石脑油、柴油、加氢裂化尾油等都是乙烯生产的良好原料，催化重整油则是芳烃生产的主要原料。

石油化学工业的基础原料主要包括：氢气及合成气（进一步生产合成氨、甲醇）、烯烃（乙烯、丙烯、丁二烯、异丁烯等）、芳烃（苯、甲苯、二甲苯等）。由这些基础原料可进一步加工生产各种石油化工产品。

由基础原料进一步加工的各种化学品，作为下一步加工的原料使用时，通常称为石油化学工业的中间产品，例如：乙酸乙酯、氯乙烯、乙二醇、丙烯腈、苯酚、丙酮、丁醇、辛醇、苯乙烯、已内酰胺、对苯二甲酸等等。

石油化学工业的最终产品是轻工、纺织、建材、机电等加工业的重要原料，主要包括合成树脂和塑料（如聚乙烯、聚丙烯、聚氯乙烯、聚苯乙烯、各种工程塑料等）、合成橡胶（如顺丁橡胶、丁苯橡胶、丁基橡胶等）、合成纤维（如聚酯纤维、腈纶、丙纶、聚酰胺纤维等）、合成洗涤剂及其他化学品。

由此可见，石油化学工业中，从原材料到产品，各种装置中设备所接触和处理的都是具有一定腐蚀性的介质，加之生产工艺的不同及各自操作条件的特殊性，设备多存在于高温、高压、酸、碱、富氢、富氯等环境中。因此，腐蚀现象普遍地存在于石油化学工业的各种设备中。

第一节　有机原料生产中设备的腐蚀与防护

重要有机原料有乙烯、甲醇、环氧乙烷、乙二醇、苯酚、丙酮等。

一、乙烯

石油化工中，主要是通过石油烃裂解来生产乙烯。

所谓裂解，是指在700～800 ℃的高温下，使原料烃碳链断裂的热化学反应。裂解产物主要是烯烃和芳烃。

生产乙烯最初采用天然气中回收的乙烷、丙烷为裂解原料。但随着市场对烯烃需求量的增大，裂解原料开始向重质化方向发展，到20世纪60年代初逐步发展到大量使用石脑油，20世纪70年代又将裂解原料扩大到煤油、轻柴油及重柴油。20世纪60年代进行的重油裂解技术，目前也逐渐工业化。

生产乙烯的主要裂解方法有：蓄热炉裂解、流动床裂解、流动床部分氧化裂解、高温水蒸气裂解、管式炉裂解、加氢热裂解、催化裂解等。其中，管式炉裂解法在乙烯生产中占主导地位，目前，由管式炉裂解法生产的乙烯约占世界乙烯总产量的99%。

（一）工艺流程简介

乙烯生产流程由于裂解方法的不同而不同，现以国内常见的年产量30万吨乙烯装置为例，简单介绍管式炉裂解生产乙烯所涉及的设备腐蚀与防护问题。

目前国内的年产量30万吨乙烯装置主要有燕山石化乙烯、扬子石化乙烯、齐鲁石化乙烯、上海石化乙烯等。这些装置通常以轻柴油和石脑油为裂解原料，采用美国鲁姆斯（Lummus）乙烯生产工艺及技术生产乙烯及其联产品。

鲁姆斯管式炉裂解的工艺流程可以分为：烃类原料的裂解和裂解油品的回收、裂解气的压缩、酸性气体的脱除、C_2和C_3馏分的加氢精制、甲烷等轻组分的脱除、C_2馏分的分离和乙烯精馏、C_2馏分的分离和丙烯精馏、C_4馏分的分离以及丙烯和乙烯制冷等几个部分。

由于裂解所得的裂解气都是混合物，因此通常还需分离才能得到纯净的烃类产品。常用的分离方法有深冷分离、油吸收中冷分离和超吸附分离。

在分离技术方面，年产量30万吨乙烯装置常采用高压深冷、顺序分离的流程，即裂解产物在其裂解油品分离后，按甲烷、C_2馏分、C_3馏分和C_4馏分由轻到重的顺序分离的流程。

对于乙烯装置，在工艺流程的各个系统，都存在着设备的腐蚀问题，其中裂解炉是乙烯装置中的核心设备，也是最易发生腐蚀失效的设备。

（二）主要设备的腐蚀形态及原因

1.裂解炉

裂解炉中，炉管是关键部分，因此，裂解炉的损坏主要表现为炉管的破坏，而炉管的破坏通常是几种因素综合作用的结果，常表现为以下几种形式：

（1）炉管结焦及清焦引起的管壁开裂

裂解炉炉管内接触的介质主要为烷烃、环烷烃、芳烃、烯烃等，同时还有一定量的水蒸气、甲烷等作为稀释剂，其中大多数烃的反应产物在高温下是不稳定的，可发生缩聚反应和过度裂解，最终产物为焦炭并释放出碳和氢。因此，裂解炉运行一段时间后，在裂解炉管的内壁，特别是在接近出口的高温管部位，不可避免地产生积炭，使炉管结焦。

裂解炉管结焦导致管的内孔截面积减小，局部热阻增大，出现过热点，使裂解管的传热性能降低，随着结焦层的增厚，生产效率逐渐降低。

此外，炉管内壁结焦会引起裂解炉管的应力增加。这是由于：一是结焦层的热膨胀系数小于管材的热膨胀系数，在降温及停炉时，结焦层会妨碍裂解管的热收缩，产生很大的拉应力；二是如果裂解管产生渗碳层，则由于渗碳层与非渗碳层的比容和膨胀系数不同而引起附加应力；三是结焦使管内径变小，从而引起管内平均压力增大。

为了避免结焦引起的不良后果，裂解炉需要进行定期清焦。清焦周期一般为60～120天，视裂解炉使用原料情况而定，可以更短。停炉清焦通常经历降温、清焦、升温、开车等几道联合工序，裂解炉管除在承受正常工况下管内外温差引起的热应变和蠕变及结焦引起的附加应力外，还要承受开车、停车时产生的热变应力、热冲击、反复的热循环等，因此，裂解炉管材在运行一定的时期后，由于频繁的开车、停车和温度变化，最终因塑性耗尽而出现疲劳裂纹。特别是在600～800 ℃易产生σ相的裂解管材料，在降温或升温过程中，易产生脆化甚至破裂。

此外，管壁开裂也与炉管渗碳有关。

（2）渗碳引起的炉管损伤

裂解炉管的材质通常为HP或HK型奥氏体耐热钢。裂解气中存在含碳、氧气体介质，在这种强烈的渗碳气氛作用下，金属表面富集了活性碳原子，加快了金属对碳的吸收，使金属内部出现碳的浓度梯度，从而促进了碳在金属中的扩散。在稀释蒸汽、乙烯、氢同时平衡的条件下，随着乙烯含量的提高，氧分压下降，而碳蒸汽压上升，介质的渗碳势也随之上升，金属中的铬被依次转化为$Cr_{23}C_6$和Cr_7C_3。即使已形成氧化物膜，也可能因渗碳势的提高而使氧化物转化为碳化物。同时，合金内部由于在长期的高温时效过程中，奥氏体基体中过饱和的碳会以碳化物的形式析出，金属中碳活度的增加引起铬的碳化物从

$Cr_{23}C_6$向着$Cr_7C_3 \rightarrow Cr_2C_3$的方向转化。在合金中，碳化物形成元素的存在，使固溶体中的碳不断以碳化物的形式消耗，又从介质中不断进行碳的吸收，使合金中碳累积量逐渐增多，使碳从金属表面向内不断迁移、扩散。在裂解炉管中常出现的渗碳现象，大多发生在炉管的辐射段、焊口周围及弯头部分、有缺陷或局部有过热点等处。

根据Fe、Cr、C三元相图可知，奥氏体耐热钢渗碳后渗层中的$Cr_{23}C_6$转变为Cr_7C_3后，由于相对$Cr_{23}C_6$，Cr_7C_3是一种密度和热膨胀系数比较低的碳化物，渗层体积膨胀。炉管内壁渗碳后，未渗碳的外壁就要受到拉应力的作用，这就是管外壁产生裂纹或开裂的主要原因；另一方面，因渗碳层热膨胀系数的降低，在裂解炉管停炉降温时，管内壁受压，外壁受拉；在开炉升温时，则管内壁受拉，管外壁受压。如果停炉时采用随炉冷却，而开炉时升温过快，则产生较大的内应力，造成管内壁产生裂纹或开裂。

渗碳还可引起合金材料的显微组织及物理机械性能发生变化，使材料的抗氧化性能及塑性、延性等机械性能降低，材料性能劣化，寿命缩短。

(3) 管内壁局部粉化、减薄

管内壁局部粉化、减薄现象主要发生在各弯管段（弯头）处，直管段相对并不严重，其腐蚀特征为：在裂解管直管部分，管内壁形成腐蚀坑斑；在弯管部分，特别是直接受到气流冲击的部位，则表现为管壁严重减薄，甚至出现穿孔，均是一种迅速的渗碳破坏形式。

粉化是一种金属的高温腐蚀形式，其腐蚀产物成分主要是Fe、Cr、Ni、S及Cl。S和Cl的存在，破坏了合金表面氧化膜的完整性，使合金在渗碳气氛下发生严重的渗碳，在高温作用下致使碳化物分解，最终导致金属的粉化。粉化后的金属被高速物流带走，使该处管壁减薄，直至穿孔。

(4) 裂解炉管弯头的损坏

裂解炉管弯头的损坏，也是裂解炉管常见的失效形式之一。其特征为：弯头内壁形成较大面积的网状裂纹区，局部减薄，甚至穿孔，同时存在渗碳、氧化及脱碳层。

研究表明，凡有裂纹出现的部位，均伴有程度不同的渗碳现象，也就是说弯头内壁裂纹基本上产生于渗碳部位。弯头内壁产生龟裂纹，主要是内外壁温差应力、升降温产生的循环热应力以及渗碳膨胀应力综合作用的结果。

渗碳造成靠近晶界或枝晶附近基体贫铬，给晶界附近的合金在氧化气氛中的高温氧化腐蚀创造了条件。

渗碳导致了裂纹产生，腐蚀性气体便通过裂纹侵入，使裂纹边缘及前端遭受腐蚀，从而使裂纹进一步扩展，如此过程反复进行，使弯头内壁裂纹不断向外扩散。

综上所述，在应力及渗碳的共同作用下，炉管弯头内壁便形成大面积的龟纹状高温腐蚀疲劳裂纹。

弯头炉管内壁局部减薄或穿孔是气体冲刷造成的。裂解炉管内气体流速为146.67 m/s，这种高速气体对炉管弯头气体入口段的内壁冲刷力很大，致使内壁减薄直至局部穿透。此外，弯头内外壁温差及开车、停车热应力的影响，使渗碳层及氧化层开裂，在气流的冲刷下更易剥离，从而加速弯头的减薄。

（5）裂解炉对流段冷端炉管露点腐蚀

裂解炉的热效率与排烟温度有着一定的对应关系，选定排烟温度大体上可以确定裂解炉的热效率。例如，当排烟温度由220～230 ℃降至130～140 ℃时，裂解炉的热效率可由87%左右提高到93%。目前，新设计的裂解炉的排烟温度大多控制在130 ℃以下，相应热效率可达93%以上。也有裂解炉排烟温度降至100 ℃以下，相应热效率超过95%的。但是，排烟温度过低，则可能在对流段造成冷端露点腐蚀。

冷端露点腐蚀主要是烟气中水蒸气和SO_3生成的硫酸冷凝液造成的。此外，当冷却到水的露点以下时，CO_2与水生成碳酸，也可能对低碳钢造成腐蚀。

硫酸引起的冷端腐蚀与燃料的硫含量有关。燃料燃烧时，燃料中的硫被氧化为SO_2，少量的SO_2（大约1%～3%）被氧化为SO_3，其生成量取决于硫含量以及燃料中钒和铁的氧化物含量。硫酸露点与燃料中硫含量的关系如图7-1所示。

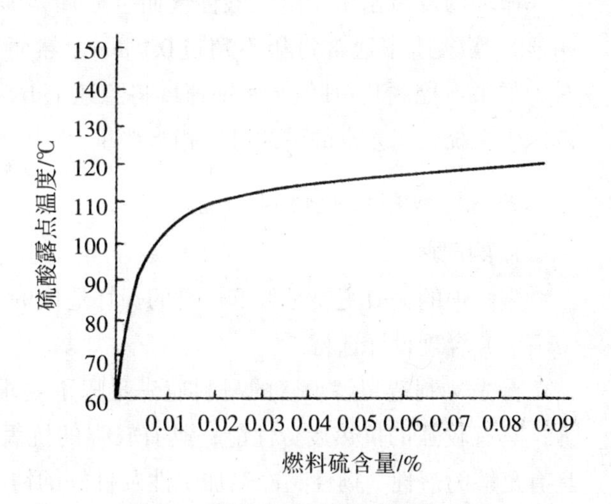

图7-1　燃料含硫量与硫酸露点关系

由碳酸引起的冷端腐蚀取决于燃料中氢含量。燃料氢含量越高，烟气中水含量越高，水蒸气露点温度越高。在水蒸气露点温度以下，CO_2与水生成碳酸而造成腐蚀。

在裂解炉中，烟气中水蒸气的露点温度大约为55～60 ℃，显然，对流段冷端腐蚀主要由燃料的硫含量所控制。

2.急冷废热锅炉

目前我国引进的乙烯装置中所用的急冷废热锅炉炉型较多，有施密特型、包西格型、M-TLX型、USX型、TLX型等。由于冷却水质控制状况不同，这些废热锅炉在使用中也出现了一定程度的腐蚀损坏。腐蚀损坏大多集中在气体入口分配器，位置一般在传热管与管板连接处焊缝附近，破坏多分布在管板中心区，轻者引起管壁穿孔，重者导致管子断裂。

急冷废热锅炉的腐蚀损坏主要是水质不良引起的。

3.碳钢水冷器

裂解装置循环水系统中使用了许多碳钢水冷器，由于对水质控制不严，如使用pH值、碱度、总钙含量较高的循环水，使管内结垢过厚影响传热。采用含Cl^-清垢剂清垢后，由于残留Cl^-引起点蚀，导致管束腐蚀穿孔。

发生管束腐蚀的水冷器有急冷水冷却器、丙烯精馏塔冷却器、丙烯冷凝器、丙二烯加氢反应冷却器、脱丁烷冷却器等。

4.急冷水及工艺水系统其他设备的腐蚀

由于裂解气中含有硫化氢、有机硫、二氧化碳、有机酸及微量的氯化氢，因而在急冷水、工艺水及稀释蒸汽发生系统中可能形成$H_2O-H_2S-CO_2-HCl$腐蚀环境，从而对部分设备造成腐蚀。

当裂解气温度较高，其中水蒸气未能凝结时，腐蚀并不明显。但是，自油洗涤塔出口线开始，当有水蒸气凝结时，凝结水将溶解H_2S、CO_2及HCl形成酸性溶液，从而发生较强的氢去极化腐蚀。油洗涤塔顶出口管线和工艺水汽提塔塔顶返回蒸汽管线均可能发生这种结露的酸性腐蚀。

循环的急冷水由于溶解酸性气而呈酸性，即使不调整pH值，在操作温度下腐蚀并不明显，腐蚀速率通常每年不超过0.1 mm，然而，作为工艺水，将其加热到160～170 ℃时，如果不控制其pH值，腐蚀速度将急速上升到每年0.6 mm以上。也就是说，在稀释蒸汽发生系统，工艺水的腐蚀可能相当严重。

（三）腐蚀控制措施

1.裂解炉

裂解炉的失效主要是裂解炉管的损坏造成的。针对炉管主要采取以下防护措施：

（1）合理设计选材

首先，制造裂解炉管的材料应满足以下要求：高温下具有较好的抗蠕变和抗破断能力；具有较强的抗热疲劳性能；具有较强的抗氧化性和耐腐蚀性；具有良好的导热性能；具有足够的塑性、韧性、冷热加工性及良好的铸造焊接等性能。

鉴于此，为了提高裂解炉管管材的高温机械性能及耐蚀性能，需要对材料进行合金化处理，即在材料中添加相关的耐蚀合金元素，常用的合金元素及其作用如下：

Cr：铬是保证钢具有较高的高温强度和抗高温氧化性能的主要元素。铬可以与碳形成铬的碳化物，使钢材具有较高的高温蠕变断裂强度。同时，铬元素可以在钢管表面形成致密的氧化膜，从而提高钢材的抗高温氧化、硫化及渗碳性能。

Ni：镍是使钢材获得稳定的奥氏体组织的主要元素，能抑制σ相的形成，从而保证高温强度和韧性以及较好的焊接性能。同时，镍也是改善钢抗高温渗碳性最有效的合金元素，因此，钢中含有一定量的镍，并且含镍量高一些是有益的。

Si：硅的作用主要在于提高钢材的抗渗碳能力和铸造性能，但含量不能过高，否则，会促进σ相的形成，使钢材变脆，且焊接性能下降。通常控制硅含量在2.0%以下，并相应提高碳的含量到0.5%。

Nb：添加铌可以增加钢材的抗渗碳性，同时也可以提高钢材的蠕变断裂强度和高温塑性。这主要是因为铌在合金组织中形成了枝条状共晶碳化铌，它可以阻碍裂纹的扩展，延长钢材的蠕变断裂时间，从而提高了炉管使用寿命。

为了提高钢材的抗渗碳性能，还可添加少量W、Mo等元素。W、Mo、Nb、Si等元素一起作用可以降低碳化物周围贫铬区中铬的减少量，这些元素不形成氧化物，只残留在贫铬层，相对提高浓度，使贫铬区碳的固溶限下降，减少碳的通过量，从而提高抗渗碳性能，同时又可以提高材料的高温强度和塑性。

目前，裂解炉管常用的材料为HK和HP系列的奥氏体耐热钢，化学成分中的合金元素基本上以上述元素为主。如HK-40耐热钢为乙烯装置广泛使用的耐热钢，其基本组成为C0.4%、Cr25%、Ni20%，通常可用于温度较低型裂解炉管，使用温度最高可达1050 ℃，并能承受一定的压力（≤0.5 MPa）。

生产实践经验证明，抗渗碳性能的优劣对于作为乙烯裂解炉管材料而言是十分重要的，同时也是决定裂解炉管寿命的主要因素。由于裂解炉管在运行过程中，管内壁会产生渗碳，渗碳层的出现，使裂解炉管局部开裂或腐蚀穿孔。为此，裂解炉管特别是工作温度比较高、原料气渗碳性强的裂解炉管，就要选用抗碳性能好的材料。因此，在HK-40基础上，近年来发展了HP系列的耐热合金，基本化学成分为Cr25%、Ni35%，同时还添加了Nb、W、Si等合金元素。由于HP系列成分中Ni的含量比HK系列高15%，所以，HP系列可以在乙烯裂解炉高温区使用，管壁最高温度比HK炉管高50～80 ℃。而耐蚀合金元素的添加则使HP系列具有比HK系列更好的抗氧化和抗渗碳性。

乙烯裂解炉选用何种材料的炉管，主要取决于裂解炉管的工作条件、材料特性、来源及成本。

从腐蚀角度考虑，使用天然气或炼油厂的加工产品作为原料时由于有害元素和有害气体很少，所以主要考虑使用抗渗碳性能、抗热疲劳性能及蠕变断裂强度较好的材料。如果使用原油作为裂解原料，还要考虑炉管材料对H_2S等有害介质的耐腐蚀能力。

裂解原料不同裂解温度也不相同，因此，可以选择不同的炉管材料来满足使用要求。某些工厂的生产实践证明，如果以轻柴油为裂解原料，在裂解温度较低并且稀释用的水蒸气含量较高时，用价格相对便宜的HK-40作为裂解炉管即可满足工艺要求。

对于裂解炉管，结焦是不可避免的，结焦为渗碳创造了条件，但结焦程度与使用温度有关。对裂解炉管温度测试证明，在整个辐射区炉管沿轴向的温度分布是不均匀的，通常进口区温度低，出口区则较高。因此，炉管材料也应按照此温度分布合理布局。在温度低的部位，不易渗碳，此时应以炉管的蠕变性能和热疲劳性能为主要考虑因素，可选用HK-40；而出口端，由于运行温度较高，可选用抗渗碳性能高的材料，如HP系列。

弯管由于所处工况和腐蚀环境较直管苛刻，其损伤要早于直管，因此，弯管应选用抗渗碳性能和热疲劳性能优于直管的材料。

（2）正确进行焊接处理

焊缝也是裂解炉管损伤较多的部位，直接影响炉管的使用寿命，因此，正确的焊接处理也是避免炉管失效的关键。

由于焊材与母材处于相同的工况，因此必须要求二者具有较好的配伍性，以保持相同的热膨胀系数与断裂强度，并应具有良好的可焊性。

常用的焊接方法有SMA（屏蔽金属极电弧焊）、GMA（气体保护金属氩弧焊）、TIG（钨极惰性气体保护焊）以及电子束和等离子工艺等。焊材的化学成分通常要与母材相同或相近，焊后应严格热处理，固熔退火以改进韧性，同时要对焊缝进行严格检查，焊缝要做100%的射线检查，以确保焊接质量。

（3）控制对流段冷端炉管露点腐蚀

为避免对流段冷端腐蚀，应保证对流段后冷端最低管壁的温度比硫酸露点温度高10～15 ℃。经推算，当排烟温度降至100 ℃左右时，在采用碳钢材质的条件下，燃料硫含量应限制在5 mg/kg以下，否则可能产生冷端腐蚀。

在燃烧无硫燃料时，只要将对流段管壁温度控制高于80 ℃以上，可避免发生冷端腐蚀问题。

2.废热锅炉

由于急冷废热锅炉的腐蚀损坏主要是水质不良引起的，所以需要对锅炉给水质量进行控制。

3.碳钢水冷器

碳钢水冷器的防腐目前主要以涂料为主。生产实践证明，乙烯装置中的碳钢水冷器，如果用pH=7～9的循环水做冷却水，那么碳钢水冷器可以采用CH-748涂料做水侧防护层，效果较为显著，平均使用寿命可以达到10年以上。

4.急冷水及工艺水系统

油冷塔来的裂解气中含有CO_2、H_2S等酸性气体，对急冷水及工艺水系统中的设备具有较强的腐蚀作用。从实验测定的腐蚀数据可知，只要将急冷水的pH值控制到一个适当的值，大部分区域的腐蚀均可大大降低。对腐蚀严重的区域，如稀释蒸汽发生器换热器，除严格控制工艺水的pH值外，还可加注缓蚀剂，或者适当降低换热设备的热强度，使之保持低的管壁温度，减缓对设备的腐蚀。

调节急冷水和工艺水pH值的主要方法是注氨和注碱。在油冷塔塔顶出口管线注氨，既减缓此管线及水洗塔、油水分离器的腐蚀，同时也对稀释蒸汽发生器出口至裂解炉入口管线起到保护作用。氨的注入量以控制油水分离器中急冷水的pH值至8～9为准。急冷水的pH值不宜过高，否则容易造成急冷水乳化。

工艺水经工艺水汽提塔汽提之后，在汽提出部分酸性气体的同时，也使相当量注入的氨汽提了出来，因此汽提后的工艺水pH值明显降低。为保证稀释蒸汽发生器的腐蚀速率控制在可接受的范围内，可在汽提后的工艺水中注碱以调节其pH值。碱的注入量以控制稀释蒸汽发生器排污水的pH值至8～9为准。但是要注意，在稀释蒸汽发生系统注碱时，还要避免稀释蒸汽将碱液带入裂解炉，导致炉管腐蚀。为此，在该系统中加设汽-水分离器以有效地去除夹带的雾沫。

除控制pH值之外，在某些腐蚀较为严重的部位适当加注缓蚀剂，也有助于腐蚀的控制。

二、甲醇

甲醇是一种用途广泛的基本有机化工产品，除了在化工方面应用之外，它还在能源、医药、人工合成蛋白等方面有着的广泛应用。

现行的工业化甲醇合成工艺基本上是气相合成法，而其中低压法占主导地位。从20世纪60年代至今，除了在反应器的放大上及催化剂的研究方面有些进展外，其合成工艺基本上没有大的变化。我国从20世纪70年代中期开始引进低压合成甲醇工艺，这种工艺现已成为我国生产甲醇的主要方法。

甲醇合成的原料气主要是CO、CO_2、H_2及少量的N_2和CH_4，早期主要是以煤为原料制造。进入20世纪40年代以后，随着天然气的大量发现，以煤为原料的甲醇生产受到冷落。现在许多公司都以天然气、石脑油、重油、渣油等为原料来生产甲醇，所用的催化剂基本上是以铜和氧化锌为主加入铝或铬的氧化物。工艺设计也大同小异，差异在反应器的设计和操作单元的组合上。气相法合成工艺主要有ICI低压甲醇合成法、Lurgi低压甲醇合成法以及后来发展的新型反应器合成法这几种。目前使用较为广泛的是ICI低压甲醇合成工艺。

（一）工艺流程简介

甲醇合成工艺一般由造气、净化、合成（转化）及分馏4个主要部分构成。以乙炔尾气为原料低压合成甲醇工艺为例，天然气制乙炔的尾气原料气进入甲醇系统后，经部分氧化法氧化，在特殊镍催化剂的作用下转化成由H_2、CO、CO_2及少量CH_4组成的合成气。转化后的合成气中含有微量的硫，通过脱硫器使硫含量降低，合成气经过变换反应以调节CO/CO_2比例，然后用压缩机加压。从压缩机二级出来的合成气一部分进入脱碳工序，用碳酸钾液脱除部分二氧化碳，然后与未经脱碳的气体混合，经压缩机第三级压缩后送至合成工序与循环气混合，再经循环气压缩机加压到5 MPa，预热后送入温度为270 ℃冷激式反应器，在铜系催化剂作用下，于240～270 ℃时合成甲醇。反应后的气体进行冷却分离出甲醇，未反应的气体经压缩升压与新鲜原料气混合再次进入反应器，反应中所积累的甲烷气作为驰放气返回转化炉制取合成气。低压操作意味着出口气体中的甲醇浓度低，因而合成气的循环量增加。低压工艺生产的甲醇中含有少量水、二甲醚、乙醚、丙酮、高碳醇等杂质，需要蒸馏分离才能得到精甲醇。因此分离出的粗甲醇送至精馏工序，经两塔精馏后得到精甲醇。

（二）主要设备的腐蚀形态及原因

甲醇生产装置的主要腐蚀介质是原料气中的硫化氢、二氧化碳、氢气，粗甲醇中少量的有机酸（甲酸、乙酸）以及溶有大量二氧化碳的热钾碱溶液。

1.变换工段CO饱和塔及冷却塔的电偶腐蚀

变换工段是甲醇生产工艺中的重要组成部分，其主要设备有饱和塔、变换炉和冷却塔。变换气的主要成分为CO、H_2、CO_2、CH_4、N_2、H_2S、O_2、HCN、H_2O、NH_3、CH_3OH等。变换气进入饱和塔后与来自冷却塔的水进行热交换，被加热后的变换气与水蒸气一同去变换炉并完成主要反应：

$$CO+H_2O \rightarrow CO_2+H_2$$

最后经冷却塔、终冷器、分离器去下一道工艺系统。显而易见，变换段的工作介质具有一定的腐蚀性，可使饱和塔、冷却塔等设备遭受腐蚀。

（1）CO饱和塔

饱和塔中的主要介质为CO、H_2、H_2O，筒体封头及主体接管材料为WSTE36，与国产材料16MnR性能相近，理论上，工作介质对塔体有一定的腐蚀性，但不会十分严重。在原始设计中，塔中填料为陶瓷环，由于填料的装卸及工况、介质等原因，瓷环大量破碎，导致堵塞，使装置经常停车。为解决这一问题，某厂曾改用1Cr13铁素体不锈钢鲍尔环，运行后却出现塔体、塔内构件及塔体接管的腐蚀，其中尤以管线为甚。腐蚀产物沉积于填料表面，使部分填料互相粘连，造成堵塞而影响传质传热效果。为此，改用1Cr18Ni9Ti奥氏体不锈钢鲍尔环，管线及塔体内部的可拆件均换成18-8不锈钢件，效果明显，基本上消除了填料环堵塞的问题。然而，随后又产生了新的腐蚀问题，即塔主体的腐蚀加剧。经现场测量发现，腐蚀较严重区域出现在筒体由下起第一道环焊缝的上300 mm至下500 mm范围内。腐蚀减薄最严重的部位为进气孔和出水孔附近，以进气孔附近更为突出，壁厚减薄最大处从原设计的25 mm减薄至16 mm，严重影响塔的安全使用。

仔细观察和分析发生重度腐蚀的区域和部位，虽然在一定范围内腐蚀比较均匀，表面比较光滑，但腐蚀区域仍十分集中和有限，因此可以排除塔体整体均匀腐蚀和单一材料的电化学腐蚀；其次，饱和塔最严重腐蚀部位在管口周围，而不是管口对面，应该排除介质冲刷腐蚀。那么究竟是什么原因引起塔体如此严重腐蚀的呢？通过对饱和塔腐蚀发生的过程进行分析可以看到：将填料更换成铁素体不锈钢环后，造成塔体、内件及接管、管线不同程度的腐蚀，腐蚀产物大量积结于填料之上；填料、塔内件、接管及大部分管线更换为18-8不锈钢后，原先较严重的腐蚀现象基本消除，腐蚀严重区域移至没有更换材料的塔主体。因此，可以初步断定该塔的腐蚀属于双金属（电偶）电化学腐蚀，其与材料的选择和材料之间的电位差有关。

通过从工艺流程中取样来模拟分析不同材料之间的电化学腐蚀，发现单一材料在本CO变换工段介质工况条件下并不会造成严重的腐蚀。碳钢和不锈钢接触则为电偶腐蚀创造了条件，在腐蚀介质中，碳钢作为阳极而发生腐蚀，不锈钢显著地增加了碳钢的腐蚀。CO饱和塔的严重腐蚀主要是碳钢和不锈钢的不合理搭配而产生的电偶腐蚀。

（2）变换段冷却塔

变换段冷却塔内的主要介质为CO_2、H_2和H_2O，塔体及内构件材质与饱和塔相同，腐蚀部位主要发生在该塔上段填料的箅子压板以下1500～1900 mm环带内，箅子板上方为冷却水进水分布器，所测腐蚀范围内壁厚仅为13～16 mm，有较明显的腐蚀条沟和液体流过的冲刷痕迹，腐蚀表面比较光滑。

由于材质与饱和塔相同，所以腐蚀发生的原因和机理也基本一样，即为碳钢和不锈钢的不合理搭配而产生的电偶腐蚀。

2. 合成反应器的氢腐蚀

低压合成反应器的工作温度在240～270 ℃，压力为5 MPa，反应气中氢的含量达56%～69%，因此，在该环境中碳钢设备易发生氢腐蚀。氢腐蚀可以发生在金属表面，也可以发生在金属的内部。在甲醇生产装置中氢腐蚀主要出现在合成器的内构件上，如催化剂筐、分布管等，腐蚀形态为脱碳、氢鼓包及氢脆断裂。

氢腐蚀的发生主要是由于氢原子体积较小，在一定压力下可渗入钢铁中，聚集于金属的晶界等缺陷之处，氢原子结合为氢分子，在缺陷处形成局部高压，使金属开裂和鼓包。此外，氢可与钢铁表面的碳化物作用，使钢铁表面脱碳。

3. 合成气热交换器的腐蚀

在低压法合成甲醇工艺中，反应器底部合成气出口处有一低合金钢换热器，工作压力约为5 MPa，壳程介质为合成反应器进气，温度为58～59 ℃，管程介质是合成反应器出气，温度为240～270 ℃。热交换后反应气体被冷却至140 ℃，然后进入甲醇冷凝器。

某厂甲醇生产装置运行5年后，发现换热器冷气进口处几排列管腐蚀穿孔泄漏，出口封头底部减薄3～3.5 mm，出口三通底部也形成深达8 mm的凹坑。对已腐蚀的列管进行解剖检查，发现腐蚀部位集中在冷气进口处，向管内延伸约1 m，而管子的其他部位，腐蚀较轻，管壁基本无减薄。

该换热器的腐蚀属露点腐蚀。在低压合成甲醇工艺中，合成器出口气体中的二氧化碳含量在12%以上，水含量在1.56%左右，同时还含有少量的有机酸，如甲酸、乙酸等，其露点温度约为90 ℃，而由壳程进入的冷气温度低于60 ℃，在冷气进口区域容易造成反应后的气体局部过冷，使此处温度低于露点温度，形成含有二氧化碳、有机酸等的酸性冷凝液，造成列管、出口封头和三通的电化学腐蚀。生产实践证明，合成气体中二氧化碳含量越高，压力越大，冷凝液中二氧化碳的溶解度就愈大，冷凝液的腐蚀性也就越强。因此，在甲醇生产装置中，二氧化碳是换热器的主要腐蚀介质。

4.脱碳系统的腐蚀

（1）热钾碱溶液的电化学腐蚀

在ICI低压甲醇合成工艺中，常用热碳酸钾水溶液（热钾碱溶液）脱除转化气中多余的二氧化碳。碳酸钾溶液具有碱性，与酸性气体二氧化碳反应：

$$CO_2+K_2CO_3+H_2O=2KHCO_3$$

生成的碳酸氢钾在受热、减压时，又放出CO_2，溶液循环使用。

脱碳系统有许多碳钢制造的设备，如二氧化碳吸收塔、再生塔、再沸器、管道等，吸收了大量二氧化碳的热钾碱溶液对这些设备具有一定的腐蚀作用。试验表明，未吸收二氧化碳的碳酸钾沸腾溶液，对碳钢的腐蚀作用不大，但被二氧化碳饱和了的碳酸钾沸腾溶液具有很强的腐蚀性，腐蚀速率可达8.634 mm/a。因此，二氧化碳是造成热钾碱液具有较强腐蚀性的主要原因。

（2）汽蚀（暴沸-活化腐蚀）

在热钾碱溶液中，各种钢的腐蚀速率受温度影响较大。通常奥氏体不锈钢在温度不高时腐蚀轻微，但是当温度较高时，也会有较严重的腐蚀。如再沸器管束在温度较高的部位，常有坑蚀现象出现。这种腐蚀主要是管外壁实际温度大大超过了溶液的沸腾温度，使管束表面的液体在极短时间内汽化，产生气泡，气泡中内压不断增加直至破裂。气泡破裂时对金属表面会产生较强的撕裂作用，使金属的表面膜破坏，加速金属的腐蚀。

（3）二氧化碳冷凝液的腐蚀

吸收了大量二氧化碳的钾碱溶液，从二氧化碳吸收塔进入再生塔底部，由于压力降低，溶液闪蒸出部分的二氧化碳和蒸汽，经水冷却器冷凝后，形成含有二氧化碳的酸性冷凝液，造成对碳钢设备（如二氧化碳冷却器、二氧化碳分离器、管线等）的腐蚀。

（三）腐蚀控制措施

1.变换工段CO饱和塔及冷却塔

鉴于引起两塔腐蚀的原因均为双金属间的电偶腐蚀，因此需要对接触的金属材料进行合理的选择。对塔体而言，采用和塔内构件相同的不锈钢材料可以消除电偶腐蚀。考虑到经济因素，无必要将全塔更换为不锈钢塔，在安全分析的基础上，可采用不锈钢制造的筒节取代严重腐蚀区域的筒节，某厂的生产运行实践证明，效果良好，复合层未出现腐蚀。

2.合成反应器

合成反应器及其内构件、进出口管线等由于接触含氢气体而易发生氢腐蚀，因此必须选用抗氢钢种。

对抗氢钢材而言，通常要求含碳量较低，且含有能使碳形成稳定碳化物的元素，如铬、钼、钨、铌、钛等。因此，通常为合金钢。

钼钢和铬钢是常用的中温耐热和抗氢钢。

低压合成甲醇工艺中，反应器壳体、封头、管道通常选用中温抗氢钢种，如壳体封头选用16Mo、20MnMoNi55、15CrMo等材料，管道选用16Mo。

高压法合成甲醇的反应器，由于壁温一般不超过160 ℃，因此内构件可以选用1Cr18Ni9Ti不锈钢；紧固件可以选用钼钢或铬钼钢制造，以减小在高温下零件的松弛和蠕变；出口管道由于压力较高，可以选用30CrMo、15CrMo、15MnV等；小型壳体设备可以使用45钢锻造，大型设备壳体一般采用多层卷焊制造，外层材料用16MnR，内层材料用15MnVR等。

3.合成气热交换器

对于合成气热交换器壳程，由于合成气中氢含量较高，所以有氢腐蚀的危险，应选用抗氢钢，如16Mo低合金钢。

而对合成气热交换器的管程而言，由于腐蚀主要是酸性冷凝液的露点腐蚀，所以应从设计和材料选用上进行考虑。可以将换热器设计为立式安装，使管束内不积存冷凝液，从而减缓腐蚀，延长寿命。同时，可以根据设备的构件所处的不同环境，选择材料，如管束材质采用1Cr18Ni9Ti不锈钢，管板、封头、筒体等采16Mo低合金钢等。

4.脱碳系统

由于吸收了大量CO_2的热钾碱溶液对该系统碳钢设备有相当强的腐蚀性，故通常采用偏钒酸盐或五氧化二钒做缓蚀剂来防止腐蚀。同时，在选材上要注意适应富二氧化碳热钾溶液。再生塔上部洗涤段筒体可选用1Cr18Ni9Ti或00Cr18Ni10不锈钢衬里，内件可选用奥氏体不锈钢。

再生塔底溶液再沸器，其管程材料可选用1Cr18Ni9Ti或00Cr18Ni10不锈钢。

二氧化碳冷却器，其管程材料可以选用1Cr18Ni9Ti。

第二节　合成树脂生产装置的腐蚀与防护

一、聚乙烯

聚乙烯是一种用途极为广泛的树脂，因其具有较好的耐低温性、化学稳定性、电绝缘性以及良好的加工性能，消费量一直居合成树脂的首位，成为日常生活、农业、工业、建筑业等不可缺少的材料。

聚乙烯是由乙烯聚合而成的高分子化合物，其原料主要来源于石油或石油馏分。聚乙烯是一个由多种工艺方法生产的、具有多种结构和特性的系列品种树脂。它主要有低密度聚乙烯（LDPE）、高密度聚乙烯（HDPE）、线性低密度聚乙烯（LLDPE）及一些具有特殊性能的品种，如高相对分子质量高密度聚乙烯（HMWHDPE）、乙烯-乙酸共聚物（EVA）、极低密度聚乙烯（VLDPE）和超低密度聚乙烯（ULDPE）。

聚乙烯树脂工业化生产已有70年历史，其生产有多种工艺，按压力分有高压法与低压法，按工艺分有液相法和气相法，按反应器形式分有环管、液相搅拌床和气相流化床反应器等。其中高压法生产的是低密度聚乙烯、低压法生产的是高密度聚乙烯。

（一）工艺流程简介

LDPE树脂是通过高压法生产的，操作压力为100～400 MPa。使用的反应器有两种类型：一种是连续流动的、带搅拌的高压釜；另一种是管式反应器。因此，聚乙烯的生产方法可以分为釜式法和管式法两种，其生产能力在世界上各占一半。

管式工艺和釜式工艺主要的区别在反应器设计、操作条件和聚合引发剂的种类。因此，除聚合反应器不同外，管式工艺和釜式工艺的工艺步骤相同，通常可以分为五个工段：乙烯压缩、引发剂制备和注入、聚合反应器、聚合物与未反应乙烯分离、挤出和后序工段（脱气、混合、贮存与包装）。

以管式法为例，其主要专利厂家有BASF、UCC、日本三菱油化、德国IMHAUSEN、荷兰DSM、意大利ABCD等，虽然其工艺技术路线各有特点，但基本流程相同。

HDPE有四种主要的生产技术，即气相流化床法、中压溶液法、搅拌釜浆液法和环管反应器浆液法。

（二）主要设备的腐蚀与防护

1.管式反应器

高压聚乙烯管式反应器属于超高压设备，通常设计使用寿命为20年。以某厂为例，在对反应管抽检时，发现反应管内壁完好，而外壁存在蚀点，分布不均匀，深度可达0.2 mm。被抽检的管子分别使用了9年和11年，材质为AISI4340HⅡ（电炉冶炼，真空脱气高强钢）。

管式反应器上半部用加压水冷却，大约75%的反应热以发生低压蒸汽形式回收，其余则用夹套里的冷却水带走。因此，引起反应管外壁腐蚀的介质主要是水。循环水质不良，可使反应管外壁产生水垢，引起垢下缺氧腐蚀。

此类腐蚀主要靠控制循环水的水质来解决，采用反应管渗铝也能减缓腐蚀。

2.超高压管道

超高压管道在使用一定时间后，也有腐蚀现象发生。以某厂为例，在大修时发现高压聚乙烯装置中已服役17年的进口4340钢厚壁超高压管的弯头外表面存在大量深度几毫米的微细裂纹。

经过对裂纹进行分析研究，确认是在冷却水腐蚀环境下由于内压周期性波动及温差应力的叠加导致的低周腐蚀疲劳开裂，裂纹成群存在且均起源于腐蚀坑处，在断口中可看到明显的宏观或微观的疲劳断裂特征形貌。也就是说裂纹是长期在冷却水介质中腐蚀与低周疲劳共同作用造成的开裂，而厚壁管冷弯工序造成的管外表面较高的残余拉应力是促进裂纹产生的重要原因。

因此，采取措施消除或降低残余拉应力可以提高超高压管的服役寿命。实验研究表明，对弯头做表面喷丸强化可大幅度降低弯头表面的残余拉应力，效果较为显著。这种方法已经在新制国产G4335V超高压管的生产中初步得到了应用。

3.高密度聚乙烯系统中的部分设备

由于催化剂的制备中使用了氯化物，因此，在遇到水、蒸汽时会解离出氯离子（Cl^-）。所以该系统中的主要腐蚀类型为氢离子的析氢腐蚀，同时还会发生点蚀、穿晶腐蚀等局部腐蚀。因此，凡与催化剂接触的容器、管道等应选用玻璃、搪瓷、铝、铜、特种钢等。

接触物料的设备均采用耐腐蚀材料制造，如不锈钢、复合钢板、铝及衬聚酯或刷涂防腐涂料（如用环氧涂料防止湿Cl^-引起的腐蚀）。

二、聚丙烯

聚丙烯是一种用途广泛的热塑性树脂，它具有透明性高、无毒性、密度低、易加工、抗冲击强度高、耐化学腐蚀、电绝缘性好等优良性能，同时，还可以通过共聚、共混、填充、增强等工艺措施进行改性。因此，聚丙烯广泛地应用于化工、化纤、建筑、轻工、家电、汽车、包装等领域，在合成树脂中成为仅次于PE、PVC的第三大塑料，并且是目前塑料工业中发展速度最快的一个品种。

聚丙烯的主要原料为丙烯，其来源丰富，价格低廉。聚丙烯技术发展很快，至今已有几十种技术路线，按聚合类型可以分为四类：溶液法、溶剂法、本体法及气相法。最原始的聚丙烯生产工艺有以下工序：聚合、分离及单体回收、脱灰、脱无规则物、干燥、造粒等，被称为第一代工艺。第二代工艺省去了脱灰工序，第三代工艺则革除了脱灰和脱无规则物工艺。

就聚丙烯整个工业生产而言，溶液法是最老的方法，成本高，无规则物含量高，目前已基本被淘汰；溶剂法技术由于要使用溶剂，相比之下流程较长，操作与投资费用较高，已属落后工艺，但由于溶剂法工艺历史长，工艺比较成熟，可靠性好，操作条件温和，产品质量易于控制，在20世纪80年代初一直居主导地位，形成了相当规模的生产能力。本体法是以液态丙烯（含部分丙烷）为溶剂的聚合方法，减少了溶剂回收工序，易于操作，发展较快，工艺已相当成熟，属第二代工艺，20世纪70年代后期改造、新建工厂，大多基于此法。气相法被称为第三代工艺，用流化技术，丙烯在气相中聚合，由于高效催化剂的开发，自20世纪70年代后期发展很快，被认为是最有希望的工艺。

（一）工艺流程简介

现以日本三井油化最新的Hypol工艺为例，简单介绍聚丙烯（PP）的生产流程。

日本三井油化最新的Hypol工艺属于本体法工艺，主流程包括催化剂进料系统、反应器系统、单体闪蒸、循环、聚合物脱气和后处理等。

Hypol工艺采用的主催化剂是HY-HS-Ⅱ钛催化剂，是三井油化的专利产品，助催化剂可以从市场购买。该工艺用四个反应器串联生成均聚和共聚产品，前两个反应器是液相搅拌釜，后两个是气相流化床，另外还有一个预聚合反应釜。

新鲜丙烯与回收丙烯和循环丙烯汇合后经过一个脱水罐，一部分经过闪蒸器蒸发，送到主催化剂的预处理罐，与主催化剂一起进入第一液相均聚反应器；另一部分液态丙烯与丙烯洗涤塔顶冷凝器下来的循环丙烯汇合，进入一个接触罐，在此与第二液相均聚反应器出来的聚合物浆液接触，然后携带其中因短路而来的尚未充分反应的催化剂和聚合物细粉，一起进入第一液相均聚反应器。

从第二均聚反应器出来的聚合物浆液进入第三（气相均聚）反应器，在此，聚合物浆液中的液态丙烯被聚合的反应热汽化而蒸发。蒸发出的丙烯气体经冷却后，一部分再循环到气相反应器的底部又进入反应器，使聚合物在此气相反应器中呈流化态，同时控制聚合反应的温度，使其保持恒定。另一部分从气相反应器顶部出来的丙烯气体，经丙烯洗涤塔后被一个冷凝器冷凝下来，冷凝后的液态丙烯用泵打到丙烯进料泵的入口，在此与新鲜丙烯汇合，然后再进入第一液相均聚反应器。

当生产嵌段共聚物产品时，从第三（气相均聚）反应器出来的聚合物粉料，被送到带搅拌刮板的第四（气相共聚）反应器，在一定条件下，与一定配比的乙烯和丙烯进行嵌段共聚反应。循环的丙烯气体从流化床反应器底部进入。聚合时放出的反应热被循环气体带出，再经冷却后又循环到反应器中。

如果不生产嵌段共聚物，而只生产均聚物，在聚合工段的流程中可以取消第四反应器，改由三个反应器来完成聚合生产任务，这样可使流程简化，减少了设备。

（二）腐蚀介质与特性

1. $HCl-H_2O$

由于催化剂的制备采用了氯化物，如三氯化钛、氟氯烷基铝等，因此在聚丙烯的合成工艺中，在与水蒸气或水接触的工段，可能产生不同浓度的HCl，对碳钢及不锈钢设备可能造成腐蚀。

在HCl形成的酸性环境中，碳钢通常表现均匀腐蚀，而不锈钢则表现为点蚀或应力腐蚀破裂。

2. 水

装置中供热系统的锅炉水及冷却系统的循环水对设备也会有一定的腐蚀作用，主要为水中的溶解氧及其他离子引起局部腐蚀。

溶解氧对金属的腐蚀是氧去极化的电化学腐蚀，腐蚀部位取决于溶解氧的含量。蒸汽锅炉的溶解氧腐蚀发生在给水系统、补给水系统的管道中、省煤器锅筒补给水管周围、给水汇集槽、挡水板、对流管口、集箱内壁等。

循环冷却水由于水质的不稳定及使用到一定的浓缩倍数后容易产生结垢，因此有可能发生垢下腐蚀（闭塞电池腐蚀）；同时，冷凝水中的Cl^-含量超标，也有可能引起不锈钢材料的点蚀或氯化物应力腐蚀破裂。

（三）主要设备的腐蚀与防护

由于该装置设备设计选材是比较合理的，所以腐蚀问题并不是很突出。主要设备采用了以下的选材原则和措施：

1.凡与催化剂、废催化剂和聚合物浆液接触的设备，如预聚合釜、液相均聚反应器、气相均聚反应器、嵌段共聚反应器等，均采用碳钢-不锈钢（SUS304，相当于国产0Cr18Ni9）复合钢板。

2.对于废催化剂贮槽，由于HCl对碳钢腐蚀严重，可采用内衬呋喃玻璃钢防腐。

3.自闪蒸罐中由于HCl浓度较高，不锈钢也会受到腐蚀，故采用耐酸搪瓷设备。

4.后续工段，与聚合物浆液和粉料接触的设备，考虑到残存HCl的腐蚀，宜采用SUS316L（00Cr17Ni14Mo2）超低碳铬钼不锈钢。

5.对于冷凝器，通常壳体采用碳钢，管束、花板及封头采用SUS304。

6.锅炉给水系统的一些设备，如贮水槽等，可采用内涂环氧-酚醛树脂涂料防腐。

总之，采用不锈钢及不锈钢复合板、非金属衬里及耐酸陶瓷、防腐涂料等措施，便可有效地控制聚丙烯装置的设备腐蚀。

三、聚苯乙烯

聚苯乙烯（PS）是由苯乙烯加成聚合得到的高分子聚合物，是一种热塑性塑料。它具有耐水、耐腐蚀、透明、易染色、易加工成型、价格低廉等特点，广泛用于包装材料、建筑材料、电器、家具和玩具等领域。

聚苯乙烯常见的产品类型有通用型聚苯乙烯（GPPS）、冲击型聚苯乙烯（IPS）、可发型聚苯乙烯（EPS）三大类。目前世界聚苯乙烯产量已达1000万吨/年，已成为塑料领域内的一大品种。聚苯乙烯生产工艺已相当成熟，通常分为本体法和悬浮法两大类。通用型聚苯乙烯和冲击型聚苯乙烯，国际上普遍采用改良法连续本体聚合工艺，可发型聚苯乙烯技术采用悬浮聚合工艺。

生产聚苯乙烯的原料为苯乙烯，苯乙烯生产技术包括乙苯的生产和苯乙烯的生产两部分。目前，世界上乙苯生产工艺包括传统$AlCl_3$液相法、均相$AlCl_3$液相法、C_8分离法、

Alkar气相法和分子筛气相法等。新开发技术有Y型分子筛液相法、催化精馏法等。苯乙烯生产工艺除乙苯-丙烯共氧化法外，绝大部分采用乙苯催化脱氢法，其产量占苯乙烯总产量的90%以上。另外，新开发技术有乙苯脱氢选择性氧化法等。

以传统$AlCl_3$液相法制乙苯、乙苯催化脱氢法制苯乙烯为例，介绍聚苯乙烯的合成及其装置的腐蚀与防护。

（一）工艺流程简介

1.乙苯的制备——传统$AlCl_3$液相法

乙苯是苯乙烯单体的原料，主要是由苯和乙烯在酸性催化剂存在下经烷基化反应制得。液相三氯化铝法是Dow Chemical公司于1935年最早开发的，此工艺以无水三氯化铝为催化剂，是典型的福克特-克拉夫茨反应。BASF、Shell、Monsanto、UCC等公司在液相三氯化铝工艺基础上也相继成功地开发了自己的技术，其中使用最广泛的是UCC/Bad-ger工艺。

传统$AlCl_3$液相法使用$AlCl_3$催化剂。$AlCl_3$溶解于苯、乙苯和多乙苯的混合物中，生成络合物。催化剂络合相在烷基化反应器中与液态苯形成两相反应体系，同时通入乙烯气体，在温度130 ℃以下、常压至0.15 MPa下发生烷基化反应，生成乙苯及多乙苯，同时，多乙苯与苯发生烷基转移反应。

$$C_6H_6+CH_2=CH_2 \xrightarrow{AlCl_3} C_6H_5C_2H_5$$

2.苯乙烯的制备单元——催化脱氢法

催化脱氢法是在催化剂的存在下，选择性脱除乙苯分子中乙基上的氢，生成苯乙烯单体，此反应为强吸热反应。国外各大公司应用此原理开发了各自的苯乙烯生产技术，其中主要有Dow法、Monsanto/Lummus/UOP法、Bad-ger/Fina法、CdF法等。

脱氢反应在脱氢反应器中进行，采用高温减压条件，同时加入水蒸气以降低乙苯分压。蒸汽温度为600～620 ℃，负压操作，可以减少副反应的发生，蒸汽/乙苯物质的量之比为12∶1～15∶1。乙苯转化率在60%以上，苯乙烯选择性为87%～89%，苯和乙苯循环使用。各公司技术在工艺流程上基本相同，只是在催化剂类型和反应器结构等方面有差异。

乙苯经乙苯预热器（E101）预热至80～90 ℃后和配料蒸气混合，温度达140～150 ℃，进乙苯再热器（E102）和脱氢气热交换达400～450 ℃，再进入静态混合器（M101）和来自加热炉（F101）的过热蒸气（700 ℃）进行混合，达590～630 ℃进入第一反应器（R101）。R101的脱氢气进中间再热器（E103）和来自F101的800～850 ℃的过热蒸气进行热交换，脱氢气达600～630 ℃进入第二反应器。第二反应器的脱氢气经E102和废热锅炉（EX102）后，送后冷系统和物料回收系统，最终得苯乙烯产品。主反应为

$$C_6H_5C_2H_5 \xrightarrow{催化剂，600\ ℃} C_6H_5C_2H_3+H_2$$

3.苯乙烯精馏单元

合成的苯乙烯在高温下容易自聚，故采用减压法精馏苯乙烯，精馏后所得的苯乙烯供聚合或出售，流程简略。

4.苯乙烯聚合单元

在有搅拌装置的聚合釜内，加入水、分散剂及引发剂，然后加入计量好的苯乙烯即可完成聚合反应。聚合出来的湿料经过滤、洗涤、脱水、干燥、分离、过筛、进仓、包装等工序，成为产品出厂。

（二）腐蚀介质与特性

1.盐酸

在$AlCl_3$液相法中，由于三氯化铝遇水分解生成盐酸，反应如下：

$$AlCl_3+3H_2O = 3HCl+Al(OH)_3$$

因此，$AlCl_3$液相法制备乙苯中的腐蚀为有机溶剂的酸性腐蚀。在含有盐酸的有机溶剂腐蚀介质中，腐蚀为氢去极化的电化学腐蚀。对碳钢而言，腐蚀形态为均匀腐蚀；对不锈钢而言，腐蚀形态则为点蚀或应力腐蚀破裂。

2.高温气体

在苯乙烯制备单元中，乙苯预热器、乙苯再热器、脱氢反应器、加热炉等设备会产生高温气体，如高温蒸汽、烟道气、热空气等，这些高温气体常使碳钢发生氧化和脱碳腐蚀。

在高温气体中总有一定量的剩余O_2存在。在高温条件下，O_2与钢表面的Fe发生化学反应生成Fe_2O_3和Fe_3O_4。这两种化合物，组织致密，附着力强，阻碍了氧原子进一步向钢中扩散，对钢起到保护作用。随着温度的升高，氧的扩散能力增强，Fe_3O_4和Fe_2O_3膜的阻隔能力相对下降，扩散到钢内的氧原子相对增多。这些氧原子与铁生成另一种形式的氧化物FeO。FeO的结构疏松，附着力很弱，对氧原子几乎无阻隔作用，因而FeO层越来越厚，极易脱落，从而使Fe_3O_4和Fe_2O_3层也附着不牢，使钢暴露出新的表面，又开始新一轮的氧化反应，直至全部氧化完为止。

此外，在高温下，钢不仅会氧化，同时还会脱碳，使钢中的碳被氧化后生成二氧化碳和一氧化碳离开金属表面，其结果使钢铁表面的固溶碳减少，影响了钢铁的机械强度，同时也降低了钢铁的疲劳极限和表面硬度。

脱碳反应通常是按以下方程进行的

$$Fe_3C+O_2 = 3Fe+CO_2$$

$$Fe_3C+2H_2 = 3Fe+CH_4$$

$$Fe_3C+CO_2 = 3Fe+2CO$$

$$Fe_3C+H_2O = 3Fe+CO+H_2$$

3.高温硫腐蚀

脱氢加热炉在燃烧重油时，由于重油中含硫量较高，因此燃气在高温下会对金属产生硫化腐蚀，腐蚀主要是燃气中的H_2S、SO_2与钢材表面直接作用的结果。研究表明，当碳钢设备金属温度超过310 ℃时，就会发生高温硫化腐蚀。因此，脱氢加热炉的内构件易发生硫化腐蚀。

（三）主要设备的腐蚀与防护

在该装置中，考虑到腐蚀介质及其特性，防腐措施着重于合理选材，对于不同的操作单元，采用不同的选材原则和防护方法。

1.乙苯的制备单元

$AlCl_3$液相法制备乙苯工艺中，由于三氯化铝遇水分解生成盐酸，所以，凡接触含$AlCl_3$液相物料的设备及管线均不能直接用碳钢材料，而要采取一定的防护措施，通常使用非金属衬里。因此，该单元中各种槽、容器通常使用内衬酚醛玻璃钢、酚醛-呋喃玻璃钢、陶瓷板、石墨板等非金属材料防腐；而冷却器的碳钢冷却管采用内涂酚醛-呋喃树脂涂料防腐；接触经水洗、碱中和后的液相物料可以使用碳钢材料。

2.苯乙烯的制备单元

在苯乙烯制备单元中，由于高温气体能够使碳钢设备发生氧化和脱碳腐蚀，因此，对于接触高温气体的设备采用特定的防腐措施。通常，对于乙苯预热器、乙苯再热器、中间再热器等设备，由于管内为乙苯、水蒸气，管外为重油燃烧烟道气，所以，管程通常采用20G渗铝，壳程采用碳钢内衬耐火砖；脱氢反应器管程采用1Cr18Ni9Ti，壳程采用碳钢内衬耐火砖；废热锅炉的管程和壳程均可用1Cr18Ni9Ti。

3.苯乙烯精馏单元

该单元主要是通过真空精馏将苯乙烯与乙苯及部分甲苯、二甲苯分离，介质均为无腐蚀性的有机物，因此，物流对于本单元的设备和管线无腐蚀作用，设备选材均可使用碳钢。

4.苯乙烯聚合单元

该单元处理的物料对碳钢几乎无腐蚀性，但为了使产品不受铁离子污染，通常设备及管线均采用不锈钢、复合不锈钢或内覆搪瓷。

第三节　合成橡胶生产装置的腐蚀与防护

一、顺丁橡胶

顺丁橡胶是一种弹性高、耐磨性好、发热量小、耐老化的通用橡胶，广泛用于制造汽车轮胎、耐寒橡胶制品、制造业的缓冲材料、胶鞋、胶布等。

顺丁橡胶主要由顺式-1，4-聚丁二烯构成。自1953年齐格勒-纳塔定向聚合催化剂发明以来，顺丁橡胶的发展十分迅速，其产量已在合成橡胶中跃居第二位，仅次于丁苯橡胶，与此同时，生产顺丁橡胶的国家也越来越多。

我国从1959年开始顺丁橡胶的研制工作，经过多年实践，确立了在中国发展以镍引发体系为主的顺丁橡胶合成工艺，先后在燕山、锦州、高桥、齐鲁、岳阳五个石化公司建立了年产万吨以上的顺丁橡胶厂，并且在大庆和新疆又建设了两套顺丁橡胶生产装置，使我国的顺丁橡胶生产稳步前进。

以某厂镍引发体系合成顺丁橡胶装置为例，简单介绍该工艺的流程及其相关的设备腐蚀与防护问题。

（一）工艺流程简介

镍引发体系合成工艺，指以抽余油为溶剂、环烷酸镍-三氟化硼乙醚络合物-三乙基铝为催化剂的合成顺丁橡胶工艺。

顺丁橡胶工业化生产是通过溶液聚合法进行的，主要工序有：催化剂、终止剂和防老剂的配制和计量；丁二烯的聚合；胶液的凝聚；橡胶的脱水和干燥；单体、溶剂的回收和精制。因此，从单体制备到成品可以分为以下几个操作单元。

1.丁二烯制备单元

丁二烯是合成顺丁橡胶的单体，目前工业上主要采用丁烯氧化脱氢法、抽提法（从轻油裂解制乙烯副产品C_4馏分中抽提）、丁烷催化脱氢法来制备丁二烯。

以某厂顺丁橡胶装置为例，该装置采用抽提法和丁烯氧化脱氢法相结合来制备丁二烯。

（1）从轻油裂解制乙烯副产品C_4馏分中抽提丁二烯

轻油裂解制乙烯副产品C_4馏分极为复杂，含有丙二烯和炔烃等杂质，这些烃类化合物沸点非常接近，只有采取萃取精馏技术，方能达到分离目的。萃取精馏以萃取剂的不同，分为乙腈（ACN）法、二甲基甲酰胺（DMF）法、N-甲基吡咯烷酮（NMP）法等。这里介绍的装置采用的是二甲基甲酰胺（DMF）法。

用DMF法生产丁二烯的主要工序为：二级萃取精馏和二级普通精馏。

C_4馏分汽化后，以DMF为溶剂，在一级萃取精馏塔中分出正丁烷和丁烯。丁二烯和高级炔在汽提塔中从DMF中分出后进入二级萃取精馏塔，在此丁二烯与高级炔烃（如乙烯基乙炔）分开，再经第一精馏塔分出丙炔，然后粗丁二烯经第二精馏塔提纯，供聚合使用。

（2）丁烯氧化脱氢法制备丁二烯

丁烯氧化脱氢法生产丁二烯的主要工序包括前乙腈、氧化脱氢、洗醛、吸收、解吸、后乙腈等工序。

丁烯馏分送入前乙腈工序，在此用乙腈做溶剂，采用萃取精馏法分出正丁烷、异丁烷和少量异丁烯，将原料提浓后送入反应器进行丁烯氧化脱氢反应。反应生成气经过旋风分离后，进入废热锅炉回收部分能量，再进水冷却塔进一步降温并洗去挟带的催化剂粉尘，经过滤后进入生成气压缩机。经压缩后的生成气再依次经过洗醛塔、油吸收塔和解吸塔，再由解析塔侧线采出丁烯-丁二烯馏分。再送去后乙腈部分，采用萃取精馏法分离出高纯度的丁二烯。

2.丁二烯聚合单元

纯度合格的丁二烯和抽余油（溶剂油），在进入预热（冷）器之前，在管线内混合，然后在换热器出口处与镍引发剂（催化剂）混合，进入聚合釜聚合。聚合反应生成的胶液从釜顶导出，在进入终止釜之前，与终止剂、防老剂混合，终止的胶液从终止釜底部出来，进入胶罐。

3.溶剂回收单元

凝聚蒸出的回收油经预热后，进入油水分层罐进行油水分离，然后再进入脱水塔脱水，脱水后的溶剂油入溶剂罐，供聚合单元使用。

4.聚合物的后处理单元

贮罐中的聚合胶液经泵打入凝聚釜凝聚，凝聚后的胶粒在洗胶罐内用软水洗涤除去杂质，然后入脱水机脱水，脱水后的胶粒再进行挤压干燥，然后经称量、压块、包装等工序即为成品。

（二）腐蚀介质及特性

1.甲酸

抽提法制备丁二烯时，采用的萃取剂为二甲基甲酰胺（DMF）。该溶剂在无水时腐蚀性不大，当它遇到水后便发生水解反应，生成二甲胺和甲酸。而甲酸是最强的有机酸，在高温高压下对碳钢具有强的腐蚀性，腐蚀机理为氢去极化的电化学腐蚀。

2.糠醛

在萃取精馏时，为了防止丁二烯自聚，在溶剂中加入了一定量的糠醛作为阻聚剂。糠醛对热及氧化都不稳定，在空气、光线、受热及酸性催化剂等条件下易氧化为糠酸，反应式如下：

$$C_5H_4O_2+\frac{1}{2}O_2\xrightarrow{230\ ℃}C_4H_3OCOOH$$

生成的酸对醛的氧化又起催化作用，它在受热超过230 ℃时易分解成胶质。氧化生成的酸性物质极易溶于水及糠醛，使糠醛的酸度增大。糠醛对设备的腐蚀，主要是酸性物质在有氧条件下所发生的局部腐蚀。

抽提溶剂中由于含有一定的水及空气，同时又是高温高压工况，促使糠醛氧化成为糠酸，这样就在金属表面存在一定的酸性介质。由于金属表面存在一定的缺陷，腐蚀就在表面缺陷处发生，使金属表面产生蚀坑。随着金属的溶解，蚀坑内产生过高的正电荷，结果糠酸根离子（$C_4H_3OCOO^-$）迁入以维持电中性，随着$C_4H_3OCOO^-$与金属离子（Fe^{2+}）的结合，孔蚀内部$[H^+]$增大，这样更加速孔内金属的腐蚀。同时，糠醛的氧化产物过氧化糠酸，又对糠醛的氧化起催化作用，又使$[H^+]$增加，所以，糠醛对金属的腐蚀是一个逐渐加快的自催化过程。

此外，由于糠醛分解或与芳烃缩合生成了胶质，使垢下腐烛也成为可能。

3.对叔丁基邻苯二酚（TBC）

对叔丁基邻苯二酚（TBC）在抽提中也被用作阻聚剂，以防止丁二烯自聚。在有水的环境下，TBC可以解离出H^+，因此对碳钢具有一定的腐蚀性。

4.乙酸

乙酸对碳钢设备具有一定的腐蚀性。在氧化脱氢制丁二烯单元中，副反应伴随产生一定的乙酸；同时所用的溶剂乙腈水解，生成乙酰胺，在高温下乙酰胺又能水解为乙酸和氨。

$$CH_3CN+H_2O\rightarrow CH_3CONH_2$$

$$CH_3CONH_2+H_2O\rightarrow CH_3COOH+NH_3$$

含有杂质、水含量增大、高温等条件都能使乙腈水解反应加快，同时水解产物又能促进乙腈的水解，从而导致乙腈的损耗和设备腐蚀加剧。

5.二氧化碳

在丁烯氧化脱氢时，同时伴随有副反应发生，即直接深度氧化生成CO_2，成为富油中的“轻”杂质。当在解吸塔中蒸出C_4时，CO_2是最“轻”的组分，与C_4一起从塔顶出去，在冷凝器中冷凝。此时，部分CO_2将溶解于C_4中，使C_4凝液显酸性。如果解吸不彻底，会对“乙腈”系统的萃取精馏塔产生腐蚀。同时，在解吸去除CO_2过程中，酸性C_4凝液对解吸塔、回流冷凝器及再沸器等设备也会产生腐蚀。

6.催化剂

镍引发体系所用的催化剂为环烷酸镍-三氟化硼乙醚络合物-三乙基铝，其中三氟化硼乙醚络合物遇水会分解出氢氟酸，从而对设备产生腐蚀。腐蚀形态通常为均匀腐蚀，但是由于催化剂在聚合釜内分配不均，有可能导致局部腐蚀。

（三）主要设备的腐蚀与防护

1.丁二烯制备抽提单元

抽提装置中的塔、塔内构件、管线、泵、换热器等设备，接触甲酸、糠酸、TBC等腐蚀介质，加之高温高压及物料高流速，通常会使这些设备遭到严重腐蚀，如管线局部穿孔、换热器胀口腐蚀泄漏等。

所以，在此单元，应采用以下防腐措施：

（1）严格控制工艺条件，控制系统的含水量，以减少溶剂的水解；

（2）采用缓蚀剂，如系统所用亚硝酸钠，既是阻聚剂，同时也是缓蚀剂，对设备的腐蚀具有一定的减缓作用；

（3）接触TBC的设备，如加料槽和泵，应采用1Cr18Ni9Ti材质制造；

（4）对于换热器、冷凝器可以采用刷涂氨基环氧树脂或酚醛树脂以及牺牲阳极保护的方法来防腐。

2.丁二烯制备氧化脱氢单元及溶剂回收单元

该系统中设备的腐蚀主要是由乙腈水解产物及含CO_2的酸性C_4凝液造成的。因此，应采取的防腐措施为：

（1）严格控制原料质量（如降低乙腈杂质含量），严格工艺条件（如降低各塔的操作温度，降低系统含水量）；

（2）系统加缓蚀剂亚硝酸钠；

（3）选用新型催化剂，减少副反应，降低酸值；

（4）对于腐蚀性较大的设备，如水冷塔及其管线、解吸塔、回流冷凝器及再沸器等设备，应采用碳钢加1Cr18Ni9Ti不锈钢复合钢板或1Cr18Ni9Ti不锈钢制造。

3.丁二烯聚合及后处理单元

由于在生产上所使用的催化剂中三氟化硼乙醚络合物遇水会分解出氢氟酸，对设备具有腐蚀作用，因此，该单元中的主要设备，如聚合釜、凝聚釜、胶罐、洗胶罐等均应选用1Cr18Ni9Ti不锈钢制作；接触催化剂、酸性物料的管线也应采用1Cr18Ni9Ti管线；油水分层罐、脱水罐以及溶剂罐由于物料仍含有微量的氢氟酸，所以应在罐底部刷涂环氧酚醛涂料防腐。

二、丁苯橡胶

丁苯橡胶是丁二烯（Butadiene，简称B）和苯乙烯（Styrene，简称S）经共聚制得的一类共聚橡胶，英文缩写名为SBR（Styrene-Co-Butadiene Rubber）。

1933年，德国I. G. Farben公司采用乙炔合成路线首先研制出了乳聚丁苯橡胶（ESBR），并于1937年开始工业化生产；美国则以石油为原料，于1942年开始了SBR的生产。因此，SBR成为最早工业化生产的合成橡胶之一。21世纪初，SBR（包括胶乳）的产量约占全部合成橡胶产量的55%，是产量和消耗量最大的合成橡胶品种，是一种用途广泛的高弹性材料，主要用于轮胎、胶管（带）、绝缘材料等橡胶制品。中国于1958年引进了丁苯橡胶生产工艺，拥有丁苯橡胶装置的国内生产厂家有兰州化学工业公司、吉林化学工业公司、齐鲁石油化工公司等。

丁苯橡胶按其聚合方法、聚合条件和聚合物结构可分为：乳液聚合丁苯橡胶（英文缩写为E-SBR）和溶液聚合丁苯橡胶（英文缩写为S-SBR）两大类，其中乳液聚合丁苯橡胶发展历史最为悠久，其产量也最大。

在此介绍的是乳液聚合丁苯橡胶的生产工艺及其相关的设备腐蚀与防护问题。

（一）工艺流程简介

乳液聚合丁苯橡胶是以丁二烯、苯乙烯（或α-甲基苯乙烯）为原料单体，在引发剂、乳化剂、调节剂作用下，通过乳液共聚制成丁苯胶液，然后将胶液在电解质中凝聚析出橡胶，再经后处理挤压干燥制得。因此，整个工艺流程可以分为单体丁二烯的生产、单体苯乙烯的生产及丁苯橡胶的合成三大单元。

1.单体丁二烯的生产

丁二烯的生产，工业上通常有以下几条途径：

（1）乙醇法

该法是以乙醇为原料，在催化剂的作用下，经脱水、脱氢后制成丁二烯。

工业上制备乙醇主要采用粮食发酵法和乙烯水合法。前者由于成本较高、生产效率低下，目前除食品工业外，已逐渐被淘汰。后者有乙烯间接水合法和直接水合法两种工艺，间接水合法使用硫酸作为催化剂，设备腐蚀严重、废硫酸也难以回收利用，但由于具有对原料乙烯纯度要求较低、乙烯转化率高、反应压力低、生产效率高等优点，目前仍有不少国家采用；乙烯直接水合法是目前工业中最新的一种制备乙醇的方法，该法用磷酸/载体做催化剂，设备的腐蚀情况比间接法要轻得多，工艺成熟，能适应大型化、现代化的要求，因此已逐渐成为替代其他乙醇生产方法的先进工艺。

（2）抽提法和丁烯氧化脱氢法

见前面丁二烯制备单元的叙述。

2.单体苯乙烯的生产

单体苯乙烯的生产工艺流程，见前一节聚苯乙烯装置中催化脱氢法制备苯乙烯单元。

3.丁苯橡胶的合成

乳液聚合丁苯橡胶的合成，在工艺上有热法和冷法两种。前者是用过硫酸盐做引发剂，在50 ℃时引发共聚反应；后者是利用氧化-还原引发剂体系，使共聚反应可以在低温下进行。由于冷法所得丁苯橡胶的加工性能和硫化胶物性均有较大的改善，加之配方及工艺的日趋完善，所以乳聚丁苯橡胶的生产已经由热法转向冷法，使合成技术和产品品质有了飞跃性的转变。目前冷法丁苯橡胶占乳聚丁苯橡胶产量的90%以上。

在冷法生产乳聚丁苯橡胶的连续聚合工艺流程中，其生产工序大体可分为：单体储存、混合与助剂溶液配制及后处理工序。

（二）腐蚀介质及特性

1.硫酸

丁苯橡胶生产过程中，如果采用乙醇法制备单体丁二烯，则工艺中需要使用硫酸做催化反应物。使用的硫酸，其浓度不一，既有98%的浓硫酸，也有相对较稀的（38%～42%），甚至更稀的（如2%～3%）稀硫酸，加之在各工序的工况温度各不相同，既有100 ℃左右的高温，也有35 ℃的温度，因此，装置中的设备面临着不同浓度、不同温度的硫酸腐蚀。

浓硫酸属于强氧化性的酸，可以在钢铁表面生成钝化膜，使碳钢得到保护，因此在室温下通常可以用碳钢容器存放浓硫酸。在乙烯间接水合法合成乙醇时，采用98%的浓硫酸与乙烯发生酯化反应，反应体系温度可达80 ℃左右，由于反应物及产物都具有强烈的腐蚀性，因此在这种条件下，碳钢设备无法直接使用。同时，高温、高浓度的硫酸也会使不锈钢设备发生局部腐蚀，表现形态为点蚀或坑蚀。

当生成的硫酸酯水解为乙醇时，则产生浓度为40%左右的稀硫酸，反应操作温度为120 ℃左右，此时构成了高温下以稀硫酸为腐蚀介质的极为苛刻的腐蚀环境，从而使装置遭受严重腐蚀。

在丁苯橡胶合成的后续工序中，采用2%～3%左右的稀硫酸作为凝聚剂，虽然硫酸的浓度较低，但也能对碳钢设备造成均匀腐蚀。

2.磷酸

如果乙醇的制备采用乙烯直接水合法，由于采用磷酸系列的催化剂，因此，水合过程中磷酸对设备也有一定的腐蚀性。腐蚀形态表现为对碳钢的均匀腐蚀、对不锈钢的晶间腐蚀及孔蚀。

3.盐类

在凝聚工序中，采用的是工业上常用的盐-酸混合凝聚剂的基本方法，即用$CaCl_2$或NaCl、KCl化学破乳，同时将介质调至酸性，使固体橡胶完全析出。因此在此条件下$CaCl_2$可以发生水解，反应如下：

$$CaCl_2+2H_2O \rightarrow Ca(OH)_2+2HCl$$

水解产生的氯化氢遇到水后即成为腐蚀性很强的盐酸：

$$2HCl+H_2O \rightarrow 2HCl \cdot H_2O$$

当它遇到钢铁后即发生下列反应：

$$2HCl \cdot H_2O+Fe \rightarrow FeCl_2 \cdot H_2O+H_2\uparrow$$

从而使碳钢产生腐蚀。同时，氯离子的存在，使不锈钢产生点蚀。

如果使用NaCl或KCl做破乳剂，虽然二者是中性盐，但是也会对钢铁产生腐蚀作用。其腐蚀机理为氧去极化腐蚀，腐蚀形态表现为对碳钢的均匀腐蚀和对不锈钢的点蚀。

4.有机酸

由于抽提法制备丁二烯时，使用二甲基甲酰胺（DMF）或乙腈作为萃取剂，这两种物质遇到水时会发生水解反应，分别生成甲酸和乙酸；为防止丁二烯自聚，使用糠醛做阻聚剂，但糠醛在空气、光线、酸性环境等条件下，易氧化为糠醛酸；如果用对叔丁基邻苯二酚（TBC）做阻聚剂，在有水的条件下，TBC可以解离出H^+离子，所以，上述腐蚀因素的存在，可以在装置的不同单元形成有机酸的酸性环境，对设备造成腐蚀。

5.水

在丁苯乳液中，丁二烯和苯乙烯都溶有微量的氧，由于氧在水中的溶解度较高，因此，水相配制过程中各助剂及脱盐水所带的氧比较多。在这种情况下，系统中含有氧的水会对钢铁设备造成腐蚀，腐蚀机理为氧去极化腐蚀，腐蚀形态对碳钢为均匀腐蚀。如果水中含有其他杂质离子，如氯离子，则会对碳钢和不锈钢产生点蚀。

（三）主要设备的腐蚀与防护

1.乙烯间接水合法制备乙醇单元

制备丁二烯的原料乙醇，如果采用乙烯间接水合法制备，由于使用硫酸作为催化反应物，所以，设备腐蚀严重，从生产工艺过程看，可以分为吸收、水解及中和等三个系统的腐蚀。

（1）吸收系统

吸收系统中主要的腐蚀设备是吸收塔。该塔的腐蚀设备有塔板和U形冷却器，塔内物料为浓度98%的浓硫酸、乙烯（97%）、硫酸酯、硫酸二乙酯，操作温度为80 ℃，操作压力为1.57 MPa。塔外壳材料为20G锅炉钢板，采用内衬耐酸砖防腐。衬里施工时，在塔的底部和壳体部分先衬1.5 mm厚的石棉板两层，然后衬65 mm厚的两层耐酸瓷砖；塔顶内衬安山岩，黏结剂为钠水玻璃胶泥。由于塔内压力较大，为了保证衬里质量，可以考虑预应力衬里技术。如果用1Cr18Ni11Si4AlTi制造吸收塔，效果更好。

室温下98%的硫酸贮罐和输送管道可以用碳钢制造，泵和阀门用普通灰口铸铁制造。

硫酸酯贮罐贮存浓度为98%的硫酸，温度在50 ℃左右，可以采用碳钢内衬耐酸砖板，也可以用1Cr18Ni11Si4AlTi制造该贮罐。

硫酸酯循环泵、硫酸酯输出泵和浓硫酸输入泵的共同特点为泵的输出压力较高。由于输送物料的温度较高，因此，采用耐硫酸腐蚀的“王牌”材料——哈氏B合金制造。

输送硫酸酯所用的阀门，接触的也是温度为50～70 ℃、浓度为98%的硫酸，考虑到耐蚀及耐磨性，可采用1Cr18Ni11Si4AlTi制造或内衬F3。必要时，也可以使用0Cr23Ni28Mo3Cu3Ti材质的阀门。

（2）水解系统

水解系统主要是经受高温稀硫酸的腐蚀，主要易腐蚀设备有水解塔、蒸出塔、水洗塔、稀硫酸贮槽、稀硫酸泵、阀门、管道等。

水解塔塔内物料除浓度40%的稀硫酸外，还有硫酸酯、硫酸二乙酯、乙醇（30%）和乙醚等，塔内温度为100 ℃，压力为0.0785 MPa，腐蚀环境极为恶劣。该塔采用碳钢内衬耐酸砖板防腐。内衬施工时，在底层先挂一层5 mm厚的铅板，再衬两层1751半硬橡胶，最后再用酚醛胶泥衬砌65 mm的耐酸砖。此外，还可以用玻璃纤维增强酚醛塑料整体制造水解塔。

蒸出塔的其他条件和水解塔相似，但工作温度较高，因此腐蚀问题比水解塔更为严重。可以采用内衬不透性石墨板和耐酸砖板防腐或整体采用玻璃纤维增强酚醛塑料制造。

水洗塔塔内物料和蒸出塔相同，温度与水解塔相近。水洗塔原用紫铜制造，但由于水中溶解氧的存在，使铜塔腐蚀严重，后采用玻纤增强酚醛塑料整体制造，生产实践证明，效果很好。

同样，稀硫酸贮槽及其输送管道也可使用玻璃纤维增强酚醛塑料制造。

稀硫酸泵、阀门采用BSi9-2.5-0.5硅白铜制造，使用效果良好。阀门也可使用衬F3塑料阀门及锆制阀门。

（3）中和系统

中和系统的腐蚀主要是碱洗塔的腐蚀。为了中和乙醇、乙醚中夹带的微量硫酸，需要将物料在碱洗塔中碱洗。碱洗塔内物料为浓度10%的氢氧化钠、浓度为3%～5%的硫酸、浓度为30%的乙醇、浓度为3%～5%的乙醚，塔内压力为0.0294 MPa，温度为108 ℃。

碱洗塔遭受酸碱介质交替腐蚀，因此可以采用内衬铸石防腐，胶结剂用环氧呋喃胶泥，生产使用证明效果不错。在此工况条件下，0Cr18Ni12Mo2Ti可耐酸、碱腐蚀，因此也可用该材料制造碱洗塔。

2. 乙烯直接水合法制备乙醇单元

采用乙烯直接水合法制备乙醇时，使用磷酸系列催化剂，因此存在磷酸对设备的腐蚀问题，较为突出的是关键设备水合反应器的腐蚀。

水合反应器的工作温度为240～300 ℃，操作压力为7.09 MPa，因此对材质的耐蚀性和强度要求很高。各种水合反应器都是一个空心圆筒设备，长10～14 m，直径随生产能力不同而异。为防止磷酸的腐蚀，水合反应器通常采用衬里防腐。

铜和奥氏体不锈钢在磷酸中的耐蚀性较好，因此在直接水合法乙醇工业及磷酸工业中被广泛使用。水合反应器中便是内衬这两种金属，如苏联和捷克斯洛伐克的水合器衬紫铜；德国Veba公司和Wood公司的水合器采用锰青铜（$CuMn_2$）做衬里，同时在锰青铜的内壁上衬上一层碳砖，以保护锰青铜衬里免受磨蚀，还具有吸收部分磷酸的作用；美国Eastman公司的水合器衬以不锈钢和铜的复合板，这样的复合板即使铜层出现损伤也能避免水合器的腐蚀，同时还能适应热膨胀的情况。

在较低温度下，橡胶和塑料对磷酸具有很好的耐腐蚀性，无机非金属中，碳、硅、铬刚玉、耐酸陶瓷也具有较好的耐蚀性，因此本单元的其他设备如贮槽、管道等可以采用这些材料防腐。

3.乙醇法制备丁二烯单元

该单元中主要是乙醇精馏塔和乙醇乙醚槽受乙酸及水的腐蚀，因此可以在碳钢设备涂覆CH-784环氧氨基涂料或环氧-呋喃树脂防腐。

4.抽提法及丁烯氧化脱氢法制备丁二烯单元

该单元设备的防腐参见顺丁橡胶装置的相关内容。

5.单体苯乙烯制备单元

该单元设备的防腐参见聚苯乙烯装置的相关内容。

6.丁苯橡胶生产单元

该单元中腐蚀介质主要为KCl、NaCl、$CaCl_2$及3%～5%的稀硫酸，因此采用以下防腐措施：

（1）凡接触KCl、NaCl、$CaCl_2$溶液的贮槽，可采用碳钢内衬玻璃钢防腐，也可采用内衬丁腈-酚醛软片或环氧-鳞片作为防腐层；

（2）聚合釜采用碳钢内衬1Cr18Ni9Ti制造，列管及搅拌器均采用1Cr18Ni9Ti制造；

（3）稀硫酸槽采用碳钢内衬防腐，可以内衬橡胶、丁腈-酚醛软片、铅、耐酸瓷板，也可直接用聚氯乙烯或聚丙烯塑料制作；

（4）絮凝槽接触氯化钠盐水及丁苯胶浆，应采用以环氧-呋喃胶泥为胶结剂，碳钢内衬瓷板防腐；

（5）其他贮槽如乳化剂槽、凝聚剂槽、防老剂槽、洗涤槽等均选用1Cr18Ni9Ti制作。

此外，聚合系统中还应采用除氧剂、缓蚀剂等防腐措施。

三、丁腈橡胶

丁腈橡胶是由丁二烯和丙烯腈经乳液聚合得到的无规共聚物，1930年首先在德国试制成功。

丁腈橡胶的发展经历了从高温聚合到低温聚合的历程。早期丁腈橡胶的生产，聚合温度控制在30～50 ℃范围，生产出的橡胶称为热聚丁腈橡胶，其物理性质及加工性能均不太理想。后于1948年开发出了在5～10 ℃低温聚合的冷聚丁腈橡胶，其加工性能得到了提高，但物理性质改善仍不明显。直到1955年低门尼黏度丁腈橡胶的开发成功，终于使丁腈橡胶的物理性质及加工性能达到了令人满意的要求，由此丁腈橡胶开始得到真正的发展，目前丁腈橡胶主要生产厂家都采用低温聚合工艺。

我国现有的丁腈橡胶生产装置，主要在兰州化学工业公司和吉林化学工业公司，总生产能力为2.5万吨/年。

（一）工艺流程简介

丁腈橡胶的生产工艺流程与乳聚丁苯橡胶相似，有间歇聚合和多釜串联连续聚合工艺流程，都由如下工序组成：原料和助剂的配制、聚合、未反应单体回收、胶乳掺合、凝聚-脱水、洗涤、干燥、成品检测和包装。

以低温连续生产工艺为例，介绍丁腈橡胶的生产。

原料准备。将新鲜的和回收的单体分别配成95%的混合液，丁二烯须先用碱液（如10%～15%NaOH水溶液）于30 ℃洗淋脱阻聚剂。将乳化剂、电解质、脱氧去离子水配成水溶液，再将引发剂、活化剂（包括还原剂、螯合剂）、终止剂、消泡剂等配成水溶液，调节剂可溶于丙烯腈并且可以在线混合；防老剂一般不溶于水，液体防老剂在搅拌下加到含乳化剂的水中成乳状液，固体防老剂悬浮在含乳化剂的水中经胶体研磨成乳状液。

将丁二烯、丙烯腈、乳化剂混合液和去离子水（介质）在线混合，用氨冷至5 ℃在线与活化剂溶液混合送入第一聚合釜底部，进入聚合体系；引发剂（氧化剂）直接从釜底进入，由8个聚合釜串联操作，反应热由液氨通过内冷管蒸发导出。原料和助剂溶液根据门尼黏度和转化率分别由计算机控制加料量，在管道中混合，连续进入聚合釜，反应温度由计算机控制。取样分析门尼值达到要求时，在终止釜加入终止剂终止反应，胶乳卸到胶乳缓冲罐。

未反应的丁二烯经三级闪蒸被回收，用蒸汽直接加热，后经真空闪蒸及三台压缩机串联加压，冷凝冷却后大部分送入回收丁二烯罐做配料用，约1/6的丁二烯被送到抽提装置精制。未反应的丙烯腈经丙烯腈汽提塔脱除和回收。塔下部通蒸汽，塔顶馏分经腈-水冷凝分离、冷却，送入回收丙烯腈罐做配料用。塔釜胶浆送至胶浆贮罐。闪蒸脱气过程必须加入阻聚剂和消泡剂。

脱气后的胶乳送入贮槽，在掺混槽中调节门尼黏度并加防老剂，经絮凝、凝聚和二次过滤筛脱水及二次洗涤槽洗涤后，进入挤压脱水机。

胶乳进入凝聚槽前与絮凝剂（如食盐水）在线混合破乳成浆状物，再与稀酸混合连续进入凝聚槽，在剧烈搅拌下生成胶粒。

凝聚后的颗粒再经二次洗涤，充分脱出橡胶中的盐分和可溶性杂质。湿胶粉碎后经带式输送机送到螺旋分配器，均匀地进入干燥网箱，干燥后自动称重、压块、金属检测、包装、装箱入库。

（二）腐蚀介质及特性

1.水

乳液聚合中应用最多的分散介质是水，丁二烯和丙烯腈的共聚是在水乳液中进行的，反应所需的引发剂、活化剂、终止剂、消泡剂等助剂都是配成水溶液的，后续的冷凝冷却、絮凝、凝聚、洗涤等工序，也是在水相存在下进行的。因此，水几乎存在于整个工艺过程中。由于氧在水中的溶解度较高，水相配制过程中各助剂及脱盐水所带的氧也比较多，因此，系统中含有氧的水会对钢铁设备造成腐蚀，腐蚀机理为氧去极化腐蚀，腐蚀形态对碳钢为均匀腐蚀，如果水中含有其他杂质离子，如氯离子，则会对碳钢和不锈钢产生点蚀。此外，溶于水中的二氧化碳、二氧化硫以及洗涤出的酸、碱、盐等物质，也增强了水的腐蚀性。当然，不同的工序，水对设备的腐蚀程度是不一样的。

2.盐

丁腈橡胶的聚合配方中通常有电解质组分存在，电解质的作用主要是控制胶束生成的大小和调节聚合体系的pH值，同时还可以减小胶乳黏度，增大流动性。在冷聚体系中，常加的电解质有氯化钠、氯化钾、碳酸钾、磷酸钾等，通常它们和乳化剂、脱氧去离子配成水溶液使用；此外，胶乳凝聚前需要使用破乳剂破乳，破乳剂通常也为无机盐，体系中这些无机盐溶液，也会对金属构成一定的腐蚀，如氯化钠溶液会对碳钢造成均匀腐蚀。在有的工艺中，为了使凝聚达到满意效果，采用盐-酸混合凝聚体系，酸无疑也会促进盐溶液的腐蚀。

3.硫酸

丁腈橡胶的凝聚通常是在酸性条件下进行的，如本工艺中胶乳用无机盐破乳后，再与稀硫酸混合进入凝聚槽凝聚。稀硫酸对碳钢具有较强的腐蚀性，因此稀酸贮槽、凝聚槽及其相应的管线等，不宜使用钢铁材质。

4.碱

丁腈橡胶的凝聚工艺，有的是采用胶乳与酸混合，在剧烈搅拌下凝聚生成胶粒，如本工艺中使用的日本JSR凝聚技术专利；也有采用其他凝聚技术的，如美国Uniroyal化学公司丁腈橡胶的凝聚过程是先加少量的烷基苯磺酸钠，然后再加入氯化钠水溶液和稀酸，控制pH值为3左右，在充分搅拌下再加入氢氧化钠溶液，使凝聚物和母液的pH=11。因此，如果采用后者的凝聚工艺，则聚合釜中既有酸存在，又有碱存在，致使聚合釜反复遭受酸、碱交替腐蚀。

5.有机酸

丙烯腈在酸性或碱性环境中可以发生水解，产生乙酸；丁二烯中所含杂质醛在一定的条件下也能氧化为羧酸。因此，有机酸的存在也是设备腐蚀的重要原因。

（三）主要设备的腐蚀与防护

丁腈橡胶生产流程中使用的主要设备有聚合釜、闪蒸槽、脱气塔、凝聚釜、挤压脱水机和干燥箱等。丁腈橡胶装置的防腐，主要以合理选材及衬里为主。

原料准备单元的引发剂、活化剂、终止剂、消泡剂等助剂配槽通常采用碳钢内衬玻璃钢防腐，也可以内衬环氧-鳞片树脂，或者用碳钢-不锈钢（1Cr18Ni9Ti）复合钢板制作。

稀硫酸碳钢贮槽可以内衬耐酸橡胶防腐，也可以内衬耐酸瓷板、酚醛-丁腈软片、搪铅等，或者贮槽整体用聚氯乙烯塑料制作。

聚合釜本体可采用碳钢-不锈钢（1Cr18Ni9Ti）复合钢板制造，列管及搅拌器均采用1Cr18Ni9Ti制造。

闪蒸槽采用碳钢内衬玻璃防腐。

脱气塔为筛板塔，塔体材质为碳钢，塔板为碳钢衬玻璃。为减少挂脱和便于清理塔体，内壁涂有硅树脂或酚醛树脂，输送胶乳的管线也衬玻璃。

盐水贮槽可采用碳钢内衬耐酸砖板、环氧-玻璃鳞片树脂或酚醛-丁腈软片防腐。

凝聚釜主要受稀酸和食盐水的腐蚀，通常用碳钢搪铅防腐。对于采用酸-碱凝聚技术的工艺，由于聚合釜中既受酸腐蚀，又受碱腐蚀，因此考虑到碱对铅层的腐蚀，一定要控制反应用NaOH不得过量。

后续工序中的设备如过滤器、洗涤槽等，可采用1Cr18Ni9Ti制造或衬胶防腐。主要传动设备也选用1Cr18Ni9Ti制造。

第四节 聚酯纤维生产装置的腐蚀与防护

涤纶是由称为聚酯的高分子聚合物制造的一种合成纤维，由于分子结构中含有酯基，所以学名为聚酯纤维。涤纶具有保形性能好、耐褶皱、耐磨、弹性模数高等优点，广泛应用于服装制造、工业、农业、国防等领域。尤其是近年来聚酯纤维改性技术的不断发展，使涤纶产品的质量得以极大提高，品种也日趋繁多，已经在合成纤维中居于遥遥领先的地位。

聚对苯二甲酸乙二酯（PET）是生产涤纶的主要原料，其主要中间体有两种：一种是高纯度对苯二甲酸（PTA）；另一种是对苯二甲酸二甲酯（DMT）。

聚酯合成的工艺路线，按中间体的种类来划分，已经工业化的有以下三种：

1.间接法

即DMT酯交换缩聚路线，又称DMT法。该法是用DMT和乙二醇（EG）首先经酯交换反应生成对苯二甲酸双羟乙酯（BHET），再经缩聚反应制成具有一定分子质量的聚对苯二甲酸乙酯。

2.直接酯化法

即PTA直接酯化缩聚路线，又称PTA法。该法使用的中间体为PTA，没有酯交换过程，而是与乙二醇（EG）直接酯化缩聚成聚酯。

3.直接加成法

即环氧乙烷酯化缩聚路线，又称环氧乙烷法。该法是用环氧乙烷代替乙二醇与对苯二甲酸，直接加成为对苯二甲酸双羟乙酯。

这三种工艺路线虽然化学反应原理不同，但是基本工艺过程却很相似。

DMT法是生产聚酯的传统方法，历史悠久，技术较为成熟，成品质量好而稳定，目前仍广泛采用。但其工艺过程较长，设备多，投资大，且需要大量甲醇，甲醇和乙二醇回收量大，增加了设备和能量的消耗。

PTA法的生产流程较短，投资少，生产效率高，生产过程无须使用甲醇，乙二醇耗用量少，可简化回收过程和设备，并能减少污染。但也有不足之处，如PTA在乙二醇中的溶解度较小，同容积酯化釜的生产强度不如DMT法高，中间体PTA的精制技术比DMT法难。

直接加成法在理论上最为合理，因为上述两种方法所用的原料EG，均由环氧乙烷加水合成。该法的优点是生产过程短、原料低廉、成品纯度高。但是环氧乙烷沸点低（10.7 ℃），常温下为气体，容易着火、爆炸，运输、贮存和使用都不方便，因而目前该工艺仍在试验研究阶段。

综上所述，聚酯纤维的合成目前工业上主要有PTA法和DMT法两种。从技术经济方面对比，PTA法比DMT法先进得多，尤其是20世纪60年代美国阿莫科公司实现了对二甲苯氧化法的对苯二甲酸精制工业化生产后，PTA法得以迅速发展，所以PTA法不仅在现阶段，而且在未来都将是继续发展的主流，将在聚酯纤维生产中处于主导地位。

因此，下面以PTA法为例，介绍聚酯纤维生产装置的腐蚀与防护。聚酯纤维生产大致分为四个阶段：聚酯中间体精对苯二甲酸（PTA）的生产、聚酯单体对苯二甲酸双羟乙酯（BHET）的生产、聚对苯二甲酸乙二酯（PET）的生产和聚酯纤维抽丝。

一、对苯二甲酸

对苯二甲酸的生产有高温氧化法（阿莫科法）和低温氧化法（东丽法为代表）两大工艺，鉴于高温氧化法工艺的广泛性及相应设备的腐蚀具有代表性，在此主要介绍对苯二甲酸的高温氧化法生产工艺。

阿莫科工艺共有两个组成部分：对二甲苯（PX）氧化工艺；粗对苯二甲酸（TA）精制工艺。其中粗TA精制工艺可以采用酯化法或加氢精制法，新建装置采用后一种精制方法的占多数。

阿莫科的氧化工艺是以二甲苯为原料，钴、锰的醋酸盐为催化剂，四溴乙烷为助催化剂，氧化生成对苯二甲酸，反应以空气为氧化剂，醋酸为溶剂，在液相中进行。

氧化生成的粗对苯二甲酸中带有一些不溶性的杂质，主要是对羧基苯甲醛（4-GBA），会影响缩聚反应及聚酯的色泽，加氢反应的目的是使对羧基苯甲醛还原为对甲基苯甲酸（PT酸），使之溶于水而洗去。

（一）流程概述

1.粗对苯二甲酸（TA）的生产流程

粗对苯二甲酸的生产包括氧化、产物后处理和溶剂回收三个工段。

原料PX与助催化剂四溴乙烷在混合槽中混合后送入进料混合槽；醋酸溶剂、二级离心机滤液、干燥器排气洗涤液、脱水溶剂和循环母液经混合后也送入进料混合槽；主催化剂醋酸钴、醋酸锰通常用醋酸脱水塔顶冷凝液溶解配制成水溶液后，进入进料槽混合；混合槽中所有这些物料按配比混合均匀后，作为氧化反应器进料，槽顶部接排空回流冷凝器。

配制的进料经进料增压泵连续定量调节进入氧化反应器，与经空气压缩机增压的空气进行催化氧化，尾气经二段冷凝回流，不凝气体通过PX洗涤和醋酸高压吸收后，用以驱动空压机。氧化放出的热量经冷凝排出，氧化产物粗TA浆液（浓度约为30%）由深入反应器底部的出料管放出。

产物处理包括结晶和干燥。氧化器放出的浆液经三台串联结晶器分步结晶，经三级降温结晶后，浆液中的对苯二甲酸（TA）的含量由30%提高到40%。然后结晶浆液经离心、打浆、再离心、两段离心机分离。离心机排出蒸汽经冷凝后送溶剂回收工段，不凝气送常压吸收塔，分离出的母液主要是醋酸，送高温氧化段醋酸进料槽进行母液循环。滤饼送入干燥器干燥，干燥出的醋酸以逆流循环的氮气吹出，送入洗涤塔回收，洗涤后塔顶逸出的氮气经加热循环回干燥器，塔底物料送氧化工段醋酸溶剂槽循环使用。干燥的TA用氮气送加氢精制工段。

溶剂回收包括母液处理、溶剂脱水和残渣处理。将结晶离心母液先加入汽提塔蒸馏釜，蒸出的气体在汽提塔内分离，塔顶分离物为含水醋酸，送溶剂脱水塔进一步分离。釜底残液送薄膜蒸发器继续蒸发，残渣可送催化剂回收或焚烧处理。溶剂脱水塔的进料除了来自汽提塔外，还来自结晶器和常压、高压吸收塔。塔顶分出水送高压吸收塔，塔底分离出的浓醋酸，经冷却器冷却后，送入醋酸贮罐，循环使用。

2.粗对苯二甲酸的加氢精制生产流程

对苯二甲酸的精制包括加氢精制、分离干燥两个工段。

原料粗对苯二甲酸加入打浆槽，通入定量脱盐水搅拌配制成25%（质量）浆液，为保持浆液浓度稳定，在槽内维持一定的停留时间。然后浆液经多级加热至281 ℃，使对苯二甲酸（TA）完全溶解后送至加氢反应器，并通入纯氢，在281 ℃、6.81 MPa，以钯为催化剂的条件下进行加氢反应。

加氢精制后的物料送入五段串联结晶器，逐级减压蒸发降温析出结晶，以保持纯对苯二甲酸（PTA）晶体纯度、晶形和粒度分布。从第五结晶器放出来的浆料进入压力离心机分离，分离出的湿PTA，再加脱盐水打浆制成浆液，进常压进料槽减压后送常压离心机分离，分离后的湿PTA由螺旋输送机送至干燥机中干燥，干燥后的PTA用氮气送至聚酯装置使用。

（二）腐蚀介质及特性

1. 醋酸

醋酸是涤纶生产过程中的一种强腐蚀性介质，国内现有的高温氧化法生产精对苯二甲酸装置均采用醋酸做溶剂。

醋酸的浓度对其腐蚀性影响很大，浓度在90%左右时，它的腐蚀性最强。

醋酸的氧化还原特性与溶解氧有直接的联系。由于工艺要求，涤纶氧化装置中的醋酸是含氧的。在充分暴气条件下，醋酸的腐蚀特征与氧化性酸相似。因此，不锈钢、钛等表面能形成致密而耐蚀钝化膜的金属可以在含氧醋酸介质中使用。但是，氧对不锈钢等金属的钝化作用是有一定条件的，如果醋酸系统中含有有害的阴离子杂质，在多种因素共同的作用下，也会发生氧去极化腐蚀。

醋酸中含有较多卤素离子时，其腐蚀性更强。在涤纶生产装置中，根据工艺的需要，添加四溴乙烷做助催化剂于物料之中，因此，溴离子不可避免地存在于醋酸中。溴离子是活泼的阴离子，比氯离子活性更强，能强烈地吸附在金属表面。由于不锈钢等金属材料中或多或少地存在一些杂质或者表面钝化膜局部受损，溴离子就很容易在这些位置侵蚀金属，使不锈钢发生点蚀。

此外，温度对醋酸的腐蚀行为的影响亦很强烈。在常温时，任何浓度的醋酸的腐蚀性都不强，当温度接近或超过沸点时，其腐蚀性才急剧增强，对于含溴醋酸，温度的影响则更为显著。因此，通常在PTA生产装置中，凡是温度低于130 ℃的设备均选用316L、304L等超低碳奥氏体不锈钢，温度高于130 ℃则选用能抗高温含Br^-醋酸腐蚀的钛材。

2. 对苯二甲酸

对苯二甲酸在水中的溶解度随温度升高而增加，当温度超过150 ℃时，随溶解度的增加，溶液的腐蚀性也逐渐增强。温度低于165 ℃时，不锈钢在该溶液中处于钝化状态。温度升高到240 ℃后，SCS14（316L不锈钢铸钛）进入活化状态，均匀腐蚀速率为0.06 mm/a，并且有了明显的局部腐蚀倾向。所以，在280 ℃加氢精制的温度下，不锈钢-钛混合结构在TA溶液中容易发生电偶腐蚀。

在高于100 ℃的分离干燥工序设备中，PTA物料需要碱洗与中和，难免带入微量Cl^-，不锈钢还有可能发生应力腐蚀破裂。

高温TA溶液的流动对不锈钢管道和设备也能产生较为严重的冲刷腐蚀；同时在加氢精制时，也有使纯钛发生氢脆的可能。

（三）设备腐蚀的概况

PTA装置由于醋酸及Br^-的强腐蚀性以及操作条件要求高温、高压和产品的高纯度和色度要求，对设备的材质要求很高，基本上使用超低碳奥氏体不锈钢和钛材。以年产22.5万吨PTA装置为例，在700台（套）主要设备中，钛设备达110台之多，余下的基本上为不锈钢设备。虽然钛材及不锈钢具有较好的耐蚀性，但是在含溴醋酸、醋酸蒸气、高温TA的作用下，也会发生腐蚀，腐蚀形态为点蚀、均匀腐蚀、电偶腐蚀、应力腐蚀破裂、腐蚀疲劳破裂、冲蚀、氢脆等。

1.催化剂计量罐

催化剂计量罐系316L制造，介质为混有催化剂的醋酸，操作温度为50 ℃，操作压力为常压。停工检修时，发现该罐液相下有大量的蚀点，大小不等，孔径最大为3 mm，深达0.5～1 mm，焊缝变暗、粗糙，也有点蚀。虽然该设备温度较低，但由于醋酸中溴离子浓度较高，316L不锈钢有严重的点蚀，同时还有均匀腐蚀，二者复合，破坏相当严重。

2.尾气膨胀机预热器

某厂PTA尾气膨胀机预热器为一卧式固定管板式换热器，壳程筒体设有单波膨胀节，材质为HⅡ，列管为ϕ20 mm × 2 mm × 6000 mm不锈钢钢管947根，材质为德国不锈钢1.4404（X2CrNiMo1810），壳体的开孔为整体补强设计。自投产运行后，在2年的时间内列管多次泄漏，肉眼观察，在封头和管板内表面上布满密密麻麻的点蚀坑，呈圆点状，直径不超过1.5 mm，深浅不一，焊缝上的点蚀相对比母体较为严重些，管子与管板焊缝上同样也有点蚀坑。现场检查，点蚀在沿列管长度上其程度是不相同的，较严重的蚀坑主要集中在气体进口端大约2 m的范围，蚀坑为圆形和麻坑状，发生点蚀的列管占总数的56%。经失效分析判定，点蚀的介质因素为进入管程的反应尾气含有Br的化合物，即点蚀主要是由溴元素造成的。

3.立式螺旋沉降离心机

某厂PTA装置有9台离心机，材质为317L，介质为TA、含溴醋酸、水，操作温度为105 ℃。使用3年后，发现最末级3台离心机转鼓腐蚀严重，上部呈斑坑状腐蚀，面积达80%，蚀深0.5 mm；下部呈砂皮状腐蚀，面积达95%。碱洗管、进料管已腐蚀成蜂窝状。离心机其他接触物料处，也有不同程度的点蚀。

4. TA干燥机的螺旋送料机

TA干燥机的螺旋送料机经2年运转，曾发生主轴断裂。输送的物料为含Cl^-醋酸的湿TA。螺旋送料机主轴材质为316L，裂缝有多条，均发生在出料端（即干燥机进口部），该部位温度达132 ℃。除开裂外，还出现点蚀与均匀腐蚀，还有支撑杆和空心轴间的焊缝腐蚀。所有裂纹均发生在焊接热影响区，经分析为腐蚀疲劳开裂。

5.回转蒸汽管式加热干燥器

22.5万吨级的PTA中有两台大型回转蒸汽管式加热干燥器，设计温度为205 ℃，蒸汽列管材质为SCS304，介质为TA、PTA及少量含溴醋酸，运行2年后，长20 m的蒸汽列管因点蚀而产生泄漏，同时发现有几根蒸汽列管外壁因黏结PTA物料，造成了应力腐蚀开裂（主要是由于介质中存在着上游设备使用苛性碱而带入的Cl^-），筒体内壁也有较严重的点腐蚀。

6.加氢精制设备

加氢反应器筒体为碳钢衬304L不锈钢复合钢板，304L不锈钢焊缝在280 ℃ TA+H_2环境中，会发生电偶腐蚀。

加氢反应器下部304L出料管曾发生过严重腐蚀穿孔，主要原因是出料管与钛制的约翰逊管连接，造成出料管的严重电偶腐蚀而穿孔。

加氢反应器前有4台进料预热器，其中最后一台预热器，从215 ℃加热到280 ℃，腐蚀环境较恶劣。管箱出料管采用钛套管，管箱体采用碳钢复合304L，隔板采用304L外包钛，法兰密封面采用38ULC堆焊，这样的异金属结构，在高温对苯二甲酸介质中，引发电偶腐蚀，造成法兰密封面与隔板邻近处腐蚀严重，蚀坑较深。焊接修复后，经过几个月运行，又产生腐蚀泄漏，因此每次大检修总要焊补。

加氢反应器进料调节阀，阀体与导向套为SCS14，阀座、阀杆为钛，经2年的使用，发现不锈钢导向套及紧固的2只316螺丝发生电偶腐蚀，且螺丝几乎蚀完，致使钛阀座、阀杆配合松动无法调节而停车。

7.溶剂汽提塔

溶剂汽提塔进料中95%的醋酸（HAc）溶剂在蒸馏釜内蒸出。釜底残液被浓缩到固体含量为35%的浓度，沉淀下来的固体形成近90%的浆液。搅拌机连续转动以防沉淀下来的物料集结于釜壁上使管线堵塞，其操作压力为0.18 MPa，操作温度为133 ℃。高浓度的浆液中主要有反应副产物、醋酸钴、醋酸锰、TA、HAc等。釜内蒸出的物料进入汽提塔进行分馏，HAc从塔顶抽出，高沸点物和从蒸馏釜带来的固体返回蒸馏釜，汽提塔操作压力为0.17 MPa，操作温度为125 ℃。显然溶剂汽提塔易发生应力腐蚀，易遭受腐蚀疲劳介质和外力作用。以往使用316L制造溶剂汽提塔及蒸馏釜，发现由于生产工艺的调整和操作的波动，该设备的介质浓度发生变化，使得汽提塔及蒸馏釜产生局部腐蚀。

蒸馏釜搅拌机，不仅要有一定的抗应力腐蚀能力，而且要承受较大的扭矩、弯矩，使用钛（Ti）材，虽然其材料的耐腐蚀能力很强，但其机械性能，尤其是冲击韧性、弹性模量不是太好，因此发生过蒸馏釜搅拌机应力腐蚀断裂的现象。

8.加氢反应器物流管线

反应器底部溶液直接流入反应器物流管线并进入第一结晶器，该管线采用304无缝管弯制而成，直径203.2 cm（8 in），厚18 mm，介质为PTA、水及反应过剩的少量氢，温度为280 ℃，压力从6.7 MPa降到4.2 MPa，由于高温高流速，经2年运转发现内壁熔合线呈现沟状腐蚀，焊肉粗、疏松，蚀深约1～3 mm，母材处有大面积点蚀坑，管线显示出严重的冲蚀现象。

9.加氢反应器中的钛合金部件

一般说来，工业纯钛在至少含有2%H_2O的氢分压下，温度在315 ℃以下不会发生氢脆。发生吸氢主要是与不锈钢邻接的钛部位，轧制钛板及钛管氢脆危险性较小，吸氢仅是在较浅的表面，但对锻材车制的螺母之类吸氢脆化是严重的，如曾从反应器液相部分一只紧固约翰逊过滤网与304L出料管的钛螺母外表发现有龟裂形貌，取样分析氢含量达0.16%，金相观察端面有氢脆裂纹。

此外，反应器顶部的钛合金分配器总管也存在着氢脆现象，因此其使用寿命是有限的，需要定期更换。

（四）防腐措施

1.选材

PTA装置的选材应遵循以下原则。

在高温氧化工段，凡接触溴离子催化剂和醋酸的物料、温度大于105 ℃的设备，大多选用纯钛；为防止缝隙腐蚀，对法兰密封面、与塔盘接触的塔体采用Ti-0.2Pd合金；对要求一定强度与刚度，又要求耐蚀的部位，如氧化反应器搅拌轴，采用Ti-6Al-4V合金；温度小于105 ℃的设备大多选用超低碳含钼不锈钢316L、317L。

在TA分离与醋酸回收工段，凡接触醋酸，含少量Br^-和TA的物料，温度大于135 ℃的设备大多选用纯钛；温度小于135 ℃的设备大多选用超低碳含钼不锈钢；残渣蒸发器选用哈氏合金C-276。

在加氢精制工段，为防止腐蚀和金属离子对钯催化剂的污染，加氢反应器前接触高温高压TA的加热器、溶解器等均采用纯钛；加氢反应器的壳体采用复合材料，其基材为碳钢，复层为304L。

在PTA分离干燥工段，为防止腐蚀和保证产品色泽，凡接触PTA物料高温的设备，采用超低碳含钼不锈钢316L，一般均采用304L、304不锈钢。

此外，在此原则基础上，应及时推广和引进国内外新的冶金成果：如推广使用国产超低碳高钼奥氏体不锈钢00Cr20Ni18Mo6.1CuN，即SW-206钢（相当于瑞典的254SMo）。该钢种在国际上评价耐蚀性能的临界点蚀温度（CPT ℃）、临界缝隙腐蚀温度（CCT ℃）及临界脱钝化pH值（pHd）三大指标方面，均优于常用的不锈钢。在无氧高温醋酸介质中，其腐蚀率的值小于0.005 mm/a；在含卤素离子高温醋酸中，其腐蚀率比316L低两个数量级。在醋酸中的耐蚀能力与钛相近，其价格却比钛低得多，且没有钛的氢脆危险。大量试验数据及应用实例证明，SW-206无论是在氧化性介质中还是在还原性介质中，其表面钝化膜均具有极高的稳定性，故在含氧或无氧醋酸、醛化液、海水及含高硫或含盐原油等介质中均具有优异的耐蚀性能。目前该钢在PTA装置的数十个部位进行了应用试验，用其制作的TM-302离心机进料管、TC-301风机叶轮、TH-502薄膜蒸发器、PC-201泵、主轴等取得了令人满意的使用效果。

904L是一种新型的高镍高钼不锈钢，相当于我国钢号00Cr20Ni25Mo4.5Cu。实验证明，904L能耐任何温度、任何浓度的常压醋酸的腐蚀，在浓度为95%的含氯离子的沸腾醋酸溶液中，904L的耐腐蚀性一般明显优于316L。此外，904L具有很好的耐应力腐蚀、点蚀、缝隙腐蚀等局部腐蚀的能力，因此实际工程应用中，在316L、317L易发生应力腐蚀破坏的地方，选用904L是比较适宜的。日本千代田公司在采用美国阿莫科公司最新工艺设计PTA装置时，在氧化工段的一些设备上使用了904L，主要有溶剂汽提塔、汽提塔蒸馏釜及搅拌机、TA第三结晶器及搅拌机、反应器尾气冷却器、吹扫气冷却器等。生产实践证明，系统设备的整体抗腐蚀能力较过去有了明显提高，消除了316L、317L耐腐蚀能力不足的现象，而设备成本却增加不多。

推广使用双相不锈钢SAF2205（瑞典标准牌号，相当于我国标准钢号中的00Cr22Ni5Mo3N）。SAF2205是奥氏体不锈钢中含有较多的δ铁素体形成的奥氏体-铁素体双相组织，铁素体和奥氏体比例处于平衡状态，因此这种组织不仅有着非常好的耐腐蚀能力，而且在焊接时，这个比例也不会有太大变化，故焊件的焊缝也有着很好的耐晶间腐蚀能力，并且不会产生焊接热裂纹。此外，SAF2205中由于Cr、Mo含量高，其耐点蚀性提高了，同时试验证明也具有比317L等奥氏体不锈钢更好的抗缝隙腐蚀及耐冲刷腐蚀性能。美国的福斯特·惠勒公司在采用英国ICI公司的专利技术设计PTA装置时，在部分设备（如氧化反应器第三级尾气冷却器、第三TA结晶器冷却器、TA干燥机洗涤塔冷却器、高压吸收塔酸进料冷却器、真空蒸汽冷凝器等）上使用了双相不锈钢SAF2205。从使用情况来看，还未发生过换热器管束出现严重的腐蚀现象，表明该材料在所用场合能够较好地满足PTA生产要求，也证明在PTA装置中选择并使用这种材料是适宜的。我国辽阳化纤公司引进的PTA装置中，在上述设备中也使用了这种材料。

总之，在PTA装置中，随温度、Br^-浓度及醋酸浓度增大，设备所选材料级别也相应提高，对不锈钢则要求所含的钼量也随之增加。通常选材顺序为：钛>254SMo（SW-206）>904L>317L>316L>304L。由于钛对抗高温醋酸及残渣颗粒的冲蚀性能差，某些设备需要选用哈氏合金C-276。

2.防止不锈钢点蚀

工程上最常用的是通过提高材质级别彻底解决点蚀问题。凡原用超低碳含钼不锈钢的设备与管线发生点蚀穿孔或均匀腐蚀减薄，严重的应改用钛材或SW-206（254SMo）不锈钢；反应工艺需要添加溴离子，为防止点蚀而减少Br^-含量，对一些重要设备是较困难的，但对某些辅助设备与管线则是可行的，如可通过提高温度避免凝液产生，并及时排放，或提高雾沫分离效果，尽量减少含 Br^- 醋酸液滴等。

3.避免电偶腐蚀

在设计时首先应考虑，接触腐蚀性介质的同一设备应选用同一材质，避免钛与不锈钢的混合结构。如无法避免时，可采用过渡层，如用HaynesAlloy-25焊条覆盖，以避免或减轻不锈钢加速腐蚀与钛的吸氢脆化。为防止280 ℃ TA环境中不锈钢与钛接触造成的电偶腐蚀，可利用Ti/SW-206（254SMo）或SW-206（254SMo）/304L组合，甚至可降低温度至150 ℃以下，如把加氢反应器进料阀移到进料预热器前。

4.避免不锈钢应力腐蚀破裂（SCC）

不锈钢的SCC一般是由于 Cl^- 的浓缩，以点蚀、缝隙腐蚀与晶间腐蚀为起始点，在一定应力共同作用下而引起的。为防止和减轻SCC，一是提高材料级别，选用SW-206（254SMo）或SAF2205双相不锈钢；二是改进结构，改善应力条件；三是经常清洗去除沉积的PTA；四是使用低氯化物的碱洗清洁工艺设备，并彻底冲洗；五是应用有机胺（如吗啡）中和冷却水或蒸汽冷凝液中的酸。

5.防止冲蚀

为了防止与减轻高温高速含固体颗粒腐蚀介质对设备与管线的冲刷腐蚀，应选用耐腐蚀性和抗磨性更好的材质。如残渣蒸发器应采用哈氏合金C-276或C-22，加氢反应器至第一结晶器管道应采用哈氏合金B-4。

6.防止钛的缝隙腐蚀

在钛设备设计时应尽可能避免缝隙，采用焊接全封闭。对无法避免的接管与人孔法兰密封面应采用Ti-Pd合金镶衬。

7.防止钛的吸氢脆化

钛在氧化单元工艺环境中由于其钝化膜坚牢，即使损伤也能很快修复，一般不可能吸氢致脆。但在精制单元处于280 ℃ PTA介质中，特别是在加氢环境中，钛存在吸氢脆化的危险；如有与不锈钢接触的结构，钛则更易吸氢致脆。为此结构设计时，同一设备尽可能采用同一种材料，如加氢反应器，20世纪90年代引进的不再采用Ti+304L+碳钢三层复合、304L焊缝暴露在外与钛接触的结构，而采用304L+碳钢二层复合。即使不能采用同种材料，也应选用电位相对接近不易造成电偶腐蚀的材料，如加氢反应器中约翰逊过滤网采用哈氏合金C-276等。此外，为防止钛设备吸氢，设备制造与检修时应严禁铁污染，避免使用钢制工具，一般应用 HNO_3+HF溶液酸洗或阳极化处理，再经铁离子污染检验。钛设备焊补应严格遵照工艺规程，正反面必须用高纯氩气保护。对某些关键部件，如加氢反应器出口大型锻造钛阀，经一段时间运行须进行真空退火脱氢处理。

二、聚酯装置

聚酯装置包括聚酯单体对苯二甲酸双羟乙酯（BHET）的生产以及聚对苯二甲酸乙二酯（PET）的生产这两大工段。

PAT直接酯化法合成PET的酯化和缩聚过程都是可逆平衡反应，通常在催化剂的存在下进行。

PAT直接酯化法可采用间歇和连续两类工艺，目前以采用连续工艺的装置居多。酯化法聚酯连续工艺有德国吉玛、日本钟纺、瑞士伊文达等技术，其中吉玛连续直缩工艺是现代聚酯工业应用较广的方法之一，我国燕山石化公司和江苏石油化纤总厂均采用此工艺路线。

以下以吉玛连续直缩工艺为例，介绍聚酯的合成。

（一）流程概述

PTA/EG配好加入打浆罐，并同时加入计量的催化剂和缩聚过程回收精制的EG。配好的浆料用螺杆泵连续计量送入两个串联的第一和第二酯化釜进行酯化。然后酯化产物以压差送入预聚釜进行预缩聚，预缩聚产物再送入缩聚釜继续缩聚，最后缩聚产物经齿轮泵送入终聚釜进行到缩聚终点，得到PET熔体，熔体可直接纺丝或铸条冷却切粒。

（二）装置的选材及设备的腐蚀与防护

聚酯装置中的工艺物料，如PTA、EG、BHET、PET等腐蚀性不大，从防腐蚀角度考虑，18-8不锈钢就足以胜任。生产实践也证明，不锈钢主要设备并无重大腐蚀，只是个别小设备如PTA浆料输送泵由于PTA黏度较大，导致磨蚀。

酯化工序的主要设备如三台酯化反应器，考虑到防PTA的酸性腐蚀及含钼镍铬钢（如0Cr18Ni12Mo3Ti等）中钼对酯化反应的不利影响，其内筒、搅拌轴及浆叶材质均应采用0Cr18Ni9Ti。

连续缩聚工序的设备，如脱乙二醇塔、预缩聚釜、缩聚和终（后）缩聚釜等，其材质均为18-8或SUS304不锈钢。

三、涤纶抽丝装置

涤纶可分为三大类，即短纤维、长丝和工业用丝。以短纤维为例，其纺织方法按使用原料状态的不同，可以分为切片纺丝（间接纺丝）和直接纺丝。

切片纺丝工艺流程：聚酯切片→干燥→熔融→纺丝→后处理→成品纤维。

直接纺丝使用的原料是高聚物熔体，不必进行干燥和熔融，所以其流程为：聚酯熔体→纺丝→后处理→成品纤维。

目前大型石油化纤联合企业大多采用直接纺丝工艺，而中小型化纤厂通常采用切片纺丝。

(一) 流程概述

从聚酯车间来的切片，通过真空转锅干燥，先入干切片贮桶备用，再输送至纺丝机，通过螺杆挤压熔融并压送熔体，自喷丝机挤出，熔体细流拉长变细并冷却固化，然后上油与卷绕，送至集束机成丝条，经浸渍上油送牵伸机牵伸，三级牵伸后再经紧张热定型处理送卷曲机卷曲，又经松弛热定型，得到干燥纤维，再经喷油给湿至切断机切断，送打包机打包。

(二) 装置选材及设备的腐蚀与防护

涤纶抽丝装置所接触的是PET，其腐蚀性并不是很强，但为了保证纤维质量，工艺要求设备洁净，所以大多数设备采用18-8不锈钢即可满足防腐要求。

复习题

1. 简述裂解炉的腐蚀形态及腐蚀控制措施。
2. 简述控制聚丙烯装置腐蚀的选材原则和措施。
3. 简述丁二烯制备抽提单元主要设备的防护措施。
4. 简述PTA装置的选材应遵循的原则。

第八章　化工装置的腐蚀与防护

第一节　氯碱生产装置

工业上用电解饱和NaCl溶液的方法来制取NaOH、Cl_2和H_2，并以它们为原料生产一系列化工产品，称为氯碱工业。氯碱的电解生产工艺通常有隔膜法、水银法和离子膜法等。虽然生产方法有所不同，但所处理的原料介质和产品基本相同，这里主要以离子膜法生产氯碱工艺为例，介绍氯碱生产装置的腐蚀与防护。

氯碱的生产按流程可分为盐水、电解、氯处理和碱浓缩四大工艺系统。

盐水系统主要是以原盐氯化钠为原料，经过原盐溶解、精制与澄清、盐水过滤、pH调节等工序制成精制食盐溶液供离子膜电解槽进行电解。该系统中的腐蚀介质为氯化钠溶液。

电解系统主要是电解精制的食盐水，产品为氯气、氢气和氢氧化钠稀溶液。该系统中的腐蚀介质主要为湿氯（实质为盐酸和次氯酸）、氢氧化钠溶液及杂散电流。

氯处理系统主要是采用硫酸作为干燥剂，将湿氯脱水成为干氯，该系统中的腐蚀介质主要为湿氯和硫酸。

碱浓缩系统主要是将低浓度的电解液浓缩为高浓度的电解液（约含NaOH50%），同时，去除电解液中未电解的NaCl及杂质Na_2SO_4等，获得高质量的烧碱溶液或固碱。该系统主要包括蒸发、精制、固碱这三大操作单元，腐蚀介质主要为高浓度烧碱溶液。

一、介质的腐蚀特性

（一）氯化钠溶液

金属在氯化钠盐水系统中的腐蚀实质是氧去极化腐蚀。在含氧的盐水溶液中，由于氧去极化的阴极反应，使铁作为阳极发生腐蚀不断溶解，即

$$\frac{1}{2}O_2+H_2O+2e^- \rightarrow 2OH^-$$

$$Fe-2e^- \rightarrow Fe^{2+}$$

上述反应生成的氢氧化亚铁沉淀又进一步氧化成为三价铁盐，即铁锈，所以钢铁材料不能直接用作盐水系统的装备。

金属在氯化钠盐水中，常常由于金属的不均匀性或者介质的不均匀性而形成腐蚀电池导致金属的腐蚀。如盐水碳钢储罐因为氧分布不均而发生水线腐蚀，腐蚀最重的部位发生在盐水与空气接触的弯曲形水面的器壁下方，设备在弯月面中只有很薄的一层盐水，由于接触空气很容易被溶解氧所饱和，氧被消耗后也能容易地得到补充，故氧的浓度很高，形成富氧区。但在弯月面的较深部位的盐水，由于受到氧的扩散速度的影响，在这里氧不易达到也不易补充，氧的浓度较低，形成贫氧区。因此，在弯月面和它较深的部位就成了氧的浓差电池。弯月面成为阴极区，产物为OH^-；弯月面的较深部位为阳极区，腐蚀产物为Fe^{2+}，铁锈在两个区域的中间部位形成。

钛在各种含氯溶液中的耐腐蚀性能优异，其全面腐蚀速率通常不超过0.05 mm/a，在没有食盐水溶液自由循环的缝隙部位出现缝隙腐蚀倾向，一般认为在温度不超过130 ℃、pH>8时，工业纯钛具有优越的耐缝隙腐蚀性能；而当食盐水溶液的温度大于130 ℃、pH<8时，钛会发生缝隙腐蚀。但是，钛钯合金（含0.2%钯）具有很好的耐缝隙腐蚀性能。

（二）杂散电流

电解槽在工作的时候，电流应从阳极流向阴极，但可能会有部分电流从电解槽内泄漏出来，流出电解系统，最终又返回电解系统，形成漏电回路。这种泄漏出来的电流称为杂散电流。在氯碱装置中，它的存在可使盐水管路、电解液管路、盐水预热器、电解槽等设备发生腐蚀。

杂散电流的产生是由于在食盐电解过程中，电解槽总系列与整流器构成了直流电路，在这个直流回路中，任何一点或者通过盐水、碱液、管路或金属构件而与地面接触，当两者存在电位差时，都可能漏电，有的通过连续喷注的盐水喷嘴，或电解槽内液位偏高，槽内电流经盐水漏出槽外；有的通过盐水电解后具有导电性的电解液，由于断电效果不好，槽内电流经电解液漏出槽外；有的通过集气管内表面凝聚水膜进入集气管的金属管壁中，从一台电解槽流向另一台电解槽，当杂散电流流到集气管的接头部位时，由于管路的垫片或焊缝阻碍，杂散电流会从管壁流到液膜中，在管接头的另一端再流入管壁；还可通过绝缘不良的电解槽支架，导致输电母线经支架或支座构成漏电回路。

以上漏电回路可以同时存在，从而构成复杂的杂散电流回路。如电解槽间漏电回路、整流器-设备-大地回路、溶液-管内壁-管外壁-大地-电解槽回路等。

当漏电发生后，在形成的回路中，杂散电流的方向可由漏电部位对地电位来确定。在电解系统中的设备、管件等对地电位则是由它在电解系统电路中的位置来确定的。直流母线的来路为正电位区，回路为负电位区，中间为零电位。在正电位区的杂散电流是经过设备、管件等导入大地的，腐蚀部位多发生在物料的出口或接近地面的地方，如盐水支管的顶部焊接处腐蚀。在负电位区的杂散电流是由大地经过设备、管件等导入电路系统，因此，腐蚀部位多在物料的入口接近电路的地方，如盐水支管的顶部腐蚀、电解液管路的腐蚀多发生在漏斗流碱处的支管界面和焊接处。

总之，处于正电位区的设备及管道腐蚀较轻；而在负电位区的腐蚀较严重，其腐蚀形貌通常为蚀孔呈圆形，多集中在一处，腐蚀较快，具有局部电化学特征。

（三）干氯和湿氯

氯对金属的腐蚀作用与含水量和温度因素有密切的关系（表8-1）。

表8-1　金属在不同含水量的氯中允许使用的温度极限

金　属	氯的含水量/%				
	0.007(干氯)	0.04	0.4	4	36
铝及其合金	100	—	120～150	150～450	160～450
铜	100	—	—	不稳定	不稳定
镍	550	20 ～ 550	50～550	100～500	150～500
H70M27ϕ	500	20～550	—	100～500	150～500
XH78T	550	20～550	50～550	100～500	150～500
X15H55M16B	500	20～550	50～550	100～500	150～500
碳钢	150	100～250	130～300	180～400	170～550

氯的化学性质非常活泼，常温干燥的氯对大多数金属的腐蚀都很轻，但当温度升高时腐蚀则加剧，这是由于干氯与金属作用所生成的金属氯化物具有较高的蒸气压或较易熔化的缘故。然而，镍、高镍铬不锈钢、哈氏合金等的金属氯化物具有较低的蒸气压，这些金属与氯在高温下反应时放出的热量很少，因此这些金属能耐高温干氯的腐蚀。

但是，潮湿的氯具有强烈的氧化作用，所以在150 ℃的湿氯中金属会呈现不同的化学稳定性，一般易钝化的金属如铝、不锈钢和镍等，其腐蚀并不显著，是完全稳定的，碳钢和铸铁则遭受严重腐蚀。在温度不超过120 ℃时，由于冷凝的缘故，水分能加强氯对大多数金属的腐蚀作用。当氯中含水量小于150 μg/g时，普通的钢结构材料才被认为没有腐蚀效应。

（四）次氯酸盐

在含有水分的氯气中，氯与水反应生成腐蚀性很强的次氯酸和盐酸，即

$$Cl_2+H_2O \rightarrow HClO+HCl$$

次氯酸是一种弱酸，具有强氧化性和漂白性质，它极不稳定，遇光分解为盐酸和氧。次氯酸盐类如次氯酸钠和次氯酸钙等，在中性或弱酸性时是不稳定的，其腐蚀性特别强，特别是在高温处于不稳定状态时更甚。所以，在室温、稀的次氯酸盐溶液中，大多数金属

的腐蚀率是较低的，但在温度升高时，由于次氯酸盐离子的强腐蚀性，许多金属均会遭到腐蚀，往往还将引起孔蚀和缝隙腐蚀。

（五）盐酸

在氯碱装置中，含有水分的湿氯会有相当部分转化为盐酸。盐酸是一种典型的非氧化性酸，金属在盐酸中的腐蚀特点是：金属腐蚀的速率随盐酸浓度和温度的增加而上升。

对于碳钢，随着盐酸浓度的增加，其腐蚀速率按指数关系增大，见图8-1，这主要是因为由于氢离子浓度的增加，氢的平衡电位往正的方向移动，在超电压不变时，因腐蚀的动力增加了，故腐蚀加剧。

氢的超电压愈大，腐蚀电流就越小，腐蚀过程的进行就愈慢，而氢的超电压随着温度的升高而减小。一般来说温度升高1 ℃，超电压减小2 mV。化学反应也随温度升高而加快，所以，温度升高，氢去极化腐蚀加剧。

在正常情况下，依据金属标准电极电位数值，比氢更负的金属都能从非氧化性酸中释放出氢，发生析氢腐蚀。

（六）硫酸

在氯碱装置中，氯处理系统通常是用浓硫酸作为干燥剂处理湿氯，使其干燥。硫酸本身具有一定的腐蚀性，所以也会对系统中的设备造成腐蚀。

（七）烧碱

大多数金属在碱溶液中的腐蚀是氧去极化腐蚀。常温时，碳钢和铸铁在碱中是十分稳定的。

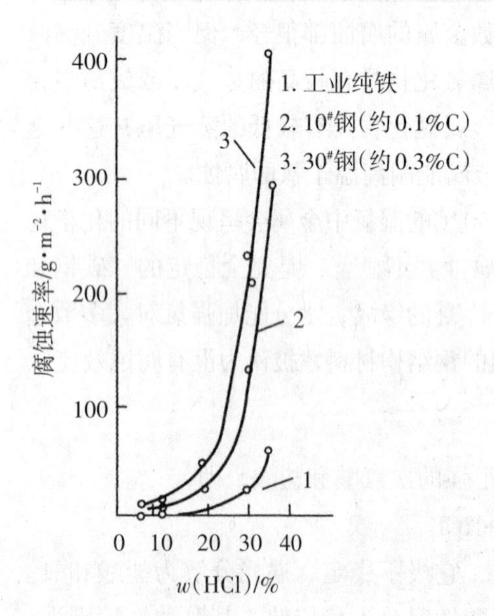

图8-1 碳钢腐蚀速率与盐酸浓度的关系

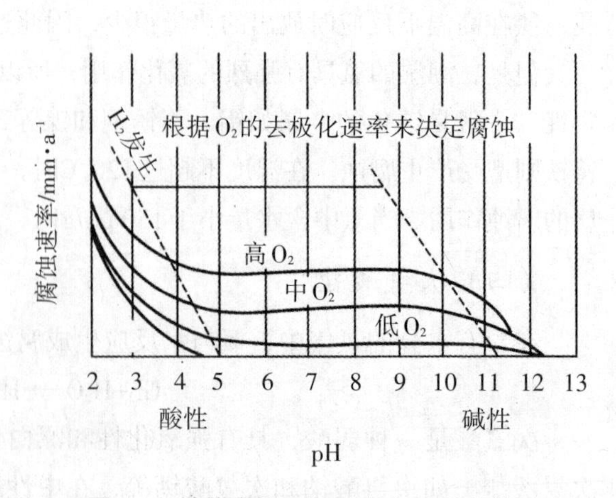

图8-2 铁的腐蚀速率与溶液pH值的关系

从图8-2中铁的腐蚀速率与pH的关系可知，当pH值很低时，由于氢的析出放电和析出的效率增加了，同时腐蚀产物也变得可溶了，因而腐蚀加剧。但当pH值在4～9之间时，由于处在氧的扩散控制阶段，而氧的溶解度及其扩散速度与pH值关系并不大，所以这时铁的腐蚀速率与pH值无关。当pH值为9～14时，铁的腐蚀速率大为降低，这主要是由于腐蚀产物在碱中的溶解度很小，并能牢固地覆盖在金属的表面，从而阻滞阳极的溶解，也影响了氧的去极化作用。当碱的浓度高于pH值14时，铁将会重新发生腐蚀，这是由于氢氧化铁膜转变为可溶性的铁酸钠（Na_2FeO_2）所致。若氢氧化钠浓度大于30%，铁表面的氧化膜的保护性随碱浓度的升高而降低。当温度升高并超过80 ℃时，普通碳钢就会发生明显腐蚀，而镍及高镍铬合金、蒙乃尔合金和含镍铸铁等甚至在135 ℃、73%碱中仍是耐蚀的。

此外，碳钢在碱液中还会发生应力腐蚀开裂现象。常用的碳钢、18-8铬钼钢、铬镍钼钢、镍、镍铜合金（蒙乃尔400）、镍铬铁合金（因科镍）等材料均会在一定条件的烧碱中产生应力腐蚀破裂。如烧碱蒸发器换热管与管板焊接区内大量裂纹，碱罐及碱管路的碱脆，酸水槽的筒体脆化，氨液分离器接管焊缝处经常泄漏等。这些现象都是由应力腐蚀裂纹所致。

二、典型装置的腐蚀与防护

（一）电解槽的腐蚀与防护

1.腐蚀概况

电解槽的腐蚀多发生在阳极极片的导电涂层、钛铜复合棒、钛底板、钢底板及电解槽盖，而阴极箱的腐蚀则比较轻。

金属阳极极片的腐蚀主要表现为钛钌活性涂层被腐蚀脱落，槽电压上升，氧超电压下降。

钛铜复合棒的腐蚀，一般多发生在铜螺栓根部，严重时，钛铜复合棒铜质部分全部被腐蚀溶解掉。

电解槽盖的腐蚀主要是衬胶鼓包、龟裂、钢外壳腐蚀穿孔。

2.腐蚀原因分析

导电活性涂层的脱落主要与涂层的配方，涂制工艺，电解槽直流电荷不稳定，槽温、阳极液pH值频繁变化等因素有关。同时，直流停电后没有有效的保护也是涂层严重腐蚀的重要原因，因为此时由于停电后引起逆向电流改变电极原来的极性，致使极片上的活性涂层被电化学腐蚀而溶解脱落。

钛铜复合板的腐蚀主要是阳极液沿阳极根部密封不严处而发生的化学腐蚀。阳极液中的酸性介质特别是含氯酸盐类如次氯酸与铜螺栓反应生成铜盐，严重时会发生极片根断裂，甚至发生复合棒内铜质部分全被溶解。

钛板的腐蚀主要是缝隙腐蚀。这是因为在阳极片根部法兰胶垫与钛板之间的缝隙存在着不易流动的液体酸性介质，为钛与非金属之间形成缝隙腐蚀创造了条件。此外，钛底板与钢底板之间的电极孔由于制造工艺的缘故很难同心重合，致使法兰胶垫难以压紧垫片，造成阳极液泄漏及其底板腐蚀。

目前国内氯碱厂家多采用的仍是钢衬橡胶槽盖，槽盖的腐蚀首先是衬胶的破损，进而受酸性气、液介质的腐蚀使钢外壳变薄，穿孔。

3.防腐措施

对于导电涂层，平时要注意加强电解槽工艺管理，稳定工艺参数，避免大幅度升、降电流，停电时可在电解槽首尾两端加以不大于理论分解电压的正向电势，以抑制逆向电流的产生。

钛铜复合板的防腐蚀应主要从防止阳极液从极片根部泄漏入手，因此，电解槽生产厂家应在生产电解槽时，注意胶垫与钛板之间压紧，避免缝隙腐蚀的发生。

真正解决电解槽盖的腐蚀问题，应该从材质上加以解决。从生产实际来看，使用非金属硬质衬胶是一种较为经济的方法，然而衬胶的配方也是比较重要的，实践证明，含硫量约为30份的硬质胶的防腐效果较好。此外，采用钛板与钢制槽盖爆炸复合成型工艺制造钛钢复合槽盖，虽然成本与衬胶相比略高，但其使用寿命要远高于后者。

（二）盐水预热器的杂散电流腐蚀的防护

精制盐水由盐水预热器将其加热到80～85 ℃，然后进入电解槽。盐水预热器主要为列管式换热器。

碳钢盐水预热器的主要腐蚀是杂散电流腐蚀。对于碳钢盐水预热器的杂散电流腐蚀，到目为止，采用综合防护技术是较为理想的措施，这种技术措施综合起来有如下几点：

1.采用绝缘装置

为了增大系统中漏电电路的电阻，减少漏电，采用绝缘装置是行之有效的措施之一。具体做法：一是在电解槽与地面基础接触部位装置绝缘瓷瓶；二是在盐水预热器出口至电槽入口之间的盐水总管上安装一段（或全部）非金属绝缘管道（如氟塑料、聚乙烯管或钢衬胶管），以此来阻止或减少电流泄漏。

2.采用强漏电断电装置

在盐水进入电槽的入口处安装一盐水断电器，保证盐水以雾状进入电槽，减弱盐水的导电能力，以达到减少漏电的目的。

3.采用排流接地装置

在盐水预热器出口至电槽入口之间的非金属管内插入一根电极，使之与盐水接触，当电极的另一端与大地相接时，盐水中的部分杂散电流将被导入大地。

4.采用等电位保护装置

在采用排流接地装置的基础上，还可采用等电位保护装置。即在碳钢盐水预热器进口与出口的盐水管道上分别安装一对电极，使之分别与电路并联连接，这样可有效地防止杂散电流对碳钢盐水预热器的腐蚀。

上述电法综合防护技术经有关氯碱厂的使用，证明是行之有效的，且技术成熟，性能稳定可靠，便于实施管理，同时也比较经济。

（三）其他设备的防护

氯碱生产装置由于介质的强腐蚀性，所以设备的防腐基本上以选择材料和衬里为主。

对氯碱装置的容器设备如化盐槽、沉降器、盐水储罐等，常见的防腐措施是采用非金属材料做衬里，如衬胶、衬瓷板、衬玻璃钢等；同时也有采用涂料防腐，如用玻璃鳞片涂层内衬防腐。

工艺管路通常采用非金属材质，部分内衬非金属，如输送热、湿氯气的管道一般由玻璃纤维增强塑料制成。其他高分子材料如聚氯乙烯塑料、聚丙烯塑料等也常用来制造工艺管道。同时，氯碱装置中还有一部分管路采用内衬橡胶防腐。

对于一些特定功能设备及部件，如泵、阀、湿氯冷却器等，则采用钛材。

在碱浓缩单元中，碳钢和铸铁是最为常用的材料，但是由于在此介质环境中，碳钢和铸铁容易发生应力腐蚀破裂，所以近年来高纯高铬铁素体不锈钢得以广泛应用，如在碱液中常用的26Cr-1Mo（E-Brite26-1）和30Cr-2Mo不锈钢等。这些材料用来制造碱浓缩系统中的关键设备，如Ⅰ、Ⅱ、Ⅲ、Ⅳ效碱液蒸发器等。

第二节　尿素生产装置

一、介质的腐蚀特性

目前尿素工业生产均以氨基甲酸铵脱水法为基础，其反应分两步进行。

第一步：液氨与二氧化碳气体作用生成氨基甲酸铵（简称甲铵）

$$2NH_3+CO \longrightarrow NH_4COONH_2+Q_1$$

第二步：甲铵脱水转变成尿素

$$NH_4COONH_2 \longrightarrow CO(NH_2)_2+H_2O-Q_2$$

第一步为放热反应，速度快，在平衡状态下，CO_2转化成甲铵液的程度高。第二步反应是个微吸热的反应，速度较慢，平衡状态下甲铵液也不能全部转化为尿素，一般转化率为60%～70%。

未转化的甲酸铵必须从已转化的尿素中分离出来加以回收利用，如果将未转化的甲酸铵全部回收用以制造尿素，其方法称为全循环法，现在工业中采用的基本上都是全循环法流程。进而按照回收未转化甲酸铵的方法不同，世界上又发展了许多流程。我国大部分尿素厂采用的是水溶液全循环流程、溶液全循环改良C法流程和二氧化碳汽提法流程。其中以二氧化碳汽提法应用最为广泛。

除了上述主反应外，尿素合成塔内还存在副反应。在有水存在的条件下，NH_3与CO_2会形成铵的各种碳酸盐。尿素可以发生水解生成甲铵，甲铵进一步与水反应生成碳酸铵，反应如下：

$$CO(NH_2)_2+H_2O \longrightarrow NH_4COONH_2$$

$$NH_4COONH_2+H_2O \longrightarrow (NH_4)_2CO_3$$

尿素水溶液在150～160 ℃高温条件下会发生缩合反应，生成缩二脲和氨：

$$2CO(NH_2)_2 \longrightarrow NH_2CONHCONH_2+NH_3$$

在一定温度下，尿素还可以进行同分异构化反应，生成中间产物氰酸铵和氰酸，氰酸再与尿素缩合可生成缩二脲。

由上述可知，合成塔所处理的介质有主反应生成的尿素、氨基甲酸铵、水，副反应物氰酸铵、氰酸、碳酸铵、缩二脲，过剩的反应物氨和二氧化碳，在高温、高压条件下这些物料的混合物统称为尿素熔融物。在这些介质中，对设备材料腐蚀最严重的是氨基甲酸铵液和尿素同分异构化反应产物氰酸铵、氰酸。因为氨基甲酸铵解离出的氨基甲酸根是一种强还原剂，能阻止钝化型金属（如不锈钢、钛）表面氧化膜的生成，而氰酸铵在有水存在时，氰酸铵解离成氰酸根（CNO^-），氰酸根具有强还原性，使钝化型金属不易形成钝化膜，对已生成的氧化膜也有很强的破坏作用。溶液中加氧能降低不锈钢、钛的腐蚀。在加氧的条件下，碳钢和低合金钢仍遭受活化腐蚀。

在尿素生产流程中，遭受腐蚀最突出的是处理这些介质的高压设备，如二氧化碳汽提流程的四大高压设备（尿素合成塔、汽提塔、高压甲铵冷凝器、高压洗涤器），水溶液全循环流程的尿素合成塔、高压混合器、高压甲铵泵，溶液全循环改良C法流程中的尿素合成塔、高压分解塔、高压甲铵泵等。

二、典型装置的腐蚀与防护

（一）尿素合成塔的腐蚀与防护

1.尿素合成塔结构简述

由于尿素合成反应是在高压下完成，而且反应需要一定时间，塔内需要物料停留的足够空间，所以尿素合成塔为高径比较大的立式圆筒形高压设备。合成塔由壳体、内件及附件组成。

尿素合成反应不需要外加触媒和换热装置，故塔为空筒形式，但为了防止物料反混，一般塔内设计有塔板，有的合成塔内装有混合器，使二氧化碳、氨与回收的氨基甲酸铵混合均匀。

生产中塔内基本充满液体，由于液体的不可压缩性，压力不易控制，有可能发生超压现象，为此，在塔的出口处留有气相缓冲空间。

由于塔内处理的介质中氨基甲酸铵、氰酸铵、氰酸腐蚀性很强，碳钢、低合金钢在其中的腐蚀速率相当大（年腐蚀率达几百毫米），因此在碳钢壳体内壁采用了耐腐蚀材料做衬里，衬里材料主要满足介质腐蚀要求，壳体材料满足力学性能要求。

合成塔的主体材料大致分为两类：与介质接触的内衬和合成塔内件均采用易钝化的金属材料，如316L、0Cr7Mn13Mo2N（A4）等，不与介质接触的承压壳体及零件材料一般用碳钢或低合金钢，如国外的BH54M、BH47W、K-TEN62M、16MnCu、18MnMoNb。其衬里方式有爆炸衬里、机械松衬、包扎衬里、撑焊（焊缝加盖板）、热套、堆焊等。合成塔具体采用的衬里材料与衬里方式随工艺流程不同而不同。为检查衬里是否发生腐蚀泄漏，每节筒体上下均装有多个检漏孔，采用蒸汽检漏。

尿素合成塔是在较高的温度下操作的，通常为180～200 ℃，为防止热量散失，外壳需要保温。为了严格监测合成塔内溶液和塔壁的温度，合成塔上、中、下均有温度检测孔。对于水溶液全循环法尿素合成塔，二氧化碳、氨、氨基甲酸铵液进料管均设在下封头上，出料管安装在上盖。CO_2汽提法尿素合成塔物料的进、出口管全部安装在塔的下封头上。

2.尿素合成塔的主要腐蚀形态及分析

为解决尿素生产中的腐蚀问题，工业生产中采用在介质中加氧和采用钝化型金属铬镍不锈钢、钛等做衬里材料，利用钝化型金属在介质中的钝化特性，促使钝化金属钝化达到耐蚀的目的。在实际生产中，已经证实不锈钢与钛在介质不加氧的条件下要产生活化腐蚀，只有加足够氧的条件下，才能维持钝化状态，腐蚀速率才能降到工程允许的程度，如果操作不当或制造上的缺陷都会引起以下各种形态的腐蚀。

（1）衬里液相部位全面腐蚀

在尿素熔融物中，不锈钢衬里与内件可能会发生全面腐蚀，导致厚度出现均匀减薄，特别是合成塔中、下部较为突出，腐蚀严重时，可能导致腐蚀产物污染尿素，使尿素的颜色呈红色或黑色。

腐蚀的主要原因是氧量不足。在正常的操作条件（氧含量充足）下，尿素合成塔衬里内壁与内件表面能形成一层完整、致密、稳定的氧化膜，衬里的腐蚀速率较低。但如果缺氧，即氧含量小于材料钝化所必需的临界氧含量，造成氧化膜生成速度小于氧化膜溶解速度，使衬里与内件实际处于活化溶解状态，所以生产中都要求严格保证通氧量。

氨和二氧化碳生成甲铵的反应主要集中在合成塔的中、下部完成，甲铵的浓度较高，温度也较高。而这一区域氧的溶解还未完全达到平衡，液相中氧的含量偏低。再加上进料口均在下部，下部物料流速较大，对金属表面有一附加的剪切作用，更不利于衬里与内件金属钝化，所以中、下部腐蚀就更严重。

尿素合成塔在运行中，碰到生产系统其他设备故障或动力事故等情况时，可做封塔处理，如果封塔时间过长，又未在封塔前提高CO_2中的氧含量，就会造成液相介质中的氧含量降低。因为封塔时间长了，氧会解析出来。压力越低、温度越高，解析越快，这样就会导致介质对衬里与内件的腐蚀加快。

硫化氢含量超标也是一个重要原因。因为硫化氢的存在，它既消耗尿素熔融物中的氧，又生成破坏衬里表面钝化膜的硫酸根SO_4^{2-}，造成衬里材料腐蚀加剧。

此外，合成塔超温、NH_3/CO_2比降低、H_2O/CO_2比升高，也会增加尿素合成塔的腐蚀，例如试验表明，合成介质的温度从160 ℃提高到200 ℃时，1Cr18Ni12Mo2Ti的腐蚀速率增加3倍。NH_3/CO_2比减少，会使金属钝化电位变正，材料的钝化变得困难，而H_2O/CO_2比增大会促进氰酸铵解离产生腐蚀性很强的氰酸根，降低了介质的pH值，亦使钝化状态建立困难。

(2) 衬里鼓包

产生衬里鼓包的原因主要是衬里与筒体之间间隙处的压力大于塔内压力所致。当衬里因腐蚀或焊接缺陷出现穿透性小孔或裂纹，塔内介质会泄漏到衬里与筒体夹缝处，如果检漏通道被结晶（甲铵、尿素、碳酸盐、缩二脲）和腐蚀产物堵塞，检漏孔不能顺利检出泄漏并泄压，衬里夹缝会产生较高的压力，当塔内液体排放过快，夹缝内压力短时间高于塔内压力时，衬里就会出现鼓包。有时即使没有泄漏，塔内排液过快，引起塔内负压，也会出现类似情况。

(3) 气相冷凝液腐蚀

尿素合成塔顶部有一缓冲空间，在使用中发现有的尿素合成塔顶部出现气相冷凝液腐蚀。

在正常工艺操作时，合成塔顶部缓冲空间是过热蒸气状态，混合气体中无液态水存在。但如果合成塔顶部气相处不锈钢衬里和堆焊层壁面温度<151 ℃，蒸气要冷凝，导致含甲铵的冷凝液腐蚀。引起塔顶气相不锈钢内壁温度降低的原因，主要是设备外壳保温不良（如外壁保温层遭破坏或减薄、铝皮漏水等）。

气相不锈钢衬里内壁一旦形成冷凝液膜，由于其液膜厚度较薄，通常仅为几十微米，氧容易通过扩散达到其衬里表面，氧含量较高，当氧含量超过一定限度时，不锈钢如316L有可能发生过钝化腐蚀。

(4) 应力腐蚀破裂

不锈钢衬里的应力腐蚀破裂是尿素合成塔常见的腐蚀破坏形式之一。腐蚀裂纹多在焊缝两侧，距离焊缝80～200 mm范围内。绝大部分裂纹为纵向，少数裂纹为横向，衬里裂纹是从衬里外表向内发展的。往往裂纹与蚀点连在一起。

导致应力腐蚀的拉应力主要来源有焊接残余应力、热应力以及工作应力。

在焊接时，垂直于焊缝的两侧金属被加热，且加热程度不一样。焊后冷却时要收缩，收缩的程度也不同，再加上由于焊缝处的垫板点焊在外壳上，限制了衬里焊后的收缩，导致衬里承受拉应力。

不锈钢衬里与壳体是两种不同的材料，其热膨胀系数不同，在设备升、降温过程中，如果速度过快，不锈钢不可避免地存在热应力。

有的合成塔由于不锈钢衬里与壳体贴合不好，存在间隙（如某厂的合成塔衬里与壳体的间隙达2～3 mm），在高温高压介质条件下工作始终处于拉应力状态。

引起不锈钢衬里应力腐蚀的介质是含氯离子的尿素熔融物。在不锈钢衬里与壳体的夹层中，有检漏蒸气（含有Cl^-），正常情况下塔内温度高于夹层温度，可能导致蒸气冷凝液中Cl^-浓缩。如果因某种原因发生衬里泄漏，夹层中还有难以清除的尿素熔融物。因此，不锈钢衬里在拉应力和含氯离子的尿素熔融物的联合作用下会导致产生应力腐蚀。

（5）电偶腐蚀

衬里焊缝的焊接缺陷如气孔、夹杂或漏焊等，在尿素熔融物中，容易造成衬里穿透性腐蚀小孔，含氧的尿素熔融物会经过小孔泄漏到衬里与壳体的夹缝中，若未及时检出，由此会引起衬里与壳体二者的电偶腐蚀。不锈钢衬里为阴极受到保护，碳钢壳体为阳极遭到腐蚀。

（6）晶间腐蚀

高温高压的尿素熔融物对不锈钢可能引起强烈的晶间腐蚀。

尿素熔融物对不锈钢引起的晶间腐蚀主要是敏化态所产生的晶间腐蚀。不锈钢在敏化态时在晶间析出了高铬碳化物$Cr_{23}C_6$，导致产生贫铬区，贫铬区的优先腐蚀致使产生晶间腐蚀。

国内有的研究还认为，在尿素熔融物中，不锈钢会由于晶间硅、磷等元素的偏析富集而产生非敏化态的晶间腐蚀。

（7）复相不锈钢的选择腐蚀

尿素熔融物对具有铁素体和奥氏体双相不锈钢及其焊缝具有很强的选择腐蚀能力，在较多的情况下容易产生铁素体选择腐蚀。在合成塔正常通氧时，介质的氧化性能较强，容易产铁素体选择腐蚀，如00Cr17Ni14Mo、2.0Cr17Mn13Mo2N焊缝在水溶液全循环法尿素合成塔中的腐蚀就属于这种腐蚀。其原因并不是铁素体本身不耐蚀，而是由于δ铁素体从高温缓慢冷却时，会产生分解，生成高铬碳化物$Cr_{23}C_6$、σ相和γ相（γ'相），在$Cr_{23}C_6$与σ相周围的奥氏体或亚奥氏体会形成贫铬区，由此引起了铁素体的选择腐蚀，$Cr_{23}C_6$形成引起的贫铬程度最严重。

（8）氢脆

改良C法尿素流程的尿素合成塔必须采用钛衬里，钛的最大缺点是容易吸氢而脆化。钛所吸收的氢不是分子氢，而是腐蚀的阴极过程产生的原子氢，合成塔在正常工作情况下，随着使用时间增长，衬钛层的含氢量会增加，但对钛的使用性能没有明显影响。但是，如果衬钛层穿孔，钛与壳体构成宏观腐蚀电池，衬层与壳体之间氧消耗很快又得不到补充，钛阴极上主要是析氢反应，产生的原子态氢活性强，容易进入钛中，造成钛氢脆。

3.防腐措施

目前生产中已采用的防护措施归纳起来有合理防腐蚀结构设计、严格控制操作参数、保证焊缝的焊接质量等方面。

（1）防腐蚀结构设计

衬里及内件的材料需根据相应的尿素生产工艺进行选择。过去我国制造的11万吨/年和16万吨/年水溶液全循环法尿素合成塔大多数是以316L型不锈钢作为衬里与塔板材料；1975年引进的13套大化肥装置中，荷兰Stamicarbon尿素专利商采用316L（改良型）不锈钢；日本三井东洋改良C法采用钛作为衬里材料；美荷型、法型CO_2汽提法大化肥装置的尿素合成塔均采用316L（改良型）不锈钢衬里材料。

对于焊缝材料，国内过去小型尿素设备主要采用Avesta P5，焊缝耐蚀性较好，但长期使用仍会产生一些铁素体的选择腐蚀；国内20世纪70年代引进的大型尿素装置的焊接材料大多采用Thermani19/15H，焊缝有较好的耐蚀性，但容易产生热裂纹，工艺性能也较差。20世纪80年代引进的装置都是采用超低碳的25Cr-22Ni-2Mo型焊接材料，使用良好，国内研制的00Cr17Ni14Mo2衬里不锈钢配套焊接材料H00Cr25Ni22Mn4Mo2N（2RM69），焊后的耐蚀性能和力学性能良好。

（2）控制腐蚀介质

保证操作过程中对介质正常通氧量，促使衬里金属处于稳定钝化状态；适当提高介质的氨碳比、降低水碳比，可抑制氰酸根（CNO^-）的生成；严格防止原料气中的H_2S、Cl^-含量超标，有利于稳定钝化膜，防止局部腐蚀产生；严格控制合成塔塔内操作温度，防止超过衬里材料的极限使用温度；严格控制合成塔升、降温速度，对减小温差应力、防止应力腐蚀有利；严格控制封塔时间，防止氧含量降到小于稳定钝化需要的最低氧含量，保证钝化膜稳定；加强合成塔的壳体保温，防止热量损失（一是可以稳定塔内操作温度，保证生成尿素的反应正常进行；二是可以避免顶部气相部位衬里发生冷凝液腐蚀）。

（3）提高焊接质量

晶间腐蚀、应力腐蚀、选择腐蚀等腐蚀多发生在焊接部位，因此严格遵守焊接工艺，确保焊接质量十分重要。焊缝处不容许有气孔、夹渣、飞溅、咬边现象，焊后应做探伤检查，表面应做钝化处理。

为了减轻焊接接头的敏化程度，焊接中应尽量减小线能量的输入，一般氩弧焊的输入线量低，因而焊接和补焊应当采用氩弧焊。

（二）高压甲铵泵的腐蚀与防护

高压甲铵泵是尿素生产流程的关键设备之一。高压甲铵泵所处理的介质是高温高压的具有强腐蚀性的氨基甲酸铵溶液，泵的作用是将甲铵液从1.8 MPa左右加压至20 MPa以上送入尿素合成塔。

在尿素生产中，绝大多数厂都采用往复式甲铵泵。往复式高压甲铵泵有卧式柱塞泵和立式柱塞泵。一般采用卧式三联柱塞泵，也有采用立式五联柱塞泵。

三联高压柱塞泵在使用中存在的主要问题是，往复泵缸体在交变应力与甲铵液腐蚀的联合作用下发生腐蚀疲劳开裂。四通型与三通型缸体交叉内腔的交角处受较大的应力集中，缸体的腐蚀疲劳开裂由此产生。

防止甲铵泵缸体腐蚀疲劳的措施主要是防腐蚀结构设计：一是最大限度降低应力集中；二是选择耐腐蚀疲劳的材料。

1.降低应力集中可从以下几方面采取措施：

（1）采用进排液组合阀可使缸体内腔的应力集中部位避免应力交变，存在交变应力的部位只有较小的应力集中，这样就大大提高了缸体的腐蚀疲劳寿命。

（2）采用组合阀式的液缸结构，使两个内腔的轴线错开，不在同一平面，也可减小最大应力集中。

（3）内腔交角处尽量圆滑过渡，降低应力集中系数。

（4）提高缸体内表面粗糙度，降低微观的应力集中。

2.往复甲铵泵缸体材料应耐腐蚀疲劳，应满足以下要求：

（1）有足够的铬、钼含量，以具备足够的耐蚀性能。

（2）由于碳化物、σ相等析出相是腐蚀疲劳的裂纹源，因此应当尽量降低钢中的碳含量，一般采用超低碳不锈钢。

（3）采用夹杂物尽量少的不锈钢，因为夹杂物是腐蚀疲劳的裂纹源。

（4）控制锻造流线方向，使夹杂物分布方向和开裂方向垂直，减少夹杂物的影响。

实验室试验与生产实践均证实：00Cr26Mo、00Cr18Ni15Mo3Si2及00Cr17Ni14Mo2N是抗甲铵液腐蚀疲劳较好的材料。现在国内尿素厂使用00Cr17Ni14Mo2N、中型尿素厂使用00Cr18Ni15Mo3Si2，寿命均可达数万小时。而原来国内一般采用1Cr18Ni12Mo3Ti或Cr18Mn10Ni5Mo3含钼不锈钢制作缸体，其结构为三通形式，该材料对应力腐蚀的敏感性较强。

第三节　硫酸生产装置

工业上硫酸的生产方法有接触法和硝化法，在硝化法中因采用设备不同分为铅室法和塔室法。我国硫酸生产主要以硫铁矿、冶炼气或硫黄为原料，采用接触法（也有塔室法）水洗、酸洗（稀酸洗和浓酸洗）等流程。无论何种生产流程，涉及硫酸腐蚀的设备都有塔器、储槽、容器、冷却器、泵、管子及阀门等。在生产实际中，各种浓度的高、中温硫酸以及室温的中等浓度硫酸对金属材料的腐蚀都比较严重，在高速、高压条件下更为严重。

一、硫酸的腐蚀特性

硫酸是一种含氧酸，具有独特的腐蚀行为，其腐蚀性能与硫酸的浓度、温度、流速、酸中的氧或氧化剂以及杂质关系很大。

（一）浓度

硫酸有稀硫酸、浓硫酸与发烟硫酸之分，稀硫酸与浓硫酸是硫酸的水溶液，生产上习惯把浓度90%～99%范围的硫酸称为浓硫酸，把浓度<78%的硫酸称为稀硫酸，SO_3溶解在100%硫酸中得到的硫酸称为发烟硫酸。硫酸的腐蚀不是浓度越高，腐蚀越严重，而是中等浓度时有一个凸峰。

硫酸浓度不同，对不同金属显示出的腐蚀特性差异很大，稀硫酸的氧化性很弱，属非氧化性酸类，对金属的腐蚀主要是氢去极化，在此浓度范围内随浓度增大对金属的腐蚀增强；浓硫酸则具有很强的氧化性，属于氧化性酸类，金属发生腐蚀时，主要是硫酸根做去极剂，对于具有钝化特性的金属，此浓度范围内室温下硫酸有可能使金属钝化。对于可钝化的金属（如碳钢）的腐蚀，在20 ℃条件下，含量大约在50%H_2SO_4有一个极大值，当H_2SO_4含量<50%时，随酸的含量增大、氢离子的含量也增大，所以腐蚀速率加快；但H_2SO_4含量>50%时，随酸浓度增大腐蚀速率急剧降低，H_2SO_4含量>70%时，碳钢表面生成一层致密的难溶于硫酸的钝化膜，能阻止硫酸对金属继续的腐蚀作用，使碳钢实际的腐蚀速率较低，这就是室温浓硫酸储槽和槽车常用碳钢制造的原因。

但是，由于浓硫酸是一种强吸水剂，暴露在潮湿的空气中很容易吸水而使酸的浓度逐渐降低，硫酸的这种自身稀释现象是硫酸储罐制造中的一个“令人头痛”问题。对于金属铅，稀硫酸能与铅反应生成难溶、与铅基体结合力很强、溶解度很小的$PbSO_4$，这层腐蚀产物能阻止硫酸对铅的继续腐蚀，因而铅的腐蚀速率很小，而且稀硫酸的浓度对铅的腐蚀速率影响不大。但浓硫酸能与铅生成可溶性的$PbHSO_4$，使铅随硫酸浓度的增大腐蚀率迅速增大。对于标准电位较正的铜，在稀硫酸（无氧或氧化剂）中，由于铜的电极电位高于氢的电极电位，不会发生析氢腐蚀；而在浓硫酸中，由于强氧化性的硫酸根的还原，使铜氧化而遭腐蚀。

（二）温度

对于任何浓度的纯净硫酸溶液来说，溶液的温度升高，都会增强金属的腐蚀作用，而且腐蚀率增大得十分迅速。

（三）流速

硫酸的流动速度对硫酸的腐蚀特性在不同场合影响不同。对于已经具有保护膜的金属，硫酸的流速较小时，对硫酸腐蚀性能几乎无影响；但是硫酸的流速如果达到并超过某一临界流速，硫酸对金属表面附加的机械作用力很大，足以破坏金属的保护膜时，则金属腐蚀速率急剧上升。实践表明，在低温（38 ℃）下，硫酸的流速增大对碳钢的腐蚀速率几乎无影响，但硫酸的温度升高，流速对碳钢的腐蚀速率影响明显增大。Cr18Ni8不锈钢在不含氧空气的稀硫酸中不能钝化，硫酸的流速增大，会加速其腐蚀。但是，如果在稀硫酸中含有足够的氧或氧化剂时，硫酸的流速提高，有利于不锈钢钝化，使腐蚀速率降低。

（四）酸中氧及氧化剂

浓硫酸中是否含溶解氧与其他氧化剂，对其腐蚀特性影响不大，因为浓硫酸本身具有很强的氧化性。而稀硫酸中是否含溶解氧或氧化剂，对酸的腐蚀特性影响很大。对于铜等不显示钝化的金属，在不含氧或氧化剂稀硫酸中显示优异的耐蚀性，在含氧或氧化剂的稀硫酸中会遭到严重的腐蚀。与此相反，对于Cr18Ni8不锈钢等活化-钝化金属，在含氧或氧化剂稀硫酸中，氧及氧化剂的存在，有利于不锈钢进入钝化状态，但是氧或氧化剂的含量必须足够。

（五）酸中的杂质

工业生产的硫酸中，通常都不是纯的硫酸，其中含有多种杂质，不同种类的杂质和含量对于硫酸腐蚀性能的影响是各不相同的。如果硫酸中含有Cl^-，既不利于钝化膜形成，对已形成的钝化膜还有破坏作用。如果硫酸中含有二氧化硫和氟化物，则酸对材料的腐蚀性增强，氟化物会使耐硫酸腐蚀的陶瓷材料遭到严重腐蚀。

二、典型装置的腐蚀与防护

（一）管壳式酸冷却器

1.腐蚀情况及分析

管壳式酸冷却器有带阳极保护和不带阳极保护两种，这里主要分析带阳极保护的管壳式浓硫酸冷却器的腐蚀情况。

为了提高浓硫酸冷却器的冷却效率，延长冷却器的寿命，加拿大1969年将阳极保护应用于不锈钢浓硫酸冷却器并获得成功。在我国，浓硫酸冷却器的阳极保护技术从1984年至今已经得到了较广泛的应用。

管壳式浓硫酸冷却器，是管内通水、管间通硫酸，用水做冷却介质降低浓硫酸的温度，其管子和管板材质多为316L不锈钢，管壳材质为304L或316L不锈钢。由于304L或316L不锈钢在高温浓硫酸中可以钝化，但不能自动钝化，因此未进行阳极保护时会遭受高温浓硫酸的腐蚀。采用阳极保护，将管子、管板、管壳作为阳极，通以足够大的阳极电流，使阳极表面致钝，进入钝化状态，则可以减轻冷却器（阳极）的腐蚀。采用的阴极材质有哈氏合金B2、哈氏合金C276、NSW、1Cr8Ni9Ti、Pt合金等。带阳极保护的管壳式浓硫酸冷却器一般使用情况较好，但有的厂由于以下各种原因而腐蚀破坏。

（1）列管穿孔、漏酸

有两个厂从加拿大引进的浓硫酸冷却器在使用中曾发生列管漏酸的现象，其原因是管程冷却水进口温度超出原规定的35 ℃；冷却水未经净化处理，管中淤泥沉积，或冷却水进入端有大量杂物（循环水冷却塔塑料填料碎片和管道法兰垫圈碎片）造成部分列管内部堵塞，水流不畅，这几种原因都可能使换热管的局部壁温升高、冷却器换热效果大大降低，导致酸的温度也偏高。据资料介绍，硫酸浓度为93%、98%时，管壳式允许最高酸温分别为70 ℃、120 ℃。由316L不锈钢在浓硫酸中的阳极保护效果与硫酸浓度和温度的关系可知，硫酸浓度98%、温度100 ℃时，管壳式处于安全操作区，能安全运行。浓硫酸的温度和浓度对阳极保护电流、电位影响较大，硫酸浓度一定，保护电流随酸温升高而升高；酸温度一定，保护电流随酸浓度降低而升高。如果硫酸温度超过304L、316L不锈钢的允许最高酸温度，或硫酸浓度降到一定值以下，必然会加速列管的腐蚀，以致穿孔。

（2）电位指示发生故障、参比电极电位无法监控

阳极保护系统中的参比电极密封结构复杂，导线易受酸腐蚀，如果参比电极受到污染或本身开始腐蚀，参比电极的电位会发生漂移，如果参比电极电位指示出现故障，无法监控，这样就不能真实反映被保护阳极金属的实际电位，不知道被保护设备是否处于钝化状态，可能造成阳极保护失效，这是很危险的。

（3）阴极布置不合理

阴极布置太靠近硫酸进出口处，使得阳极保护电流沿管子方向由近及远地迅速递降，造成较远的局部地区遭受活化腐蚀。

（4）硫酸进口管布置不合理

某厂的管壳式冷却器为卧式，硫酸进口设在冷却器的下侧，使硫酸进口的管子难以布置。由于进口处硫酸的湍流，冲刷使冷器第一排列管根本不存在钝化膜而受到严重磨损腐蚀。

（5）壳程酸泥沉积

长期使用冷却器，其壳程必有酸泥沉积，而管壳式结构很难清洗。这样会降低换热效率，硫酸无法降低到阳极保护所允许的规定温度，致使阳极保护失效。

2.防腐措施

针对上述腐蚀现象，可分别采用以下防腐措施：

（1）介质处理

在生产中应采用经净化处理的水做冷却水，并在冷却水管道上安装过滤器，防止循环水中的杂质、异物进入冷却器水管中造成堵塞，提高传热效果。

（2）防腐蚀结构设计

冷却器上增设一个校正参比电极电位的插座孔，可以定期检测参比电极是否正常工作。严格监控阳极保护的三个基本参数以及与这三个参数密切相关的各项技术指标（如水与酸的温度、压力、流速以及酸的浓度等）。

合理布置阴极可以尽可能使被保护的设备各处的保护电流均匀，不致造成一些区域已处于钝化状态，而另一些区域还处于活化区。

合理布置硫酸进出口管，把硫酸进出口管布置在冷却器上侧，这样便于安装。在硫酸进口处设置挡板，防止硫酸对列管的磨损腐蚀。

国产阳极保护管壳式硫酸冷却器由于考虑了我国硫酸生产的实际情况，适当调整了温度、浓度等工艺参数，增加了操作裕度，设备的使用寿命得到延长。

（二）稀硫酸泵

1.腐蚀形态与分析

稀硫酸泵为净化气工序专用泵，所输送介质为H_2SO_4浓度≤40%、温度≤75 ℃，硫酸中含F^-、Cl^-、砷、硒和一定量的细小颗粒矿尘，介质密度≤1400 kg/m³，介质具有强腐蚀性和磨蚀性，工艺要求泵扬程一般为35 m左右。

国内外的稀硫酸泵大体分为非金属泵和金属泵两类，结构均为卧式。国内非金属泵使用最多的是衬胶泵和陶瓷泵，金属泵有高硅铸铁泵和硬铅泵。

衬胶泵使用寿命不长，主要原因是衬胶泵的衬胶质量不好，如某厂使用后发现胶块膨胀脱落，造成使用寿命不长。另外，轴套容易磨损。

陶瓷泵腐蚀，据某厂报道，陶瓷泵在酸浓度30%、含氟3 g/L、64～67 ℃时，一只叶轮只能使用3个月，酸温到80 ℃只能使用1个月，这是因为，一般的耐酸陶瓷尽管耐硫酸腐蚀性能好，但由于硫酸中含有氟离子，陶瓷中的二氧化硅能与氟生成气态的四氟化硅，所以不耐蚀。

高硅铸铁泵容易炸裂，从腐蚀角度看，可以说高硅铸铁是很耐硫酸磨蚀的材料，完全能胜任硫酸的工况。逐渐趋于淘汰的主要原因是它属脆性材料，抗热冲击性能差，安装与使用中稍有不慎，容易炸裂。

硬铅泵耐磨蚀不理想，从耐腐蚀角度，铅能广泛用于低浓度范围的硫酸，但是，铅强度与硬度都很低，不耐磨蚀。硬铅的强度和硬度较纯铅高，在低流速条件下硬铅耐磨蚀性能还可以，但温度升高或流速提高到足以破坏保护膜时，则磨蚀率急剧增大，因此硬铅泵也趋于淘汰。

轴封处泄漏：由于稀硫酸泵结构形式为卧式，旋转轴与泵壳的间隙处泄漏是各种稀硫酸泵的一个共同问题。稀酸中氟、氯离子与固体颗粒的同时存在，给密封材料的选择带来较大的难度，造成轴封处容易泄漏。

2.防护措施

选用耐腐蚀材料或者衬里：国内某研究院设计研制的IHP型耐磨耐腐蚀稀硫酸泵过流部件，材料选用超高相对分子质量聚乙烯（UHMW-PE），其相对分子质量一般都在300万以上。超高相对分子质量聚乙烯，在耐磨损、耐冲击、自润滑、耐化学腐蚀方面的性能是目前工程塑料中最优良的。IHP型稀硫酸泵已在硫酸生产装置中运行，运行情况良好，密封寿命均在800 h以上。某研究所开发的F518不锈钢（采用Cr、Ni、Mo、Cu合金化，加氮、钛以及稀土等元素进行微合金化改性的钢）泵，在65 ℃、20% H_2SO_4中耐蚀性能与904L相同，优于工业纯钛，在稀硫酸中耐冲蚀-磨损性能优于904L。

某单位开发研制的100LFB-32稀酸净化循环泵，其衬里所选的是聚全氟乙丙烯和聚四氟乙烯的复合物。这种材料与聚四氟乙烯有同样的耐腐蚀性能，加上性能有所改善，能耐各种浓度的无机酸、碱、盐（除极强的氧化性酸），能耐高浓度的HF，对有机溶剂也有抵抗能力，使用温度为-80～200 ℃，耐磨性能不低于常用塑料，较PVC、PE和ABS性能都优良。结构形式为单级单吸立式离心泵，无下轴承和轴封，避免了酸的泄漏和下轴承磨损而影响泵的运行。泵效率>50%。工艺性能试验，连续运行3000 h以上。改进衬胶施工工艺、提高衬胶泵的质量，仍不失为可供选择的稀硫酸泵。

国外稀酸泵，常用的非金属泵以衬胶泵和塑料泵为多，橡胶为丁基和氯磺化橡胶，如日本太平洋公司的瓦曼泵，德国的高密度聚乙烯泵。金属泵有美国路易斯公司的高镍铬合金（Lewmet）泵，日本三和特殊钢公司的哈氏合金C合金泵等，耐腐蚀性较好，但价格太高。

（三）浓硫酸泵

1.腐蚀形态与分析

浓硫酸泵主要为干燥酸和吸收酸用泵。干燥酸浓度一般为93%，通常温度<70 ℃，黏度为9×10^{-3} Pa·s左右，密度为1800 kg/m^{3}左右；吸收酸浓度一般为98%，温度<120 ℃，黏度为5×10^{-2} Pa·s左右，密度为1700 kg/m^3，干燥酸与吸收酸均为浓硫酸，具有强氧化性和腐蚀性。工艺要求泵扬程一般为30 m左右。浓硫酸泵一般都是单级单吸立式离心泵。

国内浓硫酸泵存在的问题是浓硫酸泵所输送的介质温度较高、密度大、具有强腐蚀性和强氧化性，有时还含有少量的碎瓷片等固体杂质，国内以前的浓硫酸泵使用寿命较短，这是由于材料与结构方面的原因。例如我国中小型硫酸厂，干吸工序使用的酸泵大多是铸铁泵或不锈钢泵。在常温下，它们在浓硫酸中的腐蚀速率较小，这是因为表面形成了一层稳定的钝化膜。但在硫酸生产中，干吸循环工序的酸温都超过了40 ℃，甚至更高，这时候的浓硫酸对金属材料具有较强的腐蚀作用。由于立式浓硫酸泵工作时完全浸泡在酸液中，泵的各部位处于温度较高的酸中，而轴与轴套之间还有相对运转的摩擦发热，温度比槽内温度高一些，因此轴衬和轴套的腐蚀比其他部位要大。因此国内原生产的浓硫酸液下泵，仅适宜于温度较低的泵前冷却流程中使用，不适用于温度较高的泵后流程。

美国的路易斯公司生产的浓硫酸泵，耐蚀性能好，质量可靠，工作温度可达120 ℃，正常情况下可以运行4～6年。自1986年以来我国已有多家硫酸厂使用了路易斯浓硫酸泵。但许多使用厂发现路易斯泵运行中存在以下问题：泵出口酸管腐蚀损坏，特别是靠近槽内酸液面的部分首先腐蚀并开裂，断口非常整齐（路易斯泵的酸出口管为耐蚀性能较好的铸铁和L-14低合金铸铁）。其腐蚀的主要原因是循环槽加水管的配置不当，在酸液面处产生稀硫酸，造成腐蚀。

2.防护方法

对于路易斯泵存在的问题，关键是防止稀硫酸的生成。该泵公司建议制作小型混酸器代替加水管，加水管从顶部伸入混酸器的中部。一部分循环酸从混酸器的上部进入混酸器的外管与加水管之间的环形空间。水与循环酸在混酸器中混合后，再从混酸器的底部流入循环槽内，这样就可以避免在酸液面上产生稀硫酸。加水管的材质可采用路易斯泵公司的路密特（Lewmd）合金，外部套管可采用价格较低的其他材料，例如搪瓷管等。

针对国内硫酸泵存在的问题，需要研制开发新的耐冷、热硫酸的材料及酸泵，十几年来已经取得了显著的成果。我国耐硫酸装置专用泵主要材料如表8-2所示。

表8-2　浓硫酸专用泵主要材料

零件名称	材料	零件名称	材料
叶轮	FS-5、ES-5、SNW-1	蜗壳密封环	FS-5、RS-5、SNW-1
蜗壳	合金铸铁、RS-2、LSB-2	泵轴	FS-2、RS-2、LSB-1等外包F46
叶轮密封环	FS-5、RS-5、SNW-1	轴套	S-5、RS-5、SNW-1

上海钢铁研究所、北京染料厂等联合开发的LRSP-150立式泵关键部件选用RS-2、RS-5耐酸不锈钢制作，在100 ℃、（93%～98%）H_2SO_4中耐腐蚀性能良好，完全可以代替进口泵。

中国科学院上海冶金研究所、旅顺长城不锈钢厂、大连化学工业公司化肥厂联合试制的LSB200-22型浓硫酸液下泵连续运行9个月，工作平稳、效率高、工作参数正常，在材料方面开发成功了SNW和LSB两种系列合金，在泵不同部位应用，既提高了耐蚀性，又降低了成本。LSB200-22高温浓硫酸泵，泵轴采用LSB-1合金铸铁制作，其他采用SNW-1合金制造。

浙江温州市东南泵阀厂，研制成功的ND1518、ND1418、ND307特种合金钢以及DNLB系列浓硫酸液下泵，应用于硫酸生产中取得了良好效果。

第四节　磷酸生产装置

磷酸生产方法有湿法和热法两种，我国的湿法生产以二水法流程最为普遍，主要化学反应式如下：

$$Ca_5F(PO_4)_3+5H_2SO_4+10H_2O \rightarrow 5CaSO_4 \cdot 2H_2O+3H_3PO_4+HF$$

二水法流程有多种，主要区别在于反应槽的结构不同。反应槽主要有串联多槽、单槽多桨和单槽单桨。移去反应热的方法有两种：鼓入空气冷却和料浆真空冷却。目前，我国广泛采用空气冷却单槽多桨（有中心小圆槽）流程。

磷矿粉、回流磷酸和硫酸加入萃取反应槽，槽内反应温度为70～80 ℃，磷酸浓度为26%～32% P_2O_5，制得含二水硫酸钙的反应料浆，经过滤即得产品酸。低浓度的磷酸要进行浓缩处理，以便更经济合理，主要设备为萃取反应槽、过滤机、料浆泵、闪蒸室等。

一、介质的腐蚀特性

与硫酸、盐酸相比，磷酸对金属的腐蚀相对较弱，其腐蚀性与磷酸的浓度、温度、杂质、含固量、流速、生产方法等有关。

（一）温度与浓度

热法、湿法磷酸生产对316L不锈钢的腐蚀与磷酸温度、浓度具有一定的关系：在磷酸浓度相同的情况下，磷酸温度升高可大大加速不锈钢的腐蚀，达到沸点时腐蚀速率很大；磷酸温度与浓度相同的条件下，在湿法磷酸生产中316L不锈钢腐蚀速率更大，因为湿法磷酸生产比热法磷酸生产含有较多的杂质，如硫酸根离子、氯离子和氟离子等；在磷酸温度相同时，磷酸对316L不锈钢的腐蚀速率在某一浓度下达到最大值，低于或高于此浓度，不锈钢的腐蚀速率都降低；热法工艺中磷酸浓度超过100% H_3PO_4达到过磷酸的范围时，腐蚀速率大为减小。

（二）杂质

工业磷酸的杂质主要来源于原料，不同的杂质对磷酸的腐蚀性的影响不同。磷酸中常见的杂质有F^-、Cl^-、SO_4^{2-}、Fe^{3+}、Al^{3+}、Mg^{2+}、活性二氧化硅等。F^-、Cl^-、SO_4^{2-}对腐蚀有促进作用，Fe^{3+}、Al^{3+}、Mg^{2+}等能起缓蚀作用。

湿法磷酸生产中存在活性二氧化硅杂质，可使腐蚀减弱，因为活性二氧化硅与氟化氢形成氟硅酸盐，降低了磷酸中的游离氟化物含量。但是，湿法磷酸浓缩时H_2SiF_6分解成HF和SiF_4，在40% P_2O_5左右SiF_4首先逸出，溶液中HF浓度加大，使液相磷酸的腐蚀变得十分严重；当磷酸浓度达到54% P_2O_5左右时，HF才大量逸出。

（三）含固物

湿法磷酸生产的磷酸料浆含未反应的磷矿颗粒和大量反应产物硫酸钙结晶，固体颗粒的粒径、硬度、数量都对磷酸的磨损腐蚀性能有影响，一般颗粒愈多、粒径愈大、硬度愈硬，磷酸对材料的磨损腐蚀性愈强。

二、典型装置的腐蚀与防护

（一）磷酸萃取槽的腐蚀与防护

1.萃取槽处理的介质特点

湿法磷酸生产过程中，硫酸分解磷矿的反应是在萃取槽内完成的。反应生成磷酸溶液和难溶性硫酸钙结晶，主反应分两步进行：第一步是磷矿与循环料浆（返回系统的磷酸）进行预分解，生成磷酸一钙和氟化氢；第二步是磷酸一钙与稍微过量的硫酸反应，全部转化为磷酸和硫酸钙，槽内反应温度为70～80 ℃，生成的磷酸浓度为26%～32%（P_2O_5），压力为常压，磷酸料浆的液固比一般在2.5：1～3.5：1的范围，但有时固体颗粒的含量高达40%。

磷酸萃取槽处理的介质十分复杂，液相部位主要含有磷酸和硫酸钙结晶。由于磷矿中一般含氟1%～3%，反应中有氢氟酸生成。还有过量的硫酸和未反应的磷矿颗粒以及副反应产物如氟硅酸钠、氟硅酸、磷酸铁、磷酸铝等，此外，还有少量随磷矿和硫酸原料带入的Cl^-（随矿石种类不同其含量不同，最高可达3800 mg/L）。在某萃取槽的气相部位，有含氟并夹带有磷酸料浆液滴的气体。

由于反应物是在固体磷矿粉与液体硫酸之间进行，为了提高反应速率，必须使固液充分接触，萃取槽内都设有搅拌器，所以槽内的物料相对于槽体内壁与搅拌器有较高的流速。

2.萃取槽的结构

二水法流程是多种多样的，其主要区别在于反应槽的结构形式不同。目前主要有比利时的普利昂（Prayon）流程、美国多尔-奥利瓦（Dorr-Oliver）流程、法国的隆·布列（Rhone Poulenc）流程、美国的巴杰尔（Badge）流程和我国小磷铵采用空气冷却单槽多桨流程。

二水法磷酸生产其关键设备是磷酸萃取槽，尽管工艺路线不同，萃取槽的结构有所不同，但基本结构大体一致。萃取槽主要由槽体、搅拌器、槽盖等组成。

萃取槽体为物料提供反应场所，属大型常压静止设备，为防止介质的磨损腐蚀，一般采用钢筋混凝土或钢制成壳体，在其内表面上采用非金属材料防腐，与介质直接接触的材料大多采用碳（石墨）砖板衬砌，有的还在碳（石墨）砖板表面均涂酚醛胶泥，在石墨衬层与槽基体之间加有橡胶或铅防渗层。萃取槽的几种典型的防腐结构为：碳钢-橡胶-耐酸砖-石墨板；碳钢-橡胶-石墨板；混凝土-铅-耐酸砖-石墨板；混凝土-石墨板-酚醛胶泥等。

搅拌轴和搅拌桨是将能量传递给物料的元件，要承受扭矩和弯矩，一般采用不锈钢或合金制造，也有采用碳钢外包橡胶或外包不锈钢防腐层。

萃取槽盖主要是对槽内的含氟气相介质起密封作用，由于操作压力为常压，一般是采用耐腐蚀的聚丙烯塑料或玻璃钢制作。

3.腐蚀形态与分析

（1）萃取槽体

萃取槽体内壁碳（石墨）砖板衬里局部脱落，如发生胶泥、石墨砖脱落，甚至腐蚀瓷砖现象。石墨砖脱落引起原因之一是施工质量缺陷。某厂萃取槽过去采用钢筋混凝土外壳内预埋搪铅扁钢-衬铅-涂辉绿岩胶泥-砌瓷砖-刷底漆-衬石墨砖的防腐结构。造成破坏的原因主要是萃取槽腐蚀施工层次较多，石墨砖的砖缝是薄弱环节，只要施工中的某一个环节施工质量未保证，如某一道勾缝出现质量问题，就会引起石墨板脱落。石墨板一旦脱落，瓷砖及混凝土壳体不耐含氟磷酸的腐蚀，由此造成防腐衬里破坏。

机械损伤引起石墨砖板脱落。由于搅拌轴或搅拌器的脱落、搅拌叶片断裂，掉入槽中对萃取槽内壁产生机械冲击力，可能撞坏萃取槽底部和内壁的防腐层，引起石墨砖、板脱落。

槽底防腐层损坏。某厂60 kt/a萃取槽搅拌桨正下方槽底部出现深浅不同的坑洞，有的如拳头大、有的比脸盆大，进而使钢筋混凝土多次遭受腐蚀，一般在萃取槽底防腐衬层比侧面衬层磨损严重。

碳（石墨）砖板在磷酸中的耐蚀性能良好，破坏的原因主要是槽中的固体颗粒磨损的结果，由于被搅拌物料为液、固混合物料，搅拌时，必须有足够的搅拌强度，既要使物料产生向下的轴向推力，又要产生径向分力，才能使固体均匀悬浮，液固充分混合，使萃取反应完全。但是搅拌桨对料浆的向下的轴向推力，使磷酸料浆对萃取槽底产生一个很大的机械冲击力，使槽底的防腐衬里遭受严重的冲刷磨损。另外，实际生产中很难达到槽内各处搅拌强度一样，固体颗粒不能均匀悬浮在液相中，使得槽底物料含固量偏大，也会造成槽底磨损较槽壁严重。

（2）搅拌器

①搅拌轴脱落

搅拌轴和减速机之间的联轴器是用碳钢螺栓连接，轴头和联轴器用键、锁紧螺母连接。湿法磷酸生产中，萃取槽上部气相空间有含氟气体（四氯化硅、氟化氢气体）与飞溅磷酸，碳钢连接螺栓、锁紧螺母不耐含氟气体、磷酸的腐蚀，当其被介质腐蚀破坏后，会造成搅拌轴脱落坠入萃取槽内。

②搅拌桨叶片断裂、脱落

搅拌器工作时，是通过高速回转的叶片将能量传给磷酸料浆，同时磷酸料浆对搅拌桨叶有一个反作用力，从而使桨叶产生弯矩，桨叶根部是最大弯矩处，即是危险截面，在料浆腐蚀与弯矩的共同作用下，造成搅拌桨叶根部断裂，如果搅拌桨叶片为螺栓连接，与上述同样的原因也会造成螺栓断裂，另外，搅拌桨叶脱落还有可能因为腐蚀，破坏了螺栓与螺母的螺纹，使螺母松脱而造成叶片脱落。

搅拌桨叶与搅拌轴磨蚀发生：某厂R-P二水法工艺萃取槽搅拌器的下搅拌桨叶，材质为UB6（法国钢号）（中国钢号：00Cr20Ni25Mo4.5Cu），运行约4570 h检查发现桨叶叶尖有严重磨损腐蚀现象，叶片厚度减小，局部近乎穿孔，减薄量不均匀，有凹坑，叶片前缘锐如刀锋，叶片端部磨蚀严重，主要是桨叶端部直径大，线速度大，与含石膏的磷酸料浆的相对运动速度大，磨损与腐蚀的联合作用强。模拟搅拌桨的工况，实验结果表明，其磨损腐蚀的速度是搅拌桨运动速度的指数函数。搅拌桨叶、搅拌轴的磨蚀与料浆中氯离子含量关系极大。氯离子愈多，二者遭受的磨损腐蚀愈严重。氯离子的含量与矿源有关，国内的磷矿氯离子含量相对较少，国外某些磷矿的氯离子则含量较多（Cl^-质量分数达0.42%），对搅拌桨叶与搅拌轴的磨损腐蚀较严重。

某厂湿法磷酸萃取槽，原搅拌桨轴采用45号钢外包3 mm Cr19Ni12Mo2Ti，桨叶为Mo2Ti，轮毂为K合金，使用摩洛哥矿生产，多年仅稍有腐蚀；但使用阿尔及利亚磷矿仅用28天，9台搅拌桨的Mo2Ti桨叶和轴的外包层均遭严重腐蚀，只有K合金的轮毂腐蚀不明显。桨叶若采用Cr18Ni12Mo2Ti，用于国内矿种，情况良好，腐蚀不明显。

4.防腐措施

（1）萃取槽体的防腐措施

主要有以下几种：

一是防腐蚀结构设计。当采用复合衬里时，碳（石墨）砖板总厚度应从抵抗磷酸料浆介质的腐蚀、满足隔离层的容许最高使用温度、降低壳体的壁温、避免衬里层处于拉应力状态等综合考虑。从防渗角度考虑，碳（石墨）砖板需做防渗处理。碳（石墨）砖板层数不宜采用单层，最好选用双层或三层，错缝排列，槽底应比槽壁多衬一层。

二是正确选用胶结材料。由于磷酸料浆中含有氟硅酸和氢氟酸，碳（石墨）砖板衬层的胶结材料不能采用含有SiO_2的石英粉、瓷粉做填料，应采用以石墨粉做填料的酚醛耐酸胶泥。槽体碳（石墨）砖板衬里必须考虑防振。

三是提高防腐层的施工质量。生产厂的实践证明，磷酸萃取槽槽体以碳钢或混凝土为壳体，在其内壁采用碳钢或混凝土-防渗层-（耐酸瓷砖）-衬碳（石墨）砖板-均涂耐酸酚醛胶泥复合防护方法是成功的。这充分利用了碳（石墨）砖板、酚醛胶泥耐磷酸料浆磨损腐蚀的特点，避免了基体材料碳钢或混凝土不耐含氟磷酸腐蚀的弱点；采用多层碳（石墨）砖板衬层对隔离层起到隔热降温的作用；多层碳（石墨）砖板错缝排列，增长了磷酸渗漏到达壳体内表面的路径；表面均涂一层耐磷酸腐蚀的耐酸酚醛胶泥，对碳（石墨）砖板磨损能起到一定缓冲作用，采用铅或橡胶做隔离层能切断磷酸向壳体的泄漏通道。但是，砖板衬里只能采用手工施工，防腐施工的质量问题是影响防腐效果的关键，特别是转角处（平底与侧壁的转角处）。碳（石墨）砖板衬里属脆性材料，在施工和运转中应避免机械损伤。

（2）搅拌器的防腐措施

根据搅拌桨的工作特点，最好的防腐措施是采用耐磷酸料浆磨蚀的金属材料。为此国内外曾做过大量的实验研究。

实际使用的搅拌桨材料应根据矿源和生产方法选定。对于二水法生产装置，以佛罗里达矿为原料时使用316L，以摩洛哥矿为原料时选UB6。腐蚀试验和长期的生产实践经验都证明，我国开发的K合金在湿法磷酸生产中具有优良的耐蚀性，即使是在长期使用高氯磷矿为原料时，装置也能正常运行。

（二）磷酸料浆泵的腐蚀与防护

1.磷酸料浆泵的腐蚀形态及分析

磷酸泵、磷酸料浆泵是湿法磷酸生产的重要流体输送设备，处理的介质与萃取反应槽相同。磷酸料浆泵在运行中工作条件十分恶劣，磨损腐蚀较严重，是工程上的一个老大难问题。磷酸料浆泵的腐蚀破坏主要体现在过流元件叶轮和蜗壳，特别是叶轮。

叶轮面向介质侧出现不均匀磨损腐蚀。某厂料浆泵叶轮，在直径<250 mm处磨损腐蚀很小，在直径>250 mm区域产生腐蚀程度不同，叶片厚度减小，外边缘缺损，质量明显减小等。叶轮在湿法磷酸料浆中运行1500 h、浸泡1500 h，原质量为12.5 kg，质量减少为5 kg。叶轮边缘的减薄量为8.5 mm，已成刀口状。

实际磷酸生产中，在泵的运行工况下，磷酸料浆是一种含固的两相流，不仅具有含氟磷酸的强腐蚀性，而且有大量硫酸钙固体颗粒的磨损，还有流体的高速运动，因此，泵的过流元件叶轮和蜗壳处于动态腐蚀与高速流动磨损二者的联合作用。

叶轮受固体粒子高速冲击使叶轮表面产生局部变形形成蚀坑。而叶轮迎流面各处料浆的流速与流动状况不同，对叶轮的机械作用力大小与方向也不同，导致表面不均匀的磨损腐蚀形态。

2.防腐措施

磷酸料浆泵的防腐蚀措施主要从改进泵的结构形式、选择稍低的转速、降低泵的表面粗糙度、选择耐磨损耐腐蚀的材料等几方面考虑。

（1）防腐蚀结构设计

选用卧式泵代替立式泵。有些磷铵厂，原设计的料浆泵为立式泵，由于立式泵其下部轴承浸泡在料浆中，因轴承经常磨损腐蚀而损坏，检修时部件的装、拆也麻烦。选用卧式泵，运行比立式泵可靠，维修也比较方便。

①降低转速

从理论上讲，在介质、泵的材料相同的情况下转速越高、流速越大，介质对过流元件冲刷磨损越严重，泵的使用时间越短。因此，磷酸料浆泵选用偏低的转速，可以限制叶轮入口与出口速度、减轻叶轮蜗壳的磨损腐蚀、延长其使用寿命。尽管这种方法会使泵的效率降低、泵的体积增大、一次性投资增高，但从长远来看，好处会更多一些。某化肥厂引进法国的J-S磷酸泵就采用了偏低的泵转速。

②减小过流元件表面粗糙度

叶轮流道及泵腔内粗糙度大小，对磨损腐蚀影响较大，过流元件表面粗糙度愈小，表面愈光洁，愈有利于减小磨损腐蚀。因此，将泵过流元件经砂轮打磨或铁丸抛光处理，可减小泵运转时产生的磨损腐蚀。

③选择耐腐蚀耐磨损的材料

关于料浆泵过流元件的材质，必须选择有足够机械强度、耐腐蚀耐磨损的材料。国内国外都做了大量的实验室试验与生产运行考核。材料的选择与萃取槽搅拌桨一样，与矿源关系密切，应针对磷矿的特点。

世界三大矿是佛罗里达矿、摩洛哥矿和科拉矿。摩洛哥矿酸和科拉矿酸的腐蚀性属于中等，而佛罗里达矿酸的腐蚀性低于其他两种矿酸。以开阳矿和昆阳矿为代表的我国磷矿，具有含硅量高、含氯量低的特点，矿酸的腐蚀性属于中等强度。从腐蚀观点来看我国的磷矿与摩洛哥矿的性质基本相同。但是国内磷矿中含二氧化硅量比国外的高，含氯离子量相对较低，对泵过流元件的磨损较强，腐蚀相对较弱。

某厂使用经验，通过对国产耐磷酸不锈钢（如K、J-1、904）、铁素体不锈钢（Cr30）、奥氏体不锈钢（CD4MCu、CW-2）的试用，发现从各方面综合比较，双相不锈钢（CW-2）抗磨损腐蚀性能好，用作料浆泵过流元件，使用寿命较长，且价格相对较便宜。铁素体不锈钢（Cr30）耐磨性较好，但力学性能差、脆性大、装拆时易碎裂。

某厂引进石膏料浆泵，其主要过流部件材质为CD4MCu双相不锈钢，经过两年多运行，二级石膏料浆泵壳体由于磨蚀穿孔，改用国产的仿CD4MCu材料铸造，效果较好。

（2）介质处理

由于磷酸生产中有多种矿源，其腐蚀性又不同，有的进口矿的Cl^-质量分数超过

0.2%，致使设备发生严重腐蚀，因此在生产工艺上应进行合理配矿，使F^-、Cl^-的质量分数保持在容许的范围内，可有效地减小磨损、腐蚀的速率。

复习题

1. 简述氯碱生产装置介质的腐蚀特性。
2. 简述电解槽的腐蚀原因及防腐措施。
3. 简述尿素合成塔的主要腐蚀形态。
4. 简述高压甲铵泵的腐蚀与防护。
5. 硫酸的腐蚀特性有哪些？
6. 简述管壳式酸冷却器的腐蚀情况及防腐措施。
7. 简述浓硫酸泵的腐蚀形态及防护方法。
8. 磷酸对金属的腐蚀与哪些因素有关？
9. 简述磷酸料浆泵的腐蚀与防腐情况。

第九章　石油工业装置的腐蚀与防护

第一节　钻井工程装置

石油、天然气在当今国民经济结构中起着重要的作用，但是石油工业是最受金属腐蚀困扰的工业之一，其装置服役工况复杂、使用材料种类广泛，随着石油和天然气的深度开采，腐蚀问题越来越受到重视。石油、天然气开采中介质对金属装置的腐性十分严重，有关资料介绍某油田1988—1993年的五年时间中，钻井总进尺900 000 m，损失钻杆1800 t，平均消耗为2.0 kg/m，其中因腐蚀报废30%，因此，钻井工程的防腐具有重要意义。

一、介质的腐蚀特性

钻井过程中的腐蚀性介质主要有钻井液、氧气、硫化氢、二氧化碳等，又由于环境因素的不同，其腐蚀的过程和行为有很大的差异。

（一）钻井液

钻井液主要由液相水（淡水、盐水）、油（原油、柴油）或乳状液（混油乳化液和反相乳化液）、固相（膨润土、加重材料）、化学处理剂（无机、有机及高分子化合物）组成。因其开采的地质结构的不同，使用的钻井液也各不相同，钻井液的腐蚀性因其种类的不同而存在很大差异。

（二）氧气

钻井液中或多或少地存在溶解的氧气，它来源于大气、水和处理剂，溶解氧是引起钻具腐蚀的主要因素，甚至含氧量少于1×10^{-6}也能引起钻具的严重腐蚀。氧的存在也加速了钻具的裂纹扩展。

（三）酸

油井酸化就是借助于酸化压裂设备把盐酸、土酸（HCl–HF）或其他酸注入地层，通过酸对岩石的溶蚀作用以及向地层压酸时水力的作用扩大油层岩石的渗透通道，使油气通道畅通，以达到增产的目的。然而盐酸和氢氟酸也必然会对金属器材产生腐蚀作用。

（四）硫化氢

硫化氢对钻具及其他钻井设备具有强烈的腐蚀性。在钻井过程中，硫化氢的主要来源有：

1. 含硫化氢的底层流体；

2. 钻井液中含硫添加剂的分解；

3. 细菌对钻井液中硫酸盐的作用。

（五）二氧化碳

二氧化碳是非含硫气田的主要腐蚀介质。在没有水时二氧化碳对钢材不产生腐蚀作用；当有水存在时生成H_2CO_3，电离出H^+、HCO_3^-和CO_3^{2-}，从而降低钻井液的pH值，加速钻具的腐蚀。在钻探过程中，二氧化碳的主要来源为：

1. 含二氧化碳的底层流体；

2. 采用二氧化碳混相驱技术提高原油采收率面向地层注入的二氧化碳；

3. 钻井过程中的补水进气。

（六）温度

温度随着钻井的纵深发展而不断增加。研究发现，随着温度的升高，碳钢的自腐蚀电位负移。另外，随着温度的增加，氧的扩散作用增大，从而导致阴极过程加速，阳极金属原子活化，阳极溶解。

二、主要腐蚀形式

油、气田开发过程中，在各种腐蚀介质的作用下金属装置受到严重的腐蚀，不同腐蚀介质和环境因素下的腐蚀过程和行为有很大的差异。

（一）均匀腐蚀

由于油、气田处于强腐蚀环境，均匀腐蚀是主要腐蚀形式，是选择装置材料和缓蚀剂必须考虑的一个重要因素。

1. 盐腐蚀

钻井液中的盐腐蚀是导致腐蚀的重要因素，表9–1中列出了一些未经处理的钻井液的腐蚀速率。在钻井液中含有的一些主要的盐，在不同浓度下的腐蚀速率及其腐蚀特征见表9–2。

表9-1　未经防腐蚀处理的钻井液的腐蚀速率

钻井液类型	腐蚀速率/$mm \cdot a^{-1}$	钻井液类型	腐蚀速率/$mm \cdot a^{-1}$
新鲜水	1.85～9.26	KCl聚合物	9.26
非分散低固相	1.85～9.26	饱和NaCl	1.23～3.09
海水	9.26	油基泥浆	<1.23

表9-2　无固相盐水体系的腐蚀速率

腐蚀介质	温度/℃	实验方法	腐蚀速率/$g \cdot m^{-2} \cdot h^{-1}$	腐蚀描述
15% NaCl	20	静态挂片	0.0736	均匀腐蚀
36% NaCl	20	静态挂片	0.0416	均匀腐蚀
15% NaCl+10% Na_2SO_4	20	静态挂片	0.0342	均匀腐蚀
47% $CaCl_2$	130	动态扰动	1.3920	疏松腐蚀物
25% $ZnBr_2$	20	静态挂片	0.0385	均匀腐蚀
25% $ZnBr_2$	170	静态挂片	161.7460	腐蚀严重

从表9-2中可看出，不同类型的腐蚀介质对钢的腐蚀速率不同。其中，36%NaCl溶液在20 ℃下的腐蚀速率大于15%NaCl+10%Na_2SO_4溶液的腐蚀速率，说明NaCl的腐蚀性要强于Na_2SO_4。而15%NaCl的腐蚀速率大于36%NaCl的腐蚀速率，是由于盐效应所导致的溶液中溶解氧浓度的变化与盐对腐蚀的影响相互作用所导致的。

不同温度下，钢片的腐蚀速率也不同，高温下的钢片在盐水介质中腐蚀速率明显增加，是常温下腐蚀速率的几十倍甚至上千倍。因此，必须注意钻井液在高温下的腐蚀与防护问题。

随着油田的成熟，孔隙压力与破裂压力之间的差不断下降，使钻井越来越困难。保持页岩稳定所需的钻井液压力非常接近于油藏的破裂压力，更换加重材料是解决这种问题的一种主要方法。不同密度加重钻井液的腐蚀速率也各不同。钻井液的加重材料是重晶石，在120 ℃下，不同密度的钻井液进行动态扰动实验37 h，钢片的腐蚀速率见表9-3。

表9-3　不同密度加重钻井液的腐蚀速率

重晶石加量/%	密度/$g \cdot cm^{-3}$	腐蚀速率/$g \cdot m^{-2} \cdot h^{-1}$	腐蚀描述
50	1.54	0.0539	有点蚀
100	1.70	0.1891	局部腐蚀，面积小
160	1.96	0.2888	局部腐蚀，面积大

从表9-3中可知，重晶石的加量从50%增加到160%，钢片腐蚀速率从0.0539 g/(m^2·h)增大到0.2888 g/(m^2·h)，增大了5倍，说明钻井液中的固相颗粒对钻杆腐蚀影响较大，固相颗粒含量越高，对金属表面的腐蚀越强。所以在钻砂岩和砂质地层时，必须控制钻井液中磨砂性砂粒在最低限度。

钻井液的pH值对腐蚀会产生较大的影响。表9-4是某油田泥浆在不同pH值条件下，采用静态挂片法以钻杆钢片为测试对象的钢片腐蚀数据。

表9-4 pH值对钻井液腐蚀速率的影响

流体构成	NaCl含量/%	pH值	腐蚀速率/mm·a^{-1}
某种类泥浆	24.5	5.0	0.43
		8.0	0.33
		10.0	0.07

从表9-4中可知，钻井液体系pH值越高，钻井液对钻杆的腐蚀就越小，如pH=10时，相对于pH=8.0的条件，缓蚀率可达79%，可见pH值的调节对钻井液腐蚀的控制有重要作用。

2.酸腐蚀

在钻井过程中，酸化压裂设备把盐酸、土酸（HCl-HF）或其他酸注入底层。由于强腐蚀性的酸的引进加速了钢铁的腐蚀。在钻井环境中，除了油井酸化技术引入的酸之外，地下的硫化氢和二氧化碳同样能导致酸腐蚀。

硫化氢极易与钻具基体中的Fe反应，生成黑色的FeS覆盖在钻具表面上。当硫化氢浓度较高时，容易形成致密完整的FeS膜，将金属基体和介质隔开，从而降低腐蚀速率；当硫化氢浓度较低时，形成的FeS膜不完整，出现大阴极小阳极情况，就会加速阳极溶解速度，同时，FeS膜在交变应力作用下，容易破裂，也会产生大阴极小阳极的情况。

二氧化碳在钻井液中易生成碳酸，降低钻井液的pH值，加速钻具的腐蚀。Fe与H^+反应生成Fe^{2+}和H_2，而Fe^{2+}会进行二次反应，生成腐蚀产物$FeO \cdot FeCO_3$（Fe^{2+}浓度较低时）或$FeCO_3$（Fe^{2+}浓度较高时）。而腐蚀产物可在钻具表面形成致密的保护层，减小钻具内部金属的腐蚀速率，起到一定的保护作用，但是一旦保护层被破坏，将会加速钻具的腐蚀。

3.溶解氧腐蚀

钻井液中的溶解氧是钻杆腐蚀的主要原因之一。钻井过程中，由于钻井液循环系统是非密闭的，大气中的氧通过振动筛、泥浆罐、泥浆泵等设备在钻井液循环过程中混入钻井液，成为游离氧，部分氧溶解在钻井液中，直到饱和状态。水中的氧达到饱和时可含8～12 mg/L，而氧在相当低的含量下（少于1 mg/L）就能引起严重腐蚀。表9-2中钢片在15% NaCl介质中的腐蚀速率大于在36%NaCl介质中的腐蚀速率，主要原因是氧作用的结果。

（二）局部腐蚀

对钻井专用管材、井下工具、井口装置等金属，常见的局部腐蚀类型有：应力腐蚀、疲劳腐蚀、硫化物应力开裂、坑点腐蚀、冲蚀等。

在各种环境因素中，硫化氢和二氧化碳是导致局部腐蚀的重要因素。硫化氢电离生成的HS^-促使阴极放氢加速，同时HS^-和H_2S能阻止原子氢在电极表面结合生成分子氢，因此，氢原子被促使聚集在钢材表面，加速了氢渗入钢内部的速度。HS^-可使氢向钢内部扩散速度增加10～20倍，引起钢材的氢脆和硫化物的应力腐蚀开裂。

二氧化碳是导致设备孔蚀的重要因素之一。对含硫气井来说，二氧化碳会加速硫化氢对金属的腐蚀。

除了硫化氢和二氧化碳等腐蚀因素之外，钻杆在使用过程中长期经受拉、扭、弯曲等交变应力的作用下，很容易造成钻杆的腐蚀疲劳，同时，钻杆外壁要受到套管和井壁的摩擦、井内介质的腐蚀及泥浆循环时对钻杆内外表面冲刷而产生的腐蚀。钻杆失效原因和常见问题见表9-5。

表9-5　钻杆失效原因统计结果（%）

时间	材质不良	操作不当	井况异常	疲劳腐蚀	疲劳	其他
1991年	0	2.0	0	76.4	13.7	7.9
1992年	3.3	5.0	0	85.0	6.7	0
1994年	1.8	12.3	1.8	68.4	8.8	6.9
1995年	2.6	5.2	1.5	54.1	11.3	25.3

三、防腐蚀方法

（一）介质处理

钻井过程中各种来源的钻井液杂质会使钻杆因腐蚀而损坏。抑制钻井液的腐蚀性，国内外常用的措施如下：

1.控制pH值

通常将钻井液泥浆pH值提高到10以上，是抑制钻井液对钻具及井下设备腐蚀最简单、最有效、成本最低的一种处理方法。

2.正确选择缓蚀剂

钻井液中使用较多的缓蚀剂为有机类缓蚀剂。现场应用缓蚀剂时一般从钻井液循环系统的首端投入，使之既能在钻杆表面形成保护膜，又能使井下套管得到保护。

3. 添加除氧剂

大气中氧的吸入加大了钻井液的腐蚀性。国内外广泛使用的除氧剂为亚硫酸盐。据有关资料介绍，亚硫酸盐在水基钻井液中的最小含量保持在100 mg/L，当水中钙盐含量高时，除氧剂的最小含量保持在300 mg/L。

4. 选择性添加除硫剂

即使大多数钻井作业中遇到的CO_2和H_2S浓度很低，它们对钻具的危害性也很大。除掉钻井液中的硫化氢的常用办法是加除硫剂，它的作用原理是通过化学反应将钻井液中的可溶性硫化物等转化成一种稳定的、不与钢材起反应的惰性物质，从而降低对钻具的腐蚀。常用的除硫剂是海绵铁和微孔碱式碳酸锌。

表9–6列出了钻井液中有害组分来源，推荐了常用的减缓腐蚀处理方法，值得在钻井实际过程中考虑。

表9–6　钻井液中有害组分来源与防治措施

有害因素	来源	减缓腐蚀方法
氧	充气	采用潜水枪或下部装料斗等来减少充气量;使泥浆pH值大于或等于10;采用除氧剂
硫化氢	地层侵入	使泥浆pH值大于或等于10;采用有机缓蚀剂或除硫剂以及油基泥浆;保持足够静水压以防地层流体侵入
	细菌对泥浆成分的热降解	保持泥浆pH值大于或等于10;对细菌进行处理,选择使用温度下保持热稳定性的泥浆系统
二氧化碳	细菌作用,地层侵入	使泥浆pH值大于或等于10;使用缓蚀剂和保持足够的静水压以防地层流体侵入

5. 控制含砂量

在钻井装置上配备适当的除砂设备，控制钻井液含砂量，以减少磨蚀。

（二）添加缓蚀剂

1. 含氮化合物

含氮化合物包括单胺、二胺、酰胺、炔氧甲基胺、曼尼期碱及其衍生物等。其中以曼尼期碱、季铵盐和杂环芳香含氮化合物效果最好，是油田高温酸化缓蚀剂的基础组分。

2. 醛类

甲醛是常用低浓度盐酸酸化缓蚀剂，使用温度低于80 ℃，但不能用于含H_2S气井。肉桂醛应用在酸化作业中，低毒，缓蚀效果好。若和其他表面活性剂复配，对28%HCl具有很好的缓蚀效果，见表9–7。

表9-7　肉桂醛在盐酸中对J55N钢的缓蚀效果

HCl含量/%	表面活性剂	肉桂醛/表面活性剂/mg·(100 mL)$^{-1}$	缓蚀率/%
15	三甲基-1-庚醇和6 mol环氧乙烷加合物	200/50	98.0
15	正十二烷基溴化吡啶	200/50	99.2
28	三甲基-1庚醇和6 mol环氧乙烷加合物	400/100	81.7
28	正十二烷基溴化吡啶	400/100	98.2

3.炔醇

脂肪族炔醇（如丙炔醇、丁炔醇、己炔醇、辛炔醇）是油气田酸化作用盐酸缓蚀剂的关键成分。它们在高浓度盐酸及50～100 ℃温度下具有良好的防蚀性能，可以有效地防止碳钢在盐酸中的腐蚀和氢渗透。

4.非金属覆盖层

国内外长期的钻井实践表明，钻杆的内壁腐蚀较其外壁腐蚀更为严重，因此在钻杆内壁表面涂敷防腐涂料是防止钻杆腐蚀最有效的方法，并且也使钻杆内壁表面摩擦阻力减小、泥浆泵压降低等。

第二节　采油和集输装置

采油及集输装置的腐蚀是指原油及其采出液、伴生气在采油井、计配站、集输管线、集中处理和回注系统的金属管线、设备、容器内产生的内腐蚀以及与土壤、大气接触所造成的外腐蚀。

一、主要腐蚀形式

（一）油井的腐蚀

油井下的腐蚀主要有井下工具及抽油杆的腐蚀，油管、套管的内腐蚀和套管外的腐蚀等，习惯称之为油井的腐蚀。油井腐蚀一般受采出液及伴生气组成的影响较大，产生腐蚀的主要影响因素有CO_2、H_2S和采出水组成。

CO_2腐蚀最典型的特征是呈现局部的点蚀、轮癣状腐蚀和台面状坑蚀。其中，台面状坑蚀是腐蚀过程最严重的一种情况，这种腐蚀的穿孔率很高。根据二氧化碳分压的大小，一般可确定是否存在腐蚀：分压超过0.2 MPa，有腐蚀；分压在0.05～0.2 MPa，可能有腐蚀；分压小于0.05 MPa，无腐蚀。

当油井采出液及伴生气中含有硫化氢或硫酸盐还原菌时，就有可能存在硫化氢腐蚀，根据NACE标准规定：硫化氢分压超过3×10^{-4} MPa时，敏感材料将会发生硫化物应力开裂。

在绝大多数油井的腐蚀中，原油含水量及其组成起着决定性作用，油田开发初期含水率较低，油井的腐蚀并不严重，但随着含水率的升高，油井井下采油工具，井下管柱的腐蚀日益严重。

（二）集输系统的腐蚀

油气集输系统指的是油井采出液从井口经单井管线进入计量间，再经计量支、干线进入汇管，最后进入油气集中联合处理站，处理后的原油进入原油外输管道，长距离外输，有些原油还要经中转站加热、加压，再进入汇管，该系统中的油田建设设施主要包括原油集输管线、加热炉、伴热水或掺水管线、阀门、泵以及小型原油储罐等。

1.集输管线的外腐蚀

集输站外埋地管线，沿线土壤的腐蚀性及管线防腐保温结构的施工质量差、老化破损等导致管线外腐蚀。管线外腐蚀的原因有：

（1）由于土壤中的盐、水、孔隙度、pH值等因素引起土壤腐蚀性的不同，是造成管道外壁腐蚀的重要原因之一。

（2）因土壤性质的差异形成的土壤宏观电池腐蚀，管线穿过不同性质土壤的交界处形成的宏观电池腐蚀等。

（3）在管线保温层破损处泡沫夹层进水，导致管线发生氧浓差电池，腐蚀危险增加。

（4）防腐蚀层质量较差，阴极保护不足。

（5）杂散电流干扰腐蚀。

（6）硫酸盐还原菌对腐蚀的促进作用。

（7）温度影响。

2.集输管线的内腐蚀

集输管线的内腐蚀与原油含水率、含砂、产出水的性质、工艺流程、流速、温度等有密切的关系。

（1）集输管线的管底部腐蚀。这种腐蚀与管道内输送介质含水率有关，含水率大于60%时，出现游离水，管底部接触水腐蚀必然严重。

（2）输量不够的管线腐蚀。在管线设计规格过大、输液量小、含水率高、输送距离远的情况下管线多发生腐蚀穿孔、使用周期缩短。含水率超过70%腐蚀更为严重。

（3）油井出砂量大的区块的管线腐蚀。油井出砂量大的区块腐蚀非常明显，在流速低的情况下，砂沉积于管线的底部，随着游气压力的脉动，不停地冲刷管线的底部，加剧管线的腐蚀穿孔。

（4）掺水工艺的集输管线腐蚀。集输过程中掺入清水后，由溶解氧引起的腐蚀非常严重，一般情况下，集输管线污水中不含有溶解氧。

（5）含二氧化碳产出水的腐蚀。

（6）流速的影响。流速较慢时，细菌腐蚀和结垢或沉积物下的腐蚀就更加突出，加快了腐蚀速率。

（三）加热炉的腐蚀

在原油集输系统中，加热炉的腐蚀也是一个不容忽视的问题。大多数加热炉以原油作为燃料，燃烧后绝大部分燃烧物以气态形式通过烟囱排出炉外，只有少部分灰垢残留在炉内。引起加热炉腐蚀的原因有三个方面：

1. 当原油中含有硫化物时，燃烧后会生成二氧化硫或三氧化硫，硫氧化物与烟气中的水蒸气作用生成的酸蒸气均是强腐蚀剂。

2. 水蒸气的露点一般在35～65 ℃之间，酸蒸气的露点比水蒸气的高，通常在100 ℃以上。

3. 当金属管壁的温度低于酸露点时，在壁面上会形成较多的稀硫酸、亚硫酸盐溶液，加速金属管壁的腐蚀。

（四）联合站设备的腐蚀

联合站是进行油、气、水三相分离及处理的场所，一般分为油区和水区两大部分。水区腐蚀比较严重，油区腐蚀常发生在水相部分或气相部分，如三相分离器底部、罐底部、罐顶部以及放水管线、加热盘管等。

1. 原油罐的腐蚀

联合站内原油罐的腐蚀包括外腐蚀和内腐蚀。外腐蚀主要是底板外壁的土壤腐蚀和罐外壁的潮湿的大气腐蚀。内腐蚀情况比较复杂，在油罐的不同部位腐蚀因素和腐蚀程度都有所不同。罐内腐蚀特征为：

（1）罐底腐蚀

罐底腐蚀情况在油罐内腐蚀中较为严重，造成腐蚀的原因是罐底沉积水和沉积物较多。

（2）罐壁腐蚀

油罐壁腐蚀较轻，为均匀腐蚀，腐蚀严重的区域主要发生在油水界面或油与空气交界处。

（3）罐顶腐蚀

罐顶腐蚀较罐壁严重，常伴有点蚀等局部腐蚀，属气相腐蚀，气相中的腐蚀因素主要是氧气、水蒸气、硫化氢、二氧化碳及温度的影响，其中耗氧腐蚀仍然起主导作用。

2. 三相分离器的腐蚀

三相分离器的腐蚀穿孔往往发生在焊缝及其附近，原因有以下两点：

（1）焊条材质选择或使用不当时，焊缝区域成为阳极，基体成为阴极。由于焊缝区相对面积小，这样就构成了大阴极小阳极的腐蚀电池，焊缝可很快溶解穿孔。

（2）焊缝附近的热影响区，其金相组织不均匀，电化学行为活泼，易遭受腐蚀。

3.污水罐及污水处理设备的腐蚀

污水罐及污水处理设备的腐蚀与含油污水水质、处理量以及不同工艺流程有关。国内各油田中，污水腐蚀比较有代表性的要数中原油田。下面列出了中原油田某注水罐及缓冲罐内挂片结果（表9-8）。

表9-8 注水罐及缓冲罐内分层挂片试验结果

罐类	介质	平均腐蚀速率/mm·a^{-1}	腐蚀形态
缓冲罐	罐顶气体	0.25	棕色腐蚀产物,麻点坑蚀,最大0.62 mm
	污水(6 m)	0.15	黑色腐蚀产物,局部坑蚀
	污水(3 m)	0.09	黑色腐蚀产物,局部坑蚀
	污水(1 m)	0.02	黑色腐蚀产物,基本均匀,个别坑蚀
	水底污泥	0.01	黑色腐蚀产物,基本均匀腐蚀
注水罐	罐顶污泥	0.18	局部黄锈,圆形坑蚀
	罐中污泥	0.44	两端及边缘腐蚀,无腐蚀产物
	罐底污泥	0.63	严重腐蚀穿孔,无腐蚀产物,表面光亮

从表中数据可以看出，缓冲罐内腐蚀从罐底到罐顶逐渐下降，而注水罐内腐蚀的数据恰好相反，这反映了罐内腐蚀的两种不同机理。对缓冲罐而言，从腐蚀产物等现象看，介质腐蚀性的变化主要受氧气扩散控制的影响，罐顶部位含氧量较高，而罐底含氧量低，所以造成罐顶的高腐蚀，对注水罐而言，经调查由于油区来水CO_2含量较高，造成罐底CO_2的分压较高，而且罐底CO_2、O_2、细菌等均存在，也是造成注水罐罐底高腐蚀的原因。

4.注水系统的腐蚀

注水开发是保持地层压力和油田稳产的重要措施，其腐蚀与注入水水质密切相关。

（1）注水管线的腐蚀

经过污水处理的油田注入水，杂质含量较低，管线承受较高压力。除了同集油管线一样存在外腐蚀之外，管内腐蚀主要受水腐蚀性影响和管道焊接施工质量、注水工艺等影响。

（2）注水井油套管的腐蚀

污水中硫酸盐还原菌、二氧化碳和氯化物的共同侵蚀作用造成局部腐蚀穿孔、丝扣连接处产生缝隙。

（3）回水管线的腐蚀

回水管线是将注水井中洗井水回收输送到联合站进行处理的管线，输送的水质较差，含有大量的悬浮物、污油、砂粒、垢物等，大量的硫酸盐还原菌繁殖并产生硫化氢，造成细菌腐蚀和沉积物垢下腐蚀。

（4）注水泵腐蚀

油田供注水的离心泵叶轮是用硅黄铜制作，在水的冲刷作用下，含锌量较高的部位处于阳极区，锌与铜一起被溶解。溶液中的铜又被沉积到周围附近阴极区，进而加速阳极腐蚀。

二、防腐蚀方法

采油及集输系统腐蚀控制的基本原则为：因地制宜实行联合保护。在采油、储油、输油的过程中，对各个环节的材料运用、安装等实施一系列的保护措施，主要采用以下防腐蚀方法。

（一）防腐蚀结构设计

合理选材是有效抑制金属腐蚀的手段之一，在石油行业中主要是防腐层的选择、金属材料的选择和玻璃钢材料的选择。在油田采油和集输系统中，出于经济性的考虑，在一般情况下油田通常采用普通钢，辅以其他防腐手段（如采用防腐层）。

油田中不少的腐蚀问题是与生产工艺流程分不开的，油田中常用的工艺防腐措施主要有以下几种：

1.除去介质中的水分以降低腐蚀性。常温干燥的原油、天然气对金属腐蚀很小，而带了水分时则腐蚀加重，在工艺过程中应尽量降低原油、天然气的含水量。

2.采用密闭流程。坚持密闭隔氧技术，使水中氧的含量降低至0.02～0.05 mg/L，以降低油田污水的氧腐蚀。

3.严格清污分注，减少垢的形成，避免垢下腐蚀。

4.缩短流程，减少污水在站内停留的时间。

5.对管线进行清洗，清除管线内的沉积物，以减少管线的腐蚀，清洗主要有化学清洗和物理清洗两种方式：化学清洗主要使用与污垢发生化学反应的清洗剂（酸）进行清洗；物理清洗主要有清管器机械清洗和高压水射流清洗，刮削管壁污垢，将堆积在管线内的污垢及杂质推出管外。

（二）金属或非金属覆盖层

1.外防护层

（1）储罐、容器及架空管道外防腐层

外防腐材料可根据大气腐蚀性选择。在比较苛刻的环境条件下，如比较湿热或海洋大气条件下，外防腐层通常选用底层为热喷锌、喷铝或无机、有机富锌涂料。

（2）埋地管道用外防腐层

油气田所有埋地金属管道必须做外防腐层，外防腐层一般分为普通级和加强级。对于长输管线及集油干线一般应采用防腐层与阴极保护联合的保护。通常在非石方地区及土壤腐蚀性不高的地区，管道设计寿命在10～20年时，可选用石油沥青类防腐层。对于土壤腐蚀性高等条件恶劣的地区，管道可选用煤焦油沥青、环氧煤沥青涂料、两层聚乙烯、熔结环氧粉末、聚乙烯胶粘带、三层聚乙烯等防腐层。

2.内防腐层

根据储存或输送介质的品种、腐蚀性和介质的温度选择防腐层，防腐层必须有较强的耐蚀性，并与工程寿命相一致，施工工艺简单，便于掌握，质量容易保证，经济性好，维修方便。油田常用的内防腐层及结构见表9-9。

表9-9　内防腐措施及防腐层结构

储存介质	温度/℃	推荐措施	推荐结构
清水	常温	①水泥砂浆衬里 ②涂料防腐	厚度1.2～1.5 cm 2道底漆,2道面漆
回注污水	55～65	①涂料衬里 ②玻璃钢衬里	2道底漆,4道面漆 1底4布4胶2面
含水原油	55～65	①导静电涂料防腐 ②玻璃钢衬里	2道底漆,3道面漆 1底3布3胶2面
成品油	常温	导静电涂料防腐	2道底漆,2道面漆

（三）电化学保护

油田区域阴极保护系统的结构形式有两种：

1.以油、水井套管为中心，分井定量给套管提供保护电流，各井间电位的差异用阴极链（即均压线）来平衡。这种系统比较节约电能，容易实现自动控制。缺点是投资多，易产生电位不平衡而造成干扰。

2.把所保护区域地下的金属构筑物当成一个阴极整体，整个区域是一个统一的保护系统。阴极通电点一般设在保护站就近的管道上，各类管道既是被保护对象，又起传送电流的作用，油井套管是保护系统的末端。这种保护系统的优点是避免了干扰的产生，投资少。缺点是保护电流分配不均匀，对阳极的布置要求较严格，电能消耗较多。

（四）介质处理

1.缓蚀剂

采用缓蚀剂是油田中应用比较广泛的一种抑制腐蚀方法。

2.杀菌剂

对于微生物所导致的腐蚀来说，油田系统中通常采取添加合适的杀菌剂来控制细菌产生的破坏。油田中采用的杀菌剂主要有：季铵盐类化合物（氯化十二烷基二甲苄基铵、HCB-1、HCB-2）、氯酚及其衍生物（NL-4）、二硫氰基甲烷（SQ_8、S-15）及其他类型杀菌剂。

3.阻垢剂

在采油系统、油田水处理系统和注水系统等部位均可结垢，在水中添加合适的阻垢剂，抑制水垢的形成，从而减轻结垢而导致的腐蚀。油田中常用的阻垢剂有EDTMPS（乙二胺四亚甲基膦酸钠）、改性聚丙烯酸、CW-1901缓蚀阻垢剂等。

第三节　特殊油气田生产装置

一、酸性油气田的腐蚀与防护

含H_2S或CO_2的油气通称作酸性油气，酸性油气是油气田腐蚀的重要因素之一。在我国的天然气资源中，大部分含有H_2S或CO_2。例如四川气田的天然气中的80%系酸性天然气，天然气中的H_2S含量多数为1%～13%（体积分数），最高达35.11%（体积分数）。在考虑酸性气体引发的腐蚀时，也不能低估矿化水的腐蚀作用。油气田这个特定的环境中，水是金属材料腐蚀的主导因素。H_2S或CO_2只有溶于水才具有腐蚀性。大量的研究表明，溶有盐类、酸类的H_2S或/和CO_2的水溶液往往比单一的H_2S或CO_2水溶液腐蚀性要强得很多，腐蚀速率要高几十倍，甚至几百倍。

（一）硫化氢的腐蚀与防护

硫化氢引发的腐蚀主要有电化学腐蚀和SSC（硫化物导致的应力开裂），其控制方法主要有两种：

1.电化学腐蚀的控制方法

（1）介质处理

在油气井开采过程中油气从井下、井口到进入处理厂的开采过程中，温度、压力、流速都发生了很大变化，通常随着油气井产水量的增加，腐蚀破坏将加重。由于H_2S、CO_2的腐蚀是以氢去极化为主，金属表面原有的氧化膜易被溶解，采用氧化性（钝化型）缓蚀剂非但起不到缓蚀作用，而且还会加速腐蚀，因此，通常采用含有N、O、S、P和极性基团的吸附型有机缓蚀剂。在添加缓蚀剂的系统中，必须设置在线腐蚀监测系统，可采用腐蚀挂片或者用线性极化电阻探针和电阻探针监测液相的腐蚀性变化；用电阻探针和氢探针监测气相的腐蚀性变化。

含H_2S天然气经深度脱水处理后，无水则不发生电化学反应，使腐蚀终止。

（2）非金属覆盖层

防腐层和衬里为钢材与含H_2S酸性油气之间提供了一个隔离层，可供含H_2S酸性油气田选用的内防护的防腐层和衬里有环氧树脂、聚氨酯以及环氧粉末等，由于防腐层不易做到百分之百无针孔，通常需添加适量的缓蚀剂。

（3）防腐蚀结构设计

根据设备、管道等运行的条件经济合理地选用耐蚀材料。如环氧型、工程塑料型的管材及其配件，很适合用于腐蚀性强的系统。

①井下封隔器

油管外壁和套管内壁环形空间的腐蚀防护通常采用井下封隔器。封隔器下至油管下端，将油管与套管环形空间密封，阻止来自气层的含H_2S酸性天然气及地层水进入，并在环形空间注满用于平衡压差、添加缓蚀剂的液体。

②清管

可选用装有弹簧加载的钢刀片、钢丝刷、研磨砂石等结构的清管器，也可选用半刚性的非金属球体。为能通过变径管线和小曲率半径的弯头，可选用易变形的橡胶、塑料等材料的清管器。

2. SSC的控制方法

（1）介质处理

①脱水

脱水是防止SSC的一种有效方法。对油气田现场而言，经脱水干燥的H_2S可视为无腐蚀性，因此，经脱水使含H_2S天然气水露点低于系统的运行温度，就不会导致SSC。

②脱硫

脱硫是防止SSC广泛应用的有效方法。脱除油气中的H_2S，使其含量低于发生SSC的临界H_2S分压值。

③控制pH值

提高含H_2S油气环境的pH值，可有效地降低环境的SSC敏感性。因此，对有条件的系统，采取控制环境pH值可达到减缓或防止SSC的目的。但必须保证生产环境始终处于被控制的状态下。

④添加缓蚀剂

从理论而言，缓蚀剂可通过防止氢的形成来阻止SSC。但现场实践表明，要准确无误地控制缓蚀剂的添加，保证生产环境的腐蚀处于受控制的状态下，是十分困难的。因此，缓蚀剂不能单独用于防止SSC，它只能作为一种减缓腐蚀的措施。

（2）防腐蚀结构设计

在进行含H_2S酸性油气田开发设计时，为防止SSC，需对控制环境或控制用材等不同保护方式进行选择。脱硫、脱水只能对脱硫厂和脱水厂下游的设备、管线起作用。采用添加缓蚀剂和控制pH值在理论上可行，但在实际生产中不是绝对可靠的。因此，采用抗SSC材料和工艺将是防止SSC最有效的方法。

（二）二氧化碳的腐蚀与防护

在油气田开发的过程中，有H_2S和CO_2相互伴生的油气井，也有只含H_2S或CO_2的油气井。对H_2S和CO_2共存的系统，往往着重从H_2S腐蚀破坏着手考虑防护措施。当CO_2和H_2S分压之比小于500时，FeS仍将是腐蚀产物膜的主要成分，腐蚀过程仍受H_2S控制。

CO_2溶于水对钢铁具有腐蚀性，这早已被人们所认识。在含CO_2油气田上观察到的腐蚀破坏，主要由腐蚀产物膜局部破损处的点蚀，引发环状或台面的蚀坑或蚀孔，这种局部腐蚀由于阳极面积小，则往往穿孔的速度很高。有研究表明在CO_2–H_2O体系中，发现有阳极型的应力腐蚀开裂。

1.影响CO_2腐蚀的因素

（1）CO_2分压的影响

CO_2分压是影响腐蚀速率的主要因素。研究结果表明，当CO_2分压低于0.021 MPa时腐蚀可以忽略；当CO_2分压为0.021 MPa时，腐蚀将要发生；当CO_2分压为0.021～0.21 MPa时，腐蚀可能发生。也有学者在研究现场低合金钢点蚀的过程中发现当CO_2分压低于0.05 MPa时，观察不到任何因点蚀而造成的破坏。

（2）温度的影响

温度是影响CO_2腐蚀的重要因素，温度在60 ℃附近，CO_2的腐蚀机理有质的变化。当温度低于60 ℃时，由于不能形成保护性的腐蚀产物膜，腐蚀速率由CO_2溶于水生成碳酸的速度和CO_2扩散至金属表面的速度共同决定，以均匀腐蚀为主；当温度高于60 ℃时，金属表面有碳酸亚铁生成，腐蚀速率由穿过阻挡层传质过程决定，即垢的渗透率、垢本身固有的溶解度和介质流速的联合作用而定。由于温度在60～110 ℃范围时，腐蚀产物厚而松，结晶粗大，不均匀，易破损，则局部孔蚀严重。而当温度高于150 ℃时，腐蚀产物细致、紧密、附着力强，于是有一定的保护性，腐蚀率下降。所以含CO_2油气井的局部腐蚀由于温度的影响常常选择性地发生在井的某一深处。

（3）腐蚀产物膜的影响

钢表面腐蚀产物膜的组成、结构、形态受介质的组成、CO_2分压、温度、流速等因素的影响。当钢表面生成的是无保护性的腐蚀产物膜时，以很快的腐蚀率被均匀腐蚀；当钢表面的腐蚀产物膜不完整或被损坏、脱落时，会诱发局部点蚀而导致严重穿孔破坏；当钢表面生成的是完整、致密、附着力强的稳定性腐蚀产物时，可降低均匀腐蚀速率。

（4）流速的影响

高流速的冲刷作用易破坏腐蚀产物膜或妨碍腐蚀产物膜的形成，使钢表面处于裸露的初始腐蚀状态，高流速将影响缓蚀剂作用的发挥。研究认为，当流速高于10 m/s时，缓蚀剂不再起作用。因此，通常是流速增加，腐蚀率提高。而流速过低易导致点蚀速率的增加。因此对具体控制含CO_2油气系统腐蚀，如何确定其流速使腐蚀速率处于最佳状态将十分重要。

2.防止CO_2腐蚀的方法

（1）防腐蚀结构设计

在含CO_2油气中，含Cr的不锈钢有较好的耐蚀性能。9Cr-1Mo、13Cr和Cr的双相不锈钢等均已成功地用于含CO_2油气井外下管柱。但当油气中还含有硫化氢和氯化物时，应注意这些钢对SSC和氯化物应力腐蚀的敏感性。

9Cr-1Mo和13Cr型不锈钢，在高温或高含Cl^-的环境中，耐蚀性将会劣化。当温度超过100 ℃时，9Cr-1Mo的腐蚀加快；当温度超过150 ℃时，13Cr钢易发生点蚀，且对含量在10%以上的氯化物很敏感。9Cr-1Mo和13Cr钢均对SSC敏感，不能用于含H_2S的油气环境。

含铬22%～25%的双相不锈钢和高含镍的奥氏体不锈钢，在250 ℃以上和高氯化物环境中仍表现出良好的耐蚀性能，并抗SSC。对于碳钢和低合金钢，金相组织均匀化将会提高其耐蚀性能。

对于集输管线，定期清管也是防止CO_2腐蚀的一种有效方法。

（2）介质处理

脱除油气中的水是降低或防止CO_2腐蚀的一种有效措施。原油和油品中的水可在储罐中沉降或用水分离器、凝结器等予以脱除；天然气中的水可以用水分离器脱除，或采用各种类型干燥剂的脱水装置，控制含CO_2天然气水露点低于系统的运行温度，防止输送过程水解析出来。

（3）添加缓蚀剂

一般对含H_2S油气环境具有良好缓蚀效果的缓蚀剂，通常对含CO_2油气环境也具良好的缓蚀效果。

（4）采用非金属覆盖层

采用非金属覆盖层是目前广泛采用的防止CO_2腐蚀的措施，它们相对各种耐CO_2腐蚀的含Cr钢，特别是高Cr双相不锈钢价格要低廉得多。虽然其保护效果不如含Cr钢好，但可以满足某些含CO_2油气系统的防护要求。

二、海洋及滩涂油气田的腐蚀与防护

海洋及滩涂中蕴藏着极其丰富的资源，开发海洋及滩涂石油的难题，主要是战胜海洋环境所造成的困难。

（一）介质的腐蚀特性

建造海洋及滩涂石油开发设施的材料绝大多数是钢铁。研究钢铁在海洋及滩涂环境中的腐蚀行为，对采取有效的防腐蚀措施，预防开发设施遭受意外破坏，具有重要的意义。影响海水腐蚀的主要因素如下：

1. 氧含量

海水的波浪作用和海洋植物的光合作用均能提高氧含量，海水的氧含量提高，腐蚀速率也提高。

2. 流速

海水中碳钢的腐蚀速率随流速的增加而增加，但增加到一定值后便基本不变。而钝化金属则不同，在一定流速下能促进高铬不锈钢等的钝化提高耐蚀性，当流速过高时，金属腐蚀速率将急剧增加。

3. 温度

温度增加，腐蚀速率将增加。

4. 生物

生物的作用是复杂的，有的生物可形成保护性覆盖层，但多数生物是增加金属的腐蚀速率。

根据环境介质的差异以及钢铁在这些介质中受到的腐蚀作用的不同，一般将海洋腐蚀环境划分为海洋大气区、飞溅区、潮差区、全浸区和海泥区5个区域。滩涂一般指高潮时淹没、低潮时露出的海陆交界地带。

1. 海洋环境中碳钢的腐蚀

（1）海洋大气区

海洋大气与内陆大气有显著的区别，它不仅湿度大，容易在物体表面形成水膜，而且其中含有一定数量的盐分，使钢铁表面凝结的水膜和溶解在其中的盐分组成导电性良好的液膜，提供了电化学腐蚀的条件。日晒雨淋和微生物活动也是影响腐蚀的重要因素，在很大程度上可以影响腐蚀。因此，海洋大气中钢铁的腐蚀速率，比内陆大气中要高4～5倍，由于不同海区的气温不同、风浪而导致大气含盐量也不一样，因而腐蚀会有较大差异。我国南海的石油平台，其大气腐蚀比渤海的石油平台要严重得多。

（2）飞溅区

飞溅区也叫浪花飞溅区，位于高潮位上方，因经常受海浪溅泼而得名。飞溅区中钢铁构件的表面经常是潮湿的，而且它又与空气接触，供氧充足，因此成为海洋石油开发设施腐蚀最严重的区域。碳钢在飞溅区的腐蚀速率可以达到甚至超过0.5 mm/a，并且其腐蚀表面极不均匀。

（3）潮差区

高潮位和低潮位之间的区域称为潮差区。位于潮差区的海上结构物构件，经常出没于潮水，和饱和了空气的海水接触，会受到严重的腐蚀。碳钢在潮差区的腐蚀速率还受海生物附着和气温等因素影响，海上固定式钢质石油平台在潮差区的腐蚀速率反而要比全浸区小。这是由于在连续的钢表面上，潮差区的水膜富氧，全浸区相对缺氧，因此形成氧的浓差电池，潮差区电位较正为阴极，腐蚀较轻。

（4）全浸区

长期浸没在海水中的钢铁，比在淡水中受到的腐蚀要严重，其腐蚀速率为0.07～0.18 m/a，海水中的溶解氧、盐度、pH以及温度、流速、海生物等因素，对全浸区的腐蚀都有影响，其中尤以溶解氧和盐度影响程度最大。值得注意的是，开发滩涂和极浅海石油时，往往会遇到河口。淡水和海水混合的区域使腐蚀环境变得复杂化。在进行工程设计之前，应当进行水质调查。了解盐度、溶解氧、生物活动、污染情况等，以便确定防腐蚀对策。专家们的试验结果已经证明，长期使用时，低合金钢在潮差区和全浸区的耐蚀性并不优于普通碳钢。

（5）海泥区

目前，对海泥中钢铁腐蚀的研究远不如其他海洋腐蚀环境，还没有找到公认的评价和预测海泥腐蚀性的方法。一般认为，由于缺少氧气和电阻率较大等原因，海泥中钢铁的腐蚀速率要比海水中低一些，在深层泥土中更是如此。影响海泥对钢铁腐蚀的因素有微生物、电阻率、沉积物、温度等。海泥中的硫酸盐还原菌（SRB）对腐蚀起着极其重要的作用，一些研究结果表明，在SRB大量繁殖的海泥中，钢的腐蚀速率比无菌海泥要高出数倍到十几倍，甚至比海水中高2～3倍。与陆地土壤相比较，是特强腐蚀环境。电阻率的差异，对宏观腐蚀也起重要的作用。沉积物颗粒越粗，越有利于透水和氧的扩散，腐蚀性越强。温度对海泥的腐蚀性也有相当重大的作用，其影响程度和海水中相似。

2.滩涂环境中碳钢的腐蚀

始终覆盖着海水的海泥和周期地露出水面的滩涂泥沙的腐蚀性是不一样的。从工程防腐蚀考虑，应当注意以下影响因素：

（1）滩涂泥含水率较低，电阻率较高。

（2）滩涂泥充气较充分，微生物种类和活动性会有不同。

（3）滩涂泥易受污染和淡水影响。

（4）滩涂泥有植物生长，它们的根会破坏结构的防腐层。

3.海洋及滩涂环境中不锈钢的腐蚀

不锈钢通常指含Cr12%以上在大气条件下具有耐腐蚀性能的铁基合金。一般地说，对马氏体不锈钢、铁素体不锈钢和奥氏体不锈钢，三种不锈钢在海洋大气中都有极好的耐蚀性。即使在对碳钢有很强腐蚀性的飞溅区，不锈钢也表现出很好的耐蚀性能，这是由于虽然经常接触海水，但充气良好，使不锈钢表面得以保持钝态。无论在大气区或飞溅区，如果表面有污物沉积，特别是在缝隙处沉积，便会发生局部腐蚀，并且要比内陆大气中严重得多，因为沉积中含有盐分（Cl^-），对钝化膜有破坏作用。

在潮差区，虽然潮水充气良好，但此区域的一些因素却妨碍了不锈钢表面保持钝态，例如生物附着和沉积物覆盖，都会使表面产生严重的局部腐蚀。在附着生物与钢表面之间的缝隙和结构物接缝等处，当潮水浸没时，缝隙以外较大的面积成为阴极，加速了缝隙腐蚀的发生和发展。

在全浸区，当流速低于1.5 m/s时，扩散到钢表面的氧不足以保持钝化膜的稳定，而且，此时海洋生物仍能附着，不锈钢的局部腐蚀是不可避免的，即使按失重计量的腐蚀速率非常小，它们也不能在海水中得到使用。增加海水流速和施加阴极保护可以维持不锈钢在海水中的钝态，但是，对于马氏体不锈钢和铁素体不锈钢，这两种措施都没有太好的效果，而且阴极保护还可能使它们发生氢的破坏。只有某些奥氏体不锈钢在海水中有好的使用效果。提高Cr的含量和添加Mo及其他合金成分可以提高不锈钢在海水中的耐局部腐蚀性能。

泥中缺氧，不锈钢表面钝态一旦受到破坏，便难以弥合，局部腐蚀是可以想象的。况且，碳钢在海泥中腐蚀率很低，还可以用阴极保护措施来保护，因此，在海泥中的结构，没有必要使用不锈钢。

（二）石油平台的腐蚀防护

1.防护措施的选用原则

用于钻探和开采海洋及滩涂石油的平台，绝大多数是用钢铁建造的庞然大物，具体防护措施的确定，要遵循一些共同的原则，这些原则大体归纳如下：

（1）可靠性和长效性，在此基础上同时考虑技术的先进性和经济的合理性。

（2）防腐蚀设计应当由具有腐蚀与防护专业知识的技术人员来完成，设计前，应当掌握平台所处海域的环境条件，了解平台的结构形式，建造材料的性能，平台的使用功能和设计寿命以及平台建造场地和施工条件等。

（3）要准确掌握和使用标准、规范。

（4）结构设计应当有利于防腐蚀措施的实现。

（5）在确定防腐蚀措施时，应进行必要的技术经济论证。

2.具体的防护措施

（1）飞溅区保护

增加结构壁厚或附加“防腐蚀钢板”是飞溅区有效的防护措施，为了预防措施失效，有关的规范仍然要求飞溅区结构要有防腐蚀钢板保护，厚度达13～19 mm，并且要用防腐层或包覆层保护。在平台大气区使用效果不错的涂料，在飞溅区虽也有好的效果，但仍不能把使用这些涂料作为飞溅区长期保护的主要措施。比较经典的飞溅区防护措施是使用包覆层。用箍扎或焊接的方法把耐蚀合金包覆在飞溅区的平台构件上，有很好的防腐蚀作用。然而，由于它们怕受冲击破坏，并且材料和施工费用很高，已经越来越少被采用。包覆6～13 mm的硫化氯丁橡胶效果也很好，但是它不能在施工现场涂覆，因而使用受到一定的限制。热喷涂层在海洋大气中有很好的保护效果，这已经为国内外许多实践所证明。

（2）其他区域的保护

海洋和滩涂石油平台的大气区，都采用涂层保护。对一些形状复杂的结构，如格栅等，也采用浸镀锌加涂层。近年来，喷涂铝、锌等金属层加涂层已获得日益广泛的应用。

对平台的潮差区，一般也采用涂层保护。涂层的范围通常深入低潮位2～3 m，全浸区的构件可以只采用阴极保护。对于设计使用年限较短的平台，也可以考虑采用防腐层和阴极保护联合保护。平台在泥中的钢桩和油井套管，仅采用阴极保护。各区域海洋阴极保护设计电流密度如表9-10所示。

表9-10 阴极保护设计电流密度

生产区域	环境因素				典型设计电流密度 /$mA\cdot m^{-2}$($mA\cdot ft^{-2}$)		
	海水电阻率 /$\Omega\cdot cm^{-1}$	水温 /℃	紊流（波浪作用）	横向水流	初期	平均	末期
墨西哥湾	20	22	中度	中度	110(10)	55(5)	75(7)
美国西海岸	24	15	中度	中度	150(14)	90(8)	100(9)
库克湾	50	2	低度	高度	430(40)	380(35)	380(35)
北海北部	26～33	0～12	高度	中度	180(17)	90(8)	120(11)
北海南部	26～33	0～12	高度	中度	150(17)	90(8)	100(9)
阿拉伯湾	15	30	中度	低度	130(12)	65(6)	90(8)
澳大利亚	23～30	12～18	高度	中度	130(12)	90(8)	90(8)
巴西	20	15～20	中度	高度	180(17)	65(6)	90(8)
西非	20～30	5～21			130(12)	65(6)	90(8)
印度尼西亚	19	24	中度	中度	110(10)	55(5)	75(7)

（三）钢筋混凝土设施的防护

用钢筋混凝土建造海洋和滩涂石油开采设施已屡见不鲜。钢筋混凝土的防护和钢结构的防护同样重要。钢筋混凝土的防护包括对混凝土的防护和对混凝土包裹的钢筋的腐蚀防护。

1.混凝土的腐蚀

海水中的SO_4^{2-}、Mg^{2+}和Cl^-是损坏混凝土的主要有害离子。SO_4^{2-}与水泥形成混凝土时的部分生成物反应，其产物的体积显著增大，使混凝土结构受到破坏。Mg^{2+}和Cl^-会与混凝土中的$Ca(OH)_2$反应，生成$Mg(OH)_2$和$CaCl_2$，破坏混凝土的组织结构。SO_4^{2-}和Mg^{2+}对混凝土的侵蚀一般只发生在表面，而Cl^-渗透力强，会渗入到混凝土的深部。

干湿交替、海水冲刷、反复冻融等会加剧海洋环境中混凝土的腐蚀破坏。

2.钢筋的腐蚀

混凝土具有很强的抗压性能，但却不耐高强度的张拉。用混凝土构筑海洋工程设施，要在混凝土中加配钢筋。混凝土凝结硬化所生成的$Ca(OH)_2$可使钢筋周边的pH值达到13。在这种高碱性环境中，钢筋表面会产生钝化，受到保护。混凝土在长期的使用中，会受海洋环境中有害物质的侵蚀和诸如海浪袭击、冲刷、腐蚀产物胀裂等物理作用，使其中的钢筋不能与外界完全隔离。有害的气体和离子（盐分）会通过裂缝和混凝土中的许多微孔到达钢筋表面，使钢筋腐蚀。

3.防腐蚀方法

用于海洋及滩涂石油开发的钢筋混凝土设施的技术源于海港工程。交通部在20世纪80年代发布了《海港钢筋混凝土结构防腐蚀》（JTJ228—1987）。海港工程的防护经验可以普遍地应用于石油工程中。对钢筋混凝土的防护主要有以下措施：

（1）提高混凝土的密实性和抗渗性能

为了保证钢筋混凝土使用寿命内的安全，有关的规范都规定了确保混凝土密实性的措施，并以确保混凝土质量作为钢筋防腐蚀的主要方法。

保证混凝土密实性的措施有：

①使用符合要求的水泥品种和标号；

②骨料坚固，有一定级配，并且含盐量不能超标；

③拌和及养护用水不能含有有碍于混凝土凝结和硬化的杂质，尤其是SO_4^{2-}、Cl^-和pH不能超过限度；

④用于不同海洋环境区域的混凝土，其水灰比和水泥用量应符合规范的要求，推荐值见表9-11；

表9-11　混凝土的水泥用量及水灰比

环境区域	海洋大气区	飞溅区	潮差区	全浸区
水泥用量/kg/m^{-3}	360～500	400～500	360～500	325～500
水灰比	≤0.50	≤0.45	≤0.50	≤0.60

⑤混凝土构件如出现超过规定宽度的裂缝，应采用枪喷水泥砂浆、环氧砂浆或水泥乳胶砂浆进行修补。

(2) 施加防腐层

在混凝土表面施加防腐层可以有效地保护钢筋混凝土免遭侵蚀。所用的涂料与混凝土要有良好的黏结性，具有抵御海浪冲击的强度，其耐候性应当满足海上钢质石油平台防腐层的要求。涂装前对混凝土表面要进行适当的处理，满足所用涂料对基底表面的要求。混凝土防腐层有表面涂装型和渗透型。表面涂装型附着于混凝土表面，使用的涂料有厚浆型环氧涂料、聚氨酯涂料、氯化橡胶涂料等。渗透型的涂料可以渗入混凝土数毫米，填充封闭混凝土的孔隙，提高防渗能力，这类涂料有硅烷、氯乙烯-乙酸乙烯共聚物涂料等。

(3) 添加缓蚀剂

拌制混凝土时加入适量的缓蚀剂对钢筋能起缓蚀作用。使用的缓蚀剂对混凝土不能有不利影响。

(4) 对钢筋进行防腐蚀处理

采用镀锌或涂装环氧树脂层也是混凝土中钢筋防腐蚀的有效措施。热固化环氧粉末防腐层有很好的结合性和防护效果，但它不能在现场涂装，而且费用较高。

(5) 阴极保护

此种方法目前仍处于研究中。对防腐层完好的新混凝土结构，很少使用阴极保护。只有其他维护和修补方法不适用或不经济时，阴极保护才得以应用。除了全浸的钢筋混凝土，通常不采用牺牲阳极法而采用外加电流法。

第四节 炼油装置

石油的主要成分是由各种烷烃、环烷烃和芳香烃组成的混合物（包括水分、盐分等杂质）。炼油之前石油需先除水、脱盐。

1.石油的分馏

利用原油中各组分的沸点不同，将复杂混合物分离成较简单的混合物。常压蒸馏塔可分馏汽油、煤油和柴油等。减压蒸馏塔可分馏重油、沥青等。

2.石油的催化裂化

在催化剂的作用下将含碳原子较多、沸点较高的重油断裂成含碳原子较少、沸点较低的汽油的过程，可以提高轻质液体燃料（汽油、煤油、柴油等）的产量。

一、介质的腐蚀特性

（一）硫化物

原油中都含有一定量的硫化物，通常将含硫量在0.1%～0.5%的原油叫作低硫原油；含硫量大于0.5%的原油叫作高硫原油。

硫化物可分为活性硫化物和非活性硫化物两类。活性硫化物是它们能与金属直接发生反应的硫化物，如硫化氢、硫、硫醇等。非活性硫化物则是不能直接同金属反应的硫化物，如硫醚、多硫醚、噻吩等。

硫化物对设备的腐蚀与温度t有关。

1. $t \leqslant 120$ ℃，在无水情况下，对设备无腐蚀；但当含水时，则形成炼油厂各装置中轻油部位的各种H_2S-H_2O型腐蚀。

2. 120 ℃$\leqslant t \leqslant$240 ℃，因为在该温度下原油中活性硫化物未分解，H_2S-H_2O体系不存在，对设备无腐蚀。

3. 240 ℃$< t \leqslant$340 ℃，硫化物开始分解，开始对设备腐蚀，并随着温度升高腐蚀加重。

4. 340 ℃$< t \leqslant$400 ℃，H_2S开始分解为H_2和S，此时对设备的腐蚀反应式为：

$$H_2S \rightarrow H_2 + S$$

$$Fe + S \rightarrow FeS$$

$$R-S-H\text{（硫醇）} + Fe \rightarrow FeS + \text{不饱和烃}$$

所生成的FeS膜具有防止进一步腐蚀的作用。但有酸存在时该保护膜被破坏，使腐蚀进一步发生，加重了硫化物的腐蚀。

5. 420 ℃$< t \leqslant$430 ℃，高温硫对设备腐蚀最快。

6. $t >$480 ℃，硫化物近于完全分解，腐蚀率下降。

7. $t >$500 ℃，不属于硫化物腐蚀范围，此时主要为高温氧化腐蚀。

（二）无机盐

开采的原油会带一部分油田水并含有盐类。盐类的主要成分中70%是氯化钠，30%是氯化镁和氯化钙。在原油加工时，氯化镁和氯化钙受热水解，产生具有强烈腐蚀性的氯化氢（HCl）：

$$MgCl_2 + 2H_2O \xrightarrow{120\ ℃} Mg(OH)_2 + 2HCl$$

$$CaCl_2 + 2H_2O \xrightarrow{175\ ℃} Ca(OH)_2 + 2HCl$$

在随后的蒸馏过程中HCl随同原油中的轻馏分及水分一起挥发冷凝，形成低pH值的、具有强烈腐蚀性的富含盐酸冷凝液。因此易造成常减压装置塔顶部、冷凝冷却器、空冷器及塔顶管线的严重腐蚀。如常压塔顶碳钢空冷器的最大腐蚀穿孔速度可达5.5 mm/a，管壳式冷凝器的管束腐蚀穿孔还有高达15 mm/a的。

原油蒸馏过程中产生的HCl量随原油含盐量的高低而变化，因此为了减少HCl的生成，要尽量做好原油的脱盐工作，使得盐量越低越好。

（三）环烷酸

环烷酸（RCOOH，R为环烷基）是石油中一些有机酸的总称，主要是指饱和环状结构的酸及其同系物。环烷酸在常温下对金属没有腐蚀性，但在高温下能与铁等反应生成环烷酸盐，引起剧烈的腐蚀，环烷酸的腐蚀起始于220 ℃，随温度上升而腐蚀逐渐增加，在270～280 ℃时腐蚀最剧烈。温度再提高，腐蚀又下降，可是到350 ℃附近又急骤增加，400 ℃以上就没有腐蚀。环烷酸腐蚀生成特有的锐边蚀坑或蚀槽，是它与其他腐蚀相区别的一个重要标志，一般以原油中的酸值来判断环烷酸的含量。

二、主要腐蚀形式

（一）含硫、高酸值腐蚀环境分类

在加工含硫、酸值较高的原油时炼油设备的腐蚀极为严重，其腐蚀程度除了与酸、硫含量有关之外，还与腐蚀环境有关。其腐蚀环境可分为高温及低温（低于120 ℃）两大类，每一类型又因其他介质如HCl、HCN及RCOOH（环烷酸）等的加入，而有其不同类型的腐蚀环境。

1.低温（t<120 ℃）轻油H_2S-H_2O型

腐蚀环境有H_2S-H_2O型、HCN-H_2S-H_2O型、CO_2-H_2S-H_2O型、HCl-H_2S-H_2O型、RNH_2（乙醇胺）-CO_2-H_2S-H_2O型。

2.高温（240～500 ℃）重油H_2S型

腐蚀环境有S-H_2S-RSH（硫醇）型、S-H_2S-RSH-RCOOH（环烷酸）型及H_2+H_2S型。

（二）主要腐蚀形式

1. H_2S-H_2O的腐蚀环境

炼油厂所产液化石油气，根据原油不同液化石油气中含硫量可到0.118%～2.5%，若脱硫不好，则在液化石油气的碳钢球形储罐及相应的容器中产生低温H_2S-H_2O的腐蚀。其腐蚀形态为均匀腐蚀、内壁氢鼓包及焊缝处的硫化物应力开裂。

钢在H_2S水溶液中，不只是由于阳极反应生成FeS而引起一般腐蚀，由于阴极反应生成的氢还能向钢中渗透并扩散，可能引起钢的氢鼓包（HB）、氢诱发裂纹（HIC）、应力导向氢诱发裂纹（SOHIC）及硫化物应力开裂（SSC）。

2. HCN-H_2S-H_2O的腐蚀环境

催化原料油中硫化物在加热和催化裂解中分解产生硫化氢。同时原料油中的氮化物也裂解，其中约有10%～15%转化成氨，有1%～2%转化成氰化氢，在有水存在的吸收-解吸系统构成HCN-H_2S-H_2O的腐蚀环境。当催化原料中氮含量大于0.1%时会引起严重腐蚀。

腐蚀部位、形态及机理如下：

（1）均匀腐蚀

H_2S和钢生成的FeS，在pH值大于6时，钢的表面为FeS所覆盖，有较好的保护性能，腐蚀率也有所下降。但CN^-能溶解FeS保护膜，产生络合离子$Fe(CN)_6^{4-}$，加速了腐蚀反应。

$$FeS+6CN^- \rightarrow Fe(CN)_6^{4-}+S^{2-}$$

络合离子$Fe(CN)_6^{4-}$继续与Fe反应生成亚铁氰化亚铁$Fe_2[Fe(CN)_6]$（在水中为白色沉淀）。

$$2Fe+Fe(CN)_6^{4-} \rightarrow Fe_2[Fe(CN)_6]\downarrow$$

停工时亚铁氰化亚铁又氧化而生成亚铁氰化铁$Fe_4[Fe(CN)_6]_3$呈普鲁士蓝色。

$$6Fe_2[Fe(CN)_6]+6H_2O+3O_2 \rightarrow Fe_4[Fe(CN)_6]_3+4Fe(OH)_3$$

因此造成停工时腐蚀也会加快。

（2）氢渗透

H_2S-H_2O反应生成的氢原子向钢中的渗透，造成氢鼓包或鼓包开裂。当pH值大于7.5且有CN^-存在时，随着CN^-浓度的增加，氢渗透率迅速上升，主要原因是氰化物在碱性溶液中有如下作用：一是氰化物溶解保护膜，产生有利于氢渗透的表面；二是阻碍了原子氢结合为分子氢的过程，促进了氢渗透；三是氰化物能清除掉溶液中的缓蚀剂（多硫化物），所以氰化物对设备腐蚀起促进作用。

硫化物应力开裂。无氰化物存在时，当pH≥7时不易产生硫化物应力开裂，但是在有CN^-存在时，可在高pH值下产生硫化物应力开裂。

3. $CO_2-H_2S-H_2O$的腐蚀环境

腐蚀部位发生在脱硫装置再生塔的冷凝冷却系统（管线、冷凝冷却器及回流罐）的酸性气部位。塔顶酸性气的组成为H_2S（50%～60%）、CO_2（40%～30%）及水分，温度为40 ℃，压力约为0.2 MPa。

此部位主要腐蚀影响因素是H_2S-H_2O，但在某些炼油厂，由于原料气中带有HCN，而在此部位形成$HCN-CO_2-H_2S-H_2O$的腐蚀介质，HCN的存在，加速了H_2S-H_2O的均匀腐蚀及硫化应力开裂。

其腐蚀形态对碳钢为氢鼓包及硫化物应力开裂，对Cr5Mo、1Cr13及低合金钢使用奥氏体焊条则为焊缝处的硫化物的应力开裂。

4. $HCl-H_2S-H_2O$的腐蚀环境

这种腐蚀环境存在的主要设备为：常压塔顶部五层塔盘、塔体，常压塔顶冷凝冷却系统，以及减压塔部分挥发线和冷凝冷却系统。

一般气相部位腐蚀较轻微，液相部位腐蚀严重，尤以气液两相转变部位即“露点”部位最为严重。因此不论原油含硫及酸值的高低，只要含盐就会引起此部位的腐蚀。

在这种腐蚀环境下其腐蚀形态为碳钢部件的均匀腐蚀减薄、Cr13钢的点蚀以及1Cr18Ni9Ti的氯化物应力腐蚀开裂。在这种腐蚀环境中，HCl和H_2S相互促进构成循环腐蚀，反应如下：

$$Fe+2HCl \rightarrow FeCl_2+H_2$$

$$FeCl_2+H_2S \rightarrow FeS\downarrow+HCl$$

$$Fe+H_2S \rightarrow FeS+H_2$$

$$FeS+HCl \rightarrow FeCl_2+H_2S$$

腐蚀影响因素主要有以下几种：

（1）Cl^-浓度

原油经一次脱盐后，不易水解的NaCl占含盐量的35%～40%，此部位$HCl-H_2S-H_2O$腐蚀介质中，HCl的腐蚀是主要的。其关键因素为Cl^-含量，HCl含量低腐蚀轻微，HCl含量高则腐蚀加重。HCl来源于原油中的氯盐。原油虽经脱盐处理，而易水解的$MgCl_2$、$CaCl_2$仍占总盐量60%～65%。这些镁盐、钙盐就是系统的Cl^-的主要来源。

（2）H_2S浓度

H_2S浓度对常压塔顶设备腐蚀的影响不甚显著。

（3）pH值

原油脱盐后，常压塔顶部位的pH值为2～3（酸性）。但经注氨后可使溶液呈碱性。此时pH值可等于7。国内炼油厂在经“一脱四注”——原油深度脱盐，脱盐后原油注碱、塔顶馏出线注氨（或胺）、注缓蚀剂（也有在顶回线注缓蚀剂的）、注水——后，控制pH值为7.5～8.5，这样可控制氢去极化作用，以减少设备的腐蚀。

（4）原油酸值

不同原油，其酸值是不同的。石油酸可促进无机氯化物水解。因此，凡酸值高的原油就更容易发生氯化物水解反应。

5. RNH_2（乙醇胺）$-CO_2-H_2S-H_2O$的腐蚀环境

腐蚀主要发生在干气脱硫或液化石油气脱硫的再生塔底部、再生塔底重沸器及富液（吸收了CO_2、H_2S的乙醇胺溶液）管线系统，温度90～120 ℃，压力约为0.2 MPa。腐蚀形态为在碱性介质下（pH在8～10.5），由碳酸盐及胺引起的应力腐蚀开裂和均匀减薄。腐蚀关键因素为CO_2及胺，即腐蚀随着原料气中二氧化碳的增加而增加。当酸性气中不含H_2S而仅为CO_2同样可产生应力腐蚀裂纹，二氧化碳为主要腐蚀因素。

6. $S-H_2S-RSH$的腐蚀环境

腐蚀主要发生在焦化装置、减压装置、催化裂化装置的加热炉，分馏塔底部及相应的管线、换热器。腐蚀机理为高温化学腐蚀，腐蚀形态为均匀减薄。高温（240～500 ℃）硫的腐蚀出现在装置中与其接触的各部位。其腐蚀过程可分为活性硫的腐蚀及非活性硫的腐蚀两部分。

活性硫化物（如硫化氢、硫醇和单质硫）的腐蚀成分大约在350～400 ℃都能与金属直接发生化学作用，分解出来的元素硫比硫化氢有更强的活性，使腐蚀更为激烈，在活性硫的腐蚀过程中，还出现一种递减的倾向。即开始时腐蚀速率很大，一定时间以后腐蚀速率才恒定下来，这是由于生成的硫化铁膜阻滞了腐蚀反应的进行。

非活性硫化物（包括硫醚、二硫醚、环硫醚、噻吩等）的腐蚀：这些成分不能直接和金属发生作用，但在高温下它们能够分解生成硫、硫化氢等活性硫化物。

7. $S-H_2S-RSH-RCOOH$的腐蚀环境

环烷酸常集中在柴油和轻质润滑油馏分中，其他馏分含量较少。腐蚀部位以减压炉出口转油线、减压塔进料段以下部位为重。常压炉出口转油线及常压塔进料段次之。焦化分馏塔集油箱部位又次之。遭受环烷酸腐蚀的钢材表面光滑无垢，位于介质流速低的部位的腐蚀仅留下尖锐的孔洞；高流速部位的腐蚀则出现带有锐边的坑蚀或蚀槽。

高温环烷酸腐蚀发生于液相，如气相中无凝液产生、无雾沫夹带，气相腐蚀较轻。但在气液混相（亦即气相、液相交变部位）、有流速冲刷区及产生涡流区则腐蚀加重。减压塔系统若有空气流入则环烷酸腐蚀加重。

环烷酸在低温时腐蚀不强烈。一旦沸腾，特别是在高温无水环境中，腐蚀最激烈。腐蚀反应如下：

$$2RCOOH+Fe \rightarrow Fe(RCOO)_2+H_2\uparrow$$

$$FeS+2RCOOH \rightarrow Fe(RCOO)_2+H_2S\uparrow$$

由于$Fe(RCOO)_2$是油溶性腐蚀产物，能被油流所带走，因此不易在金属表面形成硫化亚铁保护膜，完全暴露出新的金属表面，使腐蚀继续进行。

三、防腐蚀方法

（一）H_2S-H_2O的腐蚀防护

降低钢材的含硫量。当钢材的硫含量为0.005%～0.006%时，可耐硫化物应力开裂。增加0.2%～0.3%的铜，可以减少氢向钢中的扩散量。钢中增加氮，可细化非金属夹杂物，以减少产生氢诱发裂纹的长度。焊后热处理，并控制焊缝硬度，保持焊缝硬度（强度）在合格范围（HB=200）。进行焊后热处理，清除残余应力。在最低温度620 ℃下，进行焊后热处理到硬度不超过HB200。

（二）$HCN-H_2S-H_2O$的腐蚀防护

$HCN-H_2S-H_2O$的腐蚀可采用水洗方法，将氰化物脱除，但用此法必然引起排水受到氰化物的污染（我国氰化物排水允许浓度为0.5×10^{-6}）因而增加污水处理难度。资料介绍也可注入多硫化物有机缓蚀剂，将氰化物消除。材料选用方面可采用铬钼钢（12Cr2AlMo）满足此部位要求，或采用20R+0Cr13复合板。但在$HCN-H_2S-H_2O$部位需选用奥氏体不锈钢焊条焊接碳钢或铬钼钢，否则焊缝区极易产生硫化物应力腐蚀开裂。

（三）$CO_2-H_2S-H_2O$的腐蚀防护

$CO_2-H_2S-H_2O$的腐蚀主要为H_2S-H_2O等的腐蚀，其腐蚀反应及防护措施与前面所述相同。但为防止冷凝冷却器的浮头螺栓硫化物应力开裂，可控制螺栓应力不超过屈服限的

75%，且螺栓硬度低于HB235。

（四）$HCl-H_2S-H_2O$ 的腐蚀防护

低温 $HCl-H_2S-H_2O$ 环境防腐蚀应以工艺防腐蚀为主，材料防腐蚀为辅。工艺防护采用"一脱四注"，即原油深度脱盐，脱盐后原油注碱、塔顶馏出线注氨（或胺）、注缓蚀剂（也有在顶回线注缓蚀剂的）、注水。该项防腐蚀措施的原理是除去原油中的杂质，中和已生成的酸性腐蚀介质，改变腐蚀环境和在设备表面形成防护屏障。

（五）RNH_2（乙醇胺）$-CO_2-H_2S-H_2O$ 的腐蚀防护

操作温度高于90 ℃的碳钢设备（如胺再生塔、胺重沸器等）和管线要进行焊后消除应力热处理，控制焊缝和热影响区的硬度小于HB200。优先选用带蒸发空间的胺重沸器，以降低金属表面温度。在单乙醇胺（MEA）和二乙醇胺（DEA）系统，重沸器管束采用1Cr18Ni9Ti钢管。对贫富液换热器可选用碳钢无缝钢管。但当管子表面温度大于120 ℃时则选用1Cr18Ni9Ti钢管。控制再生塔底温度，对MEA温度控制在120 ℃，对DEA温度控制在115 ℃，重沸器使用温度应低于140 ℃，高于此温度易引起胺的分解。在单乙醇胺的系统中注入缓蚀剂，为防止胺液污染，胺储罐和缓冲罐应使用惰性气体覆盖，以保证空气不进入胺系统。

（六）$S-H_2S-RSH$ 的腐蚀防护

高温硫的腐蚀防护措施主要是选择耐蚀钢材，如Cr5Mo、Cr9Mo的炉管，1Cr18Ni9Ti的换热器管及20R+0Cr13复合板等。这些材料抵抗此部位腐蚀是有效的。国内研制的一些无铬钢种如12AlMoV及12SiMoVNbAl也有一定效果。高温重油部位（$S-H_2S-RSH$）的允许腐蚀率，原石油工业部曾规定可到0.5 mm/a。

（七）$S-H_2S-RSH-RCOOH$ 的腐蚀防护

环烷酸腐蚀的防护措施主要是选用耐蚀钢材。而碳钢Cr5Mo、Cr9Mo及0Cr13不耐环烷酸高温腐蚀。此种腐蚀部位需选用00Cr17Ni14Mo2（316L）钢，且Mo含量大于2.3%。在无冲蚀的情况下，亦可选用固熔退火的1Cr18Ni9Mn。设备、管道以及炉管弯头内壁焊缝应磨平。以保持内壁光滑，防止涡流面加剧腐蚀。适当加大炉出口转油线管径，降低流速。

四、典型设备防腐蚀分析

（一）常压塔的防护

1.腐蚀概况

常压塔的腐蚀主要是塔壁及塔内构件的腐蚀。

以某炼油厂常压塔为例，该塔自1975年开工运行后，一直较为平稳，较少发生腐蚀事故。1990年4月停工检修时，对该塔进行了全面检查，未发现局部腐蚀现象。塔顶封头、塔壁厚度普遍在10 mm左右（原封头厚14 mm，塔壁厚12 mm）。但自1990年4月15日开工后至5月4日，常压塔第46层塔盘受液槽处塔壁腐蚀穿孔，临时采取贴板补焊措施。至6月28日，第46层塔盘支持圈处（距支持圈约6 mm）塔壁又腐蚀穿孔，汽油外漏，沿塔壁流至高温部位时，引起着火，装置被迫紧急停工处理。

该塔塔内构件腐蚀，主要是塔底0Cr13衬里多次鼓包和焊缝开裂（因为原衬里施工质量不佳）。塔底液相部位碳钢构件腐蚀率小于0.5 mm/a，第4层12AlMoV钢塔盘腐蚀率为1.6 mm/a。塔内切向进料处的塔壁冲蚀率为0.5 mm/a，增加防冲板面积即可缓解冲蚀，进料段破沫网由于结焦和冲蚀，曾多次进行更换，塔顶第43～46层塔盘板，由于阀孔增大和腐蚀，曾多次进行更新。

2.腐蚀原因分析

通过对原料、产品、工艺操作条件和设备状况的调查，认为造成塔顶塔壁腐蚀穿孔的原因如下：

（1）常压塔顶温度控制过低，造成“露点”腐蚀

常压塔塔体材质为Q235R，全塔装46层浮阀塔盘。1990年4月开工后根据计划安排，常压塔顶给催化重整装置提供宽馏分重整原料。其干点控制在140±5 ℃，塔顶温度控制在85～94 ℃，顶回流温度控制在67～70 ℃。由于塔顶温度和回流温度控制过低，使初期冷凝区移至塔内，也即“露点”温度移至塔内。在此，极少量的凝结水中溶解了多量的氯化氢，使局部区域变成了高浓度的氯化氢水溶液而产生腐蚀。据多年观察掌握的腐蚀规律，在低温轻油部位，汽相腐蚀轻微，液相部位腐蚀较重，汽、液两相交界的“露点”部位腐蚀更严重。5月4日常压塔顶第46层塔盘受液槽内塔壁穿孔，且穿孔处是汽液交界区，说明受液槽内有水，此时凝结水的pH值很低，这是由于最初冷凝的水是少量的且饱和了多量的氯化氢，Cl^-的局部富集，使得在局部形成强酸，导致塔壁在很短的时间内腐蚀穿孔。

（2）原油带水扰乱正常操作，导致常压塔顶温度进一步降低

由于原油供应地进入5月下旬以来，所供炼油厂的原油含水量高，原油进罐后停留时间短，水未完全脱除（含水1.8%～10.0%）就要送入装置，发生严重带水，打乱了正常操作，迫使进装置的原油大幅度降量，炉出口温度大幅度降低，以某日为例，原油含水10%，炉出口温度只能控制在160 ℃，比正常操作指标低200 ℃，常压塔顶温度<80 ℃，顶回流温度只有60 ℃，其结果是原油中的水分全部汽化上升到塔顶，并在塔顶冷凝，造成该部位的严重腐蚀。此外，原油严重带水使电脱盐装置失去作用（电极板发生短路），原油含盐脱前与脱后没有变化，进入常压塔顶的氯化氢被冷凝下来。当原油含水在2.4%左右时，电脱盐装置仍不能很好地发挥作用，脱盐率很低。尽管“三注”措施仍按工艺指标执行，也只能保护常压塔顶馏出线以后的空冷、水冷设备。化验分析结果表明，在pH值很高的情况下，冷凝水中的Cl^-和Fe^{2+}、Fe^{3+}含量仍然很高，因此足以证明，常压塔顶内部

的腐蚀是严重的。从常压塔顶第46层塔盘板上、下塔壁测厚结果看，短短两个月的时间，塔壁厚度普遍减薄1.5～2.5 mm。由此判断，常压塔顶第46层塔盘支持圈处塔壁穿孔仍然是处在汽液交界的相变部位。原油带水时，第46层塔盘和受液槽内是积水的。而支持圈处相变区造成氯化氢局部富集，产生蚀坑，使蚀坑内的pH值急骤下降，对碳钢塔壁加速了酸性腐蚀，使塔壁在较短的时间内被蚀穿。

3.防腐措施

（1）介质处理

包括：适当提高塔顶回流温度和回流比，以提高塔顶温度，而又不提高重整原料干点；尽可能减少汽提蒸汽量，以降低塔顶水汽分压，使塔顶温度控制在水汽露点以上，并保持一定温差，使相变区移至馏出线内。

恢复常压塔顶馏出线注水措施。常压塔顶回流注缓蚀剂，以保护塔顶部位塔壁及其内构件。

加强塔顶保温，避免“露点”的形成。

（2）防腐结构设计

鉴于常压塔顶腐蚀穿孔及其底部0Cr13衬里鼓包、焊缝开裂等原因，在停工检修时，将常压塔整体更新，采用材质如下：

塔筒体材质，塔底封头至12.705 m处采用SB42+SUS316L（14 mm+3 mm），12.705 m以上至塔顶采用16MnR（14 mm/16 mm）；

塔盘板及构件，除塔盘板为Q235-AF，螺栓、螺母、垫片为1Cr18Ni9Ti和0Cr18Ni9外，其余材质均为Q235-AF；

1号塔盘板受液盘材质为00Cr17Ni14Mo2；

塔内切向进料的下斜板、上斜板、平板为0Cr19Ni9，接管为0Cr18Ni9Ti，其余均为20 G；

破沫网格栅材质为SUS321TP，钢丝网材质为1Cr18Ni9Ti，余为SUS316L；

5号塔盘降液板用SUS316L/0Cr18Ni9Ti的材质；

四线集油箱支承梁除螺栓、螺母材质为0Cr18Ni9Ti外，其余材质均为SUS3l6L，升气管筒体等材质也均为SUS316L；

第24层塔盘以上筒体、接管材质为20号钢、16MnR，第24层塔盘以下接管为SUS321TP。

（二）常压塔顶空冷器的防护

1.腐蚀概况

常压塔顶空冷器腐蚀最严重的部位是入口段。由于$HCl-H_2S-H_2O$类型的腐蚀与高速流体冲蚀和环境介质温度的综合作用，引起坑蚀、沟槽、穿孔等现象。

2.腐蚀原因分析

（1）含有液滴的高速流体引起的冲刷腐蚀

在生产过程中常压塔顶空冷器的使用寿命除与构件的材质及厚度有关外，还与介质流速的大小有关。空冷器管束顺液体流动的方向出现沟槽腐蚀是高速流体冲蚀而成，当油气夹带有腐蚀液滴进入空冷器时，被携带的液滴具有很高的动能，它与空冷器管束碰撞时呈现非弹性碰撞，液滴撞击局部形成的油气冲击使局部压力增大，液滴越大引起局部的油气压力越大，这些液滴就像无数小弹头一样连续打击在金属表面上，金属表面很快会疲劳剥蚀甚至穿孔。

（2）$HCl-H_2S-H_2O$的腐蚀

原油从蒸馏塔到常压塔顶空冷器时，当塔顶馏出系统温度降低到水的露点温度时，HCl溶解于水中形成盐酸与H_2S相互促进，构成了循环腐蚀。

在管束中下部内表面也有点蚀坑和轻微的FeS锈，这是由于介质中的氯离子作用，破坏了金属钝化膜。在酸性条件下H_2S的腐蚀作用产生的FeS附着在金属表面，使带液滴的油气流动受到阻碍，电解质扩散受到限制被阻塞在空腔内。馏分中腐蚀介质的化学成分与整体管线馏分油存在较大差异，造成空腔内电位降低为阳极，整体表面为阴极，产生电化学腐蚀，形成了点蚀坑。同时在水解反应的作用下，FeS膜脱落在空腔内又促进了酸性反应。如此循环构成$HCl-H_2S-H_2O$的强烈腐蚀，造成空冷器管束穿孔。

3.防腐措施

（1）防腐结构设计

由于空冷器的腐蚀主要是冲蚀，所以不宜采用“U”形管式，最好采用单管程空冷器，以减少冲蚀。

温度高于250 ℃，加工含环烷酸原油的设备和管线，在制造时应避免内壁出现突起和凹陷，以防止出现涡流而加速腐蚀。

常压塔顶空冷器“露点”部位加保护套。一般空冷器“露点”位于距入口端约200 mm处。此处冲蚀最为严重，因此宜采用耐蚀耐磨材质的管束，通常采用在空冷器入口端插入厚0.7 mm的翻边钛套管。为防止缝隙腐蚀，应刷涂胶黏剂（耐腐蚀、耐温）。

采用双相不锈钢整体制造空冷器，实践证明效果较好，目前已经在许多炼厂安全运行。目前用于制造空冷器的双相不锈钢多为00Cr18Ni5Mo3、00Cr18Ni5Mo3Si，在冲蚀严重的情况下也可以用00Cr25Ni7Mo3N及00Cr25Ni6Mo3CuN等钢种。

（2）介质处理

“一脱四注”工艺防腐也是控制常压塔顶空冷器腐蚀的有效手段。该防腐措施的原理是尽可能降低原油中盐含量，抑制氯化氢的发生，中和已生成的酸性腐蚀介质，改变腐蚀环境和在设备表面形成防护屏障。空冷器的腐蚀环境主要为低温$HCl-H_2S-H_2O$，由于常压塔顶空冷介质中的HCl大部分来源于原油中的盐类水解，因此在生产中必须严格控制原油脱盐后的盐含量在3 mg(NaCl)/L以下，以降低塔顶油气中的HCl含量；同在常塔顶挥发线上注入3%～5%的氨水，将冷水的pH值控制在5～8.5之间，但应注意氨水的浓度及注氨量，若pH值过低达不到防腐效果，pH值过高则易发生结盐；塔顶挥发线注中和剂也是重要的工艺防腐环节。

（三）催化分馏塔顶环换热器的防护

1.腐蚀概况

催化分馏塔顶循环回流换热器采用塔顶循环抽出层抽出的135 ℃左右的顶循环油与低温除盐水（45 ℃和90 ℃）换热，顶循环油走壳程，除盐水走管程。腐蚀主要发生在壳程，腐蚀形态为腐蚀穿孔。

在某些炼油厂，虽然采用碳钢管束外涂TH-847及TH-901防腐蚀涂料防腐，但是效果不理想，大多数在使用一个周期后，涂料存在脱落、鼓包现象，鼓包处有明显的孔腐蚀。

2.腐蚀原因分析

随着原油性质的变化，催化分馏塔结盐的频率愈来愈高，因此在生产中不得不多次洗塔。虽然也采取了对重油脱盐的措施，使分馏塔结盐有所缓解，但是由于原油中有机氯的增加，致使电脱盐除氯不彻底。

通过对结盐成分分析，发现结盐的主要组成为NH_4Cl，因此大量的Cl^-便成为腐蚀的根源。

Cl^-的存在为孔蚀创造了条件，这是因为大量的NH_4Cl盐垢进入顶循环换热器并沉积下来，与油气中的少量冷凝水形成局部高浓度的NH_4Cl水溶液，并发生水解反应：

$$NH_4Cl+H_2O = NH_4OH+HCl$$

在$HCl-H_2O$溶液中，金属腐蚀为氢去极化反应，其反应式为

$$阳极反应\ Fe \rightarrow Fe^{2+}+2e^-$$

$$阴极反应\ 2H^++2e^- \rightarrow H_2\uparrow$$

由于腐蚀发生在盐垢沉积的局部，随着腐蚀反应的进行，局部产生过多的正电荷，需要Cl^-迁移进来以保持电荷平衡（OH^-也从外部迁入，但它的迁移比Cl^-慢得多），结果使垢下的$FeCl_2$浓度增加，又产生水解

$$FeCl_2+H_2O=Fe(OH)_2+2HCl$$

由于迁移和水解的结果，使金属的腐蚀速率增加。

对于碳钢管束，腐蚀发生在垢下，产生严重的垢下腐蚀；对于不锈钢管束，腐蚀发生在钝化膜破坏的活性点处，产生点腐蚀，由于面积较小，因此穿孔的概率较高。

3.防腐措施

（1）介质处理

油田为降凝增产，注入清蜡剂、解堵剂、稳定剂、固沙剂等各种化学药剂。药剂中含

有四氯化碳、二氯甲烷等含氯化合物，使原油中含氯量急剧升高，而加速催化分馏塔结盐和顶循环换热器腐蚀。因此，研制和使用不含氯和硫的化学药剂，是减缓包括顶循环换热器等下游设备腐蚀的有效手段。

采用水洗加注缓蚀剂既可防止催化分馏塔结盐，又可控制顶循环换热器的腐蚀，生产实践证明，这是一个非常经济和有效的防腐措施。

（2）采用涂层和阴极保护联合防腐措施

TH-847和TH-901涂料在顶循环换热器虽然已经得以应用，但是由于停开工高温蒸汽扫线，TH-847涂层几乎全部脱落或发黑，TH-901涂层也有脱落鼓包现象。采用化学稳定性高且有较强防腐蚀、耐温、耐油性能的非晶态Ni-P化学镀层，可提高设备的耐Cl^-性能。但是无论采用涂料还是化学镀层防护都不可避免地产生针孔，从而形成小阳极大阴极，反而可能使孔腐蚀强度增加，因此有必要采用涂镀层和阴极保护联合防腐措施。

复习题

1. 钻井过程中的腐蚀性介质主要有哪些？
2. 抑制钻井液的腐蚀，常用的措施主要有哪些？
3. 引起集输管线外腐蚀的原因有哪些？
4. 简述原油罐腐蚀的特征。
5. 油田中常用的工艺防腐措施主要有哪几种？
6. 简述影响二氧化碳腐蚀的原因与防护方法。
7. 简述海洋环境中碳钢的腐蚀情况。
8. 简述石油平台腐蚀防护措施的选用原则和具体措施。
9. 简述硫化物对设备腐蚀与温度的关系。
10. 简述常压塔腐蚀的原因分析及防腐措施。

参考文献

[1]王荣贵. 化工装置中钢在湿硫化氢环境下的腐蚀机理与设备选材（上）[J]. 化肥设计，2002，40（1）：5-7.

[2]许适群. 加工高硫原油可能出现的腐蚀问题[J]. 石油化工腐蚀与防护，1998，15（1）：1-6.

[3]王正则. 炼油设备中的湿硫化氢腐蚀[J]. 炼油设计，1995，25（1）：36-38.

[4]冯秀梅，薛莹. 炼油设备中的湿硫化氢腐蚀与防护[J]. 化工设备与管道，2003，40（6）：57-58.

[5]徐继红，伍广，李忠，等. 输气管道应力腐蚀破裂的机理与防护[J]. 淮南师范学院学报，2004，6（3）：14.

[6]黄建中，刘钟毓. 汽车腐蚀及其防护[M]. 北京：冶金工业出版社，1994.

[7]王维宗，贾鹏林，许适群. 湿硫化氢环境中腐蚀失效实例及对策[J]. 石油化工腐蚀与防护，2001，18（2）：8-9.

[8]杨柯. CF-62钢制2000 m^3球罐应力检测应力分析. 石油化工安全技术，2000（6）：10-15.

[9]张志宇，邱小云. 化工腐蚀与防护[M]. 北京：化学工业出版社，2013.

[10]化学工业部化工机械研究院. 腐蚀与防护手册 · 化工生产装置的腐蚀与防护[M]. 北京：化学工业出版社，1991.

[11]张明慧，杨兴全. 化工腐蚀与防护技术[M]. 四川：成都科技大学出版社，1988.

[12]刘开明. 湿硫化氢环境中机械设备应力腐蚀研究与防止对策[D]. 兰州：兰州理工大学，2005.

[13]王菁辉，盛长松，李选亭，等. 炼厂低温硫化氢的腐蚀实验[J]. 腐蚀与防护，2001，22（6）：254-255.

[14]王荣贵. 化工装置中钢在湿硫化氢环境下的腐蚀机理与设备选材（下）[J]. 化肥设计，2002，40（3）：5.

[15]郑文龙，张清廉，魏云，等. 抗H_2S应力腐蚀开裂热交换器专用钢（08Cr2AlMo钢）的研究[J]. 压力容器，2001，18（1）：18-21.

[16]郑文龙，朱忠亚，林荣珑. 抗H_2S应力腐蚀的08Cr2AlMo热交换器专用钢管[J]. 石油化工设备技术，2000，21（4）：41.

[17]李思源，温旭东，陈亚茹，等. 含应力特性试件的设计制作及湿H_2S应力腐蚀实验[J]. 腐蚀与防护，2000，21（12）：559-560.

[18]卢志明，童水光，方德明，等. 16MnR钢在含H_2S介质中慢拉伸应力腐蚀试验研究[J]. 化工机械，2001，28（3）：138-140.

[19]郑华均，张康达，董绍平. 16MnR钢在不同饱和硫化氢溶液应力腐蚀的试验研究[J]. 压力容器，1999，1：6-7.

[20]刘巍. CF-62钢制球罐防范硫化氢应力腐蚀措施[J]. 压力容器，2000，17（4）：24-26.

[21]徐寒瑶. 回火温度和有效厚度对CF-62钢力学性能影响[J]. 石油化工设备，1999，28（6）：24-26.

[22]冯秀梅，薛莹. 炼油设备中的湿硫化氢腐蚀与防护[J]. 化工设备与管道，2003，40（6）：57-58.

[23]Brown A，Jones C L. Hydrogen Induced Cracking in Pipeline Steel[J]. Corrosion，1984，40（7）：330-336

[24]王树人. 螺旋焊管H_2S应力腐蚀的试验研究[J]. 焊管，2001，24（1）：23.

[25]马继国. 压力容器抗应力腐蚀设计的讨论[J]. 化工设备与管道，2000，37：48-49.

[26]杨祖佩. 关于管道钢的应力腐蚀开裂问题[J]. 管道技术与设备，1999，12：15-18.

[27]章炳华. 炼制高硫原油设备防腐蚀对策[J]. 石油化工腐蚀与防护，2002，19（5）：1-2.

[28]练学余，田庆存. 湿硫化氢环境下的球罐腐蚀状况分析[J]. 石油化工设备技术，2002，23（3）：50-51.

[29]王瑶，解植记. 碳洗涤塔的H_2S腐蚀[J]. 石油化工腐蚀与防护，2002，19（3）：23-24.

[30]王志文. 化工容器设计[M]. 2版. 北京：化学工业出版社，1998.

[31]杨树贵. 关于焊接钢管残余应力的思考[J]. 焊管，1998，21（2）：11-13.

[32]陶勇寅，杜则裕，李云涛. 管线钢硫化氢应力腐蚀的影响因素[J]. 天津大学学报，2004，37（4）：358-362.

[33]Ciaraldi S W. Microstructural Observations on the Sulfide Stress Cracking of Low Alloy Steel Tubulars[J]. Corrosion，1984，40（2）：77-81.

[34]闫康平，王贵欣，罗春晖. 过程装备腐蚀与防护[M]. 3版. 北京：化学工业出版

社，2016.

[35]李思源. 防止湿硫化氢环境中压力容器失效的推荐方法[J]. 石油化工设备，1986，15（1）：33-38.

[36]张亦良，李林生，王慕，等. 防止硫化氢应力腐蚀失效的EFC准则应用及验证[J]. 中国腐蚀与防护学报，2002，22（3）：138.

[37]曹楚南. 腐蚀电化学[M]. 北京：化学工业出版社，1982.

[38]李祖贻. 湿硫化氢环境下炼油设备的腐蚀与防护[J]. 石油化工腐蚀与防护，2001，18（3）：1-2.

[39]牛韧. 论湿硫化氢环境下管道设计材料的选择[J]. 石油化工腐蚀与防护，2003，20（6）：6.

[40]章星华. 合成氨加压变换管道湿H_2S应力腐蚀原因分析及对策[J]. 中国氮肥，2003（1）：45-47.

[41]中国腐蚀与防护学会. 腐蚀总论[M]. 北京：化学工业出版社，2001.

[42]易涛，张青，王强，等. 硫化氢应力腐蚀与硬度控制[J]. 新疆石油学报，2002，14（2）：78-80.

[43]曹长娥. 提高压力容器用钢板耐酸性的组织控制和适用钢的特性[J]. 焊管，2000，23（4）：55.

[44]金晓军. X65管线钢焊接头H_2S应力腐蚀研究及其有限元数值分析[J]. 中国腐蚀与防护学报，2004，24（1）：20-24.

[45]李振兴. 压力容器用钢的硫化氢腐蚀[J]. 河南化工，1999（2）：39.

[46]《金属机械性能》编写组. 金属机械性能[M]. 2版. 北京：机械工业出版社，1982.

[47]周建军，郭志军，钟彦平，等. 10Ni14钢抗H_2S应力腐蚀破裂性能研究初探[J]. 腐蚀与防护，2000，21（12）：537-538.

[48]张亦良，姚希梦. 应力容器用钢的硫化氢应力腐蚀[J]. 压力容器，1998，15（1）：30-35.

[49]许淳淳. 化学工业中的腐蚀与防护[M]. 北京：化学工业出版社，2001.

[50]高莉敏，李国兴. 热喷涂锌铝覆盖层在油罐防腐中的应用[J]. 油气储运，1997，16（11）：21-22.

[51]王慕，张秀英，孙耀峰，等. 防止硫化氢应力腐蚀的热喷涂技术研究[J]. 压力容器，2002，19（1）：79-81.

[52]吴俊良. 中石化企业高强钢压力容器及管道使用情况的调查[J]. 石油化工设备技术，1998（3）：42-46.

[53]陈学东. 高强钢在石化企业压力容器和管道中的科学应用[J]. 压力容器，1998（6）：12-20.

[54]胡华胜，江楠. 催化裂化装置再生器应力腐蚀的电化学试验研究[J]. 化工装备技术，2004，25（4）：37.

[55]陈锡祚. NACE标准RP0296—96检查、修复和减轻炼油厂在用压力容器在湿硫化氢环境中开裂的指导准则[J]. 石油化工腐蚀与防护，1997，14（2）：50-60.

[56]张迎恺，黄卫. 加氢装置中低温湿硫化氢环境下操作的设备选材[J]. 石油化工腐蚀与防护，1998，15（3）：11-16.

[57]陈兵. 过程装备腐蚀与防护[M]. 北京：中国石化出版社，2015.

[58]李冬冬. 低温湿H_2S腐蚀与防护措施[J]. 天津化工，2002（4）：37-38.

[59]郑长青，赵亚新，洪梦榕，等. 加工高含硫原油设备管道腐蚀及相应措施[J]. 石油化工腐蚀与防护，2002，19（3）：29.

[60]张晓东. 液化石油气储罐的H_2S应力腐蚀. 石油化工腐蚀与防护，2001，18（1）：29.

[61]张亦良，王慕，孙耀峰，等. 用热喷涂技术防止湿硫化氢应力腐蚀. 中国腐蚀与防护学报，2003，23（4）：246.